智能建造领域高素质技术技能人才培养系列教材

数据分析与定额编制

广联达科技股份有限公司 组织编写
主　编　王瑜玲　王晓青
副主编　冯改荣　黄　文　陈　慧　齐嘉文
主　审　孙丽雅　黄丽华

中国教育出版传媒集团
高等教育出版社·北京

内容提要

本书是智能建造领域高素质技术技能人才培养系列教材之一。本书着眼于专业人才的科学思维与技能培养，全面系统地阐述了建设工程定额体系，以及各类工程建设定额的基本原理、编制方法和应用。全书共5个模块，分别为大数据分析与工程定额的基本理论，工程定额的编制原理与方法，人工、材料、机械台班的消耗量与单价，工程定额的编制与应用，业务整合视角下的企业数据管理与应用。

本书每一个项目设置导言或案例引入、学习目标、思维导图，便于引导学习，并为授课教师的教学提供参考。每一个模块后附有小结与关键概念、综合训练，书中同时配有大量案例及可参考的技术经济资料，具有较强的实用性和可操作性。授课教师如需要本书配套的教学课件等资源，可发送邮件至 gztj@pub.hep.cn 获取。

本书可作为高等职业院校工程造价、建设工程管理、建筑工程技术、工程监理等相关专业的教材，也可作为建筑行业工程造价、工程管理等相关岗位人员的培训或自学辅导用书。

图书在版编目（CIP）数据

数据分析与定额编制 / 广联达科技股份有限公司组织编写；王瑜玲，王晓青主编．--北京：高等教育出版社，2024.4

ISBN 978-7-04-061845-7

Ⅰ.①数… Ⅱ.①广… ②王… ③王… Ⅲ.①数据处理 Ⅳ.①TP274

中国国家版本馆 CIP 数据核字（2024）第 046865 号

SHUJU FENXI YU DING'E BIANZHI

策划编辑 刘东良 责任编辑 刘东良 封面设计 李卫青 版式设计 李彩丽
责任绘图 易斯翔 责任校对 刘娟娟 责任印制 耿 轩

出版发行 高等教育出版社
社 址 北京市西城区德外大街4号
邮政编码 100120
印 刷 河北信瑞彩印刷有限公司
开 本 787mm × 1092mm 1/16
印 张 21.5
字 数 520千字
购书热线 010-58581118
咨询电话 400-810-0598
网 址 http://www.hep.edu.cn
http://www.hep.com.cn
网上订购 http://www.hepmall.com.cn
http://www.hepmall.com
http://www.hepmall.cn
版 次 2024年4月第1版
印 次 2024年4月第1次印刷
定 价 49.80元

物 料 号 61845-00

编写委员会

（排名不分先后）

管东芝　陈　鹏　刘启波　郭琳琳　杨雨丝　王瑜玲

王晓青　王春林　杨剑民　张隆隆　兰　丽　邹雪梅

曹世勇　韩　琪　刘　霞　张玲玲　温晓慧　赵　婧

谢丹凤　王建玉　耿立明　李万渠　刘全升　张香成

巩晓花　王鹏飞　赵　丹　韩洪兴　黎　松　孙　克

张　宁　冯改荣　黄　文　陈　慧　齐嘉文　王英杰

胡　敏　张　宁　闵祥利　林泽昱　朱仕香　刘　钢

王　婷　张　瑜　刘　涛　刘　刚　孙瑞志　韩　颖

徐婵婵　娄文倩　李浩洋　宋银灏　曹碧清　柴　琦

陈丽红　陈　龙　陈秀杰　楚英元　杜　娇　杜玲玲

段永刚　范　鹤　高铭悦　高　伟　赫　璐　胡　旭

黄　鸽　黄　琴　黄艳晖　金剑青　康东坡　李　凯

李云雷　梁晓丹　梁　怡　廖坤阳　林　琳　林　意

林隐芳　刘锋涛　刘建军　刘　宁　刘文恒　刘文华

刘文智　刘亚龙　卢梦潇　陆进保　吕　芳　马涛涛

毛　颖　宁永刚　欧阳婷　钱路宁　石　芳　石　芮

谭　啸　汪　力　王成平　王　晖　王丽辉　王丽芸

王恋星　王　敏　王　其　王　莎　王　威　王维刚

王　霞　王应朝　吴　斌　吴春杨　席作红　谢联瑞

邢　进　熊　威　徐炳进　严晓红　杨　鹏　易　丽

尤　忆　于晓娜　俞嘉陈　张福文　张　杰　张京晶

张瑞红　张　莹　张雨鸣　张玉娜　赵辰洋　赵德荣

赵梦哲　赵　敏　赵倩倩　赵卓辉　朱　丽　庄云娇

序

智能建造是我国建筑业转型升级和实现建筑新型工业化体系的重要过程和核心成果，也是我国信息化社会建设的重要组成部分。自2018年同济大学率先开设智能建造专业至今，全国已有230多所高等院校设置了智能建造相关专业，这充分体现了广大院校对智能建造领域新专业的积极关注和主动参与。智能建造专业是在原有土建类专业基础上引入“机器代人”施工，融合了大数据、人工智能、物联网等新技术、新模式、新平台的新兴跨界融合专业，对实现以“互联网+建筑业”为标志的建筑业新业态具有积极意义。

随着智能建造相关专业办学点数量的快速增长，院校在人才培养方面也面临着诸多有待破解的难题。在专业培养目标、人才规格、对应岗位等顶层设计基本完成之后，如何开辟产教融合畅通渠道，如何实现“想法与做法相互支撑”，如何设计出教育教学过程中的“有效落地手段”，如何配置好一流的教学平台与资源，已经成为今后一个时期专业建设发展的关键要素。就教材建设而言，亟待解决的问题主要有：一是适应智能建造相关专业教学的教材开发相对滞后，各院校对优质、适用、特色鲜明、成套系编写的教材需求急迫；二是软件应用、自动控制、机电及大数据等“跨界课程”，如何为专业服务、如何进入专业和设计教学空间，也需要高水平的教材来引领；三是与实际工程对接紧密，行动导向或理实一体化的新形态教材整体缺失，对专业与课程的创新发展促进作用不突出。院校亟需一套兼顾“前沿”与“系统”、“交叉”与“专业”、“理论”与“实践”的教材。

近年来，国家和有关部委陆续出台了一系列推动智能建造与建筑工业化协同发展的系列文件，为了服务国家发展战略，紧跟建筑行业转型升级和数字化发展趋势，助力培养新业态背景下行业所需的智能建造人才，高等教育出版社和广联达科技股份有限公司合作组织编写了智能建造领域高素质技术技能人才培养系列教材。系列教材由12本涵盖智能建造相关专业技术和管理领域，并兼顾专业通识和专业拓展功效的教材组成，拟分批陆续出版发行。本套教材有以下三个方面的特点：一是突出了立德树人，系列教材深入贯彻党的二十大报告提出的“深入实施人才强国战略”“努力培养造就更多大师、战略科学家、一流科技领军人才和创新团队、青年科技人才、卓越工程师、大国工匠、高技能人才”的要求，充分挖掘教材的思政元素，将社会主义核心价值观、家国情怀、专业素养和工匠精神融入学习任务中，为培养造就德才兼备的高层次、高素质智能建造技术技能人才提供支撑；二是突出了应用性，系列教材基于对行业发展及岗位能力迁移的整体思考，融入了广联达科技股份有限公司“四流一体”（即业务流、数据流、案例流、教学流）的培养培训模式，建立整体编写框架思维，各本教材通过一个典型的工程案例来展开内容，从项目“立项→设计→施工→交付→运维”的全生命周期中进行业务流、数据流的演示，通过各阶段实体及虚拟数字孪生模型的任务要求，完成各阶段需要产生的成果，形成完整的案例流，达到完整的一体化教学的目的；三是创新了呈现形式，系列教材积极响应教学创新的实际需要，突出职业教育的应用性特色，深入挖掘“项目式、任务式”教材内涵，采用“模块→项目→任务”分层进行整体设计，创新应用了“任务引入→知识准备→任务实施→知识拓展”的教材框架结构，以项目驱动教学活动开展，积极探索“内化于心，外化于形”的理念。

本系列教材在广泛调查研究、认真研讨论证的基础上，由校企协同团队开发编写，相信一定会对智能建造人才培养起到支撑促进作用，成为教师授课的有力助手，学生学习的有效资源，业内人士培训的教学范本。希望本系列教材的出版，能够助力智能建造人才培养体系的完善与优化，为行业培养出更多德才兼备的高层次、高素质智能建造人才，为我国建筑业实现高质量发展、早日建成世界一流的建筑业强国贡献力量。

前言

定额是企业管理科学化的产物，也是科学管理企业的基础和必备条件，在企业现代化管理中占有十分重要的地位。通过对工时消耗的研究、机械设备的选择、劳动组织的优化、材料合理节约使用等方面的分析和研究，使各生产要素得到合理的配置，最大限度地节约劳动力和减少材料的消耗，不断挖掘潜力，提高劳动生产率和降低成本。

《住房和城乡建设部办公厅关于印发工程造价改革工作方案的通知》（建办标〔2020〕38号）文件中指出："取消最高投标限价按定额计价的规定，逐步停止发布预算定额。"这一决定表明，建设单位、施工企业、工程造价咨询企业等企事业单位，未来都应运用大数据技术编制相应定额。因此，工程造价专业的学生进入工作岗位后，编制和应用定额的能力就成为必备的重要技能。

本书以习近平新时代中国特色社会主义思想和党的二十大精神为指导，根据全国高等职业院校工程造价专业的人才培养目标、课程性质以及专业建设的相关要求，依据国家相关政策与法规、最新动态和科研成果，以工程造价改革工作方案和概预算定额等为基础，结合现代建筑市场和工程实际工作，融入大数据分析技术，力求博采众长，全书内容新颖、语言精练、通俗易懂、求真务实。

本书以定额原理为主线，按照掌握定额编制与应用技能的规律，采用"先理论、后实践"的结构模式，全面系统地阐述了建设工程定额体系，以及各类工程建设定额的基本原理、编制方法与应用，并将大数据技术在定额中的应用有机融入各个模块。

为精准引导学习，并为授课教师的教学提供参考，每一个项目均设置导言或案例引入、思维导图，融合新技术、新工艺、新设备、新材料，引入与知识内容匹配的重大工程等；为突出教学重点，本书每一个项目前均设置了学习目标，包括知识目标、能力目标和素养目标，对每一个项目内容进行重点提示和教学引导；为巩固学习效果，每一个任务后设置学习自测或项目实训，每一个模块后附有小结与关键概念、综合训练，综合训练又分为三级训练，即基础训练（习题与思考）、拓展训练和案例分析，帮助学习者逐级加深对知识点的理解和技能的掌握。此外，书中还配有大量的案例及可参考的技术经济资料，具有较强的实用性和可操作性。

本书由浙江广厦建设职业技术大学王瑜玲、武汉城市职业学院王晓青担任主编；浙江广厦建设职业技术大学冯改荣、黄文，烟台大学陈慧，广联达科技股份有限公司齐嘉文担任副主编；浙江广厦建设职业技术大学金剑青参与编写。具体编写分工如下：模块 1 由王瑜玲、王晓青编写，模块 2 由王瑜玲、黄文编写，模块 3 由冯改荣、王瑜玲编写，模块 4 由王瑜玲、冯改荣、黄文、王晓青、金剑青、齐嘉文编写，模块 5 由陈慧编写。全书由王瑜玲统稿和修改。浙江广厦建设职业技术大学孙丽雅、黄丽华担任主审。

我国的工程定额还在不断的改革与发展中，尚有许多问题有待进一步探讨与研究，加之编者水平有限，书中疏漏及不妥之处在所难免，敬请广大读者批评指正，我们将不胜感激！

编者

2023 年 12 月

目录

模块 1

大数据分析与工程定额的基本理论

项目 1.1 工程定额

【学习目标】

(1) 知识目标

① 了解工程定额的起源与发展；

② 熟悉工程定额的分类、体系与特点；

③ 掌握工程定额的编制原则、步骤；

④ 理解工程定额与工程造价的关系。

(2) 能力目标

① 能分析工程定额的分类与体系构成；

② 能合理应用工程定额的编制步骤；

③ 能梳理工程定额与工程造价的关系。

(3) 素养目标

① 培养系统、辩证、发展、创新思维；

② 养成规则意识。

【思维导图】

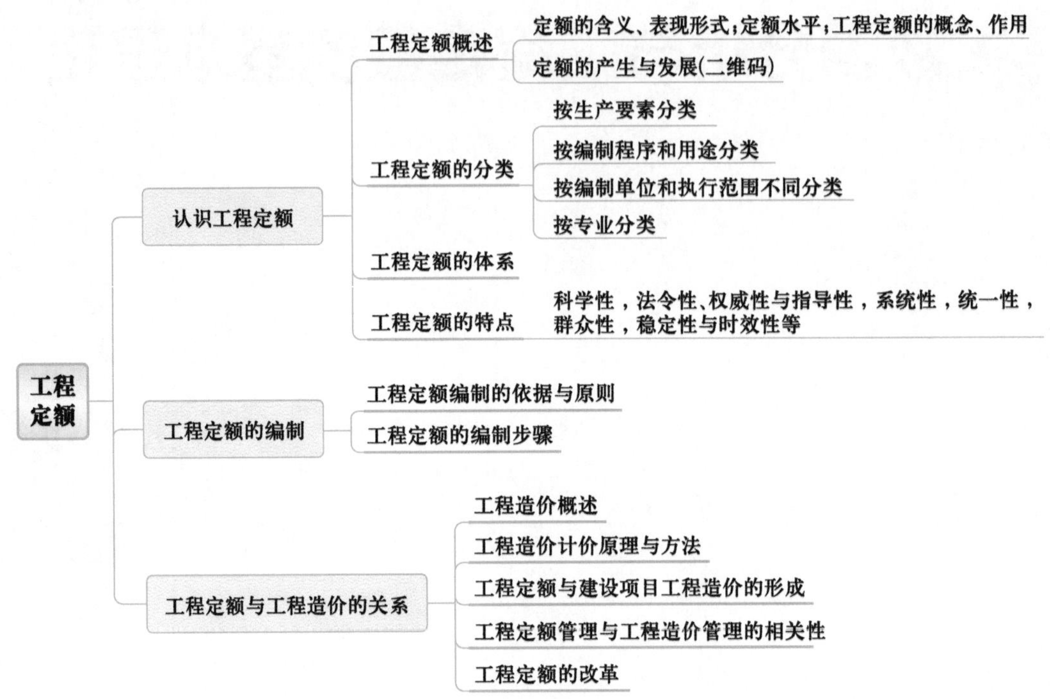

导言

工程造价计价的基本原理在于对项目的分解和组合，其主要思路是将建设项目细分至最基本的构造单元，找到适合的计量单位及当时、当地的单价，采取一定的计价方法，进行分部组合汇总，计算出相应的工程造价。因此，工程造价计价实际上是一种自下而上分部组合计价的过程。正像分子是物质中能够独立存在的相对稳定并保持该物质物理、化学特性的最小单元一样，定额子目的基价是独立于具体项目造价并保持了造价最基本内容（类、项、名、量、价、费等）的最小单元。其中，人工、材料、机械种类、子项、名称、数量、价格、费用等的标准构成要素，恰似原子以一定的种类、数量、次序和排列方式结合成分子，以一定的秩序和规矩组成了定额子目的基价，以备各项目以各自组成和经一定调换方式形成的定额子目单价共同形成项目工程造价。

工程造价对于整个工程而言有着十分重要的作用，而工程造价的核心又在于工程定额，因而工程定额对于整个施工工程而言有着不可替代的作用。那么，工程定额如何产生？目前发展到什么阶段？它的分类、特点、作用等又是怎样的？通过本项目的学习，为你打开工程定额的神秘之门。

任务 1.1.1　认识工程定额

【知识准备】

一、工程定额概述

1. 定额的含义和表现形式

微课：定额的起源与发展

从广义上讲，定额是规定的额度或者限额，即标准或尺度。“定”就是规定，“额”就是额度或限额，是人们根据不同的需要，对某些消耗规定的数量标准，对事物、对资金、对时间在质和量上的规定。这种规定的额度和规则，是人们遵循一定的编制原则，通过某种计算方法制定出来的，是主观对客观事物的反映。它存在于生产、流通、分配的各个领域，也存在于技术和管理领域。不同的产品有不同的质量和安全规范要求，定额不仅仅是一种数量标准，而且是数量、质量和安全要求的统一体。人们利用它对复杂多样的事物进行评价和管理，同时利用它提高生产效率、增加产量，利用它调控经济、决定分配，维护社会公平。

泰勒与圆锹作业研究事例

定额的定义可以表述为：定额是在合理的劳动组织和合理的使用材料、机械的条件下，完成单位合格产品所消耗的资源数量标准，即在一定的社会制度下，根据一定时期的生产力水平和产品的质量要求，完成规定产品所需人力、物力或资金的数量标准。

在数值上，定额表现为生产成果与生产消耗之间一系列对应的比值常数，用公式表示为

$$T_z = \frac{Z_{1,2,3,\cdots,n}}{H_{1,2,3,\cdots,m}} \tag{1-1}$$

式中：T_z——产量定额；

H——单位劳动消耗量（如每一工日、每一机械台班等）；

Z——与单位劳动消耗量相对应的产量。

或

$$T_h = \frac{H_{1,2,3,\cdots,n}}{Z_{1,2,3,\cdots,m}} \tag{1-2}$$

式中：T_h——时间定额；

Z——单位产品数量（如每立方米砖砌体，每平方米油漆，每吨钢筋等）；

H——与单位劳动消耗量相对应的产量。

时间定额与产量定额的关系

产量定额与时间定额是定额的两种表现形式，在数值上互为倒数，即

$$T_z = \frac{1}{T_h} 或\ T_h = \frac{1}{T_z} 或\ T_h \times T_z = 1 \tag{1-3}$$

从式（1-1）~式（1-3）可以看出，生产单位产品所需的消耗量越少，则单位消耗所获得的生产成果越大；反之，生产单位产品所需的消耗量越多，则单位消耗所获得的生产成果越小。定额反映了经济效果的提高或降低。

2. 定额水平

定额水平是指完成单位合格产品所需的人工、材料、机械台班标准的高低程度，是在一

定的社会制度、施工组织条件和生产技术条件下，规定的施工生产中活劳动和物化劳动的消耗水平。

定额水平是一定时期社会生产力水平的反映，代表一定时期的施工机械化和构件工厂化程度，以及工艺、材料等建筑技术发展的水平，体现了企业的组织管理水平和社会成员的劳动积极性。它不是一成不变的，而是随着社会生产力的发展而提高的，但是在一定时期内必须是相对稳定的。一般来说，生产力水平高，则生产效率高，生产过程中的消耗少，定额所规定的资源消耗量就相应降低；反之，生产过程中的消耗就大，定额规定的资源消耗量就相应地提高。故定额水平与生产力水平成正比，与生产资源消耗量成反比。因此，定额必须从实际出发，根据生产条件、质量标准和工人现有的技术水平等，经过测算、统计、分析而制定，并随着条件的变化进行补充和修订，以适应生产力发展的需要。

定额水平可以分为社会平均水平和平均先进水平两种。定额的社会平均水平，指在正常施工条件下，以平均的劳动强度、平均的技术熟练程度、平均的技术装备条件完成单位合格产品所需付出的劳动消耗量的水平。这种以社会平均劳动时间来确定的消耗量水平称为社会平均水平。定额的平均先进水平是指在正常的施工条件下，多数施工班组或生产者经过必要努力才能达到的劳动消耗量的水平。

定额水平要根据拟编制定额的种类来确定。例如，编制行业定额用于对整个行业进行指导时，应以该行业的平均水平作为定额水平；编制地区定额用于指导某地区时，应以某地区该行业的平均水平作为定额水平；编制企业定额为企业控制成本及投标报价时，应以该企业的平均先进水平作为定额水平。

3. 工程定额的概念

工程定额的作用

工程定额是诸多定额中的一类，是研究一定时期建设工程范围内的生产消耗规律后得出的具体结论。它和度量衡一样是一种衡量的标准，是一种评判的尺度，在工程计价活动中起着不可替代的作用。在计划经济时代，工程定额是工程建设规划、组织、调节、控制的尺度，具有较强的权威性。凡是由政府有关部门颁布的定额，都具有法定性。在市场经济条件下，工程定额仍然承担着为建设市场主体提供基础性、协调性、服务性的保障职能。

工程定额是指在一定的社会生产力发展水平，正常的工程施工条件，合理的施工工艺和劳动组织，合理使用材料和机械的条件下，完成规定计量单位的合格工程产品所消耗的人工、材料、施工机械台班、工期天数及相关费率的数量标准。

掌握工程定额的概念需要理解以下几方面的内容。

1）“一定的社会生产力发展水平”说明了定额所处的时代背景，定额应是这一时期技术和管理水平的反映，是这一时期的社会生产力水平的反映。

2）“正常的施工条件”说明了规定计量单位的合格工程产品生产的前提条件，即施工条件要完善，如浇筑混凝土是在常温下进行的、挖土深度或安装高度是在正常的范围以内等；否则，就应有在特殊情况下相应调整定额的规定。

3）“合理的施工工艺和劳动组织，合理使用材料和机械的条件下”是指生产过程按照生产工艺（符合现行技术水平及适用条件）和施工验收规范操作，劳动组织应科学合理，生产施工应符合国家现行的施工及验收规范、规程、标准，材料应符合质量验收标准，施工机械应运行正常。

4）“规定计量单位的合格工程产品”中的“单位”是指定额子目中的单位，定额子目是指按工程结构分解的最小计量单元。由于定额类型和研究对象的不同，这个“单位”可以指某一单位的分项工程、分部工程或单位工程，如 1 m^3 砖基础、1 m^2 门窗工程、1 座烟囱等。在定额概念中规定了单位产品必须是合格的，即符合国家有关建筑产品的设计和施工验收规范、质量和安全评定标准等。

可见，工程定额采用科学的方法对完成单位合格产品进行的定员（定工日）、定质（定质量）、定量（定数量）、定价（定资金），同时还规定了应完成的工作内容、达到的质量标准和安全要求等。工程定额反映了一定的社会生产力发展水平下，完成建设工程中某项合格产品与各种生产消耗之间特定的数量关系；同时，也反映了生产出质量合格的单位建筑产品与消耗的人力、物力和财力的数量标准之间，存在着以质量为基础的数量关系。

二、工程定额的分类

工程定额反映了工程建设产品和各种资源消耗之间的客观规律。工程定额是一个综合概念，它是多种类、多层次单位产品生产消耗数量标准的总和。为了对工程定额有一个全面的了解，可以按照不同原则和方法对它进行科学的分类。

微课：工程定额的分类、体系与特点

1. 按生产要素分类

按工程定额反映的物质消耗内容，即按生产要素，工程定额可以分为人工消耗定额、材料消耗定额、机械消耗定额三类，见图 1–1。

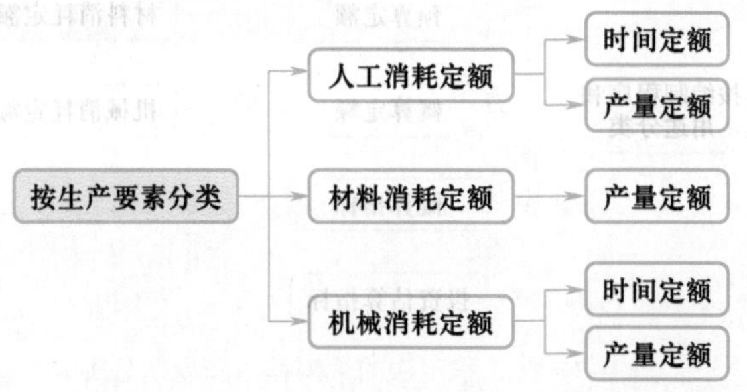

图 1–1　按工程定额构成的生产要素分类

（1）人工消耗定额

人工消耗定额即劳动定额，又称人工定额或工时定额，是指在合理的劳动组织条件下，工人以社会平均熟练程度和劳动强度在单位时间内生产合格产品的数量。它是反映建筑产品生产中活的劳动消耗量的标准。为了便于综合和核算，人工消耗定额大多采用工作时间消耗量来计算劳动消耗的数量，其主要表现形式是时间定额。但为了便于组织施工和任务分配，同时也采用产量定额的形式来表示人工消耗定额。

人工消耗定额反映了建筑安装工人劳动生产率的社会平均先进水平，是施工定额、预算定额、概算定额等各类工程定额的重要组成部分。

（2）材料消耗定额

材料消耗定额即材料定额，是指在正常的生产条件和合理使用材料的情况下，完成单位合格工程建设产品必须消耗的原材料、成品、半成品、构配件、燃料以及水、电等动力资源的数量标准。材料作为劳动对象，是构成工程的实体物资，需用数量较大、种类较多，是各类工程定额的重要组成部分。材料消耗定额在很大程度上可以影响材料的合理调配和使用。在产品生产数量和材料质量一定的情况下，材料的供应计划和需求都会受材料定额的影响。重视和加强材料定额管理，制定合理的材料消耗定额，是组织材料正常供应，保证生产顺利进行，以及合理利用资源，减少积压、浪费的必要前提。

（3）机械消耗定额

机械消耗定额即机械定额。由于我国机械消耗定额是以一台机械一个工作班为计量单位，所以其又称为机械台班定额。机械台班是指一台机械工作 8 小时。机械消耗定额是指在正常的生产条件下，完成单位合格工程建设产品必须消耗的机械台班的数量标准。机械消耗定额按反映机械消耗的方式不同，可以分为产量定额和时间定额两种形式。

人工消耗定额、材料消耗定额、机械消耗定额都是计量性定额，均为施工定额、预算定额、概算定额、概算指标等定额的重要组成部分，是工程定额的基础性定额，因此又称为基础定额。

2. 按编制程序和用途分类

按工程定额的编制程序和用途，可以把工程定额分为施工定额、预算定额、概算定额、概算指标及投资估算指标，见图 1–2。

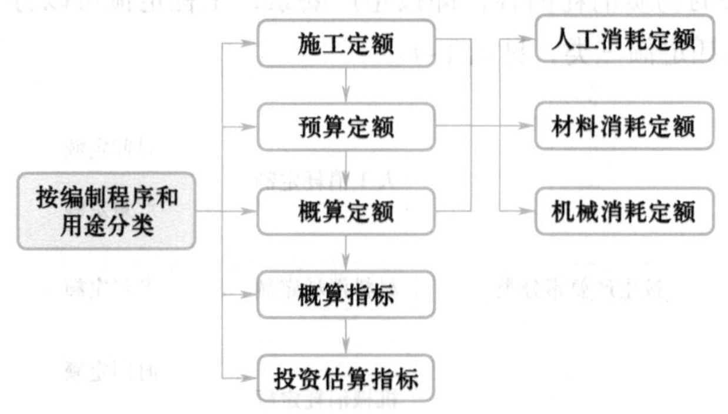

图 1–2　按工程定额的编制程序和用途分类

（1）施工定额

施工定额是指以同一性质的施工过程或基本工序为测定对象，确定建筑安装工程在正常的施工条件下，为完成某种单位合格产品的人工、材料和机械台班消耗的数量标准。施工定额由人工消耗定额、材料消耗定额、机械消耗定额组成，是施工企业组织生产和加强管理的企业内部使用的一种定额，可以称为企业生产定额或企业定额。施工定额的项目划分很细，是工程建设定额中分项最细、定额子目最多的一种定额，是工程建设定额中的最基础定额，也是编制预算定额的基础。

（2）预算定额

预算定额是指以各分项工程或结构构件为编制对象，规定某种建筑产品的人工消耗量、材料消耗量和机械台班消耗量。一般在定额中列有相应地区的单价，是计价性的定额。预算定额是编制单位工程初步设计概算和施工图预算、招标工程标底及投标报价的依据，也是承发包双方编制施工图预算、签订工程承包合同以及编制竣工结算的依据。因此，预算定额在工程建设中占有很重要的地位。从编制程序看，施工定额是预算定额的编制基础，而预算定额是概算定额、概算指标或投资估算指标的编制基础，预算定额是计价定额中的基础性定额。

（3）概算定额

概算定额是指以扩大分项工程或扩大结构构件为编制对象，规定某种建筑产品的人工消耗量、材料消耗量和机械台班消耗量，并列有工程费用，也属于计价性定额。概算定额一般是在预算定额基础上编制的，在项目划分上比预算定额更综合扩大，它的项目划分粗细度与扩大初步设计的深度相适应。它是编制初步设计概算，计算和确定工程概算造价，计算人工、机械台班、材料需要量所使用的定额，是控制项目投资的重要依据。

（4）概算指标

概算指标是指以单位工程为编制对象，规定每 100 m² 建筑面积（或每座构筑物体积）为计量单位所需要的人工、材料、机械台班消耗量的标准。概算指标是在三个阶段（初步、技术、施工图）设计中的初步设计阶段，编制工程概算，计算和确定工程的初步设计概算造价，计算人工、材料、机械台班需要量时所采用的一种定额。它的设定与初步设计的深度相适应。概算指标比概算定额更加综合扩大，更具有综合性，一般是在概算定额和消耗量定额的基础上编制的。概算指标所提供的数据也是计划工作的依据和参考，因此，它是控制项目投资的有效工具。

（5）投资估算指标

投资估算指标是指以独立的单项工程或完整的工程项目为计算对象，以预算定额、概算定额、概算指标以及历史的预、决算资料和价格变动等资料为基础，在项目建议书、可行性研究和编制设计任务书阶段编制投资估算、计算投资需要量时使用的一种定额。它具有极强综合性与概括性，其综合概略程度与可行性研究阶段相适应。它是项目决策和投资控制的主要依据。

按工程定额编制程序和用途分类的各种定额间关系比较见表 1–1。

3. 按编制单位和执行范围分类

按编制单位和执行范围的不同，工程定额可分为全国统一定额、行业统一定额、地区统一定额、企业定额和补充定额 5 种，见图 1–3。

（1）全国统一定额

全国统一定额是指由国家建设行政主管部门组织，依据现行有关的国家产品标准、设计规范、施工及验收规范、技术操作规程、质量评定标准和安全操作规程，综合全国工程建设中技术和施工组织技术条件的情况进行编制、批准、发布的定额。各行业、部门普遍适用，在全国范围内执行，如《全国统一建设工程劳动定额》《全国统一建筑安装工程工期定额》《全国统一安装工程预算定额》等。

表 1-1　按工程定额编制程序和用途分类的各种定额间关系比较

定额种类	定额性质	定额水平	使用阶段	项目划分	编制对象	层次
施工定额	生产性定额	平均先进	施工阶段 – 施工预算	最细	施工过程或基本工序	最基础
预算定额	计价性定额	平均	施工图设计阶段、招投标阶段 – 施工图预算（合同价）	细	分项工程或结构构件	基础
概算定额			初步设计阶段 – 设计概算	较粗	扩大的分项工程或扩大的结构构件	综合
概算指标			项目投资决策阶段 – 投资估算	粗	单位工程	进一步综合
投资估算指标			项目投资决策阶段 – 投资估算	很粗	独立的单项工程或完整的工程项目	最综合

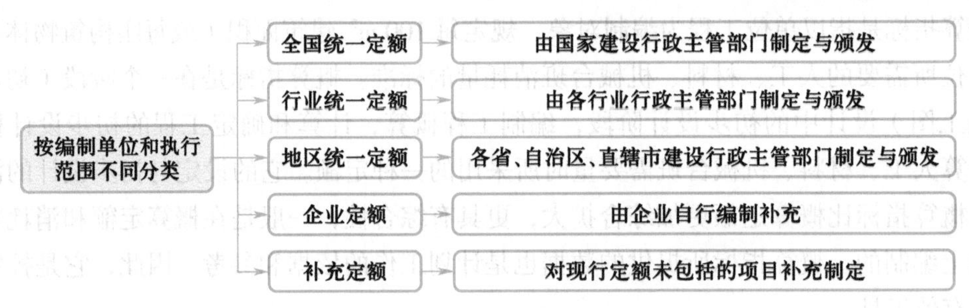

图 1-3　按编制单位和执行范围分类

（2）行业统一定额

行业统一定额是指由各行业行政主管部门组织，在国家行业行政主管部门统一指导下，依据行业标准和规范，充分考虑本行业专业技术特点、施工生产和管理水平进行编制、批准、发布的定额。行业统一定额往往是为专业性较强的工业建筑安装工程制定的，一般只在本行业和相同专业性质的范围内使用，如《水利水电建筑工程预算定额》《电力建设工程预算定额》《石油建设安装工程预算定额》等。

（3）地区统一定额

地区统一定额是指各省、自治区、直辖市建设行政主管部门在国家建设行政主管部门统一指导下，考虑地区特点和统一定额水平的条件，对全国统一定额进行调整、补充编制并批准、发布的定额。地区统一定额一般在考虑各地区不同的气候条件、资源条件和交通运输条件等的基础上编制，只在规定的地区范围内使用，如《浙江省房屋建筑与装饰工程预算定额》《浙江省房屋建筑与装饰工程概算定额》等。

（4）企业定额

企业定额是指由企业根据本企业的人员素质、机械装备程度和企业管理水平，参照国家、部门或地区定额自行编制的定额。企业定额只限于本企业内部使用，是企业从事生产经营活动的重要依据，也是企业不断提高生产管理水平和市场竞争能力的重要标志。企业定额水平应高于国家、行业或地区定额，才能满足生产技术发展、企业管理和市场竞争的需要。

（5）补充定额

补充定额是指随着设计、施工技术的发展，在现行定额不能满足需要的情况下，为补充现行定额中漏项或缺项而制定的定额。一般由施工企业提出测定资料，与建设单位或设计单位协商议定，并同时报主管部门备查，只在指定的范围内一次性使用，因此补充定额又称一次性定额。补充定额经过总结和分析，往往成为补充或修订正式统一定额的基本资料。

4. 按专业分类

按专业不同，工程定额可分为建筑工程定额、安装工程定额、仿古建筑及园林工程定额、公路工程定额、铁路工程定额、井巷工程定额、水利工程定额等。

三、工程定额的体系

要研究工程定额，除了要全面认识各种定额外，还要了解它的体系结构。从工程定额的分类，可以看出各种定额之间的有机联系。它们相互区别、相互交叉、相互补充、相互联系，从而形成一个与建设程序分阶段工作深度相适应、层次分明、分工有序的工程定额体系，见图 1–4。

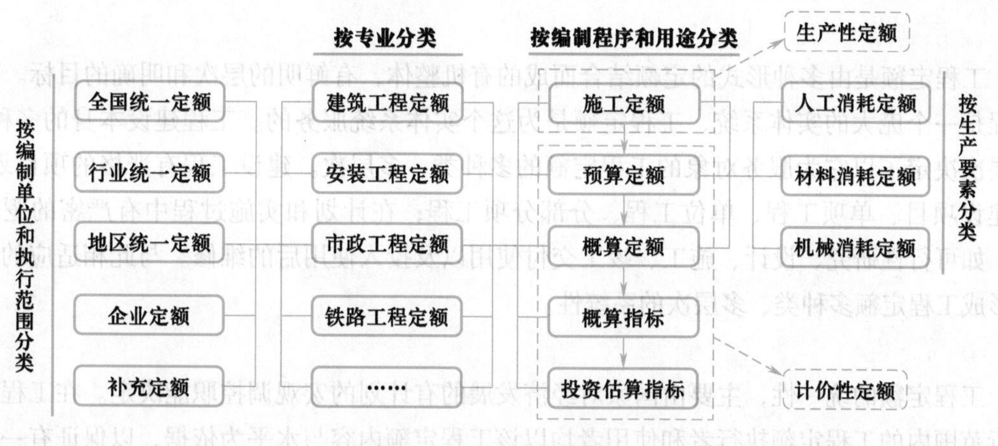

图 1–4　工程定额体系

四、工程定额的特点

工程定额具有以下特点。

1. 科学性

工程定额是采用科学的思想，运用科学的方法及手段，在认真研究基本经济规律、价值规律的基础上，经长期严密的观察、测定，总结生产实践经验，广泛收集有关资料后制定的。定额在编制过程中，尊重客观规律，应用科学的方法进行现场的工时分析、作业研究、机具设备改良，并对现场施工技术与组织的合理配置进行综合分析与研究，从而确定各项消耗标准。一方面，工程定额和生产力发展水平相适应，能反映出工程建设中生产消耗的客观规律；另一方面，工程定额管理在理论、方法和手段上适应现代科学技术和信息社会发展的需要。

2. 法令性、权威性与指导性

计划经济条件下，定额经国家各级主管部门按照一定的科学程序组织编制并颁发后，任何单位或个人都应当遵守定额管理权限的规定，不得任意改变定额的结构形式和内容，不得任意降低或变相降低定额水平，如需要进行调整、修改和补充，必须经授权批准，而且定额管理部门还应对其使用进行监督管理。在计划经济时代，定额具有较强的法令性特点，而伴随着市场经济时代的到来，定额的法令性特点正逐步弱化，转变为权威性。

在市场经济条件下，定额涉及各有关方面的经济关系和利益关系。赋予工程定额一定的权威性，意味着在规定的范围内，对于定额的使用者和执行者而言，不论主观上是否愿意，都必须按定额的规定执行。与此同时允许各建设业主和工程承包商在一定范围内根据具体情况适当调整。这种具有权威性的可灵活使用的定额，符合社会主义市场经济条件下建筑产品的生产规律。在当前市场不完善的情况下，赋予工程定额权威性是十分重要的。

但随着社会主义市场经济的不断深化，投资体制的改革和投资主体多元化格局的形成以及企业经营机制的转换，各方主体都可以根据市场的变化和自身的情况，自主调整自己的决策行为。一些与经营决策有关的工程建设定额的权威性特征就弱化了，转而成为对整个建设市场和具体建设产品交易的指导作用。

3. 系统性

工程定额是由多种形式的定额结合而成的有机整体，有鲜明的层次和明确的目标。建设工程是一个庞大的实体系统，工程定额是为这个实体系统服务的。工程建设本身的多种类、多层次决定了以它为服务对象的工程定额的多种类、多层次。建设工程有严格的项目划分，如建设项目、单项工程、单位工程、分部分项工程；在计划和实施过程中有严密的逻辑阶段，如可行性研究、设计、施工、竣工交付使用以及投入使用后的维修。与此相适应的，必然形成工程定额多种类、多层次的系统性。

4. 统一性

工程定额的统一性，主要由国家对经济发展的有计划的宏观调控职能决定。在工程定额执行范围内的工程定额执行者和使用者均以该工程定额内容与水平为依据，以保证有一个统一的核算尺度，从而使比较、考核经济效果和有效的监督管理有了统一标准。工程定额的统一性按照其影响力和执行范围来看，有全国统一定额、行业统一定额、地区统一定额等；按照定额的制定、颁布和贯彻使用来看，有统一的程序、统一的原则、统一的要求和统一的用途。

5. 群众性

工程定额的制定来源于群众的生产经营活动，需要经过广泛收集群众的意见以及大量实测数据的综合分析，而定额的执行又成为群众参加生产经营活动的准则，即工程定额的制定和执行，具有广泛的群众基础，具有群众性的特点。定额的编制采用工人、技术人员和定额专职人员相结合的方式，使得定额能从实际水平出发，并保持一定的先进性质；又能把群众的长远利益和当前利益、广大职工的劳动效率和工作质量，国家、企业和劳动者个人三者的物质利益结合起来，充分调动广大职工的积极性，完成和超额完成工程任务。

6. 稳定性与时效性

工程定额中的任何一种定额都是一定时期技术发展和管理水平的反映，在一段时间内，其人工、材料、机械的配置和消耗量均表现为相对稳定的状态，这是有效执行定额所必需的。如果定额处于经常修改的变动状态中，势必造成执行过程中的困难与混乱，也会给定额的编制工作带来极大的困难。然而定额的稳定性是相对的，不同的定额稳定的时间也不同，一般在 5 ~ 10 年之间。社会生产力的发展有一个由量变到质变的变化周期，当生产力向前发展，原有定额不能适应生产需要时，就要根据新的情况对定额进行修订、补充或重新编制，这也反映了定额的时效性。

工程定额的管理

【学习自测】

理清工程定额的分类、体系与特点，并尝试绘制工程定额的思维导图。

学习自测参考答案

任务 1.1.2 工程定额的编制

【知识准备】

一、工程定额编制的依据与原则

1. 工程定额编制的依据

（1）法律法规

国家有关的法律、法规，政府的价格政策，现行的建筑安装工程施工及验收规范，安全技术操作规程和现行劳动保护法律、法规，国家设计规范等。

（2）劳动制度

工人的技术等级标准、工资标准、工资奖励制度、劳动保护制度、八小时工作制等。

（3）各种规范、规程、标准

各种设计规范、质量及验收规范、技术操作规程、安全操作规程等。

（4）技术资料、测定和统计资料

具有代表性的典型工程施工图、正常施工条件、机械装备程度、常用施工方法、施工工艺、劳动组织、技术测定数据、定额统计资料等。

2. 工程定额编制的原则

（1）技术先进、经济合理的原则

微课：工程定额的编制与管理

工程定额项目的确定、施工方法和材料选择等，应能正确反映建筑技术水平，及时采用已经成熟并得到普遍推广的新技术、新材料、新工艺，以促进生产的提高和建筑技术水平的进一步发展。对新型工程以及建筑产业现代化、绿色建筑、建筑节能工程建设的新型要求应当及时制定新定额；对相关技术规程和技术规范已经全面更新，且不能满足工程计价要求的定额，应当进行全面修订；对相关技术规程和技术规范发生局部调整，且不能满足工程计价需要的定额，部分子目已经不适应工程计价需要定额，应及时进行局部修订；对工程定额发布后的工程建设中出现的新技术、新工艺、新材料、新设备等情况，应当根据工程建设需求及时编制补充定额。

此外，纳入工程定额的材料规格、质量、数量、劳动效率和施工机械的配备等要符合经济合理的要求。

（2）简明扼要、适用方便的原则

工程定额既要简明扼要、层次清楚、结构严谨、数据准确，还应满足各方面使用的需要，使其具有多方面的适用性，且使用方便。工程定额步距大小要适当；各种文字说明应简明扼要、通俗易懂；计量单位的选择要合理；计算方法要简便适用，易为群众掌握运用，能在较大范围内满足不同情况、不同用途的需要。

（3）专群结合、以专为主的原则

工程定额的编制是一项工作量大、工作周期长、政策性强和技术性复杂的技术经济工作，需要由专门的机构进行大量的组织工作和协调指挥，要求相关工作人员具有丰富的技术知识、管理工作经验，以及一定的政策水平。以专家为主导，负责协调指挥、掌握政策、制定方案、调查研究、组织技术测定和工程定额的颁发执行等工作，在工作过程中要广泛收集群众意见，使工程定额能从实际水平出发，保障工程定额的质量及实用性。

（4）动态管理的原则

经济、技术快速发展的今天，工程定额的编制水平必须与社会生产力水平相适应，准确反映市场行情，包括市场上劳动力价格水平、材料价格水平，以及因新技术、新工艺、新设备、新材料变化所带来的一些市场要素的价格水平情况。因此，保持定额的适时更新，并为此建立相应的动态提升机制，对于维护定额的科学性、实用性、有效性，更好地服务市场各方主体，都具有积极的意义。

二、工程定额的编制步骤

工程定额编制的基本步骤：建立编制的组织机构、收集有关编制依据资料→制订定额编制方案→拟定定额的适用范围→拟定定额的结构形式→定额的制定→确定定额水平→定额水平的测算对比。

1. 建立编制的组织机构、收集有关编制依据资料

根据具体定额确定定额编制的机构，制订工作计划，组织具有一定工程实践经验和专业技术水平的人员成立编制组，收集编制与修订定额所需的各项资料。

2. 制订定额编制方案，拟定定额的适用范围

编制组负责拟定编制方案及其适用范围，编制机构负责对编制方案进行审查。编制方案主要包括任务依据、编制目的、编制原则、编制依据、适用范围、主要内容、需要解决的主要问题、编制组人员与分工、进度安排、编制经费来源等，并对编制过程中一系列重要问题，作出原则性的规定，据此指导编制工作的全过程。

3. 拟定定额的结构形式

定额的结构形式是指定额项目的划分、章节的编排等具体形式。定额的结构形式要求简

明、适用，编制工程定额时应全面加以贯彻。当二者出现矛盾时，定额的简明性要服从于适应性的要求。坚持简明、适用的原则，主要应满足以下要求。

（1）定额章、节的划分及编排要方便使用

定额章、节的划分及编排是拟定定额结构形式的一项重要工作，关系到定额是否方便好用。章的划分通常按不同的分部划分或按不同工种和劳动对象划分；节的划分通常按不同的材料划分、按分部分项工程划分或按不同构造划分；章节的编排必须包括工程内容、质量要求、劳动组织、操作方法、使用机具以及有关规定的文字说明。

（2）文字通俗易懂

定额的文字说明、注释等应明白、清楚、简练、通俗易懂，名词术语应是全国通用的。每种定额应有“总说明”，两章及两章以上的共性问题编写在“总说明”中；每章应有“章说明”，两节及两节以上的共性问题编写在“章说明”中；每节的文字说明一般包括工作内容、操作方法和有关规定等。

（3）定额项目划分应合理

定额项目是定额结构形式的主要部分，是定额结构形式简明适用的核心问题。首先，定额项目的划分要求定额项目齐全，要将施工过程中主要的、常有的施工活动，全部直接反映在工程定额项目中。其次，定额项目划分粗细恰当，应从编制施工作业计划、签发施工任务书、计算工人劳动报酬等需要出发，以工种分部分项工程为基础，妥善处理好粗与细、繁与简、单项与综合、工序与项目的关系，使项目划分粗细适当。定额项目的划分方法主要有：按机具和机械施工方法划分、按产品的结构特征和繁简程度划分、按工程质量的不同要求划分及按使用的材料划分等。此外，土的分类，工作物的长度、宽度、直径，设备的型号、容量大小等也是定额项目划分的方法。

（4）步距大小适当

步距是同类型产品（或同类工作过程）相邻定额项目之间的水平间距。例如，砌筑砖墙的一组定额，其步距可以按砖墙厚度分为 1/4 砖墙、1/2 砖墙、3/4 砖墙、1 砖墙、3/2 砖墙、2 砖墙等，步距保持在 1/4 ~ 1/2 墙厚之间。步距与定额项目数成反比。步距大，定额项目数少，定额水平精确度就会降低，影响按劳分配；步距小，定额项目数多，定额水平精确度就会提高，但计算和管理都比较复杂，定额编制的工作量大，使用也不方便。因此，步距的大小要适当。通常，主要工种、主要项目、常用项目的步距要小一些；次要工种、工程量不大或不常用的项目，步距可以适当放大。

（5）计算方法简便、计量单位合理

计算方法力求简化，易掌握、方便运用。计量单位应符合通用的原则，一般采用公制和十进位或百进位制，要能正确反映劳动力与材料的消耗量。确定计量单位应遵循以下原则：① 能够准确、形象地反映产品的形态特征；② 便于计算和验收工程量；③ 大小要适当，既要方便使用，又要能保证定额的精确度；④ 施工过程各组成部分的计量单位尽可能相同，便于定额的综合；⑤ 计量单位的名称和书写都应采用国家法定的计量单位。

定额项目的工程量单位要尽可能同产品的计量单位一致，便于组织施工，便于划分已完工程，便于计算工程量，便于工人掌握运用。

4. 定额的制定

定额的制定是指在已收集资料的基础上，定额编制机构和编制人员在定额的适用范围内，通过对工作的研究分析、设计和管理，按照拟定定额的结构形式合理有序地制定定额。

（1）工时研究

工时研究，即工作时间研究，是指将工人或施工机械在整个生产过程中所消耗的工作时间，根据其性质、范围和具体情况，予以科学地划分、归纳，以充分利用工作时间，提高劳动效率。这是技术测定的基本步骤和内容之一，也是编制劳动定额的基础工作。工时研究包括动作研究和时间研究两个部分。

（2）施工过程研究

施工过程是在施工现场所进行的生产过程，大到一个建设项目，小到一个工序。按不同的分类标准，施工过程可以分成不同的类型。① 按施工的性质不同，施工过程可以分为建筑过程、安装过程和建筑安装过程；② 按施工过程的完成方法不同，施工过程可分为手工操作过程（手动过程）、机械化过程（机动过程）和机手并动过程（半机械化过程）；③ 按施工劳动分工的特点不同，施工过程可以分为个人完成过程、工人班组完成过程和施工队完成过程；④ 按施工过程组织上的复杂程度，施工过程可以分为工序、工作过程和综合工作过程。具体内容详见模块 2 项目 1 任务 1。

（3）工程定额的编制方法

工程定额的编制方法主要有技术测定法、比较类推法、统计分析法、经验估计法等，详见模块 2 项目 2。

5. 确定定额水平

定额水平主要反映在产品质量与原材料消耗量、生产技术水平与施工工艺先进性、劳动组织合理性与人工消耗量等方面。定额水平的确定是一项复杂、细致的工作，具有较强的技术性，要在先做好有关定额水平的资料收集、整理和分析工作的基础上，分析总结影响定额水平的各种因素，确定定额水平。

（1）收集定额水平资料

该项工作是确定定额水平的基础性工作，要充分发挥定额专业人员的作用，积极做好技术测定工作，同时收集在正常施工条件下的施工过程中实际完成的统计资料和实践经验资料，并保证其准确性、完整性和代表性。

（2）分析采用定额水平资料

对收集到的资料进行分析，选用工作内容齐全、施工条件正常、各种影响因素清楚，以及产品数量、质量、工料消耗数据可靠的资料，进行加工整理，作为确定定额水平的依据。

（3）确定定额水平

一方面，根据企业的生产力水平确定定额水平；另一方面，根据定额的作用范围确定定额水平。既要坚持平均水平（定额用以指导整个行业或某一地区时）或平均先进水平（企业定额）的原则，又要处理好数量与质量的关系，以现行的工程质量验收规范为质量标准，在达到质量标准的前提下确定定额水平，并考虑工人的安全生产和身心健康，对损害身体健康的工作应该减少作业时间。

6. 定额水平的测算对比

为了对比新编定额与现行定额，并分析新编定额水平提高或降低的幅度，需要对定额水平进行测算。由于定额项目众多，一般不做逐项对比和测算，通常将定额中的主要常用项目进行对比分析。项目对比时，应注意所选项目包括工作内容、施工条件、计算口径等是否一致，如若不一致，则无可比性，比较结果无法反映定额水平变化的实际情况。

定额水平的测算通常采用单项水平对比和总体水平对比的方法。

（1）单项水平对比

用新编定额选定的项目与现行定额对应的项目进行对比，其比值反映了新编定额水平比现行定额水平提高或降低的幅度，计算公式为

$$新编定额水平提高或降低幅度=\left(\frac{现行定额单项消耗量}{新编定额单项消耗量}-1\right)\times 100\% \qquad (1\text{-}4)$$

（2）总体水平对比

用同一单位工程计算出的工程量，分别套用新编定额和现行定额的消耗量，计算出人工、材料、机械台班总消耗量后进行对比，从而分析新编定额水平比现行定额水平提高或降低的幅度，其计算公式为

$$新编定额水平提高或降低幅度=\left(\frac{现行定额分析的单位工程消耗量}{新编定额分析的单位工程消耗量}-1\right)\times 100\% \qquad (1\text{-}5)$$

【学习自测】

通过施工现场调研，简述定额项目如何划分，定额步距如何确定。

学习自测参考答案

任务 1.1.3 工程定额与工程造价的关系

【知识准备】

一、工程造价概述

工程造价的两种含义

工程造价是指从工程项目开始到最终验收，整个过程中所使用的全部费用。工程造价主要具有以下 3 个特点。第一，分项性特点。任何的工程项目都由诸多单项工程构成，而每一个单项工程又可以细分成单位工程、分部工程，这些分部工程又可以分为不同的分项工程。第二，单件性特点。各工程项目在造型、装饰及结构方面也各不相同，在用途、面积等方面都有明显差异，此外，在施工技术、材料及所用设备方面均有明显区别。第三，多次性特点。为满足工程项目建设中的造价控制、经济关系协调以及管理等方面的要求，需要结合设计阶段，进行多次计价处理。

微课：工程定额与工程造价的关系

二、工程造价计价原理与方法

1. 利用函数关系对拟建项目的造价进行类比匡算

当一个建设项目还没有具体的图样和工程量清单时，需要利用产出函数对建设项目投资

进行匡算。在微观经济学中把过程的产出和资源的消耗这两者之间的关系称为产出函数。在建筑工程中，产出函数建立了产出的总量或规模与各种投入（如人工、材料、机械等）之间的关系。因此，对某一特定的产出，可以通过对各投入参数赋予不同的值，从而找到一个最低的生产成本。房屋建筑面积的大小和消耗的人工之间的关系就是产出函数的一个例子。

投资的匡算通常基于某个表明设计能力或者形体尺寸的变量，如建筑面积、高速公路的长度、工程的生产能力等。在这种类比匡算方法下尤其要注意规模对造价的影响。项目的造价并不总是和规模大小呈线性关系，典型的规模经济或规模不经济都会出现。因此，要慎重选择合适的产出函数，寻找模型与经济有关的经验数据，如生产能力指数法与单位生产能力估算法就是采用不同的生产函数。

2. 分部组合计价原理

如果一个建设项目的设计方案已经确定，常用的是分部组合计价法。任何一个建设项目都可以分解为一个或几个单项工程，任何一个单项工程都是由一个或者几个单位工程所组成。作为单位工程的各类建筑工程和安装工程仍然是一个比较复杂的综合实体，还需要进一步分解。单位工程可以按照结构部位、路线长度及施工特点或施工任务分解为分部工程。分解为分部工程后，从工程计价的角度，还需要把分部工程按照不同的施工方法、材料、工序及路段长度等，进行更为细致的分解，划分为更加简单细小的部分，即分项工程。按照计价需要，将分项工程进一步分解或适当组合，就可以得到基本构造单元了。建设项目的层级划分见图 1–5。

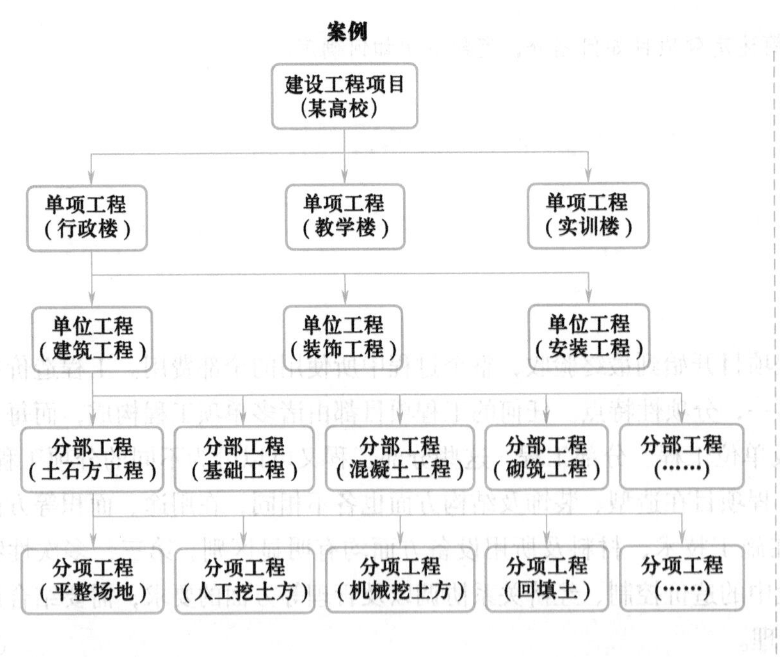

图 1–5　建设项目的层级划分

工程造价计价的主要思路就是将建设项目细分至最基本的构造单元，找到适当的计量单位及当时当地的单价后，就可以采取一定的计价方法，进行分部组合汇总，计算出相应的工程造价。工程造价计价的基本原理就是项目的分解与组合。

工程造价计价可分为工程计量和工程计价两个环节。

（1）工程计量。工程计量工作包括工程项目的划分和工程量的计算。

1）单位工程基本构造单元的确定，即划分工程项目。编制工程概算、预算时，主要是按工程定额进行项目的划分；编制工程量清单时，主要是按照清单工程量计算规范规定的清单项目进行划分。

2）工程量的计算就是按照工程项目的划分和工程量计算规则，根据不同的设计文件对工程实物量进行计算。工程实物量是计价的基础，不同的计价依据不同的计算规则。目前，工程量计算规则包括两大类：各类工程定额规定的计算规则和各专业工程量计算规范附录中规定的计算规则。

（2）工程计价。工程计价包括工程单价的确定和总价的计算。

工程单价是指完成单位工程基本构造单元的工程量所需要的基本费用。工程单价包括工料单价和综合单价。

工料单价仅包括人工费、材料费、机械费，是各种人工消耗量、各种材料消耗量、各类施工机具台班消耗量与其相应单价的乘积，用以下公式表示

$$工料单价=\sum[人工、材料、机具消耗量\times（人工、材料、机具单价）] \quad (1\text{-}6)$$

综合单价除包括人工费、材料费、机械费外，还包括可能分摊在单位工程基本构造单元的费用。根据我国现行有关规定，综合单价又可以分成不完全综合单价与完全综合单价两种。不完全综合单价中除了包括人工费、材料费、机械费，还包括企业管理费、利润和风险因素；完全综合单价中除了包括人工费、材料费、机械费，还包括企业管理费、利润、规费和税金。

综合单价应根据国家、地区、行业定额或企业定额消耗量和相应生产要素的市场价格，以及定额或市场的取费费率来确定。工程计价的基本原理可以用以下公式的形式表达

$$分部分项工程费=基本构造单元工程量（定额项目或清单项目）\times 相应单价（或措施项目费） \quad (1\text{-}7)$$

$$措施项目费=\sum 各措施项目费 \quad (1\text{-}8)$$

$$单位工程造价=分部分项工程费+措施项目费+其他项目费+规费+税金 \quad (1\text{-}9)$$

$$其他项目费=暂列金额+暂估价+计日工+总承包服务费 \quad (1\text{-}10)$$

$$单项工程造价=\sum 单位工程造价 \quad (1\text{-}11)$$

$$建设项目总造价=\sum 单项工程造价 \quad (1\text{-}12)$$

工程量清单计价活动涵盖施工招标、合同管理以及竣工交付全过程，主要包括编制招标工程量清单、招标控制价、投标报价，确定合同价，进行工程计量与价款支付、合同价款的调整、工程结算和工程计价纠纷处理等活动。

三、工程定额与建设项目工程造价的形成

建设项目生产过程是一个周期长、资源消耗量大的生产消费过程。从建设项目可行性研究开始，到竣工验收交付生产或使用，项目是分阶段进行建设的。根据建设阶段的不同，对

同一工程的造价，在不同的建设阶段，有不同的名称、内容。为了适应工程建设过程中各方经济关系的建立，满足项目决策、控制和管理的要求，需要对其进行多次计价。

建设项目处于项目建议书阶段和可行性研究报告阶段，拟建工程的工程量还不具体，建设地点也尚未确定，工程造价不可能也没有必要做到十分准确，此阶段的造价定名为投资估算。在设计工作初期阶段，对应初步设计的是设计概算或设计总概算，当进行技术设计或扩大初步设计时，设计概算必须做调整、修正，反映该阶段的造价名称为修正设计概算；进行施工图设计后，工程对象比初步设计时更为具体、明确，工程量可根据施工图和工程量计算规则计算出来，对应施工图设计的工程造价名称为施工图预算。投资估算、设计概算、施工图预算都是预期或计划的工程造价。通过招投标由市场形成并经承发包双方共同认可的工程造价是承包合同价。工程施工是一个动态系统，在建设实施阶段，有可能存在设计变更、施工条件变更和工料价格波动等因素的影响，因此竣工时往往要对承包合同价做适当调整，局部工程竣工后的竣工结算和全部工程竣工验收合格后的竣工结算，是建设项目的局部和整体的实际造价。因此，建设项目工程造价是贯穿项目建设全过程的概念。

根据项目基本建设程序，工程造价的性质可总结为 4 部分，即决策、设计阶段对应于工程成本规划；交易、招投标阶段对应于工程估价；施工及验收阶段对应于合同管理；项目运营阶段对应于设施管理。工程造价的形成过程在各阶段有不同的表现形式，我国建设工程造价全过程计价形式见图 1–6。

图 1–6　我国建设工程造价全过程计价形式

四、工程定额管理与工程造价管理的相关性

1. 工程定额为工程费用的估算和确定提供重要依据

工程造价贯穿于工程项目建设的始终，同样的工程定额也需要贯穿于整个工程建设的始

终。单位工程的费用情况，需要以定额内容为基础，工程定额能够为施工图预算以及工程费用的确定提供重要的依据支持。

2. 工程定额为制定工程技术以及明确企业是否收益提供参考

在任何项目施工前，为保证项目可以在规定时限内完工，并控制好资源消耗，有关工作人员需要从整体的角度考量加强工程预估，围绕人力、材料等消耗情况进行科学估算，然后根据估算结果选择最适宜的施工方案，才能保证企业实现利益最大化。需要注意的是，工程定额会随着市场的变动而进行定期的变化，对此相关工作人员需要加强数据的采集和处理。从另一个角度来看，工程定额是对社会平均生产力的反映，所以工程定额的高度也是衡量施工单位效益的重要参考，若在保证施工质量的基础上完成施工，且具体的消耗情况明显低于定额，这时企业就会盈利；反之企业就会出现亏损。

3. 工程定额为支付工程款提供依据

通常情况下，工程项目越大，所需的人力、物力、财力等资源也会越多。在工程建设期间，难免会有一些难以预估的事件，导致造价管理人员难以加强对整体造价情况的掌握，再加上为了实现物尽其用的目标，大多数施工单位会选择使用阶段式拨款的方法进行工程款的拨放，并非随控制款项多少，而是需要根据工程施工的进度以及工程定额进行工程款的发放。施工单位会根据工程定额，对施工期间是否有浪费情况进行判断，竣工后，施工单位和建设单位也需要根据定额来计算相应的工程价款。总的来说，建设单位需要结合工程定额来支付施工单位的相关工程款。

4. 工程定额为控制工程总投资以及控制工期延长提供了重要手段

施工过程是影响最终工程项目施工质量的决定性因素。在施工期间容易受到外界因素的影响，导致工程延期或者徒增投资等情况，这时仅借助施工合同对施工活动进行管控显然不够。只有工程定额落实到施工过程中，同时发挥出监理单位的职能和作用，根据工程定额以及施工合同，全面加强施工过程的审查，这样才能保证按时完工，才能保证工程项目的施工质量。

工程定额管理与工程造价管理有着紧密的联系，只有充分发挥出工程预算定额的价值，才能为工程造价提供重要参照，以便保证工程施工的质量和安全，促进工程项目综合效益的提高。

五、工程定额的改革

随着市场在资源配置中作用的发挥，国家工程造价改革将通过市场化改革、国际化运行、信息化创新、法治化保障手段，建立完善市场决定工程造价机制，有效控制投资成本，提高投资效益。定额计价模式中，工人、材料、机械价格由政府部门统计后发布、消耗量多年不变，造成市场价格无法及时反馈在实体工程中，市场行情波动而工程领域实体经济反应迟缓，经济传导受到阻碍。逐步取消预算定额，以市场定价为主导，可以使建筑市场价格保持合理的流动性并增强其灵活性，在疏通经济传导机制上起到更好的作用。

工程定额随着社会生产的发展以及管理科学而产生，是企业管理科学化的产物，是一种科学的量化标准，也是科学管理企业的基础和必备条件，在企业的现代化管理中发挥着十分重要的作用。工程定额的改革并不意味着否定定额，而是要差异化应用定额。在工程造价市场化改革背景下，定额作为一种管理方法，应该回归定额的本质，更好发挥定额的作用。

第一，利用大数据、云计算等新技术实现建设各方消耗量和价格信息的共享和联动，建立适应新材料、新技术和新工艺变化的人工、材料和机械消耗量的动态调整机制，建立基于动态的定额消耗量和市场价格水平测算工程造价指标。以动态的定额指标作为建设方控制工程造价的参考依据，改变传统估算、概算、预算分阶段控制的管理模式，把定额现有的最高限额管理回归标准管理的本质，以市场化机制提高建设方工程造价的精准性。

第二，施工企业作为工程建设活动的主体，应摆脱过度依赖国家或行业统一定额标准的困境，深入了解自身完成生产所需消耗的资源情况，灵活应用定额这一有效的管理方法和工具，编制自己的企业定额，作为施工企业内部生产与管理和对外经营活动的基础，不再盲目承接工程和盲目施工，有效提高劳动效率和企业效益。

第三，工程造价管理人员长期受定额计价模式的影响，往往对合同的作用认识不足，不认真研究和熟悉合同条款，缺乏履约意识、合同执行力不足，在发生合同纠纷和合同结算时，遇到造价问题习惯于向定额管理机构要定额标准，缺乏基本的合同判断和执行能力。在市场化机制下，建设方工程管理人员需要转变定额计价模式下的固有观念，树立合同管理意识，以合同管理为核心，充分了解合同的管理目标、双方的权利及义务、各类风险及风险承担界限和合同违约的处理程序等，做好风险控制，用市场化机制管理工程造价。

第四，企业应将定额作为基准起点和检验标准，激发自身不断改进生产技术、优化生产方案、提升生产工艺；同时定额也是企业寻找创新点的基础，使技术创新真正具有实用性、科学性与经济性。

定额既不是“计划经济的产物”，也不是中国的特产和专利，定额与市场经济的共融性是与生俱来的。工程定额在不同社会制度的国家都需要，并将在社会和经济发展中，不断发展和完善，使之更适应生产力发展的需要，进一步推动社会进步和经济发展。

学习自测
参考答案

【学习自测】

查阅相关文献资料，分析工程定额与工程造价的关系，并绘制思维导图。

小结与关键概念

小结：定额是在合理的劳动组织和合理地使用材料和机械的条件下，完成单位合格产品所消耗的资源数量标准。定额即在一定的社会制度下，根据一定时期的生产力水平和产品的质量要求，完成规定产品所需人力、物力或资金的数量标准。定额水平是一定时期社会生产力水平的反映，代表一定时期的施工机械化和构件工厂化程度，以及工艺、材料等建筑技术发展的水平，体现了企业的组织管理水平和社会成员的劳动积极性。定额水平与生产力水平成正比，与生产资源消耗量成反比。它不是一成不变的，而是随着社会生产力的发展而提高的，但是在一定时期内应是相对稳定的。

工程定额是诸多定额中的一类，它是研究一定时期建设工程范围内的生产消耗规律后得出的具体结论。它和度量衡一样是一种衡量的标准，是一种评判的尺度，在工程计价活动中起着不可替代的作用。工程定额根据不同的分类标准可以分为4类，具有科学性、法令性、权威性与指导性、系统性、统一性、群众性、稳定性与时效性等特点。

工程定额管理是利用定额来合理安排和使用人力、物力、财力以及时间的所有管理活动的集合，是经济管理中的基础性工作的管理。其主要内容是定额的编制与修订、定额的贯彻执行和信息反馈3个方面。

工程定额的编制应遵循技术先进、经济合理；简明扼要、适用方便；专群结合、以专为主以及动态管理的4项基本原则。

关键概念：定额、定额体系、定额水平、工程定额与工程造价的关系。

综合训练

【习题与思考】

一、单选题

1. 定额产生于（　　）世纪末资本主义企业管理科学的初期。

A. 17　　B. 18　　C. 19　　D. 20

2. 定额是指在合理的劳动组织与合理地使用材料和机械的条件下，完成（　　）所消耗资源的数量标准。

A. 单位合格产品　　B. 单位产品

C. 一定数量的产品　　D. 扩大计量单位产品

3. 根据编制程序和用途分类，工程定额可分为（　　）、预算定额、概算定额、概算指标、投资估算指标5种。

A. 工序定额　　B. 施工定额　　C. 人工定额　　D. 劳动定额

4.（　　）以扩大分项工程或扩大结构构件为编制对象，规定某种建筑产品的劳动消耗量、材料消耗量和机械台班消耗量，并列有工程费用，也属于计价性定额。

A. 概算定额　　B. 施工定额　　C. 预算定额　　D. 概算指标

5. 下列定额中，项目划分最细的工程定额是（　　）。

A. 概算定额　　B. 施工定额　　C. 预算定额　　D. 概算指标

二、多选题

1. 工程定额的特点有（　　）。

A. 科学性　　B. 系统性　　C. 群众性

D. 指导性　　E. 权威性

习题与思考答案

2. 工程定额编制的原则有（　　）。

A. 技术先进、经济合理的原则　　B. 简明扼要、适用方便的原则

C. 专群结合、以专为主的原则　　D. 动态管理的原则

E. 一成不变的原则

3. 按编制单位和执行范围不同，工程定额可分为（　　）。

A. 全国统一定额　　B. 行业统一定额　　C. 地区统一定额

D. 企业定额　　E. 补充定额

4. 按工程定额反映的物质消耗内容，即按生产要素，工程定额可以分为（　　）。

A. 人工消耗定额　　B. 材料消耗定额　　C. 机械台班消耗定额

D. 资金消耗定额　　E. 时间消耗定额

5. 定额水平的测算通常采用（　　）的方法。

A. 分部水平对比　　B. 分项水平对比　　C. 单位水平对比

D. 单项水平对比　　E. 总体水平对比

三、填空题

1. 人工消耗定额，即________，又称________或________，是指在合理的劳动组织条件下，工人以社会平均熟练程度和劳动强度在单位时间内生产合格产品的数量。

2. 工程定额按编制程序和用途分类可分为施工定额、________、________、________、投资估算指标 5 类。

3.《营造法式》共有 34 卷，包括释名、制度、工限、料例和图样 5 部分。“________”相当于现在的劳动定额，“________”相当于材料消耗定额。

4. 泰勒制的核心内容包括两方面：第一，____；第二，____。

5. 施工定额是________，预算定额、概算定额、概算指标及估算指标是________。

拓展训练答案

【拓展训练】

《工程造价改革工作方案》解读

1. 什么是定额？定额的表现形式是什么？

2. 什么是定额水平？它与哪些因素有关？

3. 什么是工程定额？工程定额如何进行分类？

4. 工程定额有哪些特点？

5. 如何确定定额的平均水平与平均先进水平？

【案例分析】工程造价改革浪潮下，工程定额如何变革？

微课：工程造价改革浪潮下，工程定额如何变革？

2020 年 7 月 24 日，《住房和城乡建设部办公厅关于印发工程造价改革工作方案的通知》（建办标〔2020〕38 号）明确指出，目前存在造价信息服务水平不高、造价形成机制不够科学等问题，要建立更加科学合理的计量和计价规则，加快转变政府职能，优化概算定额、估算指标编制发布和动态管理，取消最高投标限价按定额计价的规定，逐步停止发布预算定额。那么，在工程造价改革背景下，工程定额将如何变革呢？

项目 1.2
大数据视域下的工程定额

【学习目标】

(1) 知识目标

① 了解大数据的基本概念、发展情况、大数据对工程定额的影响；

② 熟悉大数据的应用领域、分析方法、政策对大数据在工程定额领域应用的引导；

③ 熟悉大数据的特征、分析意义、分析方法、大数据下工程造价管理手段；

④ 掌握大数据视域下的定额数据积累、分析应用的场景及价值。

(2) 能力目标

① 能分析大数据的特征并领会大数据的分析方法；

② 能对大数据视域下的工程定额数据进行积累、分析与应用。

(3) 素养目标

① 培养与时俱进的学习能力；

② 培养理论结合实践的应用能力；

③ 提高创新创业的意识。

【思维导图】

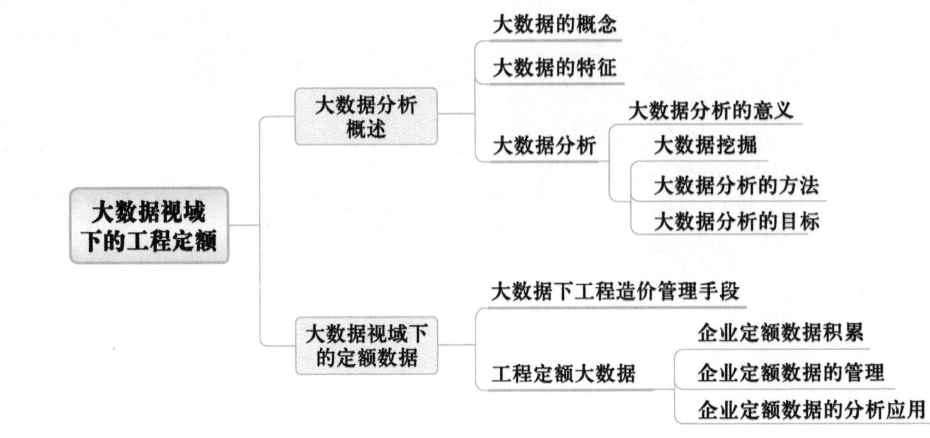

案例引入

柏克德（Bechtel）公司是美国最大的建筑和工程公司，创建于1898年，是一家具有百年历史、国际一流水平的工程公司，也是一家综合性的工程公司。该公司为各行业、领域的客户提供技术、管理以及与开发、融资、设计咨询、建造和运行安装等直接相关的服务。目前，柏克德公司拥有来自全球100多个国家55 000名员工，已在160多个国家完成25 000多个项目，在中国的代表性工程有香港国际机场、中海壳牌南海石化等。柏克德公司在中海壳牌南海石化项目中作为项目管理承包商，该项目于2002年11月1日建设奠基，于2005年12月底如期完工。柏克德公司在项目建设的过程中承诺，项目总投资43.5亿美元，投资偏差不超过3%。当时这个承诺惊讶了国内所有的承包商，同时好奇他们承诺的底气来自哪里。通过采访中得知，柏克德作为一家上百年的公司，将全球已建工程项目的数据，以及材料、人工、设备等数据都收集在公司的数据库里。柏克德要选择一家承包商做工程，这家承包商肯定要去购买价格合理、质量好的设备，在这家承包商还没去采购的时候，柏克德就能知道它可能会去哪里采购。这就是咨询公司依靠掌握应用大数据控制好项目的实力。正是基于对大数据的人工、材料、机械设备等数据的积累和应用，柏克德才有底气作出如此的承诺。相比当时国内的咨询类的企业尽管也做过大量的工程建设项目，也产生了大量的项目管理的数据，但是能建立一个系统、完整的数据库，或者说数据平台，在拟建项目中能依据已建项目的数据积累进行分析管理还是比较困难。企业各部门没有建立系统、完整的数据积累机制，更不用说公司层面建立的各部门之间能够共享的数据积累和应用机制。柏克德在中海壳牌南海石化项目作出的管理承诺提供给了一个很好的大数据定额管理的借鉴。《住房和城乡建设部办公厅关于印发工程造价改革工作方案的通知》（建办标〔2020〕38号）也从政策层面进行基于大数据下工程造价管理的引导，各建设企业为了增强企业的核心竞争力，也都着手建设定额大数据管理机制。

任务 1.2.1　大数据分析概述

【知识准备】

一、大数据的概念

20 世纪 90 年代后期，以信息技术、计算机和网络技术等高新技术发展为标志，人类社会迅速迈进一个崭新的数字时代。现代信息技术铺设了一条广阔的数据传输道路，将人类的感官延伸到广袤的宇宙中。

微课：大数据分析概述

信息社会为人类带来的好处显而易见。每个人口袋里都有一部手机，每台办公桌上都有一台电脑，每间办公室内都有一个大型局域网。半个世纪以来，随着计算机技术全面融入社会生活，信息爆炸已经积累到了一个开始引发变革的程度。它不仅使世界充斥着比以往更多的信息，而且其增长速度也在加快。信息总量的变化还导致了信息形态的变化——量变引发了质变。最先经历信息爆炸的学科，如天文学和基因学，创造出了“大数据”这个概念。如今，这个概念几乎应用到了所有人类致力于发展的领域中。

大数据是一个新概念，英文中至少有 3 种名称：大数据（Big Data），大尺度数据（Big Scaledata）和大规模数据（Massive Data）。目前对于大数据的统一定义尚未建立，收集的相关文献和研究机构对大数据的定义有以下几种。

1）大数据是指在传统数据处理应用软件不足以处理的庞大或复杂的数据集的术语。

2）大数据或称巨量资料，是指涉及的资料量规模巨大到无法透过主流软件工具，在合理时间内达到撷取、管理、处理，并整理成为帮助企业经营决策更积极目的的资讯。

3）大数据是指无法在一定时间范围内用常规软件工具进行捕捉、管理和处理的数据集合，是需要新处理模式才能具有更强的决策力、洞察发现力和流程优化能力的海量、高增长率和多样化的信息资产。

4）大数据由巨型数据集组成，这些数据集大小常超出人类在可接受时间下的收集、使用、管理和处理能力。

5）大数据是具有海量、高增长率和多样化的信息资产，它需要全新的处理模式来增强决策力、洞察发现力和流程优化能力。

6）麦肯锡全球研究所给出的定义是：大数据是一种规模大到在获取、存储、管理、分析方面大大超出了传统数据库软件工具能力范围的数据集合。

住房和城乡建设部《“十四五”大数据产业发展规划》（建市〔2022〕11 号）中指出，数据是新时代重要的生产要素，是国家基础性战略资源。大数据是数据的集合，以容量大、类型多、速度快、精度准、价值高为主要特征，是推动经济转型发展的新动力，是提升政府治理能力的新途径，是重塑国家竞争优势的新机遇。大数据产业是以数据生成、采集、存储、加工、分析、服务为主的战略性新兴产业，是激活数据要素潜能的关键支撑，是加快经济社会发展质量变革、效率变革、动力变革的重要引擎。

二、大数据的特征

虽然大数据尚未形成统一定义，但是从维基百科、数据科学家、研究机构和 IT 业界都曾经使用过的大数据的概念进行总结，一致认为大数据具有 4 个基本特征：数据体量巨大；价值密度低；来源广泛，特征多样；增长速度快。业界称为“4V 特征”，取自 Volume，Value，Variety 和 Velocity 4 个英文单词的首字母，简称“4V”。

1）数据体量（Volume）。大数据需要特殊的技术，以有效处理大量的容忍经过时间内的数据。适用于大数据的技术，包括大规模并行处理（MPP）数据库、数据挖掘、分布式文件系统、分布式数据库、云计算平台、互联网和可扩展的存储系统。最小的基本单位是 bit，按顺序给出所有单位：bit、Byte、KB、MB、GB、TB、PB、EB、ZB、YB、BB、NB、DB。从 Byte 开始按照进率 1 024（2^{10}）来计算。

2）价值密度（Value）。价值密度的高低与数据总量的大小成反比，数据越大，价值密度越低，所以“提纯”是一大重要任务。如随着物联网的广泛应用，信息感知无处不在，信息海量，但价值密度较低，如何通过强大的机器算法更迅速地完成数据的价值“提纯”，是大数据时代亟待解决的难题。

3）多样性（Variety）。数据多样性包括结构化数据和非结构化数据。结构化数据如数据库、文本；非结构化数据如网络日志、音频、视频、图片、地理位置信息等。主要是非结构化数据（数据库表中存储的数据为结构化数据）种类繁多，这些多种类型的数据对数据的处理增加了难度。

4）速度（Velocity）。在海量数据面前，处理数据的效率决定了企业的发展。

三、大数据分析

大数据以惊人的速度发展，数量和种类从多个来源到达。要从大数据中提取有意义的价值，需要具备较强的处理能力和分析能力。大数据影响着几乎所有行业的组织。

大数据分析是指对规模巨大的数据进行分析，挖掘数据的有利信息并加以有效利用，将数据的深层价值体现出来。从大数据的特点可以看出，进行大数据分析需要一套可靠的数据分析方法和数据分析工具。有了大数据分析才能让规模巨大的数据有条有理，正确分类，产生有价值的分析报告，从而在各应用领域中发挥大数据的作用。

1. 大数据分析的意义

1）大数据分析可以让人们对数据产生更加优质的诠释，而具有预知意义的分析可以让分析员根据可视化分析和数据分析后的结果做出一些预测性的推断。

2）大数据的分析与存储和数据的管理是一些数据分析层面的最佳实践。通过特定流程和工具对数据进行分析可以保证一个预先定义好的高质量的分析结果。

3）不管使用者是数据分析领域中的专家，还是普通用户，可作为数据分析工具的始终只能是数据可视化。可视化可以直观展示数据，让数据自己表达，让客户得到理想的结果。

4）经过分析的数据，才能对用户产生最重要的价值。

将大数据与高性能分析相结合时，大数据有可能帮助公司改进运营并做出更快、更智能的决策。捕获、格式化、操作、存储和分析这些数据可以帮助公司获得有用的洞察力，以增加收入，获得或留住客户，并改善运营。我们可以从任何来源获取数据并进行分析，以找到能够节省成本和时间，新产品开发和优化产品以及智能决策的答案。

2. 大数据挖掘

1）定义目标，分析问题。大数据处理前，应该定好处理数据的目标，然后才能开始数据挖掘。

2）建立模型，采集数据。可以通过网络爬虫，或者历年的数据资料，建立对应的数据挖掘模型，然后采集数据，获取大量的原始数据。

3）导入并准备数据，再通过工具或者脚本，将原始资料转换成可以处理的数据。

3. 大数据分析的方法

1）可视化分析。大数据分析的使用者有大数据分析专家，还有普通用户，但是他们二者对于大数据分析最基本的要求均为可视化分析，因为可视化分析能够直观地呈现大数据的特点，同时能够非常容易被读者所接受，就如同看图说话一样简单明了。

2）数据挖掘算法。一方面，大数据分析的理论核心就是数据挖掘算法，各种数据挖掘的算法基于不同的数据类型和格式才能更加科学地呈现出数据本身具备的特点，也正是因为这些被全世界统计学家所公认的各种统计方法才能深入数据内部，挖掘出公认的价值；另一方面，也是因为有这些数据挖掘的算法才能更快速地处理大数据，如果一个算法得花上好几年才能得出结论，那大数据的价值也就无从说起了。

3）预测性分析。大数据分析最重要的应用领域之一就是预测性分析，从大数据中挖掘出特点，通过科学的建立模型，便可以通过模型带入新的数据，从而预测未来的数据。

4）数据质量和数据管理。大数据分析离不开数据质量和数据管理，高质量的数据和有效的数据管理，无论是在学术研究还是在商业应用领域，都能够保证分析结果的真实和有价值。

更加深入的大数据分析，还有很多更加有特点、深入、专业的大数据分析方法。

4. 大数据分析的目标

1）语义引擎。处理大数据的时候，经常会付出很多时间和花费，所以每次生成报告后，应该支持语音引擎功能。

2）产生可视化报告，便于人工分析。通过软件对大量数据进行处理，将结果可视化。

3）预测性。通过大数据分析算法，应该对数据进行一定的推断，这样的数据才更有指导性。

【学习自测】

用自己的语言，简要总结大数据分析的意义。

学习自测
参考答案

任务 1.2.2 大数据视域下的定额数据

【知识准备】

一、大数据下工程造价管理手段

微课：大数据视域下的定额数据

1. 构建统一的造价数据收集标准，提高数据收集质量

大数据下造价管理数据的收集极其重要，要在国家或行业层面建立与计价体系相适应的造价信息数据标准，实现全国范围内的工程造价信息数据的统一化标准，只有在具有一致性标准的数据的前提下，才能有利于后续数据的整理分类与处理，同时针对工程造价信息数据所配套的图片、视频等可视化信息数据也应该设定统一的标准。

2. 构建国家层面和企业层面的造价数据管控平台

从造价管理战略层面建立国家造价信息库，定期发布造价变化趋势和指标，提高项目投资决策和过程管控能力，合理公平开展市场竞争，避免暗箱操作，同时应在企业层面建立企业造价信息库，动态反映企业成本变化趋势，促进企业管理水平的提高。

3. 树立大数据思维，提高人才培养力度

工程造价管理人员要紧跟时代潮流，多关注与大数据有关的技术，如云计算技术、移动互联网技术、物联网技术、大数据技术等。工程造价人员要充分理解大数据对工程造价带来的影响，从低端造价向高端造价提升，造价管理亟须培养与当今信息化管理相适应的人才队伍，通过产学结合，促进高校高层次人才培养改革，降低企业人才培养成本。

二、工程定额大数据

在大力推行市场化清单计价背景下，鼓励企业建立企业定额数据平台，结合市场价格波动、管理水平、资源消耗水平进行自主报价。企业先进的管理能力、内控能力、资源整合能力、项目操盘经验等转化为投标竞争力，才能承揽到项目承包任务，并通过建立企业数据标准，对承揽到的项目实施有效的全过程成本管理，方可实现项目盈利水平的提高。

企业全过程成本管理的意义：① 是企业资金高效运作的保证；② 可以有效提高企业的经营效益；③ 有效帮助企业提高公司的社会影响力；④ 能够调动企业各部门各子公司的经营主动性和积极性；⑤ 推动企业经营能力和项目管理水平的提升；⑥ 对企业开源节流、降本增效的效果显著。

因此，在政策导向和大数据管理高效性的驱动下，各企业纷纷着手建设定额大数据管理机制，打造企业核心竞争力。工程定额大数据让全过程成本管理的意义得以有效实现。

企业定额大数据管理机制建立包含企业定额大数据的积累、管理、分析应用等方面。

1. 企业定额数据积累

（1）企业定额消耗指标数据积累

某企业开发的住宅小区的定额消耗指标数据见表 1–2。该表按照住宅楼的结构类型、檐高、层高、层数、户数、户均面积、规划面积、建筑面积等特征值进行总价（土建、水、电

等专业）、单价、钢筋总量、单方钢筋含量、混凝土总量、混凝土单方含量、模板总量、模板单方含量、砌体总量、砌体单方含量、地面总工程量、地面单方含量、内墙面总工程量、内墙面单方含量、天棚总工程量、天棚单方含量、外墙总工程量、外墙单方含量、外墙保温总工程量、外墙保温单方含量等指标数据的积累。

表 1-2 住宅小区的定额消耗指标表

楼栋号		1# 楼	2# 楼	3# 楼	4# 楼	5# 楼	合计
结构类型		剪力墙结构	剪力墙结构	剪力墙结构	剪力墙结构	剪力墙结构	
檐高 /m		18	18	18	18	18	
层高 /m		3	3	3	3	3	
层数		6	6	6	6	6	
户数		18	18	12	18	12	
户均面积 /m²		136	136	138	136	138	
规划面积 /m²		2 439	2 439	1 656	2 439	1 656	10 630
建筑面积 /m²		2 439	2 439	1 656	2 439	1 656	10 630
总价 / 元	土建	3 352 210	3 352 210	2 271 934	3 352 210	2 271 934	14 600 496
	水	161 090	161 090	99 718	161 090	99 718	682 705
	电	138 135	138 135	92 929	138 135	92 929	600 263
	合计	3 651 434	3 651 434	2 464 581	3 651 434	2 464 581	15 883 464
单价 /（元 /m²）	土建	1 374	1 374	1 372	1 374	1 372	6 867
	水	66	66	60	66	60	319
	电	57	57	56	57	56	282
	合计	1 497	1 497	1 488	1 497	1 488	7 467
钢筋总量 /t		87	87	59	87	59	377
单方钢筋含量 /（kg/m²）		36	36	35	36	35	177
混凝土总量 /m³		903	903	596	903	596	3 903
混凝土单方含量 /（m³/m²）		0.37	0.37	0.36	0.37	0.36	1.83
模板总量 /m²		9 275	9 275	6 112	9 275	6 112	40 047
模板单方含量 /（m²/m²）		3.80	3.80	3.69	3.80	3.69	18.79
砌体总量 /m³		536	536	422	536	422	2 453
砌体单方含量 /（m³/m²）		0.22	0.22	0.25	0.22	0.25	1.17

续表

楼栋号	1# 楼	2# 楼	3# 楼	4# 楼	5# 楼	合计
地面工程量 /m^2	1 926	1 926	1 569	1 926	1 569	8 917
地面单方含量 /（m^2/m^2）	0.79	0.79	0.95	0.79	0.95	4.26
内墙面工程量 /m^2	4 602	4 602	3 227	4 602	3 227	20 259
内墙面单方含量 /（m^2/m^2）	1.89	1.89	1.95	1.89	1.95	9.56
天棚总工程量 /m^2	2 193	2 193	1 405	2 193	1 405	9 389
天棚单方含量 /（m^2/m^2）	0.90	0.90	0.85	0.90	0.85	4.39
外墙总工程量 /m^2	3 555	3 555	2 765	3 555	2 765	16 196
外墙单方含量 /（m^2/m^2）	1.46	1.46	1.67	1.46	1.67	7.71
外墙保温总工程量 /m^2	1 756	1 756	1 193	1 756	1 193	7 653
外墙保温单方含量 /（m^2/m^2）	0.72	0.72	0.72	0.72	0.72	3.60

（2）企业专业分包工程量与价格数据积累

表 1–3 为某企业的专业分包工程，按照分部工程的分包内容积累的数据，包含工程量、增值税率、含税最终取定价、不含税最终取定价、成本控制价的数据。

表 1–3　部分专业分包工程量与价格表

编码	分包内容	工作内容	单位	工程量	增值税率 /%	最终取定价 / 元（含税）	最终取定价 / 元（不含税）	成本控制价 / 元
墙体工程								
BZ1308004003	隔墙（铝方板）	1. 线条材料制作、运输、安装 2. 刷防护材料 3. 成品保护	m^2	2 038.51	10.00	152.05	138.23	180.01
钢筋工程								
BC0005	预应力钢绞线		t	9.40	10.00	25 597.11	23 270.10	30 301.06
屋面防水工程								
BZ10030202011002	内墙柱面涂膜防水（聚氨酯防水涂料）	1. 清理基层，刷基层处理剂 2. 刷防水涂料，接缝收头处理	m^2	4 355.66	10.00	28.00	25.45	30.66

续表

编码	分包内容	工作内容	单位	工程量	增值税率/%	最终取定价/元（含税）	最终取定价/元（不含税）	成本控制价/元
屋面防水工程								
BZ10020302003005	室内楼地面涂膜防水（聚氨酯防水涂料）	1. 清理基层，刷基层处理剂 2. 刷防水涂料，接缝收头处理 3. 垃圾清理，闭水渗漏检验等	m^2	5 257.06	10.00	28.00	25.45	25.67
BC0006	屋面卷材防水（屋面一）		m^2	898.54	10.00	143.00	130.00	211.28
BC0007	屋面卷材防水（屋面二）		m^2	1 834.40	10.00	66.00	60.00	99.04
BC0008	屋面卷材防水（屋面三）		m^2	386.06	10.00	66.00	60.00	99.04
防腐、隔热、保温工程								
BC0153	有保温涂料外墙（出屋面楼梯间外墙面）		m^2	130.74	10.00	115.16	104.69	136.34
BC0009	有保温涂料外墙（出屋面楼梯间外墙面）		m^2	130.74	10.00	115.38	104.89	136.60
BC0011	无保温涂料外墙（屋面架构）		m^2	26.58	10.00	115.38	104.89	136.601
变形缝								
BC0012	屋面变形缝		m	178.00	10.00	150.07	136.43	177.67
BC0013	墙面变形缝		m	49.00	10.00	150.07	136.43	177.67
BC0014	楼（地）面变形缝		m	203.00	10.00	150.07	136.43	177.67

（3）企业材料用量与价格数据积累

表 1–4 为某企业的材料工程量与价格表，按照分部工程的材料种类规格划分，包含工程量、增值税率、含税最终取定价、成本控制价的数据。

表 1-4　部分材料工程量与价格表

编码	材料名称	规格型号	计量单位	工程量	增值税率 /%	最终取定价 / 元（不含税）	成本控制价 / 元
钢筋							
BC0273	钢筋 HPB300	ϕ6.5	kg	308 495.42	16	4.06	3.97
BC0274	钢筋 HPB300	ϕ8	kg	305 758.17	16	4.06	3.96
BC0275	钢筋 HRB400 以内	Φ6	kg	645.82	16	4.23	4.16
BC0276	钢筋 HRB400 以内	Φ8	kg	1 007 379.06	16	4.23	4.15
BC0277	钢筋 HRB400 以内	Φ10	kg	1 140 653.74	16	4.23	4.14
……							
其他钢材							
BC0397	钢丝网	20# 10 × 10	m^2	15 375.35	16	8	10.61
BC0140	钢板网	0.8 × 9 × 25	m^2	16 394.63	16	10.57	10.95
……							
商品混凝土							
BC0225	预拌混凝土	C15	m^3	7 103.72	3	368.66	382.89
BC0315	预拌混凝土	C20	m^3	574.34	3	565.29	395.51
BC0310	预拌细石混凝土	C20	m^3	931.98	3	389.21	406.18
BC0356	预拌细石混凝土	C25	m^3	1 275.07	3	399.74	422.01
……							
商品砂浆							
BC0208	干混砌筑砂浆	DM M10	t	2 590.02	3	249.91	277.68
BC0137	干混地面砂浆	DS M15	t	3.19	3	284.83	316.49
BC0383	干混抹灰砂浆	DP M10	t	5 921.67	3	256.9	285.44
……							
地材							
BC0309	水泥炉渣	1 : 6	m^3	1 516.02	3	117.22	121.47
BC0346	水泥	32.5	kg	135 565.26	3	0.41	0.43
BC0111	砂子	粗砂	m^3	417.61	3	146	174.44
……							

（4）企业项目主要工程量数据积累

建筑企业对建成的工程项目主要工程量数据结合建设规模、项目特征进行收集统计积累。例如，某企业对建成的 A1 塔楼、A2 裙楼、B1 塔楼、B2 裙楼、地下室项目进行主要工程量指标积累，见表 1–5。

表 1–5　主要工程量指标

序号	项目名称	单位	A1 塔楼	A2 裙楼	B1 塔楼	B2 裙楼	地下室	合计
1	建筑面积	m^2	40 832	3 764	24 693	9 367	49 497	128 153
2	钢筋	t	2 436	217	1 410	655	6 568	11 286
		kg/m^2	59.659	57.651	57.101	69.926	132.695	88.067
3	混凝土	m^3	15 031	1 391	7 467	3 003	36 675	63 567
		m^3/m^2	0.368	0.370	0.302	0.321	0.741	0.496
4	模板	m^2	92 770	8 004	50 518	19 983	88 109	259 385
		m^2/m^2	2.272	2.126	2.046	2.133	1.780	2.024
5	圈梁、过梁构造柱	m^3	839	116	760	246	292	2 253
		m^3/m^2	0.021	0.031	0.031	0.026	0.006	0.018
6	砌体	m^3	3 467	571	3 382	1 526	2 715	11 660
		m^3/m^2	0.085	0.152	0.137	0.163	0.055	0.091
7	楼地面	m^2	26 960	2 106	2 396	3 611	35 278	70 350
		m^2/m^2	0.660	0.559	0.097	0.385	0.713	0.549
8	内墙	m^2	32 445	3 583	29 290	13 644	33 574	112 536
		m^2/m^2	0.795	0.952	1.186	1.457	0.678	0.878
9	天棚	m^2	38 588	3 784	23 663	8 600	35 136	109 771
		m^2/m^2	0.945	1.005	0.958	0.918	0.710	0.857

2. 企业定额数据的管理

定额数据管理有国家层面和企业层面的造价数据监测和管控平台。

（1）国家层面的造价数据监测平台

住房和城乡建设部标准定额研究所主办，北京建科研软件技术有限公司提供技术支持，创建了国家建设工程造价数据监测平台。国家建设工程造价数据监测平台入口的网址为 http：//cost.cecn.gov.cn。在国家建设工程造价数据监测平台实行造价咨询企业、市级造价管理机构、省级造价管理机构、住房和城乡建设部逐级上报。各级造价管理机构可以查看本级的造价数据信息并编制测算本级的造价指标。市级造价管理机构可在监测平台内查看、审核本级范围内全部上传的工程造价数据，监测平台会对上传的造价数据进行风险预警并提示，管理机构根据预警事项进行监督管理。监测平台根据上传的数据进行全面的分析与计算，统一计算出各类建筑工程单位造价指标。省级造价管理机构对市级上报的建筑指标进行查看审核，合格后进行加工测算形成省级建设工程造价指标，再次上报给住房和城乡建设部。住房和城乡建设部对省级造价管理机构上报的造价指标进行审核，合格后进行加工测算形成全国建设工程造价指标。造价管理机构根据系统所积累的数据和指标，实现对各类建筑工程投资额的估算及带动的产业预测。国家建设工程造价数据监测平台的登录界面见图 1–7。

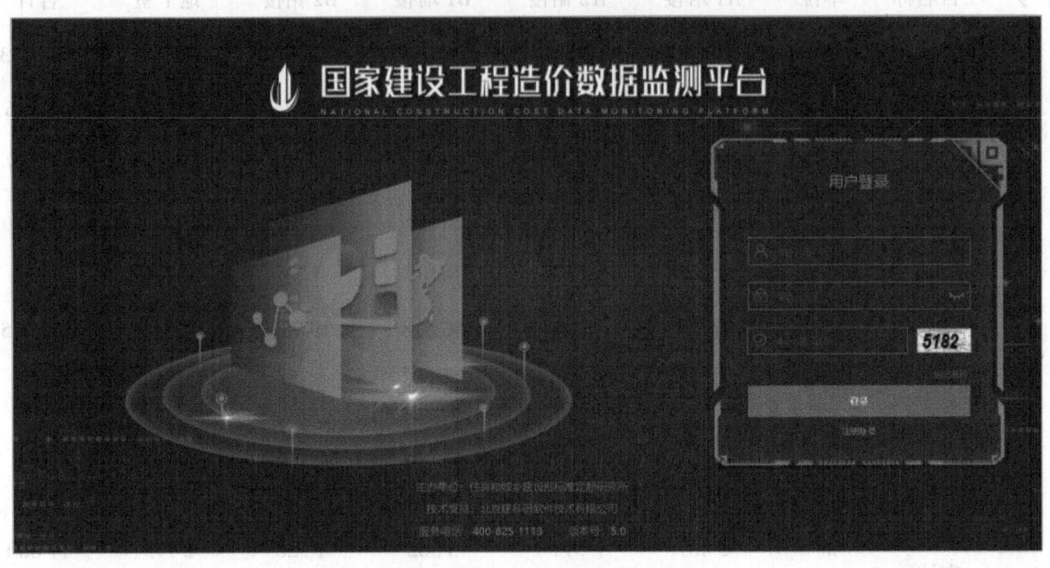

图 1–7　国家建设工程造价数据监测平台

（2）企业层面的造价数据管控平台

企业定额数据管理主要通过企业层面的造价数据管控平台实现，诸如造价云管理平台、数字新成本平台、成本编制工具等。借助大数据技术建立的数字平台具有数据标准化、作业高效化、应用智能化、成本精细化的特点，可以实现“计价依据 + 作业端应用 + 数据沉淀”一体化，见图 1-8。数字新成本平台为企业提供数据管理工具——计价依据库，管理不同专业、不同业态的分包科目价格、清单基准价格、历史项目，逐渐形成企业定额，全员共享应用，提升作业效率，优化作业质量，为企业造价数据积累分析奠定基础。

1）数字新成本平台中企业成本科目的计价依据库，其核心价值在于提供成本科目信息维护，企业可根据自身需要修订系统默认的成本科目。成本汇总页面可根据依据库中的成本科目动态生成。每个施工企业对于成本费用的分析，一般有相对固定的分析维度，同时也有相对固定的成本科目，且每个企业的成本科目都不一样，见图 1–9。

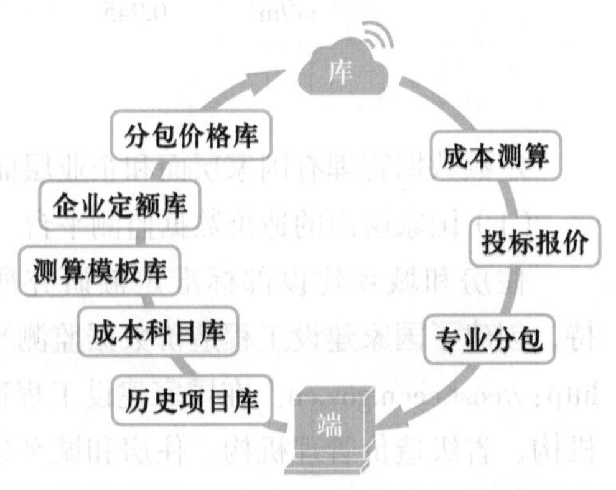

图 1–8　“计价依据 + 作业端应用 + 数据沉淀”一体化图

2）数字新成本平台中企业计价依据库的管理分包价格，其核心价值在于极速建库、更新一触即达，支持建立企业分包指导价格库，转换为应用端可直接调用的数据库，激活企业数据价值；实现企业数据统一化、标准化、动态化管理。大型施工企业为了更好地把控成本，一般都有企业劳务分包指导价，隔一段时间就会更新一次数据，有些直接作为成本测算时的控制价。测算时，直接打开表格，手动搜索对应的劳务及专业分包指导价即可，见图 1–10 和图 1–11。

图 1–9　企业计价依据库图

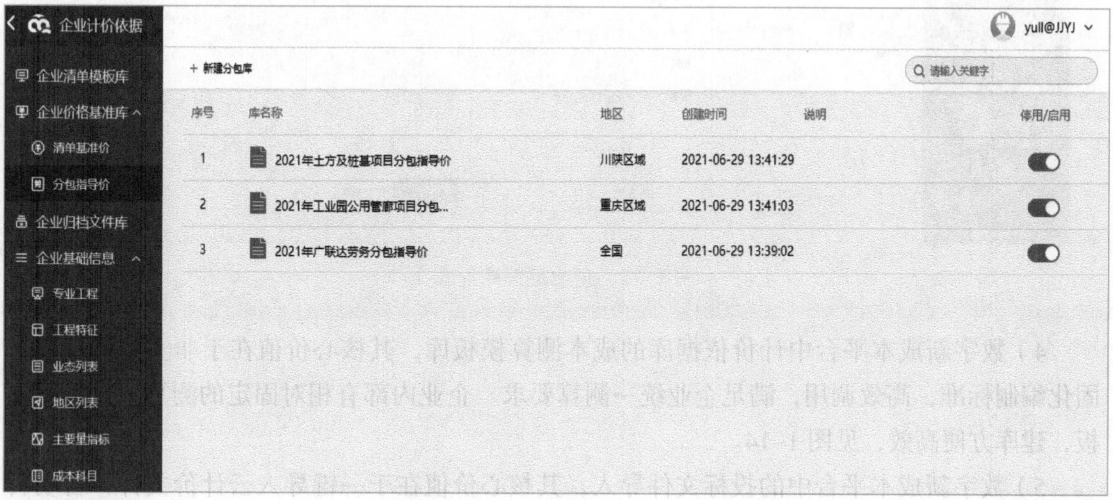

企业计价依据　　yuli@JJYJ

企业清单模板库 / 企业价格基准库 / 清单基准价 / 分包指导价 / 企业归档文件库 / 企业基础信息 / 专业工程 / 工程特征 / 业态列表 / 地区列表 / 主要量指标 / 成本科目

+ 新建分包库　　请输入关键字

序号	库名称	地区	创建时间	说明	停用/启用
1	2021年土方及桩基项目分包指导价	川陕区域	2021-06-29 13:41:29		
2	2021年工业园公用管廊项目分包...	重庆区域	2021-06-29 13:41:03		
3	2021年广联达劳务分包指导价	全国	2021-06-29 13:39:02		

图 1–10　分包指导价界面 1

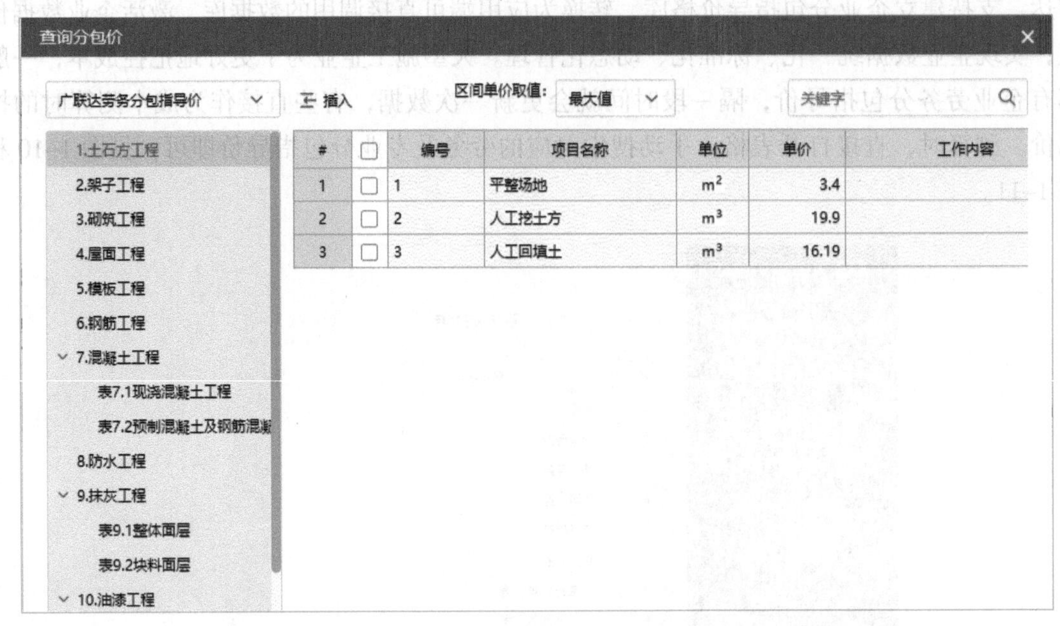

图 1–11 分包指导价界面 2

3）数字新成本平台中计价依据库的企业定额库，其核心价值在于助力企业定额梳理、数据沉淀，支持数据加工、企业定额自维护；支持查询、调用企业定额数据，修改定额数据时会给出红色提醒，方便审核。有些企业有意愿、有能力梳理企业定额应用于成本测算、市场清单投标报价、施工图预算等造价业务中，为企业提供行之有效的梳理思路与标准工具，见图 1–12、图 1–13。

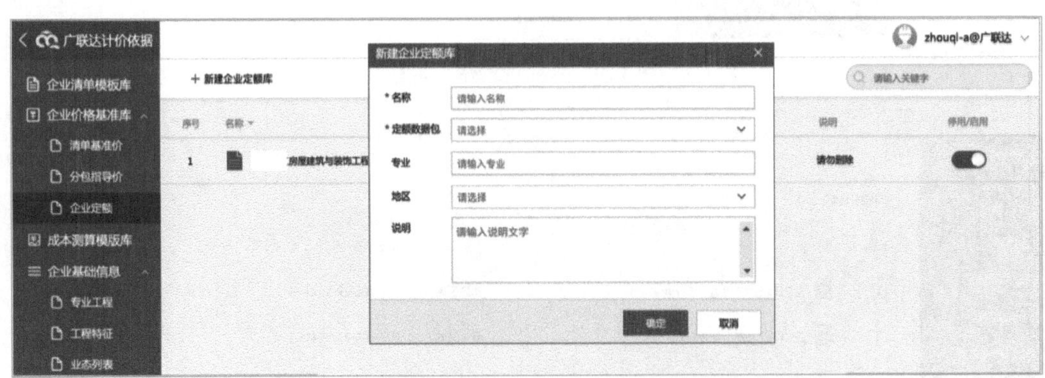

图 1–12 企业定额库界面 1

4）数字新成本平台中计价依据库的成本测算模板库，其核心价值在于非实体测算模板固化编制标准，高效调用，满足企业统一测算要求。企业内部有相对固定的测算，并且有模板，建库方便高效，见图 1–14。

5）数字新成本平台中的投标文件导入，其核心价值在于一键导入云计价文件，自动转化为成本测算工程，数据无缝对接。企业可以把投标文件的数据导出，在电子表格中按成本科目的不同维度对数据重新进行分类统计。

图 1–13 企业定额库界面 2

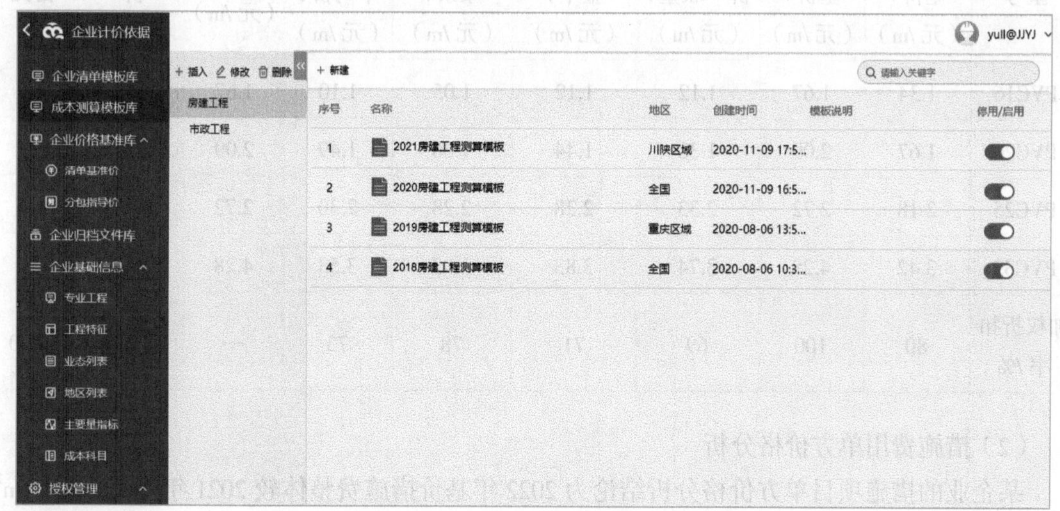

图 1–14 企业成本测算操作界面

6）数字新成本平台中的相同清单合并编制，其核心价值在于导入工程后支持清单合并，统一编制成本，项目结构会按照专业进行汇总，呈现最简清单，相同清单一次组价。

7）数字新成本平台中的判定收入清单分包类型，其核心价值在于一键导入计价文件，根据软件内置规则，自动判断分包类型，支持导入清单项下定额，相同清单下不同定额分包类型可自由选择。预算分解第一步是逐条判断清单（定额）属于专业分包还是劳务分包，并且逐条清单对应上不同的成本科目，改进逐条判断、效率低的局面，特别是部分清单下面不同的定额，其分包类型还不一致的情况，如楼地面工程、屋面工程。

8）数字新成本平台中的判定劳务分包科目归属，其核心价值在于工料汇总页面，已经去掉了专业分包清单中含有的人工、材料、机械数据，导入预算文件时会自动判断成本科目，支持手动修改，可追溯查看数据汇总来源。企业提取完专业分包费，需要对预算中剩下的人工、材料、机械费用进行分解，分别拆分到劳务费、实体材料费、周转材料费、工程水电费等费用成本科目中。

9）数字新成本平台中分解其他费用，其核心价值在于自动提取包括管理费、利润、安全文明施工费、暂列金、专业工程暂估价、总承包服务费、规费、税金等的金额，并识别所属成本科目。其改善了管理费、利润、措施费等，需采用各种方式从预算文件中分解出并填入的局面。

在数字新成本平台还可以进行成本编制、成本询价、措施成本测算、间接成本测算、成本汇总、盈亏对比分析等数据的处理。

3. 企业定额数据的分析应用

（1）材料价格数据分析

例如，某企业对 PVC 线管市场价、信息价、采购价的对比分析，见表 1–6。

表 1–6　PVC 线管价格分析表

型号	22 年基价 /（元 /m）	21 年基价 /（元 /m）	市场询价—联塑 /（元 /m）	项目 A —金牛 /（元 /m）	项目 B —康泰 /（元 /m）	市场平均价 /（元 /m）	信息价 /（元 /m）	实际采购价 / 信息价	工程量占比 /%
PVC16	1.34	1.67	1.12	1.12	1.05	1.10	1.67	66%	8
PVC20	1.67	2.09	1.38	1.44	1.66	1.49	2.09	71%	77
PVC25	2.18	2.72	2.33	2.28	2.28	2.30	2.72	84%	11
PVC32	3.42	4.28	3.74	3.83	3.03	3.53	4.28	83%	4
加权折扣率 /%	80	100	69	71	78	73	—	73	100

（2）措施费用单方价格分析

某企业的措施项目单方价格分析结论为 2022 年基价措施费整体较 2021 年降低 6.7 元 /m^2，主要为脚手架和施工机械费用降低，其他措施费与 2021 年一致。详细的分析数据见表 1–7。

表 1–7　措施费用单方价格分析表

类别	建筑面积 /m^2	2022 年基价 / 元	2021 年基价 / 元	内部对标 / 元		外部对标 / 元							平均值 / 元
				项目 A	项目 B	公司 A	公司 B	公司 C	公司 D	公司 E	公司 F	公司 G	
脚手架	153 155.33	50.97	56.27	54.14	49.19	66.91	49.29	49.25	59.76	46.05	52.64	62.39	54.4
施工机械		40.1	41.51	41.89	43.83	48.65	98.24	53.81	44.38	45.66	42.13	50.56	52.13
其他措施费		93.5	93.5	95.84	111.32	91.07	56.83	76.62	63.42	141.59	97.55	125.22	95.49
合计		184.57	191.28	191.87	204.34	206.63	204.35	179.68	167.56	233.3	192.32	238.17	202.02

（3）应用企业数据确定责任预算

例如，某企业数据库，在周转材料工程预算基础上制订责任预算，见表 1–8。

表 1-8　周转材料责任预算表

序号	部位及周转材料名称	工程预算			责任预算			降低率	备注
		数量/m^2	单价/元	含税合价/元	数量/m^2	单价/元	含税合价/元		
1	A1 塔楼	40 832.30	151.51	6 186 366	40 832.30	90.00	3 674 907	40.60%	含 16% 进项税
2	A2 裙楼	3 764.43	169.78	639 112	3 764.43	90.00	338 799	46.99%	
3	B1 塔楼	24 693.33	154.97	3 826 836	24 693.33	90.00	2 222 400	41.93%	
4	B2 裙楼	9 366.67	157.74	1 477 512	9 366.67	90.00	843 000	42.94%	
5	地下室	49 496.72	120.45	5 961 686	49 496.72	90.00	4 454 705	25.28%	
	合计	128 153.45	141.17	18 091 512	128 153.45	90.00	11 533 811	36.25%	
	其中：进项税						1 590 870		

基于材料价格数据分析，企业可以据此制订投标报价的策略和技巧、签订分包合同、拟定责任预算、进行成本考核等。

【学习自测】

如果家里需要装修，装修公司提供了装修报价单，现需要评价这份装修报价单的合理性。在你的认知范围内，需要收集哪些数据作为你的评价依据？

学习自测参考答案

小结与关键概念

小结：随着信息技术的发展，大数据几乎应用到了所有人类致力于发展的领域中。各行业的数据融合、裂变、催化、深度价值挖掘和行业应用实践，形成行业、企业的数据资产，而数据能力和数据应用成为行业、企业新的核心竞争力。工程定额是工程造价管理的重要依据，在工程定额领域，企业积累、分析和应用人工、材料、施工机具的消耗量和价格、费用等大数据，并在此基础上进行科学的项目投资决策、制订投标报价的策略和技巧、签订分包合同、拟定责任预算、实行成本考核等，有利于提高项目建设效益，增强企业核心竞争力。

关键概念：大数据、大数据分析

综合训练

【习题与思考】

习题与思考答案

一、单选题

1. 大数据是指无法在一定时间范围内用常规软件工具进行捕捉、管理和处理的数据集合，是需要新处理模式才能具有更强的决策力、洞察发现力和流程优化能力的海量、高增长率和多样化的（　　）。

A. 信息资产　　B. 固定资产

C. 流动资产　　D. 产品

2. 大数据分析可以让人们对数据产生更加优质的诠释，而具有预知意义的分析可以让分析员根据可视化分析和数据分析后的结果做出一些（　　）的推断。

A. 准确性　　B. 预测性

C. 具体性　　D. 肯定性

3. 广联达新成本平台——计价依据库——企业成本科目，核心价值在于提供（　　）。

A. 工程量计算　　B. 清单编制

C. 实体模型　　D. 成本科目信息维护

4. 广联达新成本平台——相同清单合并编制，核心价值在于导入工程后支持清单合并，统一编制成本，项目结构会按照专业进行汇总，呈现最简清单，（　　）一次组价。

A. 相同清单　　B. 补充清单

C. 不同清单　　D. 所有清单

二、多选题

1. 大数据是一个新概念，英文中至少有 3 种名称，分别是（　　）

A. 大数据（Big Data）

B. 大尺度数据（Big Scaledata）

C. 大规模数据（Massive Data）

D. 数字化数据

2. 大数据由巨型数据集组成，这些数据集的大小常超出人类在可接受时间的（　　）能力。

A. 收集　　B. 使用

C. 管理　　D. 处理

3. 广联达新成本平台——判定劳务分包科目归属的应用背景是，在企业提取完专业分包费，需要对预算中剩下的人工、材料、机械费用进行分解，分别拆分到（　　）等费用成本科目中。

A. 劳务费　　B. 实体材料费

C. 周转材料费　　　　D. 工程水电费

4. 定额数据管理有（　　）层面的造价数据管控平台。

A. 国家　　　　B. 企业

C. 部门　　　　D. 个人

三、填空题

1. 麦肯锡全球研究所给出的大数据的定义是：一种规模大到在________、________、________、________方面大大超出了传统数据库软件工具能力范围的数据集合。

2. 工程造价管理人员要紧跟时代潮流，多关注与大数据有关的技术，如________技术、________技术、________技术、________技术等。

3. 企业定额大数据管理机制建立，包含企业定额大数据的________、________、________等方面。

4. 企业定额库的核心价值在于助力________、________，支持________、企业定额自维护；支持查询调用企业定额数据，修改定额数据时会给出红色提醒，方便审核。

四、思考题

1. 大数据给我们的生活带来了哪些影响？

2. 企业全过程成本管理有什么意义？

【拓展训练】

拓展训练答案

【任务目标】

1. 熟悉工程定额数据种类。
2. 初步接触工程定额数据管理工具。
3. 掌握工程定额数据的整理过程。
4. 明确工程定额数据的作用和应用价值。

【项目背景】

某公司2018年8月在A项目的投标竞争过程中，以行业领域的良好信誉和口碑，凭借绝对优势中标。中标后，2018年9月该公司需要确定责任预算。钢筋工程的工程数量和投标报价，2018年第8期不含税信息价，钢铁网2018年8月2日、8月9日、8月16日、8月23日的含税价格，供应商运杂费价格，涨价风险率为2.5%，2018年9月钢筋的不含税信息价的数据在公司的数据平台中均可调用。

【任务要求】

根据公司数据平台上的相关数据，完成钢筋责任预算单价计算表（表1-9）。

表 1–9 钢筋责任预算单价计算表

序号	钢筋名称	工程预算				钢铁网 2018 年 8 月份单价（含税）/（元 /t）					采购价			责任预算			编制期信息价	
		数量 /t	投标报价（不含税）/（元 /t）	合计 / 元	基期信息价（2018 年第 8 期不含税）	8 月 2 日	8 月 9 日	8 月 16 日	8 月 23 日	平均网价（除税税率 16%）	供应商运杂费 /（元 /t）	采购单价 /（元 /t）	报价降造率	责任预算降低率（涨价风险 2.5%）	责任预算单价 /（元 /t）	责任预算合价 / 元	信息价（2018 年第 9 期不含税）/（元 /t）	和基期价变化比率
		1	2	3=1×2	4	5	6	7	8	9=（5+6+7+8）/4/1.16	10	11=9+10	12=（2–11）/2	13	14=（1–13）×2	15=10×1	16	17=（16–4）/4
1	钢筋 HPB300 ϕ6.5	309	3 960		3 960	4 420	4 500	4 630	4 730		155			–2.50%			4 223	
2	钢筋 HPB300 ϕ8	306	3 960		3 960	4 420	4 500	4 630	4 730		155			–2.50%			4 223	
3	钢筋 HPB300 ϕ10	1	3 960		3 960	4 420	4 500	4 630	4 730		155			–2.50%			4 223	
4	钢筋 HPB300 ϕ12	1	3 960		3 960	4 420	4 500	4 630	4 730		155			–2.50%			4 223	
5	钢筋 HRB400 以内 ϕ6	1	4 130		4 130	4 540	4 620	4 750	4 850		155			–2.50%			4 399	

6	钢筋 HRB400 以内 $\phi 8$	1 012	4 130		4 130	4 540	4 620	4 750	4 850		155			–2.50%			4 399	
7	钢筋 HRB400 以内 $\phi 10$	1 144	4 130		4 130	4 540	4 620	4 750	4 850		155			–2.50%			4 399	
8	钢筋 HRB400 以内 $\phi 12$	1 832	4 090		4 090	4 420	4 500	4 630	4 720		155			–2.50%			4 355	
9	钢筋 HRB400 以内 $\phi 14$	425	4 000		4 000	4 420	4 500	4 630	4 720		155			–2.50%			4 267	
10	钢筋 HRB400 以内 $\phi 16$	287	3 910		3 910	4 380	4 460	4 590	4 680		155			–2.50%			4 179	
11	钢筋 HRB400 以内 $\phi 18$	301	3 870		3 870	4 340	4 420	4 550	4 640		155			–2.50%			4 135	
12	钢筋 HRB400 以内 $\phi 20$	711	3 870		3 870	4 340	4 420	4 550	4 640		155			–2.50%			4 135	

续表

序号	钢筋名称	工程预算				钢铁网 2018 年 8 月份单价（含税）/（元/t）					采购价			责任预算			编制期信息价	
		数量/t	投标报价（不含税）/（元/t）	合计/元	基期信息价（2018年第8期不含税）	8月2日	8月9日	8月16日	8月23日	平均网价（除税税率16%）	供应商运杂费/（元/t）	采购单价/（元/t）	报价降造率	责任预算降低率（涨价风险2.5%）	责任预算单价/（元/t）	责任预算合价/元	信息价（2018年第9期不含税）/（元/t）	和基期价变化比率
13	钢筋 HRB400 以内 ϕ22	425	3 870		3 870	4 340	4 420	4 550	4 640		155			−2.50%			4 135	
14	钢筋 HRB400 以内 ϕ25	3 286	3 910		3 910	4 340	4 420	4 550	4 640		155			−2.50%			4 179	
15	钢筋 HRB400 以内 ϕ28	1 135	4 000		4 000	4 510	4 590	4 720	4 810		155			−2.50%			4 267	
16	钢筋 HRB400 以内 ϕ32	731	4 000		4 000	4 510	4 590	4 720	4 810		155			−2.50%			4 267	
	合计																	

【案例分析】数据平台的应用案例

建设领域顺应大数据发展趋势，着手推进建立行业标准数据体系和企业标准数据体系，建设基于企业标准工艺、工序及不同专业、规模项目所需的现场临设、管理人员等配置标准的成本费用项，适用于企业内部工程发包、EPC 项目投资测算、施工项目成本测算、分包招采等多种运用场景。那么，标准数据体系该如何构建与应用呢？

微课：数据平台的应用案例

模块 2

工程定额的编制原理与方法

项目 2.1 施工过程和工作时间

【学习目标】

（1）知识目标

① 了解施工过程的概念；

② 熟悉施工过程的分类及影响因素；

③ 了解工作时间消耗的概念与分类；

④ 熟悉工作时间的研究意义。

（2）能力目标

① 能够准确划分项目的施工过程；

② 能够根据工作时间的属性准确分类。

（3）素养目标

① 培养理论结合实践的应用能力；

② 培养科学创新、勇于探索的学习态度。

【思维导图】

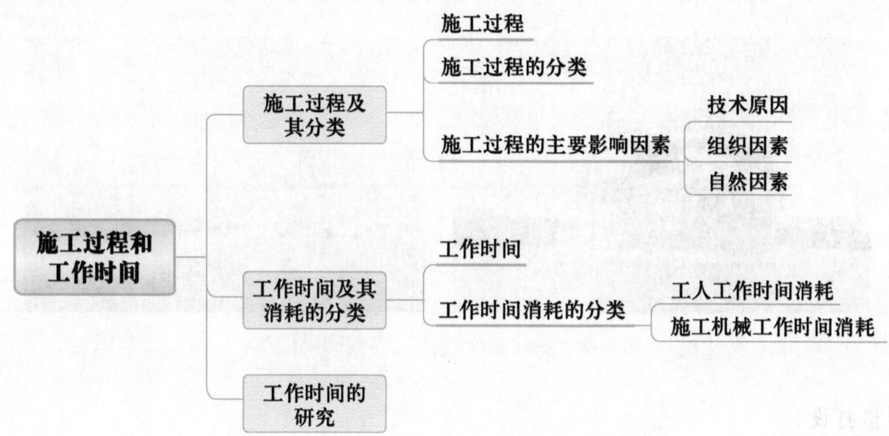

案例引入

港珠澳大桥人工岛施工关键技术

港珠澳大桥东连香港、西接珠海/澳门，是集“桥、岛、隧”于一体的跨海通道，全长35.6 km；大桥共分为珠海和澳门接线、珠澳口岸人工岛、大桥主体工程、香港连接线及香港口岸人工岛几部分。岛隧工程是控制性工程。岛隧工程总长7 440.5 m，包括5 664 m沉管隧道，2个面积10万平方米的离岸人工岛及长约800 m的桥梁。东西人工岛面积各约10万平方米；离岸20 km，水深约10 m，软土层厚度为20 ~ 30 m；人工岛实现桥隧转换。

人工岛的施工关系着工程能否顺利完成，为实现在外海海洋环境下快速成岛，港珠澳大桥东人工岛施工采用大直径钢圆筒和钢副格相结合的快速成岛综合施工技术。采用该技术需要多久完成工程，以及桥、岛、隧各工程施工之间如何协调等问题，需要对各施工技术的施工过程和工作时间开展研究。

港珠澳大桥采用深插式钢圆筒形成整岛围护止水结构，实现了快速成岛，形成陆域；岛内降水、大超载比堆载预压；岛内、岛外同时施工。其主要包括以下施工内容。

1. 钢圆筒制作运输

钢圆筒在上海振华重工长兴岛车间内进行板单元的加工，在场地内进行分段拼装；通过龙门吊及浮吊进行场内运输及装驳，见图2–1。

(a) 板单元制作

(b) 圆筒拼装

(c) 圆筒对接

(d) 圆筒装驳

(e) 圆筒运输

图2–1　港珠澳大桥人工岛钢圆筒制作运输

2. 钢圆筒振沉

采用 8 台 600 kW 液压振动锤同步联动振沉系统进行振沉作业。2011 年 5 月 15 日开始西岛首个钢圆筒振沉，215 天完成了东西人工岛 120 个钢圆筒振沉施工，垂直度达到 1/200，见图 2–2。

图 2–2 港珠澳大桥人工岛钢圆筒振沉

3. 副格打设

两圆筒间采用副格连接，副格采用弧形钢板结构，止水效果良好，见图 2–3。

图 2–3 港珠澳大桥人工岛副格打设

4. 岛内软基处理

港珠澳大桥人工岛软基处理见图 2–4，工后残余沉降控制在 30 cm 以内，土的力学性能大幅度提升。

图 2–4 港珠澳大桥人工岛软基处理

为了准确测定港珠澳大桥人工岛相关技术定额指标，是否划分至施工内容即可？如果不够，还需要哪些流程与步骤？通过本模块的学习，理解并掌握工程项目的施工过程和工作时间。

任务 2.1.1 施工过程及其分类

【知识准备】

一、施工过程

1. 施工过程的定义

微课：施工过程及其分类

施工过程是指在建筑工地范围内所进行的生产过程，由不同工种、不同技术等级的建筑工人（劳动者）完成，并且必须有一定的劳动对象、劳动工具，其目的是建造、恢复、改造、拆除或移动工业、民用建筑物的全部或部分。

2. 施工过程的基本内容

施工过程的基本内容是劳动过程，即不同工种、不同技术等级的建筑、安装和装饰工人，使用各种劳动工具（手动工具、小型机具和大中型机械及用具等），按照一定的施工工序和操作方法，直接或间接的作用于各种劳动对象（各种建筑、装饰材料、半成品、预制品和各种设备、零配件等），使其按照人们预定的目的，生产出建筑、安装以及装饰合格产品的过程。

与其他物质生产过程一样，建筑、安装施工过程同样包括生产力三要素，即劳动者、劳动对象、劳动工具。每一个施工过程的完成，均需具备下述 3 个条件。

1）施工过程是由不同工种、不同技术等级的建筑工人完成的。

2）应有一定的劳动对象——建筑材料、半成品、配件、预制品等。

3）应有一定的劳动工具——手动工具、小型机具和机械等。

施工过程除上述劳动过程的基本内容外，对某些产品的完成还需要借助自然力的作用。通过自然过程使劳动对象发生某些物理的或化学的变化，如混凝土浇灌后的自然养护、门窗油漆的干燥等。因此，施工过程通常是在许多相关联的劳动过程和自然过程的有机结合下完成的。

二、施工过程的分类

根据不同的标准和需要，施工过程有如下分类。

施工过程的分类示例

1. 按施工过程的专业性质和内容分类

施工过程按专业性质和内容可分为以下 3 种。

1）建筑过程是指工业与民用建筑的新建、恢复、改建、移动或拆除的施工过程。

2）安装过程是指安装工艺设备或科学实验等设备的施工过程，以及用大型预制构件装配工业和民用建筑的施工过程。

3）现代建筑技术的发展和新型建筑材料的应用，建筑过程和安装过程往往交错进行，难以区分，在这种情况下进行的施工过程称为建筑安装过程。

2. 按施工过程的完成方法和手段分类

施工过程按完成方法和手段可分为以下 3 种。

1）手动过程是指劳动者从事体力劳动，在无任何动力驱动的机械设备参与下所完成的施工过程。

2）机动过程是指劳动者操纵机器所完成的施工过程。

3）机手并动过程是指劳动者利用由动力驱动的机械所完成的施工过程。

3. 按施工过程劳动组织特点分类

个人完成的过程、小组完成的过程和工作队完成的过程。

4. 根据施工过程组织上的复杂程度分类

施工过程按其组织上的复杂程度由简入繁可分为工序、工作过程和综合工作过程，工序进一步根据劳动全过程由繁入简分为操作和动作组成。

1）工序是指施工过程中在组织上不可分开、在操作上属同一类的作业环节。其主要特征是劳动者、劳动对象和使用的劳动工具均不发生变化，如果其中一个发生变化，就意味着从一个工序转入了另一个工序。

完成一项施工活动一般要经过若干道工序，如现浇钢筋混凝土梁需要经过支模板、绑扎钢筋、浇灌混凝土这 3 个工艺阶段。每一阶段又可划分为若干工序：支模板可分为模板制作、安装、拆除；绑扎钢筋可分为钢筋制作、绑扎，其中钢筋制作又可再分为平直、切断、弯曲；浇灌混凝土可分为混凝土搅拌、运输、浇灌、振捣、养护等。在这些工序前后，还有搬运和检验工序。

工序可以由一个工人完成，也可以由小组或几名工人协同完成；可以手动完成，也可以由机械操作完成。在机械化的施工工序中，又可以包括由工人自己完成的各项操作和由机械完成的工作量部分。

工序是组成施工过程的基本单元，是制定定额的基本对象，其劳动方式与制定劳动定额密切相关。因为在各种不同的工序中，影响劳动效率高低的因素各有特点，只有掌握这些特点，才便于科学地制定定额。例如，手动作业工作效率低、工人易疲劳，应考虑机械化施工的可能性，并注意研究改进操作方法和合理地规定休息时间；而机动作业时，劳动效率主要取决于机械能力的有效利用，应着重研究如何合理地、正确地使用机械设备。实行机械化作业，可以大大提高劳动生产率并减轻工人的劳动强度。因此，研究采用机械设备来替代施工活动中的手工劳动，是定额测定工作中应特别注意的。

2）工作过程是指由同一工人或同一小组所完成的在技术操作上相互有机联系的工序的组合。其特点是劳动者、劳动对象不发生变化，而使用的劳动工具可以变换，如砌墙和勾缝、抹灰和粉刷等。

3）综合工作过程又称为复合施工过程，是指在施工现场同时进行的，在组织上有直接联系的，为完成一个最终产品结合起来的各个工作过程的综合。例如，砌砖墙这一综合工作过程，由调制砂浆、运砂浆、运砖、砌墙等工作过程构成，它们在不同的空间同时进行，在组织上有直接联系，并最终形成的共同产品是一定数量的砖墙。

钢筋加工的施工过程和砌砖墙的施工过程见图 2-5、图 2-6。

5. 按施工工序是否重复循环分类

施工过程按施工工序是否重复循环分为循环施工过程和非循环施工过程。如果施工过程的工序或其组成部分，以同样的内容和顺序不断循环，并且每重复一次循环可以生产出同样的产品，则称为循环施工过程。反之，则称为非循环施工过程。

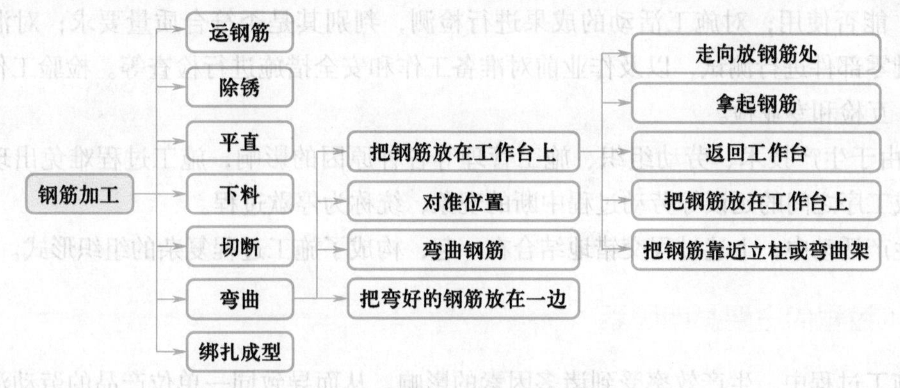

图 2–5　钢筋加工的施工过程

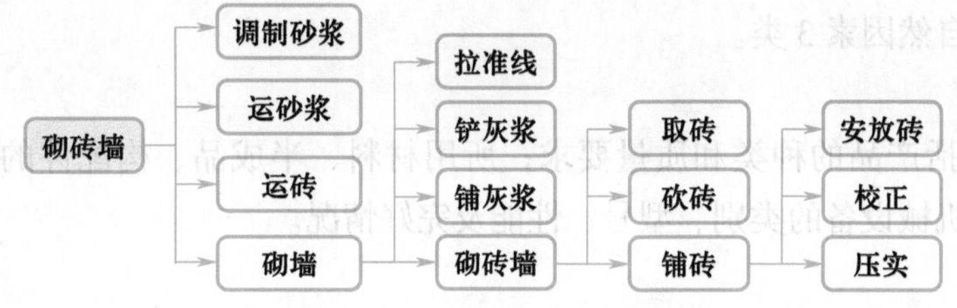

图 2–6　砌砖墙的施工过程

6. 根据施工各阶段工作在产品形成中所起作用分类

施工过程按施工各阶段工作在产品形成中所起作用分为以下 4 种。

1）施工准备过程是指在施工前所进行的各种技术、组织等准备工作。例如，编制施工组织设计、现场准备、原材料的采购、机械设备进场、劳动力的调配和组织等。

2）基本施工过程是指为完成建筑工程或产品所必须进行的生产活动。例如，基础打桩、墙体砌筑、构件吊装、门窗安装、管道铺设、电器照明安装等。

3）辅助施工过程是指为保证基本施工过程正常进行所必需的各种辅助性生产活动。例如，施工中临时道路的铺筑，临时供水、照明设施的安装，机械设备的维修保养等。

4）施工服务过程是指为保证实现基本和辅助施工过程所需要的各种服务活动。例如，原材料、半成品、机具等的供应、运输和保管，现场清理等。

上述 4 部分既有区别，又互相联系，其核心是基本施工过程。

7. 根据劳动者、劳动工具、劳动对象所处位置和变化分类

施工过程按劳动者、劳动工具、劳动对象所处位置和变化分为以下 4 种。

1）工艺过程是指直接改变劳动对象的性质、形状、位置等，使其成为预期的建筑产品的过程。例如，房屋建筑中的挖基础、砌砖墙、粉刷墙面、安装门窗等。由于工艺过程是施工过程中最基本的内容，因而它是工作研究和制定劳动定额的重点。

2）搬运过程是指将原材料、半成品、构件、机具设备等从某处移动到另一处，保证施工作业顺利进行的过程。但操作者在作业中随时拿起存放在工作地的材料等，是工艺过程的一部分，不应视为搬运过程。例如，砌砖工将已堆放在砌筑地点的砖块拿起砌在砖墙上，这一操作就属于工艺过程，而不应视为搬运过程。

3）检验过程主要包括对原材料、半成品、构配件等的数量、质量进行检验，判定其是

否合格、能否使用；对施工活动的成果进行检测，判别其是否符合质量要求；对混凝土试块、关键零部件进行测试，以及作业前对准备工作和安全措施进行检查等。检验工作一般分为自检、互检和专业检。

4）由于生产技术、劳动组织、施工管理等各种原因的影响，施工过程难免出现操作时的停顿或工序之间的延误等劳动过程中断的现象，统称为停歇过程。

在生产活动中，上述过程交错地结合在一起，构成了施工过程复杂的组织形式。

三、施工过程的主要影响因素

在施工过程中，生产效率受到诸多因素的影响，从而导致同一单位产品的劳动消耗量不尽相同。根据施工过程影响因素的产生原因和特点，施工过程的主要影响因素可分为技术因素、组织因素和自然因素 3 类。

1. 技术因素

技术因素包括产品的种类和质量要求；所用材料、半成品、构配件的类别、规格和性能；所用工具和机械设备的类别、型号、性能及完好情况。

2. 组织因素

组织因素包括施工组织与施工方法，劳动组织，工人技术水平、操作方法和劳动态度，工资分配形式，社会主义劳动竞赛。

3. 自然因素

自然因素包括气候条件、地质情况等。

【项目实训】

项目实训参考答案

【任务目标】

1. 了解施工过程的概念。
2. 熟悉施工过程的分类以及主要影响因素。

【项目背景】

楚雄职教办公楼项目混凝土柱、梁采用商品混凝土现浇施工，钢筋骨架现场绑扎，墙体采用混凝土实心砖砌筑。

【任务要求】

1. 分析该项目钢筋加工以及砌砖墙的施工过程，根据组织上的复杂程度对施工过程进行分类。
2. 分析各施工过程中的主要影响因素，并简要阐述这些因素是如何影响施工过程的。

任务 2.1.2　工作时间及其消耗的分类

微课：工作时间消耗的分类

【知识准备】

一、工作时间

工作时间是指工作班的延续时间，是按现行制度规定的。例如，八小时工作制的工作时间就是 8 h，午休时间不包括在内。

二、工作时间消耗的分类

研究施工过程的工作时间，其主要目的是确定劳动定额，前提是应对工作时间按其消耗性质进行分类。对工作时间消耗的分析研究可分为两个方面，即工人工作时间消耗和施工机械工作时间消耗。

1. 工人工作时间消耗

按消耗的性质，工人在工作班内消耗的工作时间可以分为必须消耗的时间（定额时间）和损失时间（非定额时间）两大类。必须消耗的时间是工人在正常施工条件下，为完成一定产品（工作任务）所消耗的时间。它是制定定额的主要依据。损失时间和产品生产无关，而是与施工组织和技术上的缺点以及工人在施工过程中的个人过失或某些偶然因素的时间消耗有关。工人工作时间的一般分类，见图 2–7。

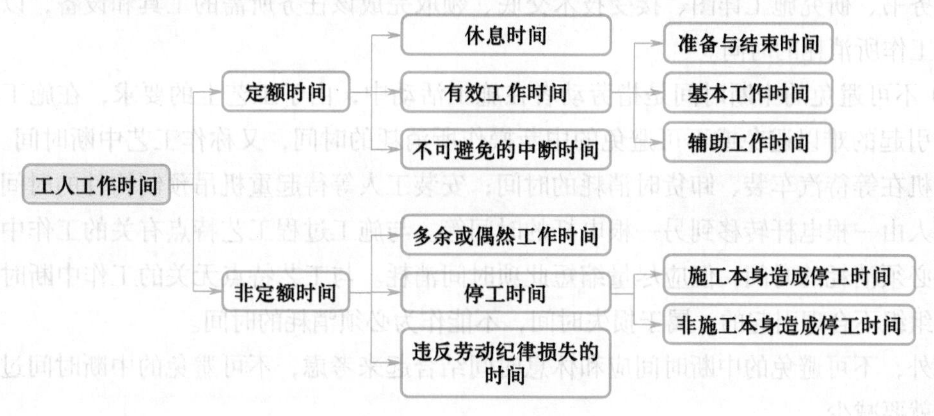

图 2–7　工人工作时间分类图

（1）必须消耗的时间

必须消耗的工作时间包括有效工作时间、不可避免的中断时间和休息时间的消耗。

1）有效工作时间消耗是从生产效果来看与产品生产直接有关的时间消耗。其包括基本工作时间、辅助工作时间、准备与结束工作时间的消耗。

① 基本工作时间是指在施工活动中直接完成基本施工工艺过程的操作所必须消耗的时间，也就是劳动者借助于劳动手段，直接改变劳动对象的性质、形状、位置、外表、结构等所消耗的时间。例如，钢筋制作、安装，砌砖墙，人工挖地槽等的时间消耗。

根据定额制定的工作需要，基本工作按工人的技术水平，又可分为适合于工人技术水平的基本工作及不适合于工人技术水平的基本工作两种。工人的工作专长和技术操作水平符合基本工作要求的技术等级或执行比其技术等级稍高的基本工作时，称为适合于工人技术水平的基本工作。工人执行低于其本人技术等级的基本工作时，称为不适合于工人技术水平的基本工作，如技工干普工工作。对于辅助工人，完成他们的生产任务的工作又称为基本工作，如普工搬砖、运砂。

② 辅助工作时间是指为保证基本工作能顺利完成所需消耗的时间。例如，砌砖过程中的放线、收线、摆砖样、修理墙面等，混凝土浇捣过程中的移动跳板、移动振捣器、浇水润湿模板

等，以及工具的磨快、校正和小修、机器的上油等。它的特点是有辅助的性质，其时间消耗的多少与任务量的大小成正比。辅助工作不能使产品的形状大小、性质或位置发生变化。辅助工作时间的结束，往往就是基本工作时间的开始。辅助工作一般是手工操作。但如果在机手并动的情况下，辅助工作是在机械运转过程中进行的，为避免重复，则不应再计算辅助工作时间的消耗。

③ 准备与结束工作时间是指用于执行施工任务前的准备工作及任务完成后的结束整理工作所消耗的工作时间，简称“准束时间”。准束时间按其内容不同可分为工作班准束时间和任务的准束时间。准备与结束工作时间消耗，一般来说，与工人接受任务的数量大小无直接关系，而与任务的复杂程度有关。所以，这项时间消耗又可以分为班内的准备与结束工作时间和任务的准备与结束工作时间。

班内的准备与结束工作时间包括工人每天从工地仓库领取工具、设备的时间；准备安装设备的时间；机器开动前的观察和试车的时间；交接班时间等。

任务的准备与结束工作时间与每个工作日交替无关，但与其具体任务有关。例如，接受施工任务书、研究施工详图、接受技术交底、领取完成该任务所需的工具和设备，以及验收交工等工作所消耗的时间。

2）不可避免的中断时间是指劳动者在施工活动中，由于工艺上的要求，在施工组织或作业中引起的难以避免或不可避免的中断操作所消耗的时间，又称作工艺中断时间。例如，汽车司机在等待汽车装、卸货时消耗的时间；安装工人等待起重机吊预制构件的时间；电气安装工人由一根电杆转移到另一根电杆的时间等。与施工过程工艺特点有关的工作中断时间应作为必须消耗的时间，但应尽量缩短此项时间消耗。与工艺特点无关的工作中断时间是由于劳动组织不合理引起的，属于损失时间，不能作为必须消耗的时间。

另外，不可避免的中断时间应和休息时间结合起来考虑，不可避免的中断时间过多，休息时间就要减少。

3）休息时间是指劳动者在工作班中为恢复体力所必需的短暂休息和生理需要的时间消耗。休息时间的长短和劳动条件有关。劳动繁重紧张、劳动条件差（如高温），则休息时间需要长一些。

（2）损失时间

损失时间包括多余和偶然工作时间、停工时间、违反劳动纪律所引起的工时损失时间。

1）多余和偶然工作时间。多余和偶然工作的时间损失，包括多余工作引起的时间损失和偶然工作引起的时间损失两种情况。

多余工作是指工人进行了任务以外的而又不能增加产品数量的工作，如对质量不合格的墙体返工重砌、对已磨光的水磨石进行多余的磨光等。多余工作引起的时间损失，一般都是由于工程技术人员和工人的差错而引起的修补废品和多余加工造成的，不是必须消耗的时间。

偶然工作是指工人在任务以外进行的，但能够获得一定产品的工作，如电工铺设电缆时需要临时在墙上开洞、抹灰工不得不补上偶然遗留的墙洞等。从偶然工作的性质看，不应考虑它是必须消耗的时间，但由于偶然工作能获得一定产品，也可适当考虑。

2）停工时间。是指工作班内停止工作造成的时间损失。停工时间按其性质可分为施工本身造成的停工时间和非施工本身造成的停工时间两种。

① 施工本身造成的停工时间是指由于施工组织不善、材料供应不及时、工作面准备工作做得不好、工作地点组织不良等情况引起的停工时间。

② 非施工本身造成的停工时间是指由于气候条件以及水源、电源中断引起的停工时间。由于自然气候条件的影响而又不在冬、雨期施工范围内的时间损失，应给予合理的考虑作为必须消耗的时间。

3）违反劳动纪律造成的工作时间损失是指工人在工作班开始和午休后的迟到、午饭前和工作班结束前的早退、擅自离开工作岗位、工作时间内聊天或办私事等造成的工时损失。由于个别工人违反劳动纪律而影响其他工人无法工作的时间损失也包括在内。此项工时损失是不允许存在的。因此，在定额中是不能考虑的。

2. 施工机械工作时间消耗

在对采用机械施工的时间消耗进行分析时，除了要对工人工作时间的消耗进行分析，还需要分类研究机械工作时间的消耗。机械工作时间消耗按其性质分为两类：必须消耗时间（定额时间）和损失时间（非定额时间），见图 2-8。

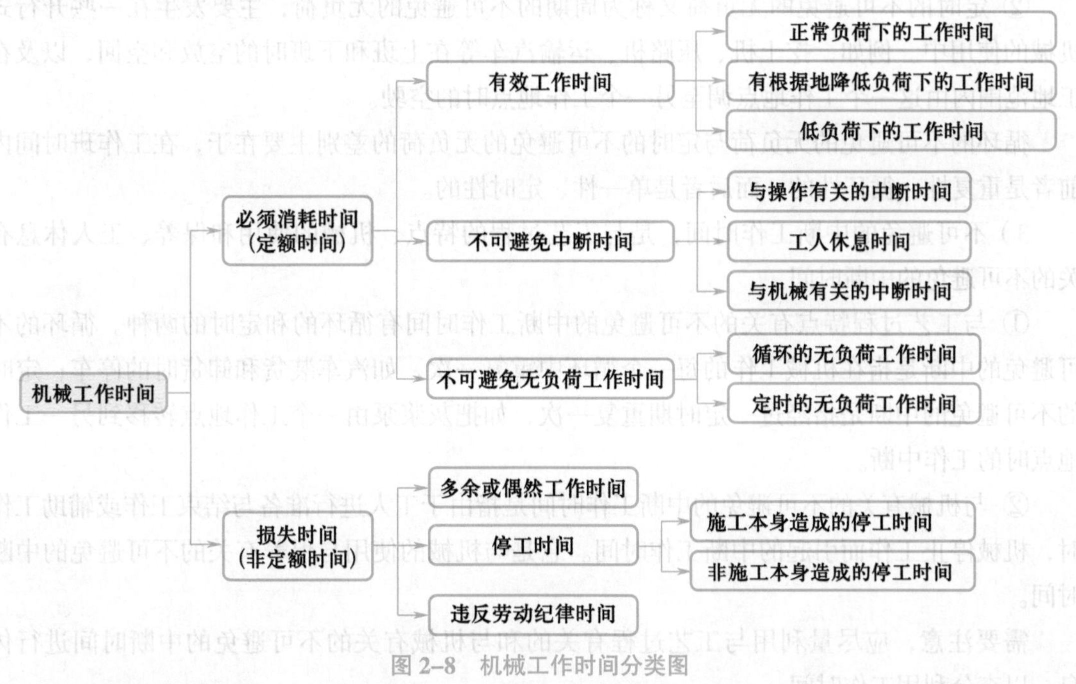

图 2-8　机械工作时间分类图

（1）必须消耗时间

必须消耗时间包括有效工作时间、不可避免的无负荷工作时间和不可避免中断时间。

1）有效工作时间的消耗包括正常负荷下的工作时间、有根据地降低负荷下的工作时间和低负荷下的工作时间 3 项工时消耗。

① 正常负荷下的工作时间是指机械在与机械说明书规定的计算负荷相符的情况下进行工作的时间。

② 有根据地降低负荷下的工作时间是指在个别情况下机械由于技术上的原因，在低于其计算负荷下工作的时间。例如，汽车运输质量小而体积大的货物时，不能充分利用汽车的

载重吨位；起重机吊装轻型结构时，不能充分利用其起重能力，因而低于其计算负荷。

③ 低负荷下的工作时间是指由于工人或技术人员的过错所造成的施工机械在降低负荷的情况下工作的时间。例如，工人装车的砂石数量不足、工人装入碎石机轧料口中的石块数量不够引起的汽车和碎石机在降低负荷的情况下工作所持续的时间。此项工作时间不能完全作为必须消耗的时间。

2）不可避免的无负荷工作时间是指由施工过程的特点和机械结构的特点造成的机械无负荷工作时间。不可避免的无负荷按出现的性质可分为循环的不可避免的无负荷和定时的不可避免的无负荷两种。

① 循环的不可避免的无负荷是指由于机械工作特点引起并循环出现的无负荷现象。例如，运输汽车在卸货后的空车回驶；铲土机卸土后回至取土地点的空车回驶；木工锯床、刨床在换取木料时的空转等。但是，对于一些复式行程的机械，其回程时间不应列为不可避免的无负荷，而仍应算作有效工作时间。例如，打桩机打桩时桩锤的吊起时间，锯木机锯截后机架的回程时间。

② 定时的不可避免的无负荷又称为周期的不可避免的无负荷，主要发生在一些开行式机械的使用中。例如，挖土机、压路机、运输汽车等在上班和下班时的空放和空回，以及在工地范围内由这一个工作地点调至另一个工作地点时的空驶。

循环的不可避免的无负荷与定时的不可避免的无负荷的差别主要在于，在工作班时间内前者是重复性、循环性的，而后者是单一性、定时性的。

3）不可避免的中断工作时间，是与工艺过程的特点、机械的使用和保养、工人休息有关的不可避免的中断时间。

① 与工艺过程特点有关的不可避免的中断工作时间有循环的和定时的两种。循环的不可避免的中断是指在机械工作的每一个循环中重复一次，如汽车装货和卸货时的停车；定时的不可避免的中断是指经过一定时期重复一次，如把灰浆泵由一个工作地点转移到另一工作地点时的工作中断。

② 与机械有关的不可避免的中断工作时间是指由于工人进行准备与结束工作或辅助工作时，机械停止工作而引起的中断工作时间。它是与机械的使用与保养有关的不可避免的中断时间。

需要注意，应尽量利用与工艺过程有关的和与机械有关的不可避免的中断时间进行休息，以充分利用工作时间。

③ 工人休息时间是指工人在工作中休息所消耗的时间。

（2）损失时间

机械工作损失的时间包括多余或偶然工作时间、停工时间和违反劳动纪律时间。

1）机械的多余或偶然工作时间。有两种情况：一是可避免的机械无负荷工作，是指工人没有及时地供给机械用料引起的空转；二是机械在负荷下所做的多余工作，如搅拌混凝土时超过规定的搅拌时间，即属于多余工作时间。

2）停工时间。按其性质可分为施工本身造成和非施工本身造成的停工。前者是由于施工组织不善引起的停工现象，如由于未及时供给机器燃料而引起的停工及机械损坏等导致的机械停工时间。后者是由于外部影响引起的机械停工时间，如水源、电源中断（不是由于施工原因），以及气候条件（暴雨、冰冻等）的影响而引起的机械停工时间。

3）违反劳动纪律时间。是指由于工人迟到、早退或擅离岗位等原因引起的机器停工时间。

【项目实训】

项目实训参考答案

【任务目标】

1. 了解工作时间消耗的概念与分类；
2. 判断工作时间消耗归类。

【项目背景】

图 2–9 是楚雄职教办公楼项目建设施工中出现过的几个画面。

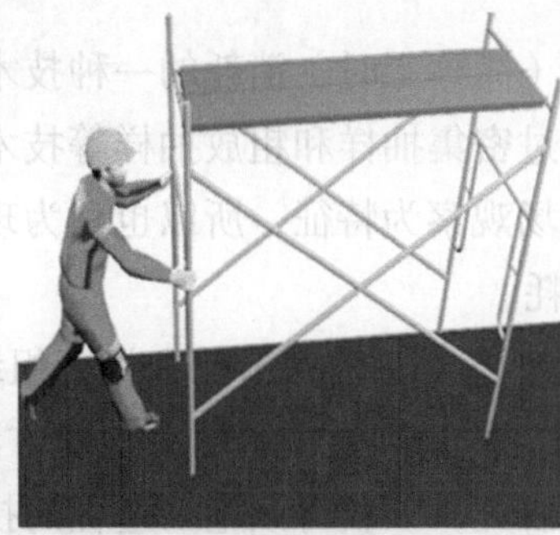

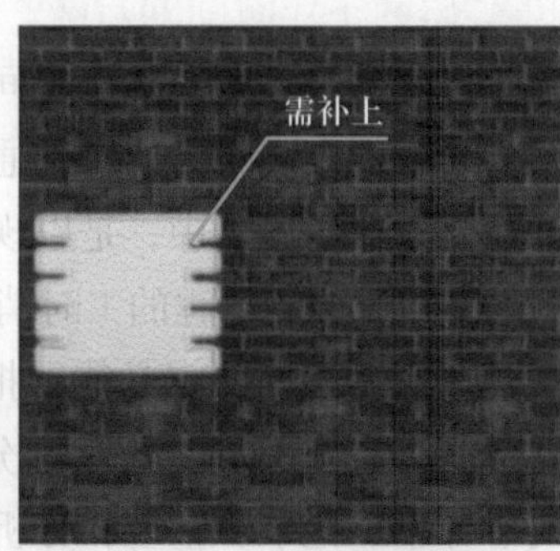

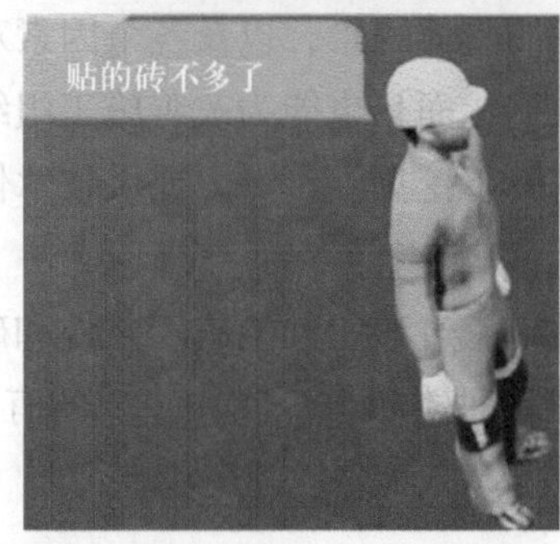

图 2–9　楚雄职教办公楼项目建设施工画面

【任务要求】

1. 根据图 2–9 中的画面进行工作时间消耗的分类。
2. 绘制人工和施工机械工作时间消耗分类图。

任务 2.1.3　工作时间的研究

【知识准备】

微课：工作时间的研究

工作时间的研究，就是把劳动者在整个生产过程中所消耗的工作时间，根据其性质、范围和具体情况，予以科学地划分，归纳类别，分析取舍，明确规定哪些属于定额时间，哪些属于非定额时间，并找出造成非定额时间的原因，以便拟定技术和组织措施，消除产生非定额时间的因素，充分利用工作时间，提高劳动效率。

一、传统工作时间的研究

1. 概念

对工作时间的研究直接结果是制定出时间定额。研究施工中的工作时间，其主要目的是确定施工的时间定额或产量定额，也称为确定时间标准。

工作时间的研究还可以用于编制施工作业计划、检查劳动效率和定额执行情况、决定机械操作的人员组成、组织均衡生产、选择更好的施工方法和机械设备、决定工人和机械的调配、确定工程的计划成本以及作为计算工人劳动报酬的基础。但这些用途和目的只有在确定了时间定额或产量定额的基础上才能达到。

2. 研究工作时间的方法

计时观察法是研究工作时间（简称工时）消耗的一种技术测定方法。它以研究工时消耗为对象，以观察测时为手段，通过密集抽样和粗放抽样等技术进行直接的时间研究。计时观察法运用于建筑施工中，是以现场观察为特征，所以也称为现场观察法，适用于研究人工手动过程和机手并动过程的工时消耗。

计时观察法的特点是能够把现场工时消耗情况和施工组织技术条件联系起来加以考察。它在施工过程分类和工作时间分类的基础上，利用一整套方法对选定的过程进行全面观察、测时、计量、记录、整理和分析研究，以获得该施工过程的技术组织条件和工时消耗的有技术根据的基础资料，分析出工时消耗的合理性和影响工时消耗的具体因素，以及各个因素对工时消耗影响的程度。所以，它不仅能为制定定额提供基础数据，而且也能为改善施工组织管理、改善工艺过程和操作方法、消除不合理的工时损失和进一步挖掘生产潜力提供技术依据。计时观察法的局限性是考虑人的因素不够。

对施工过程进行观察、测时，计算实物和劳务产量，记录施工过程所处的施工条件和确定影响工时消耗的因素，是计时观察法的主要内容。计时观察法种类很多，其中主要的有3种：测时法、写实记录法和工作日写实法。

（1）测时法

测时法主要适用于测定那些定时重复循环工作的工时消耗，是精确度比较高的一种计时观察法，分为连续法和选择法。

（2）写实记录法

写实记录法可用于研究所有种类的工作时间消耗，包括基本工作时间、辅助工作时间、不可避免的中断时间、准备与结束时间以及各种损失时间。通过写实记录可以获得分析工作时间消耗和制定定额时所必需的全部资料。这种测定方法比较简便、易于掌握，并能保证必需的精确度，在实际中得到广泛应用。

（3）工作日写实法

工作日写实法是对一个操作工人、一个班组或一台机械在一个工作日中全部活动的工时利用情况，按照时间消耗的顺序进行实地观察、记录和分析研究的一种测定方法。它侧重于研究工作日的工时利用情况，为制定人工定额提供必需的准备与结束时间、休息时间和不可避免的中断时间的资料。同时采用工作日写实法，在详细调查工时利用情况的基础上，分析哪些时间消耗对生产是有效的，哪些时间消耗是无效的，找出工时损失的原因，拟订改进的技术和组织措施，消除引起工时损失的因素，促进劳动生产效率的提高。

以上工作时间研究的具体内容详见本模块项目 2.2。

二、大数据工作时间的研究

大数据工作时间的研究往往利用大数据算法，如 Dijkstra 算法。某特种设备检验研究院的研究人员以特种设备地理信息为基础，以特种设备检验检测人员的累计设备检验工作量与累计路途时间计算为核心，通过 Dijkstra 算法计算出检验员每日从工作地到多个检测地点的最短路径，并结合多个检测地点的设备检验量，得到特种设备检验检测人员的实际工作时间，作为工作绩效考核的依据，测定流程见图 2–10。

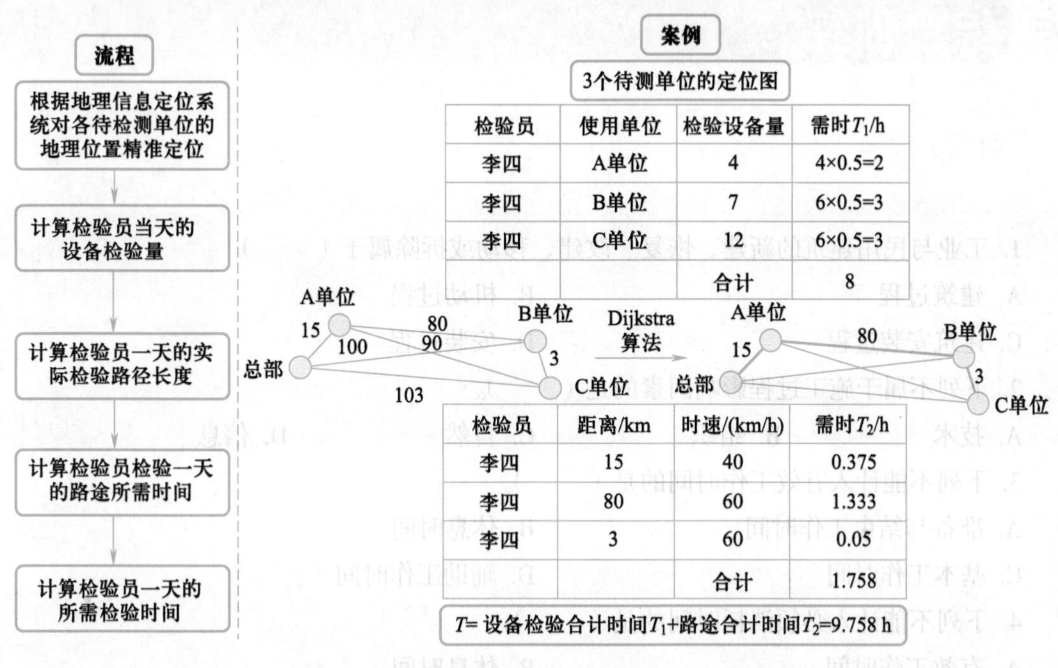

图 2–10　基于 Dijkstra 算法的特种设备检验检测人员工作时间的研究

【学习自测】

用自己的语言，简述大数据时代如何运用大数据技术开展工作时间的研究。

学习自测
参考答案

小结与关键概念

小结： 施工过程是指在建筑工地范围内所进行的生产过程，由不同工种、不同技术等级的建筑工人（劳动者）完成，并且应有一定的劳动对象、劳动工具，其目的是建造、恢复、改造、拆除或移动工业、民用建筑物的全部或部分。

根据不同的标准和需要，可对施工过程按专业性质和内容，完成方法和手段，劳动组成特点，组织上的复杂程度，施工工序是否重复循环，施工各阶段工作在产品形成中所起的作用，劳动者、劳动工具、劳动对象所处位置和变化等进行分类。在建筑安装施工过程中，影响施工过程的因素有技术、组织、自然因素。

工作时间消耗可分为工人工作时间消耗和施工机械工作时间消耗，都包含必须消耗时间（定额时间）和损失时间（非定额时间）两部分。工作时间的研究，其目的在于确定施工过程的时间标准。

关键概念： 施工过程、施工过程分类、工作时间消耗、工作时间消耗分类、大数据工作时间研究。

综合训练

【习题与思考】

习题与思考答案

一、单选题

1. 工业与民用建筑的新建、恢复、改建、移动或拆除属于（　　）。

A. 建筑过程　　B. 机动过程

C. 建筑安装过程　　D. 安装过程

2. 下列不属于施工过程影响因素的是（　　）。

A. 技术　　B. 组织　　C. 自然　　D. 信息

3. 下列不能计入有效工作时间的是（　　）。

A. 准备与结束工作时间　　B. 休息时间

C. 基本工作时间　　D. 辅助工作时间

4. 下列不能计入必须消耗时间的是（　　）。

A. 有效工作时间　　B. 休息时间

C. 偶然时间　　D. 不可避免中断时间

5. 下列不能计入人工定额的是（　　）。

A. 必须消耗时间　　B. 施工本身造成的停工时间

C. 偶然时间　　D. 非施工本身造成的停工时间

二、填空题

1. 每一个施工过程的完成，均需具备下述 3 个条件：________、________和________。

2. 工作时间的消耗可分为________和________。

3. 按施工过程组织上的复杂程度，施工过程可分为________、________和________。

4. 损失时间包括________、________和________。

5. 工序的特点是________、________和________都不发生改变。

三、思考题

1. 施工过程有何特点?

2. 施工过程完成应该具备哪些条件?

3. 施工过程如何分类?

4. 哪些工作时间的消耗应计入定额时间?哪些时间不计入定额时间?

5. 工作时间的研究方法有哪些?简述其方法。

【拓展训练】

【任务目标】

1. 对施工过程进行分类。

2. 掌握施工过程影响因素的分析方法。

3. 能自主尝试将大数据与工作时间的研究结合思考。

【项目背景】

楚雄职教办公楼项目浇捣混凝土板(机拌人捣)的施工见图 2–11。

图 2–11 楚雄职教办公楼项目浇捣混凝土板

【任务要求】

1. 对楚雄职教办公楼项目浇捣混凝土板(机拌人捣)的施工过程进行分类。

2. 分析楚雄职教办公楼项目浇捣混凝土板(机拌人捣)的施工过程潜在的影响因素。

3. 从大数据角度分析如何开展该项目背景下工人工作时间和机械工作时间消耗的研究。

拓展训练答案

【案例分析】港珠澳大桥人工岛施工关键技术施工过程和工作时间研究

为实现在外海海洋环境下快速成岛,港珠澳大桥东人工岛施工采用大直径钢圆筒和钢副格相结合的快速成岛综合施工技术。港珠澳大桥人工岛的施工运用了很多新技术和新工艺,没有基础数据可供参考,那么,如何对其施工关键技术的施工过程和工作时间进行研究呢?

微课:案例分析

项目 2.2
工程定额的测定方法与应用

【学习目标】

（1）知识目标

① 了解工程定额的编制依据及制定过程；

② 了解采用技术测定法确定工程定额中工人和机械工作时间消耗量的过程；

③ 掌握采用科学计算法计算材料消耗量的方法与实例；

④ 掌握比较类推法、统计分析法、经验估计法在工程定额制定中的应用。

（2）能力目标

① 能运用技术测定法测定人工和机械的工作时间消耗量并编制工程定额；

② 能运用科学计算法计算材料消耗量并编制工程定额；

③ 能运用比较类推法、统计分析法、经验估计法编制工程定额。

（3）素养目标

① 培养理论结合实践的应用能力；

② 培养科学客观、实事求是的学习态度；

③ 养成良好的职业道德。

【思维导图】

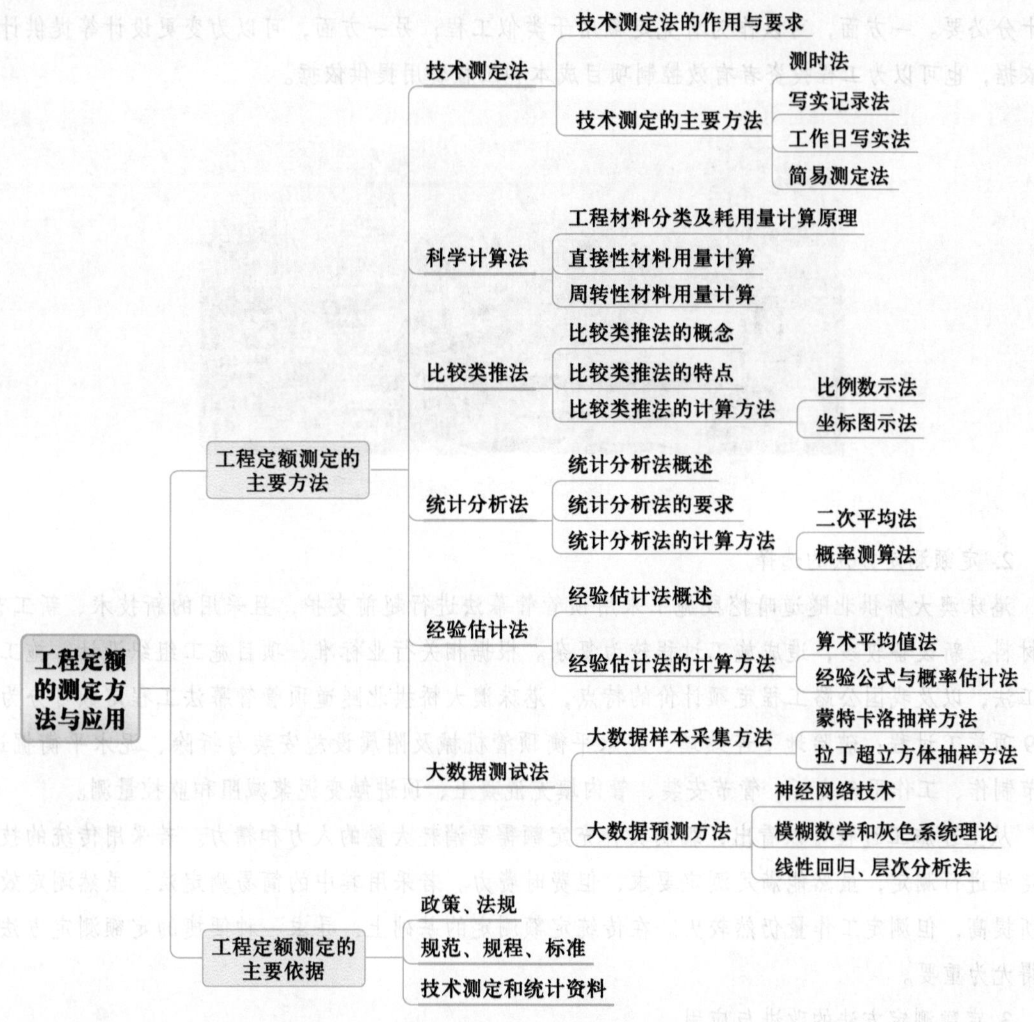

案例引入

港珠澳大桥拱北隧道顶管管幕法工程定额测定

港珠澳大桥是世界上跨度最大、长度最长、沉管隧道最长、造岛最快、钢结构最大、使用寿命最长、可抗台风16级的“桥、岛、隧”三位一体的超级桥梁，是粤港澳大湾区互联互通的“脊梁”，有效打通了湾区内部交通网络的“任督二脉”。工程师们以科技为舟、以勇气为桨、以大国工匠精神为帆完成了这一项史无前例的工程奇迹。

1. 世界级工程给定额测定带来新挑战

拱北隧道为港珠澳大桥珠海连接线的关键性工程，堪称“隧道施工技术博物馆”，隧道下穿拱北口岸，由于口岸暗挖段地层软弱，且地下水位高，造成施工难度加大，变形难以控制，为国内第一座采用顶管暗挖法实施的公路隧道。口岸暗挖段采用255 m“曲线管幕＋水平冻结工法”，是世界首座采用该工法施工的双层公路隧道，其管幕长度和冻结规模均将创造新的纪录，见图 2–12。由于顶管管幕超前支护在国内公路、市政工程中应用较少，因此在公路、铁路、建筑、市政等工程建设中缺少该类隧道施工方法的计价依据，为此，编制顶管管幕新技术项目的工程定额十分必要。一方面，可以作为补充定额用于类似工程；另一方面，可以为变更设计等提供计费的依据，也可以为工程投资者有效控制项目成本和工程费用提供依据。

图 2–12　港珠澳大桥拱北隧道施工图

2. 定额测定方法的选择

港珠澳大桥拱北隧道暗挖段施工采用顶管管幕法进行超前支护，且采用的新技术、新工艺、新材料、新设备较多，造成施工过程较为复杂。根据相关行业标准、项目施工组织设计、施工工艺工法，以及我国公路工程定额计价的特点，港珠澳大桥拱北隧道顶管管幕法工程定额可分为以下 9 项施工过程：破除地下连续墙、泥水平衡顶管机械及附属设施安装与拆除、泥水平衡掘进、管节制作、工作平台安拆、管节安装、管内填充混凝土、顶进触变泥浆减阻和监控量测。

从上述施工过程可以看出，编制其补充定额需要消耗大量的人力和精力。若采用传统的技术测定法进行测定，虽然能满足测定要求，但费时费力。若采用其中的简易测定法，虽然测定效率有所提高，但测定工作量仍然较大。在传统定额测定的基础上，寻求一种便捷的定额测定方法就显得尤为重要。

顶管管幕法工程工作时间的消耗分析

3. 定额测定方法的改进与应用

港珠澳大桥拱北隧道顶管管幕法工程的定额测定采用改进的简易测定法，将施工过程的第二级性质工作时间简化（转化）为第一级性质工作时间，仅观测必须消耗的时间和损失的时间，省去了观测记录手动过程各必须消耗的时间段的劳动量，节省了手动过程测定表格，提高了测定工作效率。

港珠澳大桥为粤港澳大湾区带来巨大的发展机遇。与此同时，它作为全球已建最长的跨海大桥，具有规模大、工期短，技术新、经验少，工序多、专业广，要求高、难点多的特点，在道路设计、使用年限以及防撞防震、抗洪抗风等方面均有超高标准，如何准确、合理地测定定额，已然成为超级工程项目管理的重点。那么，在建设项目的全过程工程咨询中，造价工程师如何选择定额测定方法？如何进行定额测定？通过本项目的学习，理解并掌握工程定额的测定方法。

任务 2.2.1 工程定额测定的主要依据和方法

【知识准备】

一、工程定额测定的主要依据

1. 政策、法规

政策、法规主要是指国家有关经济政策、法律法规和劳动制度，主要包括《建筑安装工人技术等级标准》和工资标准、工资奖励制度、八小时工作制及劳动保护制度等。

2. 规范、规程、标准

规范、规程、标准主要是指国家现行的各类规范、规程和标准，如《施工及验收规范》《建筑安装工程操作规程》、设计规范、质量评定标准、现行的标准通用图和国家建筑材料标准等。

3. 技术测定和统计资料

技术测定和统计资料主要是指工时消耗的单项或综合统计资料，包括典型工程施工图、定额统计资料等，同时还包括已经成熟使用并推广的新技术、新结构、新材料和先进经验等。

二、工程定额测定的主要方法

工程定额测定一般采用技术测定法、科学计算法、比较类推法、统计分析法、经验估计法、大数据预测法等。

1. 技术测定法

技术测定法是研究工作时间消耗的一种技术测定方法，以工时消耗为研究对象，以观察测时为手段，通过密集抽样和粗放抽样等技术进行直接的时间研究。

技术测定法根据先进合理的生产技术、操作工艺和正常的生产条件，组织体力和劳动熟练程度平均水平的工人进行典型施工过程施工，用观察测时的方法对施工过程中的具体活动进行实地观察，详细地记录施工中工人和机械的工作时间消耗、完成产品的数量及有关影响因素，并整理记录的结果。通过客观分析各种因素对产品工作时间消耗的影响，并据此进行取舍，以获得各个项目时间消耗的可靠数据资料，为制定工程定额或工时规范提供科学依据。

技术测定法有充分的科学依据，制定的定额先进合理，准确程度较高，定额水平的精确度也高，适用于产品量大且品种少、施工条件比较正常、施工时间长的施工过程，是制定定额的主要方法。但是采用此方法观测数量大、人力规模大、工作复杂费时、技术要求高，详见任务 2.2.2。

2. 科学计算法

科学计算法是根据施工图、建筑构造要求和其他技术资料，运用科学合理的理论计算公式直接计算出材料消耗量的一种方法。但是，科学计算法只能算出单位建筑产品的材料净用量，材料损耗量（率）仍要在现场通过观测获得。科学计算法主要适用于主要材料的消耗量测定，详见任务 2.2.3。

3. 比较类推法

比较类推法又称典型定额法，是以精确测定好的同类型或相似类型工序或产品的定额水平或实际消耗的资源数量标准为依据，经过对比分析、归类和推导，类推出同类相邻工序或产品定额水平或消耗量的方法。

比较类推法制定定额简单易行、工作量小、速度快，适用于测定同类产品品种多、批量小的劳动定额和材料消耗定额。但往往会因对定额时间组成分析不够、对影响因素估计不足或所选典型定额不当而影响定额的质量，且该方法用来对比的两个施工过程应是同类型的或相似的，否则测定所得的定额不够准确，详见任务 2.2.4。

4. 统计分析法

统计分析法是对同类工程或同类产品，根据以往施工中有关工时消耗、材料消耗、机械台班消耗等的记录和统计资料，考虑当前及今后施工技术、施工条件、施工组织的变化因素，利用统计学的原理，进行科学的分析研究后制定定额的一种方法。

统计分析法简便易行、工作量小、省时省力、主观因素较小，可以为编制人工定额、材料消耗定额、机械台班定额提供较可靠的数据资料。但是由于统计资料只是实耗工时的记录，在统计时并没有剔除生产技术组织中不合理的因素，只能反映已经达到的劳动生产率水平。因此，该方法只适用于施工（生产）条件正常、批量大、产品稳定、生产周期长、统计工作制度健全或某些次要的定额项目，以及某些无法进行技术测定的项目。统计分析法与经验估计法相比需要更多的统计资料，其准确性受到原始资料准确性、完整性的影响，通常与技术测定法并用，详见任务 2.2.5。

5. 经验估计法

经验估计法是根据定额管理专业人员、工程技术人员和工人的实践经验，经图纸分析、现场调查、观测，考虑材料、工具、设备，分析施工生产的施工工艺、技术组织条件和操作方法的繁简难易程度等，通过座谈、讨论、分析、比较的方式，在原有基础上增减工时后直接估算定额的方法。

经验估计法省时、简便、快速、工作量小。但由于缺乏技术资料，且很大程度上受到参加人员的经验、政策水平、技术水平和立场观点的影响，准确性差，易出现偏高或偏低的现象。该方法通常适用于产品品种多、工程量小或新产品试制，以及不常出现的项目等一次性定额的制定，详见任务 2.2.6。

6. 大数据测试法

大数据测试法是利用大数据、人工智能等信息化技术在人工、材料、机械台班的消耗量测定环节中，运用大数据样本产生技术对相关消耗量数据进行处理，生成大量的样本数据，缩短现场测定数据的时间，进而在大量真实有效的数据基础上，为后续消耗量预测模型的构建提供数据支持，以此编制定额的方法，详见任务 2.2.7。

在实际工作中，经常同时使用两种及以上的测定方法，以便使测得的定额更切合实际。

学习自测答案

【学习自测】

查阅相关资料，简述还有哪些测定工程定额的方法。

任务 2.2.2 技术测定法

【知识准备】

一、技术测定法的要求与准备工作

1. 技术测定的要求

（1）认真测定，保证技术测定工作的科学性

技术测定是一项具体、细致且技术性较强的工作。测定人员在测定过程中，必须坚守工作岗位，集中精力，详细地观察测定对象的全部活动，并认真记录各类时间消耗和有关影响因素，保证原始记录资料的客观真实性。

（2）保证测定资料完整、准确

每次测定的工时记录、完成产品数量、因素反映、汇总整理等有关数字、图示、文字说明必须齐全、准确。影响因素的说明要清楚，取舍数字要有技术依据，结论意见和改进措施应切合实际。

（3）依靠一线工作人员

技术测定的资料来自一线生产过程，测定时必须取得一线工作人员的支持与合作，以便于测定的顺利进行；测定结束，应将测定结果告诉他们，征求意见，使测定资料更加完善准确。

2. 技术测定的准备工作

（1）明确测定目的，确定测定对象

技术测定法测定前要明确测定目的，研究并确定测定对象，根据不同的测定目的选择测定对象，才能获得较真实的技术测定资料。所谓测定对象，就是对其进行技术测定的施工工人。应选择具有普遍代表性的班组或个人作为测定对象，具有与技术等级相符的工作技能和熟练程度，所承担的工作与其技术等级相符，还应包括比较先进的和比较落后的部分班组或个人。为配合好测定工作，测定工作开展前应向基层管理干部和工人讲清技术测定的目的、要求和方法步骤等，取得他们的配合和帮助。

（2）确定待测的施工过程

根据测定目的和对象，确定需要进行测定的施工过程（完全符合正常施工条件），并编写详细的目录，拟订工作进度计划，制订组织技术措施，并组织编制定额的专业技术队伍，按计划认真开展工作。一般来说，需要编制定额的施工过程都应进行测定，以便取得精确程度比较高的基础资料和比较充分的技术根据。

（3）待测施工过程的预研究

为了正确地安排计时观察和收集可靠的原始资料，应对确定待测的施工过程的性质进行充分研究，全面地对各个待测施工过程及其技术组织条件进行实际调查和分析，以便设计正

常的（标准的）施工条件和分析研究测时数据。

1）测定人员应熟悉待测施工过程的图纸、施工方案、施工准备、施工日期、产品特征、劳动组织、材料供应、操作方法等；熟悉现行劳动定额的有关规定、现行建筑安装工程施工及验收规范、技术操作规程及安全操作规程等有关技术资料。

2）了解所采用施工方法的先进程度，挖掘已得到推广的先进施工技术和操作方法，了解施工过程中存在的技术组织方面的缺点和由于某些原因造成的混乱现象。

3）系统地收集完成定额的统计资料和经验资料，以便与计时观察所得的资料进行对比分析。

砌砖墙的施工过程

4）将待测施工过程，按工序、操作或动作划分为若干个组成部分，以便准确地记录时间和分析研究。待测施工过程的组成部分划分是否恰当，将直接影响到测定资料的准确性。不同的测时方法，施工过程划分有所不同。

① 采用写实记录法时，一般按工序进行划分施工过程的组成部分。例如，砌砖墙的施工过程可以划分为拉准线、铲灰浆、铺灰浆、砌砖墙等工序。

② 采用测时法时，由于其精确度要求较高，所测施工过程的组成部分可划分到操作，如果为了研究先进工作法，或是分析影响劳动生产率提高或降低的因素，则必须将施工过程划分到操作乃至动作。

③ 采用工作日写实法时，其组成部分按定额时间和非定额时间划分。定额时间划分为基本工作时间、辅助工作时间、准备与结束时间、休息时间、不可避免的中断时间。非定额时间的具体划分可根据测定过程中实际出现的损失时间的原因来确定。

④ 采用简易测定法时，其组成部分一般划分为工作时间和损失时间两项即可；也有的不划分组成部分，仅观察损失时间，最后从延续时间中减去损失时间而得出定额时间。

5）确定定时点和施工过程产品的计量单位。为了准确记录时间，保证测时的精确度，在划分组成部分的同时，还必须明确各组成部分之间的分界点，即上、下两个相衔接的组成部分在时间上的分界点。确定定时点，对于保证计时观察的精确性是不容忽略的因素。定时点的确定可以是前一组成部分终了的一点，也可以是后一组成部分开始的一点，但这一点的选定必须明显且易于观察，并能保证延续时间的稳定。例如，砌砖过程中，取砖和将砖放在墙上这个组成部分，它的开始是工人手接触砖的那一瞬间，结束是将砖放在墙上手离开砖的那一瞬间。确定产品计量单位，要能具体地反映产品的数量，并应注意计算方便和在各种不同施工过程中保持最大限度的稳定性。

（4）选择正常的施工条件

选择绝大多数企业和施工队（组）在合理组织施工的条件下所处的施工条件，是技术测定中的一项重要内容，也是确定定额的依据。所有的施工条件，都有可能影响产品生产中的工时消耗。选择正常的施工条件，应考虑以下问题。

1）所完成的工作和产品的种类，以及对其质量的要求。

2）工作的组成，包括施工过程的组成部分。

3）劳动组织，包括工作的地点的组织、工人配备（包括小组成员的专业、技术等级和人数）、劳动分工、工资和报酬形式等。

4）劳动工具与机械设备的性能、型号、工程机械化程度。

5）建筑材料、制品和装配式配件等的种类、规格及需用量。

6）施工方案、施工技术说明（工作内容、要求等）及主要工序施工方法等。

7）准备工作是否及时、安全技术措施的执行情况、气候条件、劳动竞赛开展情况等。

（5）其他准备工作

为满足技术测定工作的需要，还必须准备好必要的用具和表格。例如，测时用的秒表或电子计时器，测量产品数量的工、器具，记录和整理测时资料用的记录夹、测定所需的格式等。如果条件允许或有必要时，还可配备摄像和电子记录设备。

二、技术测定的主要方法

技术测定法的方法很多，常用的有测时法、写实记录法、工作日写实法和简易测定法 4 种，见图 2–13。测定方法的选择主要考虑施工过程的特点和测时精确度的要求。

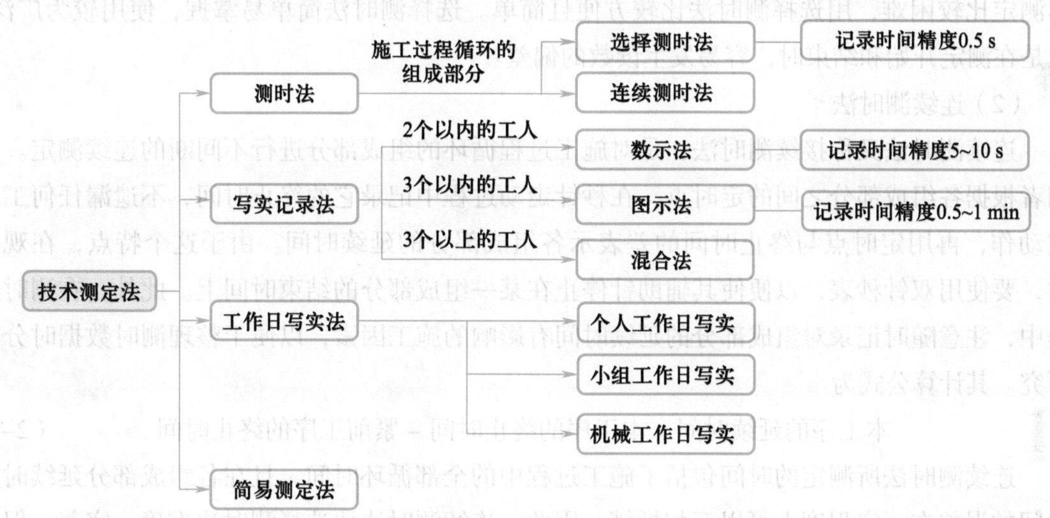

图 2–13　技术测定法的主要测试方法

微课：技术测定法

1. 测时法

测时法是对某一被测产品，记录其每一道工序作业时间，并求其各工序时间消耗的平均值，再将完成该产品所有工序时间消耗的平均值累计即可得到完成该产品的定额工时，是一种精确度比较高的测定方法。该方法主要适用于研究以循环形式不断重复进行的作业，用于观察研究施工过程循环组成部分的工作时间消耗，如混凝土搅拌、挖掘机挖土、起重机吊运钢筋等，不研究工作休息、准备与结束及其他非循环的工作时间。测时法一般用于研究循环延续时间短的工作过程或工序，而且每一循环的产品是相等或近似的。如果产品相差悬殊，则应该分开测定。该方法主要适用于机械操作，对于机手并动或手工操作应视情况而定。

根据记录时间的方法不同，测时法分为选择测时法和连续测时法两种。

（1）选择测时法

选择测时法又称间隔计时法或重点计时法，它不是连续地测定施工过程全部循环工作的组成部分，而是将完成产品的各个工序一一分开，间隔选择施工过程中非紧密连接的组成部分（工序或操作）测定工作时间，精确度达 0.5 s。

采用选择测时法，当被观察的某一循环工作的工序或操作开始，观察者立即开动秒表，当该工序或操作结束，立即停止秒表。把秒表上指示的延续时间记录到选择测时法记录表上，并把秒针拨回到零点。当下一工序或操作开始时，再开动秒表，如此依次观察，并连续记录下延续时间。经过若干次选择测时后，直到填满表格中规定的测时次数，完成各个组成部分的全部测试工程为止，见表 2–1。

在测定过程中，如有某些工序遇到特殊技术上或组织上的问题而导致工时消耗骤增时，在记录表上应加以注明（见表 2–1 中注①、②），供整理时参考。记录的数字如有笔误，应划去重写，不得在原数字上涂改，使其辨认不清。

采用选择测时法，应特别注意掌握定时点，以避免影响测时资料的精确性。当记录时间时仍在进行的工作组成部分，应不予观察。当所测定的各工序或操作的延续时间较短时，连续测定比较困难，用选择测时法比较方便且简单。选择测时法简单易掌握，使用较为广泛，但是在测定开始和结束时，容易发生读数的偏差。

（2）连续测时法

连续测时法又称接续测时法，是对施工过程循环的组成部分进行不间断的连续测定。观测者根据各组成部分之间的定时点，在秒针走动过程中记录它的终止时间，不遗漏任何工序或动作，再用定时点与终止时间的差表示各组成部分的延续时间。由于这个特点，在观察时，要使用双针秒表，以便使其辅助针停止在某一组成部分的结束时间上。此外，在测时过程中，注意随时记录对组成部分的延续时间有影响的施工因素，以便于整理测时数据时分析研究。其计算公式为

$$本工序的延续时间 = 本工序的终止时间 - 紧前工序的终止时间 \qquad (2\text{–}1)$$

连续测时法所测定的时间包括了施工过程中的全部循环时间，且在各组成部分延续时间之间的误差在一定程度上可以互相抵销，因此，连续测时法比选择测时法准确、完善，但观察技术要求也较高。

连续测时法在测定开始之前，需要将预先划分的组成部分和定时点分别填入测时表格内。每次测时时，将组成部分的终止时间点填入表格，测时结束后再根据后一组成部分的终止时间计算出后一组成部分的延续时间，并将其填入表格中。连续测时法的示例表见表 2–2。

（3）测时法的观察次数

测时法属于抽样检测，为了保证选取样本的数据可靠，需要对同一施工过程进行重复测时。一般来说，观测次数越多，数据资料的准确性就越高，耗费的人力和时间也就越多，这样既不现实也不经济。

确定观测次数应依据误差理论和经验数据相结合的方法来判断，表 2–3 给出测时法所必需的观察次数。由表 2–3 可知，需要的观察次数与要求的算术平均值精确度及数列的稳定性有关。

表 2-1　选择测时法记录表

测定对象：叠合板吊装	施工单位名称	工地名称	日期	开始时间	终止时间	延续时间	观察号次	页次
	×× 公司	×× 项目	×××× 年 × 月 × 日	9：00	10：00	1 h	1	1/5
时间精度：0.5 s	施工过程名称：塔式起重机吊运预制叠合板							

序号	工序或操作名称	定时点	每一循环内各组成部分的工时消耗 /s										工人人数	记录整理						占一个循环比例 /%	稳定系数③
			1	2	3	4	5	6	7	8	9	10		延续时间总计 /s	有效循环次数	t_{max}/s	t_{min}/s	算术平均值 /s	平均修正值 /s		
1	挂钩	挂钩后松手离开吊钩	28.5	29.0	28.5	29.5	29.5	29.0	40.5①	30.0	29.5	29.0	2	262.5	9	40.5	28.5	30.3	29.2	11.65	1.42
2	上升回转	回转结束后停止	83.5	83.0	84.5	84.0	83.5	83.5	84.0	84.0	85.0	84.5	2	839.5	10	85.0	83	84.0	84.0	32.28	1.02
3	下落就位	就位后停止	53.0	53.5	54.5	53.5	67.0②	54.5	55.0	53.5	55.0	54.0	2	486.5	9	67.0	53.0	55.4	54.1	21.28	1.26
4	脱钩	脱钩后开始回升	41.5	40.5	42.0	41.5	42.0	41.5	42.5	41.0	40.5	41.0	2	414.0	10	42.5	40.5	41.4	41.4	15.92	1.05
5	空钩回转	空钩回至构件堆放处	48.5	48.5	49.5	50.0	49.5	49.0	50.0	49.5	48.5	48.0	2	491.0	10	50.0	48.0	49.1	49.1	18.87	1.04
一个循环总计			256.5	254.5	258.5	255.0	257.5	258.0	259.0	271.5	258.5	272.0	—	—	—	—	—	—	257.67	100	—

注：① 挂了两次钩。

② 吊钩下降高度不够，第一次未脱钩。

③ 工时消耗中最大值 t_{max} 与最小值 t_{min} 之比，即稳定系数 $=t_{max}/t_{min}$。

表 2–2 连续测时法记录表

测定对象：混凝土搅拌机制备混凝土	施工单位名称	工地名称	日期	开始时间	终止时间	延续时间	观察号次	页次
	×× 公司	×× 项目	×××× 年 × 月 × 日	7：00	11：00	4 h	2	2/5
时间精度：1 s	施工过程名称：混凝土搅拌机制备混凝土							

序号	工序或操作名称		观察次数																				工人人数	记录整理					
			1		2		3		4		5		6		7		8		9		10			延续时间总计/s	有效循环次数	t_{max}/s	t_{min}/s	算术平均值/s	稳定系数
			min	s	min	s	min	s	min	s	min	s	min	s	min	s	min	s	min	s	min	s							
1	装料	终止时间	0	15	2	16	4	20	6	30	8	33	10	39	12	44	14	56	17	4	19	5	2	148	10	19	12	14.8	1.58
		延续时间		15		13		13		17		14		15		16		19		12		14							
2	搅拌	终止时间	1	45	3	48	5	55	7	57	10	4	12	9	14	20	16	28	18	33	20	38	2	915	10	96	87	91.5	1.10
		延续时间		90		92		95		87		91		90		96		92		89		93							
3	出料	终止时间	2	3	4	7	6	13	8	19	10	24	12	28	14	37	16	52	18	51	20	54	2	191	10	24	16	19.1	1.50
		延续时间		18		19		18		22		20		19		17		24		18		16							
合计																												125.4	

表 2–3 测时法所必需的观察次数

稳定系数	算术平均值精确度				
	5% 以内	7% 以内	10% 以内	15% 以内	25% 以内
1.5	9	6	5	5	5
2	16	11	7	5	5
2.5	23	15	10	6	5
3	30	18	12	8	6
4	39	25	15	10	7
5	47	31	19	11	8

1）表 2–3 中稳定系数的计算公式为

$$K_p = \frac{t_{max}}{t_{min}} \tag{2–2}$$

式中：t_{max}——最大观测值；

t_{min}——最小观测值。

2）算术平均值精确度的计算公式为

$$E = \pm\frac{1}{\overline{X}}\sqrt{\frac{\sum(X_1-\overline{X})^2}{n(n-1)}} = \pm\frac{1}{\overline{X}}\sqrt{\frac{\sum\Delta^2}{n(n-1)}} \tag{2–3}$$

式中：E——算术平均值精度；

X_1——每一次观测值；

$\overline{X}$——算术平均值；

n——观察次数；

Δ——每次观察值与算术平均值之差。

【例 2–1】根据表 2–1 所测数据，试计算该施工过程的算术平均值、算术平均值精确度和稳定系数，并判断观测次数是否满足要求。

解：（1）吊装预制叠合板挂钩工序

$$\overline{X} = \frac{28.5+29.0+28.5+29.5+29.5+29.0+30.0+29.5+29.0}{9} = 29.2$$

Δ 分别为 –0.7、–0.2、–0.7、0.3、0.3、–0.2、0.8、0.3、–0.2。

$$E = \pm\frac{1}{\overline{X}}\sqrt{\frac{\sum\Delta^2}{n(n-1)}} = \pm\frac{1}{29.2}\sqrt{\frac{0.7^2+0.2^2+0.7^2+0.3^2+0.3^2+0.2^2+0.8^2+0.3^2+0.2^2}{9\times(9-1)}}$$

$$= \pm 0.57\%$$

$$K_p = \frac{t_{max}}{t_{min}} = \frac{30.0}{28.5} = 1.05$$

根据以上所得稳定系数和算术平均值精确度，查表 2–3 可知，算术平均值精确度在 5% 以内、稳定系数在 1.5 以内，应测定 9 次，已有效测定 9 次，显然本过程的观察次数已满足要求。

（2）吊装预制叠合板上升回转工序

$$\overline{X}=\frac{83.5+83.0+84.5+84.0+83.5+83.5+84.0+84.0+85.0+84.5}{10}=84.0$$

Δ 分别为 -0.5、-1.0、0.5、0.0、-0.5、-0.5、0.0、0.0、1、0.5。

$$E=\pm\frac{1}{\overline{X}}\sqrt{\frac{\sum\Delta^2}{n(n-1)}}=\pm\frac{1}{84.0}\sqrt{\frac{0.5^2+1.0^2+0.5^2+0.0^2+0.5^2+0.5^2+0.0^2+0.0^2+1.0^2+0.5^2}{10\times(10-1)}}$$

$=\pm0.23\%$

$$K_p=\frac{t_{max}}{t_{min}}=\frac{85.0}{83.5}=1.02$$

根据以上所得稳定系数和算术平均值精确度，查表 2-3 可知，算术平均值精确度在 5% 以内、稳定系数在 1.5 以内，应测定 9 次，已测定 10 次，显然本过程的观察次数已满足要求。

（3）吊装预制叠合板下落就位工序

$$\overline{X}=\frac{53.0+53.5+54.5+53.5+54.5+55.0+53.5+55.0+54.0}{9}=54.1$$

Δ 分别为 -1.1、-0.6、0.4、-0.6、0.4、0.9、-0.6、0.9、-0.1。

$$E=\pm\frac{1}{\overline{X}}\sqrt{\frac{\sum\Delta^2}{n(n-1)}}=\pm\frac{1}{54.1}\sqrt{\frac{1.1^2+0.6^2+0.4^2+0.6^2+0.4^2+0.9^2+0.6^2+0.9^2+0.1^2}{9\times(9-1)}}$$

$=\pm0.45\%$

$$K_p=\frac{t_{max}}{t_{min}}=\frac{55.0}{53.0}=1.04$$

根据以上所得稳定系数和算术平均值精确度，查表 2-3 可知，算术平均值精度在 5% 以内、稳定系数在 1.5 以内，应测定 9 次，已有效测定 9 次，显然本过程的观察次数已满足要求。

（4）吊装预制叠合板脱钩工序

$$\overline{X}=\frac{41.5+40.5+42.0+41.5+42.0+41.5+42.5+41.0+40.5+41.0}{10}=41.4$$

Δ 分别为 0.1，-0.9，0.6，0.1，0.6，0.1，1.1，-0.4，-0.9，-0.4。

$$E=\pm\frac{1}{\overline{X}}\sqrt{\frac{\sum\Delta^2}{n(n-1)}}=\pm\frac{1}{41.4}\sqrt{\frac{0.1^2+0.9^2+0.6^2+0.1^2+0.6^2+0.1^2+1.1^2+0.4^2+0.9^2+0.4^2}{10\times(10-1)}}$$

$=\pm0.50\%$

$$K_p=\frac{t_{max}}{t_{min}}=\frac{42.5}{40.5}=1.05$$

根据以上所得稳定系数和算术平均值精确度，查表 2-3 可知，算术平均值精确度在 5% 以内、稳定系数在 1.5 以内，应测定 9 次，已测定 10 次，显然本过程的观察次数已满足要求。

（5）吊装预制叠合板空钩回转工序

$$\overline{X}=\frac{48.5+48.5+49.5+50.0+49.5+49.0+50.0+49.5+48.5+48.0}{10}=49.1$$

Δ 分别为 -0.6，-0.6，0.4，0.9，0.4，-0.1，0.9，0.4，-0.6，-1.1。

$$E=\pm\frac{1}{\overline{X}}\sqrt{\frac{\sum\Delta^2}{n(n-1)}}=\pm\frac{1}{49.1}\sqrt{\frac{0.6^2+0.6^2+0.4^2+0.9^2+0.4^2+0.1^2+0.9^2+0.4^2+0.6^2+1.1^2}{10\times(10-1)}}$$

$$=\pm0.45\%$$

$$K_{\mathrm{p}}=\frac{t_{\max}}{t_{\min}}=\frac{50}{48}=1.04$$

根据以上所得稳定系数和算术平均值精确度，查表 2-3 可知，算术平均值精确度在 5% 以内、稳定系数在 1.5 以内，应测定 9 次，已测定 10 次，显然本过程的观察次数已满足要求。

（4）测时数据的整理

在建筑工程中，整理测时数据常用巴辛斯基方法和彭斯基方法。巴辛斯基方法认为，观测所得数据的算术平均值即为所求延续时间。

为使算术平均值更加接近于各组成部分延续时间的正确值，在数据整理时，应删去显然是错误的以及偏差极大的数值。清理后所得出的算术平均值称为平均修正值。

在整理测时数据时，应删掉以下几种数据：① 由于人为因素影响的偏差，如工作时间闲聊，材料供应不及时造成的等候或测定人员记录时间的疏忽等造成的误测的数据，删除的数据在测时记录表上做“×”记号；② 由于施工因素影响而出现的偏差极大的数值，如挖土机挖土时碰到孤石等，删除的数据在测时记录表上做“○”记号，以示区别。

整理数据时应注意：① 不能单凭主观想象，丧失技术测定的真实性和科学性；② 不能预先规定出偏差的百分率，某些组成部分偏差百分率可能偏大，而另一些组成部分的偏差百分率可能偏小。

为客观处理偏差数据，可参照误差调整系数表（表 2-4）进行。

表 2-4 误差调整系数表

观察次数	4	5	6	7 ~ 8	9 ~ 10	11 ~ 15	16 ~ 30	31 ~ 53	53 以上
调整系数	1.4	1.3	1.2	1.1	1.0	0.9	0.8	0.7	0.6

极限算式为

$$\lim_{\max}=\overline{X}+K(t_{\max}-t_{\min}) \tag{2-4}$$

$$\lim_{\min}=\overline{X}-K(t_{\max}-t_{\min}) \tag{2-5}$$

式中：$\lim_{\max}$——根据误差理论得出的最大极限值；

$\lim_{\min}$——根据误差理论得出的最小极限值；

$t_{\max}$——最大观测值；

$t_{\min}$——最小观测值；

$\overline{X}$——算术平均值；

K——误差调整系数。

数据整理时，首先从测得的数据中删去由于人为因素的影响而偏差极大的数据；然后从留下来的测时数据中删去偏差极大的可疑数据，利用表 2-4 和式（2-4）、式（2-5）求出最大极限和最小极限；最后再从数据中删去最大或最小极限之外偏差极大的可疑数据。

【例 2–2】某一施工工序共观察 12 次，所测得观测值分别为 36、33、28、26、29、34、27、28、48、30、31、32。试对该测时数据进行整理。

解：先删去上述数据中误差最大的可疑数值 48，然后根据式（2–4）计算其最大极限。

$$\overline{X}=\frac{36+33+28+26+29+34+27+28+30+31+32}{11}=30.36$$

$$\lim_{\max}=\overline{X}+K(t_{\max}-t_{\min})=30.36+0.9\times(36-26)=39.36<48$$

综上所述，该工序数据中应抽去可疑数值 48，其算术平均修正值为 30.55。

如果一组测时数据中有两个误差大的可疑数据时，应从偏差最大的一个数值开始连续进行检验（每次只能删去一个数据）。如果一组测时数列中有两个以上的可疑数据时，应将这一组测时数据抛弃，重新进行观测。

测时数据整理后，计算保留数据的算术平均值，将其填入测时记录表的算术平均值栏内，作为该组成部分在相应的条件下所确定的延续时间。测时记录表中的“延续时间总计”和“有效循环次数”栏，应按整理后的合计数填入，见表 2–1。

2. 写实记录法

写实记录法是一种观测和研究非循环施工过程中各种性质工作时间消耗的方法。其工作时间消耗包括工人的基本工作时间、辅助工作时间、不可避免的中断时间、准备与结束时间、休息时间以及各种损失时间。采用这种方法，可以获得分析工作时间消耗和制定工程定额时所必需的全部资料。这种测定方法比较简便、实用、易于掌握，并能保证必需的精确度。因此，写实记录法在实际中广泛应用。

（1）写实记录法的分类

1）按观察对象分类。写实记录法的观察对象，可以是一个工人，也可以是一个工人小组。当作业是由个人操作，且产品数量可单独计算时，可采用个人写实记录；当集体合作生产一个产品，而产品数量又无法单独计算时，可采用集体写实记录。

2）按记录时间的方法分类。按记录时间的方法不同，写实记录法可分为数示法、图示法和混合法 3 种。

（2）数示法

数示法是用数字记录各类工时消耗的方法，是 3 种写实记录法中精确度较高的一种，记录时间的精确度达 5~10 s。数示法只限于对两名或两名以下的工人进行观测，适用于组成部分较少而且比较稳定的施工过程。数示法可用来对整个工作班或半个工作班进行长时间观察，因此能反映工人或机器工作日的全部情况。数示法写实记录表示例，见表 2–5。

数示法写实记录表的填写流程见图 2–14。

（3）图示法

图示法是在规定格式的图表上，用时间进度线条记录工时消耗量的一种记录方式，精确度可达 0.5 ~ 1.0 min，适用于观察 3 个及 3 个以下的工人共同完成某一产品的施工过程。图示法与数示法相比，记录清楚、简便，时间一目了然，原始记录整理方便。因此，在实际工作中，图示法较数示法的使用更为广泛。图示法写实记录表示例见表 2–6。

表 2–5　数示法写实记录表

工地名称	×× 项目	开始时间	8 时 33 分	延续时间	1 时 21 分 40 秒	调查号次	1
施工单位名称	×× 公司	终止时间	9 时 54 分 40 秒	记录日期	×××× 年 × 月 × 日	页　次	3/5

施工过程：双轮车运土方，200 m 运距			观察对象：甲工人							观察对象：乙工人						
序号	组成部分	时间消耗量	组成部分号次	起止时间 时 – 分	起止时间 秒	延续时间	完成产品 计量单位	完成产品 数量	附注	组成部分号次	起止时间 时 – 分	起止时间 秒	延续时间	完成产品 计量单位	完成产品 数量	附注
一	二	三	四	五		六	七	八	九	十	十一		十二	十三	十四	十五
1	装土		开始	8：33	0					开始	9：13	10				
		29'35"	1	35	50	2'50"	m^3	0.288		1	9：16	50	3'40"	m^3	0.288	
2	运输	21'26"	2	39	0	3'10"	次	1		2	19	10	2'20"	次	1	
3	卸土	8'59"	3	40	20	1'20"	m^3	0.288		3	20	10	1'	m^3	0.288	
4	空返	18'5"	4	43	0	2'40"	次	1		4	22	30	2'20"	次	1	
5	等候装土	2'5"	1	46	30	3'30"	m^3	0.288		1	26	30	4'	m^3	0.288	
6	喝水	1'30"	2	49	0	2'30"	次	1		2	29	0	2'30"	次	1	
			3	50	0	1'	m^3	0.288		3	30	0	1'	m^3	0.288	
			4	52	30	2'30"	次	1		4	32	50	2'50	次	1	
			1	56	40	4'10"	m^3	0.288		5	34	55	2'5"	次	1	工作面小、等候装土
			2	59	10	2'30"	次	1		1	38	50	3'55"	m^3	0.288	
			3	9：00	20	1'10"	m^3	0.288		2	41	56	3'6"	次	1	
			4	3	10	2'50"	次	1		3	43	20	1'24"	m^3	0.288	
			1	6	50	3'40"	m^3	0.288		4	45	50	2'30"	次	1	
			2	9	40	2'50"	次	1		1	49	40	3'50"	m^3	0.288	
			3	10	45	1'5"	m^3	0.288		2	52	10	2'30"	次	1	
			4	13	10	2'25"	次	1		3	53	10	1'	m^3	0.288	
										6	54	40	1'30"	次	1	喝水
总计		81"				40'10"							41'30"			

注：每车容积 =1.2×0.6×0.4=0.288（m^3），甲共运土 4 车：4×0.288=1.152（m^3），乙共运土 4 车：4×0.288=1.152（m^3），合计 2.3 m^3

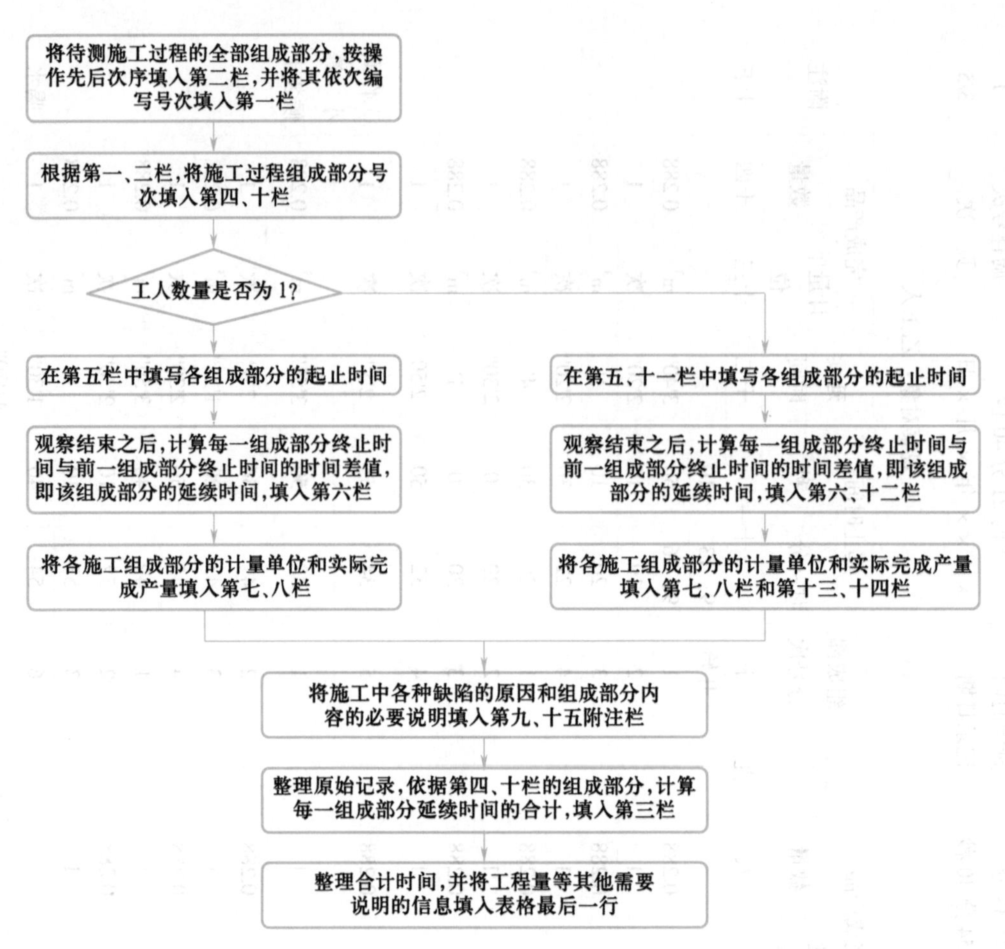

将待测施工过程的全部组成部分，按操作先后次序填入第二栏，并将其依次编号号次填入第一栏
根据第一、二栏，将施工过程组成部分号次填入第四、十栏
工人数量是否为1?
在第五栏中填写各组成部分的起止时间
在第五、十一栏中填写各组成部分的起止时间
观察结束之后，计算每一组成部分终止时间与前一组成部分终止时间的时间差值，即该组成部分的延续时间，填入第六栏
观察结束之后，计算每一组成部分终止时间与前一组成部分终止时间的时间差值，即该组成部分的延续时间，填入第六、十二栏
将各施工组成部分的计量单位和实际完成产量填入第七、八栏
将各施工组成部分的计量单位和实际完成产量填入第七、八栏和第十三、十四栏
将施工中各种缺陷的原因和组成部分内容的必要说明填入第九、十五附注栏
整理原始记录，依据第四、十栏的组成部分，计算每一组成部分延续时间的合计，填入第三栏
整理合计时间，并将工程量等其他需要说明的信息填入表格最后一行

图 2-14　数示法写实记录表的填写流程图

图示法写实记录表的填写步骤如下。

1）图示法表格的中间部分由 60 个小纵行组成格网，每一小纵行等于 1 min，每张表可记录 1 h 的时间消耗。为了记录时间方便，每 5 个小格和每 10 个小格处有长线和数字标记。

2）表 2-6 中“号次”及“各组成部分名称”栏，应在实际测定过程中按所测施工过程的各组成部分出现的先后顺序随时填写，便于线段连接。

3）记录时间时用铅笔在各组成部分相应的横行中画直线段，每个工人一条线，每一线段的始端和末端应与该组成部分的开始时间和终止时间相符合。工作 1 min，直线段延伸一个小格。测定两个以上的工人工作时，最好使用不同颜色的笔迹或不同线型，以便区分各个工人的线段。当工人的操作由一组成部分转入另一组成部分时，时间线段也应随着改变其位置，并应将前一线段的末端画垂直辅助线与后一线段的始端相连接。

4）“产品数量”栏，按各组成部分的计量单位和所完成的产量填写，如个别组成部分的完成产量无法计算或无实际意义者，可不必填写。最终产品数量应在观察完毕之后，查点或测量清楚，填写在图示法写实记录表第一页“附注”栏中。

5）“附注”栏应简明扼要地说明有关影响因素和造成非定额时间的原因。

表 2–6　图示法写实记录表示例

工地名称	×× 项目施工现场	开始时间	8:30	延续时间	1 h	调查号次	
施工单位名称	×× 公司	终止时间	9:30	记录日期	×××× 年 ×× 月 ×× 日	页次	1
施工过程	砌筑 1 砖厚单面清水墙		观察对象		刘 ××（三级工）、林 ××（四级工）		

号次	各组成部分名称	时间 /min（5　10　15　20　25　30　35　40　45　50　55　60）	时间合计 /min
1	拉准线		12
2	铲灰浆		22
3	铺灰浆		27
4	摆砖、砍砖		28
5	砌砖		31
	产品数量	附注	
1	拉准线		
2	铲灰浆		
3	铺灰浆		
4	摆砖、砍砖		
5	砌砖	0.48 m^3	
		总计 /min	120

观察者：王 ××

6）观察结束后，及时将每一组成部分所消耗的时间合计后填入“时间合计”栏内。最后将各组成部分所消耗的时间汇总后，填入“总计”栏内。

（4）混合法

混合法汲取数示法和图示法两种方法的优点，以图示法中的时间进度线条表示工序的延续时间，在进度线的上部加写数字表示各时间区段的工人数。混合法可以同时对3个以上工人进行观察，获得分析工作时间消耗的全部资料，与数示法、图示法相比更经济。混合法写实记录表示例见表2–7。

混合法记录时间仍采用图示法写实记录表，其填表步骤如下。

1）表2–7中“号次”和“各组成部分名称”栏的填写与图示法相同。

2）所测施工过程各组成部分的延续时间，用相应的直线段表示，完成该组成部分的工人人数用数字填写在其时间线段的始端上面。当某一组成部分的工人人数发生变动时，应立即将变动后的人数填写在变动处。同时还应注意，当一个组成部分的工人人数有变化时，必然要引起另一组成部分或数个组成部分中工人人数变动。因此，在观察过程中，应随时核对各组成部分在同一时间的工人人数是否等于观察对象的总人数，如发现人数不符应立即纠正。此外，不论测定多少工人工作，在所测施工过程各组成部分的时间栏里只用一条直线段表示，不能用垂直线表示工人从一个组成部分转入另一组成部分。

3）“产品数量”和“附注”栏的填写方法与图示法相同。

4）混合法写实记录表整理时，先将所测施工过程每一组成部分各条线段的延续时间分别计算出来，即将工人人数与其工作时间相乘并累加，得到完成某一组成部分的时间消耗，填入“时间合计”栏里。最后将各组成部分时间合计加总后，填入“总计”栏内。

（5）写实记录法延续时间的要求

采用写实记录法测定前，除了需要确定测时法的观察次数，还应确定测定所需的延续时间，即采用写实记录法中任何一种方法进行测定时，需要对每个被测施工过程或同时测定两个以上的施工过程所需的总延续时间进行确定。

延续时间的确定，应立足于既不能消耗过多的观察时间，又能得到比较可靠和准确的结果的基础上。因此，应注意所测施工过程的广泛性和经济价值、已经达到的工效水平的稳定性、测定不同类型施工过程的数目、被测定的工人人数以及测定完成产品的可能次数等。为便于测定人员确定写实记录法的延续时间，根据实践经验拟定表2–8供测定时参考使用。

用表2–8确定延续时间时，应同时满足表中的3项要求，如其中任何一项达不到最低要求时，应酌情增加延续时间。当测定总延续时间的最小值和测定完成产品的最低次数中任一项达不到最低要求时，应酌情增加延续时间；表2–8适用于一般施工过程，如遇个别施工过程的单位产品消耗时间过长时，可适当减少表中测定完成产品的最低次数，同时酌情增加测定的总延续时间；如遇个别施工过程的单位产品所需时间过短时，则适当增加测定完成产品的最低次数，并酌情减少测定的延续时间。下面举例说明确定延续时间的具体方法。

表 2–7　混合法写实记录表示例

工地名称	××项目施工现场	开始时间	9:30	延续时间	1 h	调查号次	
施工单位名称	××公司	终止时间	10:30	记录日期	××××年××月××日	页次	1
施工过程	浇捣混凝土梁（机拌人捣）		观察对象		三级工：3 人、四级工：3 人		

号次	各组成部分名称	时间/min 5	10	15	20	25	30	35	40	45	50	55	60	时间合计/min
1	撤锹	2 1	2 2 1			2				1	1	2	1 2	78
2	捣固	4 2	4 2 1	2 1		4			3 4	2 1	1	4	2 3	148
3	转移		5 1 3	2 5 6						3 5 6	4 6 3		3	103
4	等混凝土	6 3									3			21
5	进行其他工作		1						1				1	10

	产品数量	附注
1 撤锹	1.98 m^3	
2 捣固	1.98 m^3	
3 转移	3 次	
4 等混凝土		
5 进行其他工作		
总计/min		360

观察者：王××

表 2-8　写实记录法确定延续时间表

序号	项目	同时测定施工过程的类型数	测定对象		
			单人的	集体的	
				2～3 人	4 人以上
1	被测定的个人或小组的最低数	任一数	3 人	3 个小组	2 个小组
2	测定总延续时间的最小值 /h	1	16	12	8
		2	23	18	12
		3	28	21	24
3	测定完成产品的最低次数	1	4	4	4
		2	6	6	6
		3	7	7	7

【例 2-3】电焊 40 mm 的圆钢筋。同时测定 3 个类型（平焊、立焊、仰焊）的施工过程，由 1 个 4 级电焊工来完成此项工作，试确定写实记录法所需的总延续时间。

解：根据调查确定，产品是按焊接个数计算的，每个接头的焊接长度均为已知数。焊接一个接头消耗 0.36 h。查阅表 2-8 第 1 项中“单人的”一栏可知，至少应观察 3 个人；查阅表 2-8 第 2 项可知，应测定的总延续时间不少于 28 h。

在测定的总延续时间内，可能完成产品的次数 =28/0.36 ≈ 77（次）

从表 2-8 第 3 项可得测定产品的最低次数为 7，而计算值为 77 次，所以测定的总延续时间保持 28 h，完全满足要求。

【例 2-4】测定板条墙面抹白灰砂浆（中级抹灰）的施工过程，由 3 人组成的小组完成，试确定写实记录法所需的总延续时间。

解：查阅表 2-8 第 1 项中“集体的”的“2～3 人”一栏可知，至少应测定 3 个抹灰小组。

查阅表 2-8 中第 2 项可知，测定的施工过程为一个类型，3 人组成的小组完成时，测定的总延续时间最小值为 12 h。

按照一般的工效水平，3 人小组完成一间房的墙面（44.8 m^2）抹灰，平均需时 6 h 左右。在测定的总延续时间内，可能完成产品的次数为 12/6=2 次。

查阅表 2-8 中第 3 项可知，测定的施工过程为一个类型，3 人组成的小组完成时，测定完成产品的最低次数应不少于 4 次。

为了保证最低次数的要求，测定的总延续时间（12 h）应增加到 2 倍即 24 h 左右方能满足要求。

【例 2-5】同时测定水磨石地面的机磨和踢脚线的手磨两个施工过程，由 4 人组成的小组完成，试确定写实记录法的总延续时间。

解：查阅表 2-8 中第 1 项“集体的”的“4 人以上”一栏可知，至少应测定 2 个工作小组。

查阅表 2-8 中第 2 项可知，同时测定两个类型的施工过程，由 4 人组成的小组完成时，测定的总延续时间最小值为 12 h。

按照一般的工效水平，4 人小组完成一间房的地面（15 m^2）和踢脚线磨光，平均需时 8 h 左右。在测定的总延续时间内，可能完成产品的次数为 12/8=1.5 次。

查阅表 2–8 中第 3 项可知，同时测定两个类型的施工过程，由 4 人组成的小组完成时，测定完成产品的最低次数应不少于 6 次，即 8 h × 6=48 h。

测定如此长的延续时间既不经济，也不易做到。因此，若将测定完成产品的最低次数调整为 3 次，测定的总延续时间为 24 h，这样在基本保证延续时间的要求下，又能省时。

（6）写实记录时间的汇总整理

写实记录法所取得的若干原始记录表等各项观察资料，要在事后加以整理，根据调查的有关影响因素对其分析研究，调查各组成部分不合理的时间消耗，最终确定出单位产品所必需的时间消耗量。

汇总整理方法和顺序

汇总整理结果填入汇总整理表，见表 2–9。表 2–9 有正、反两面，3 个部分组成。第 1 部分（正面）为各组成部分工作时间消耗的汇总；第 2 部分（反面的上半部分）为汇总整理结果；第 3 部分（反面的下半部分）为汇总整理有关说明。

（7）写实结果的综合分析

综合分析的方法和步骤

在汇总整理的基础上还应对资料进行综合分析研究，以确定可靠性和准确性。由于所测数据资料往往会受到施工过程中各类因素的影响，时间消耗不尽一致，有时甚至差异很大。需要对同一施工过程的测定资料，根据不同的操作对象、施工条件进行分析研究，加以综合考虑，以便提供更加完善、合理、准确的技术数据。在进行综合分析时，要求每一份资料的工作内容齐全，使用的工具、机械和操作方法及其有关的主要因素基本一致；否则，不能进行有效的综合分析。写实记录综合分析见表 2–10。

3. 工作日写实法

工作日写实法是研究工人一个工作班内的各类工时消耗，按照时间消耗的顺序进行实地观察、记录和分析研究的一种测定方法，然后按工时分类整理各种工时。工作日写实法测定的工时消耗包括基本工作时间、准备与结束工作时间、休息时间、不可避免的中断时间和损失时间等，记录方法与图示法或混合法相同，是一种扩大的写实记录法。与测时法、写实记录法相比，工作日写实法技术简便、费力不多、应用面广且资料全面，在我国使用广泛。工作日写实法结果记录表示例见表 2–11。

（1）工作日写实法的分类

根据写实对象的不同，工作日写实法可分为个人工作日写实、小组工作日写实和机械工作日写实 3 种。

个人工作日写实法是观察、测定一个工人在一个工作日的全部工时消耗。小组工作日写实法是观察、测定一个小组的工人在一个工作日内的全部工时消耗。为了取得同工种工人的工时消耗资料时，观测相同工种工人的工时消耗；为了取得确定小组定员和改善劳动组织的资料时，观测不同工种的工人。机械工作日写实法是观察、测定某一机械在一个台班内机械效能发挥的程度以及配合工作的劳动组织是否合理，以便最大限度地发挥机械的效能。

表 2–9 写实记录汇总整理表

施工单位名称	工地名称	日期	开始时间	终止时间	延续时间	调查号次	页次
×× 公司	×× 项目	×××× 年 ×× 月 ×× 日	9:00	17:00	8 h	1	2

施工过程名称：砌 1 砖厚单面清水墙（3 人小组）

<table>
<tr><th rowspan="2">序号</th><th rowspan="2">各组成部分名称</th><th rowspan="2">时间消耗 /min</th><th rowspan="2">占全部时间的百分比 /%</th><th colspan="2">计量单位名称</th><th colspan="2">产品完成数量</th><th rowspan="2">组成部分的平均时间消耗 /min</th><th colspan="2">换算系数</th><th colspan="2">单位产品的平均时间消耗 /min</th><th rowspan="2">占单位产品时间消耗的百分比 /%</th><th rowspan="2">附注</th></tr>
<tr><th>按组成部分</th><th>按最终产品</th><th>组成部分的</th><th>最终产品的</th><th>实际</th><th>调整</th><th>实际</th><th>调整</th></tr>
<tr><td>一</td><td>二</td><td>三</td><td>四</td><td>五</td><td>六</td><td>七</td><td>八</td><td>九</td><td>十</td><td>十一</td><td>十二</td><td>十三</td><td>十四</td><td></td></tr>
<tr><td>1</td><td>拉线</td><td>28</td><td>1.94</td><td>次</td><td rowspan="7">m³</td><td>9</td><td rowspan="7">6.41</td><td>3.11</td><td>1.40</td><td>2.81</td><td>4.35</td><td>8.74</td><td>3.90</td><td rowspan="7">① 本资料拉线，每砌两皮砖拉一次，不符合操作规程，故换算系数按实际皮数应调整为 2.81
② 清扫墙面换算系数为 1/0.24≈4.17</td></tr>
<tr><td>2</td><td>砌砖（包括铺砂浆）</td><td>1 186</td><td>82.36</td><td>m³</td><td>6.41</td><td>185.02</td><td>1</td><td>1</td><td>185.02</td><td>185.02</td><td>82.65</td></tr>
<tr><td>3</td><td>检查砌体</td><td>41</td><td>2.85</td><td>次</td><td>7</td><td>5.86</td><td>1.09</td><td>1.09</td><td>6.39</td><td>6.39</td><td>2.85</td></tr>
<tr><td>4</td><td>清扫墙面</td><td>37</td><td>2.57</td><td>m³</td><td>21</td><td>1.76</td><td>3.28</td><td>4.17</td><td>5.77</td><td>7.34</td><td>3.28</td></tr>
<tr><td></td><td>基本工作时间和辅助工作时间合计</td><td>1 292</td><td>89.72</td><td></td><td></td><td></td><td></td><td></td><td>201.53</td><td>207.49</td><td>92.68</td></tr>
<tr><td>5</td><td>准备与结束工作时间</td><td>29</td><td>2.01</td><td></td><td></td><td></td><td></td><td></td><td>4.52</td><td>4.52</td><td>2.02</td></tr>
<tr><td>6</td><td>休息</td><td>76</td><td>5.28</td><td></td><td></td><td></td><td></td><td></td><td>11.86</td><td>11.86</td><td>5.30</td></tr>
<tr><td></td><td>定额时间合计</td><td>1 397</td><td>97.01</td><td></td><td></td><td></td><td></td><td></td><td>217.91</td><td>223.87</td><td>100</td><td></td></tr>
</table>

7	等灰浆	19	1.32		m³		6.41				2.96			
8	进行其他工作	24	1.67								3.74			
	非定额时间合计	43	2.99								6.71			
	消耗时间总耗	1 440	100								224.62			

完成产品数量	计量单位	时间消耗 / 工日				每工产量		附注
		全部量		单位产品平均时间消耗		实际	调整	
		实际	调整	实际	调整			
十五	十六	十七	十八	十九	二十	二十一	二十二	
6.41	m³	3	3.08	0.468	0.480	2.14	2.08	

汇总整理说明：1. 本资料每工日为 8 h。

2. 本资料没有观察到清理工作地点，使用本资料时应予以适当考虑。

3. 等砂浆和进行其他工作属于组织安排不当，消耗时间已全部强化。

4. 本资料施工条件正常，工人劳动积极，可供编制工程定额参考。

表 2-10 写实记录综合分析表

分析汇总表		施工单位名称	×× 公司	编制日期	×××× 年 ×× 月 ×× 日
		施工过程名称：砌 1 砖厚单面清水墙（3 人小组）			
观察日期		×××× 年 ×× 月 ×× 日	×××× 年 ×× 月 ×× 日	×××× 年 ×× 月 ×× 日	结论
观察延续时间		8 h	7 h35 min	5 h53 min	
各次观察中因素实况	工作地点特征	在平地上操作	在两排脚手架上操作	在三排脚手架上操作	一般宿舍楼，在三步架以内操作
	工作段的结构特征	门窗洞三个、窗盘、线角	门窗洞四个、线角留槎	两个砖垛	有门窗洞口、线角、砖垛、墙面艺术形式 10% 以内
	工作组织	三人分段操作	三人分段操作	三人分段操作	三人分段进行操作
	劳动组织	六级工 -1，四级工 -1，三级工 -1	四级工 -2，三级工 -1	四级工 -2，三级工 -1	六级工 -1，四级工 -1，三级工 -1
	机器、工具的状况	泥刀、线锤、麻线等一般手工工具	泥刀、线锤、麻线等一般手工工具	泥刀、线锤、麻线等一般手工工具	泥刀、线锤、麻线等一般手工工具
	使用材料说明	M5.0 混合砂浆，混凝土实心砖	M5.0 混合砂浆，混凝土实心砖	M5.0 混合砂浆，混凝土实心砖	M5.0 混合砂浆，混凝土实心砖
	质量情况	墙面垂直平整、灰浆饱满、符合要求	墙面垂直平整、灰浆饱满、符合要求	墙面垂直平整，但灰浆饱满度不够	墙面垂直平整、灰浆饱满、符合要求
	完成产品的数量（单位）	6.41 m^3	5.15 m^3	3.99 m^3	

序号	各组成部分名称	单位	组成部分的平均时间消耗	换算系数	单位产品的时间消耗	占单位产品时间的百分比 /%	组成部分的平均时间消耗	换算系数	单位产品的时间消耗	占单位产品时间的百分比 /%	组成部分的平均时间消耗	换算系数	单位产品的时间消耗	占单位产品时间的百分比 /%	组成部分的平均时间消耗	换算系数	单位产品的时间消耗	占单位产品时间的百分比 /%
1	拉线	次	3.11	2.81	8.74	3.90	2	0.19	0.38	0.22	1.08	3.01	3.25	1.92	2.06	2.81	5.79	2.89
2	砌砖（包括铺砂浆）	m^3	185.02	1.00	185.02	82.65	168.92	1.00	168.92	96.45	146.08	1.00	146.08	86.49	166.67	0.00	166.67	83.21
3	检查砌体	次	5.86	1.09	6.39	2.85	1.70	1.94	3.30	1.88	1.62	3.26	5.28	3.13	3.06	2.10	6.43	3.21
4	清扫墙面	m^3	1.76	4.17	7.34	3.28	0.65	3.30	2.15	1.23	1.45	4.15	6.02	3.56	1.29	4.17	5.38	2.69
5	基本工作时间和辅助工作时间合计				207.49	92.68			174.75	99.78			160.63	95.10			184.27	92.00
6	准备与结束工作时间				4.52	2.02							4.26	2.52			4.01	2.00
7	休息				11.86	5.30			0.39	0.22			4.01	2.38			12.02	6.00
8																		
9																		
10														准备与结束时间按 2%，休息时间按 6% 确定，则基本工作与辅助工作时间为 92%，定额时间为 184.27/0.92 ≈ 200.30				
11																		
12																		
13																		
14	定额时间合计				223.87	100			175.14	100			168.90	100			200.30	100

表 2-11　工作日写实法结果记录表示例

<table>
<tr><td colspan="3">施工单位名称</td><td>测定日期</td><td>延续时间</td><td colspan="2">调查次号</td><td>页次</td></tr>
<tr><td colspan="3">××公司</td><td>××××年××月××日</td><td>8.5 h</td><td colspan="2">1</td><td>1</td></tr>
<tr><td colspan="3">施工过程名称</td><td colspan="5">钢筋混凝土直形墙模板安装</td></tr>
<tr><td colspan="8">工时消耗表</td></tr>
<tr><td>序号</td><td colspan="3">工时消耗分类</td><td>时间消费 /min</td><td>百分比 /%</td><td colspan="2">施工过程中的问题及建议</td></tr>
<tr><td>1</td><td rowspan="7">定额时间</td><td rowspan="2">基本工作时间</td><td>适于技术水平的</td><td>1 280</td><td>72.4</td><td colspan="2" rowspan="18">本资料中显示造成非定额时间的原因主要如下。
1. 劳动组织不合理，开始由三人操作，中途又增加一人，在实际工作中经常出现一人等工的现象
2. 工作时间领料时，未找到材料员，因为等材料而造成等工
3. 技术交底马虎，工人未弄清楚产品规格要求，结果造成产品不符合质量要求返工
4. 违反劳动纪律，主要是上班迟到和工作时间闲聊
建议：
切实加强施工管理工作，班前认真进行技术交底，职能部门人员要坚守岗位，保证材料及时供应，并预先办好领料手续，提前领料，科学地按定额规定每工应完成的产量，结合工人实际工效安排劳动力，加强劳动纪律教育，按时上下班，集中思想工作
经认真改善后，劳动效率可提高 22%（可能完成定额百分比－实际完成定额百分比）左右</td></tr>
<tr><td>2</td><td>不适于技术水平的</td><td></td><td></td></tr>
<tr><td>3</td><td colspan="2">辅助工作时间</td><td>67</td><td>3.8</td></tr>
<tr><td>4</td><td colspan="2">准备与结束时间</td><td>16</td><td>0.9</td></tr>
<tr><td>5</td><td colspan="2">休息时间</td><td>10</td><td>0.6</td></tr>
<tr><td>6</td><td colspan="2">不可避免的中断时间</td><td>8</td><td>0.5</td></tr>
<tr><td>7</td><td colspan="2">合计</td><td>1 381</td><td>78.2</td></tr>
<tr><td>8</td><td rowspan="10">非定额时间</td><td colspan="2">由于劳动组织的缺点而停工</td><td>23</td><td>1.3</td></tr>
<tr><td>9</td><td colspan="2">由于缺乏材料而停工</td><td>150</td><td>8.5</td></tr>
<tr><td>10</td><td colspan="2">由于工作地点未准备好而停工</td><td></td><td></td></tr>
<tr><td>11</td><td colspan="2">由于机具设备不正常而停工</td><td></td><td></td></tr>
<tr><td>12</td><td colspan="2">产品质量不符返工</td><td>141</td><td>8.0</td></tr>
<tr><td>13</td><td colspan="2">偶然停工（停水、停电、暴风雨）</td><td></td><td></td></tr>
<tr><td>14</td><td colspan="2">违反劳动定额</td><td>72</td><td>4.1</td></tr>
<tr><td>15</td><td colspan="2">其他损失时间</td><td></td><td></td></tr>
<tr><td>16</td><td colspan="2">合计</td><td>386</td><td>21.8</td></tr>
<tr><td>17</td><td colspan="2">消耗时间总计</td><td>1 767</td><td>100.0</td></tr>
<tr><td colspan="4">完成产品数量</td><td colspan="2">70.23 ㎡</td></tr>
<tr><td colspan="6">实际生产率：1 767/（60×8×70.23）=0.052（工日 /m²）
可能生产率：1 381/（60×8×70.23）=0.041（工日 /m²）</td><td colspan="2">可以提高：（0.052/0.041−1）×100%=22%</td></tr>
</table>

（2）工作日写实法的作用

1）取得编制定额基础资料。工作日写实法可以获得观察对象在工作班内工时消耗的全部情况，以及产品数量和影响工时消耗的因素。记录时间时不需要将有效工作时间分为各个组成部分，只需划分适合于技术水平和不适合于技术水平两类，但工时消耗应该按其性质进行分类记录。

2）检查定额的执行情况，查漏补缺，巩固提升。根据工作日写实的记录资料，可以分析工时消耗的有效性，找出工时损失的原因，拟定消除工时损失、改善劳动组织和工作地点组织的措施，查明熟练工人是否能发挥自己的专长，确定合理的小组编制和合理的小组分工，消除引起工时损失的因素；确定机器在时间利用和生产率方面的情况，找出机器使用不当的原因，制订改善机器使用情况的技术组织措施，提高劳动生产率；计算工人或机器完成定额的实际百分比和可能百分比，为定额的编制与修订提供依据。

（3）工作日写实法的基本要求

1）对因素登记的要求。工作日写实法主要研究工时利用和损失时间，不研究基本工作时间和辅助工作时间的消耗，在填写因素时，对施工过程的组织和技术说明可简明扼要，不予详述。

2）对时间记录方法的要求。工作日写实法采用的表格及记录方法与写实记录法相同。个人工作日写实多采用图示法或数示法；小组工作日写实多采用混合法；机械工作日写实多采用混合法或数示法。

3）对延续时间的要求。工作日写实法的总延续时间不应低于一个工作日，如完成产品时间消耗大于 8 h，则应酌情延长观察时间。

4）对观察次数的要求。工作日写实观察次数应根据不同的目的要求分情况确定。若为了总结先进工人的工时利用经验，测定 1 ~ 2 次为宜；若为了掌握工时利用情况或制定标准工时规范，可测定 3 ~ 5 次；若为了分析造成损失的原因，改进施工管理，可测定 1 ~ 3 次，以取得有价值的所需资料。

4. 简易测定法

测时法、写实记录法和工作日写实法虽然均可满足技术测定的要求，但均需要花费较多的人力和时间。在实际工作中可采用简易测定法，取得所需要的各种技术资料。

简易测定法通过采用前述 3 种方法中的某一种方法在现场观察时，对观察的组成部分予以简化，但仍然保持了现场实地观察记录的基本原则。该方法往往只测定组成时间中的某一种定额时间，如基本工作时间（含辅助时间），然后借助"准备与结束、休息、不可避免的中断时间占工作班时间的比例表"（表 2–12）计算出所需的数据。这种方法简便、速度快、易掌握，省去了技术测定前诸多的准备工作，减少了现场取得资料的过程，花费人力较少；但是不适合用来测定全部工时消耗，精确度较低。通常为了掌握某工种的定额完成情况，制定企业补充定额时采用。

表 2–12　准备与结束、休息、不可避免的中断时间占工作班时间的比例表

序号	工种	时间分类		
		准备与结束时间占工作时间 /%	休息时间占工作时间 /%	不可避免的中断时间占工作时间 /%
1	材料运输及材料加工	2	13 ~ 16	2
2	人力土方工程	3	13 ~ 16	2
3	架子工程	4	12 ~ 15	2
4	砖石工程	6	10 ~ 13	4
5	抹灰工程	6	10 ~ 13	3
6	手工木作工程	4	7 ~ 10	3
7	机械木作工程	3	4 ~ 7	3
8	模板工程	5	7 ~ 10	3
9	钢筋工程	4	7 ~ 10	4
10	现浇混凝土工程	6	10 ~ 13	3
11	预制混凝土工程	4	10 ~ 13	2
12	防水工程	5	25	3
13	油漆玻璃工程	3	4 ~ 7	2
14	钢制品制作及安装工程	4	4 ~ 7	2

续表

序号	工种	时间分类		
		准备与结束时间占工作时间 /%	休息时间占工作时间 /%	不可避免的中断时间占工作时间 /%
15	机械土方工程	2	4～7	2
16	石方工程	4	13～16	2
17	机械打桩工程	6	10～13	3
18	构件运输及吊装工程	6	10～13	3
19	水暖电气工程	5	7～10	3

基本工作时间的消耗计算公式为

$$T_{基本}=\sum T_{工序} \tag{2-6}$$

式中：$T_{基本}$——基本工作时间消耗；

$T_{工序}$——以工序组成的工时消耗。

算出基本工作时间消耗后，借助表 2-12 中有关工种的规范时间，采用定额时间计算公式，即可计算出某项定额指标。其计算公式为

$$T_{时间定额}=\frac{T_{基本}\times 100}{8\times 60\times[100-(T_{准备}+T_{休息}+T_{中断})]} \tag{2-7}$$

或
$$时间定额=\frac{作业时间(基本工作时间)}{1-规范时间占比} \tag{2-8}$$

【例 2-6】为取得编制现浇混凝土柱的定额资料，拟采用简易测定法。现场技术测定资料结果表明，完成 1 m^3 砌体的基本工作时间（含辅助工作时间）为 160 min，试计算该基础墙的时间定额的基础数据。

解：已知基本工作时间消耗为 160 min。依据表 2-12 中现浇混凝土工程的有关数据，准备与结束时间占工作时间 6%；工人休息时间占工作时间 10%～13%，本案例取 12%；不可避免的中断时间占工作时间 3%。

则
$$时间定额=\frac{160\times 100}{8\times 60\times[100-(6+12+3)]}=0.42(工日)$$

【项目实训】

项目实训参考答案

【任务目标】

1. 熟悉连续测时法的测定流程及注意事项。
2. 能运用连续测试法完成工时消耗的测定。
3. 掌握连续测试法进行工时消耗测定数据的计算与分析整理。

【项目背景】

楚雄职教办公楼项目的土方工程拟采用基坑内挖掘机挖土，推土机辅助推土，翻斗车运土，运距 150 m。现对翻斗车运土的施工过程进行连续测时，测试数据见表 2-13。

表 2–13　连续测时法记录表

<table>
<tr><td colspan="3" rowspan="2">测定对象：楚雄职教办公楼项目翻斗车运土</td><td colspan="6">施工单位名称</td><td colspan="3">工地名称</td><td colspan="3">日期</td><td colspan="4">开始时间</td><td colspan="4">终止时间</td><td colspan="4">延续时间</td><td colspan="3">观察号次</td></tr>
<tr><td colspan="6">× × 公司</td><td colspan="3">× × 项目</td><td colspan="3">× × × × 年 ××月 ××日</td><td colspan="4">7：00</td><td colspan="4">11：00</td><td colspan="4">4 h</td><td colspan="3">1</td></tr>
<tr><td colspan="3">时间精度：1 s</td><td colspan="27">施工过程名称：翻斗车运土，运距 150 m</td></tr>
<tr><td rowspan="3">序号</td><td colspan="2" rowspan="3">工序或操作名称</td><td colspan="20">观察次数</td><td rowspan="3">工人人数</td><td colspan="5">记录整理</td><td rowspan="3">稳定系数</td></tr>
<tr><td colspan="2">1</td><td colspan="2">2</td><td colspan="2">3</td><td colspan="2">4</td><td colspan="2">5</td><td colspan="2">6</td><td colspan="2">7</td><td colspan="2">8</td><td colspan="2">9</td><td colspan="2">10</td><td rowspan="2">延续时间总计 /s</td><td rowspan="2">有效循环次数</td><td rowspan="2">最大 t_{max}/s</td><td rowspan="2">最小 t_{min}/s</td><td rowspan="2">算术平均值 /s</td></tr>
<tr><td>min</td><td>s</td><td>min</td><td>s</td><td>min</td><td>s</td><td>min</td><td>s</td><td>min</td><td>s</td><td>min</td><td>s</td><td>min</td><td>s</td><td>min</td><td>s</td><td>min</td><td>s</td><td>min</td><td>s</td></tr>
<tr><td rowspan="2">1</td><td rowspan="2">装土</td><td>终止时间</td><td>3</td><td>0</td><td>23</td><td>20</td><td>43</td><td>35</td><td>63</td><td>50</td><td>83</td><td>35</td><td>105</td><td>55</td><td>119</td><td>5</td><td>141</td><td>5</td><td>159</td><td>0</td><td>178</td><td>40</td><td rowspan="2">2</td><td rowspan="2"></td><td rowspan="2"></td><td rowspan="2"></td><td rowspan="2"></td><td rowspan="2"></td><td rowspan="2"></td></tr>
<tr><td>延续时间</td><td></td><td>180</td><td></td><td>190</td><td></td><td>175</td><td></td><td>180</td><td></td><td>185</td><td></td><td>310</td><td></td><td>170</td><td></td><td>180</td><td></td><td>185</td><td></td><td>180</td></tr>
<tr><td rowspan="2">2</td><td rowspan="2">从装车点到卸车点</td><td>终止时间</td><td>10</td><td>30</td><td>30</td><td>40</td><td>51</td><td>20</td><td>71</td><td>0</td><td>90</td><td>50</td><td>106</td><td>40</td><td>127</td><td>50</td><td>146</td><td>25</td><td>166</td><td>25</td><td>186</td><td>10</td><td rowspan="2">2</td><td rowspan="2"></td><td rowspan="2"></td><td rowspan="2"></td><td rowspan="2"></td><td rowspan="2"></td><td rowspan="2"></td></tr>
<tr><td>延续时间</td><td></td><td>450</td><td></td><td>440</td><td></td><td>465</td><td></td><td>430</td><td></td><td>435</td><td></td><td>45</td><td></td><td>525</td><td></td><td>320</td><td></td><td>445</td><td></td><td>450</td></tr>
<tr><td rowspan="2">3</td><td rowspan="2">卸土</td><td>终止时间</td><td>11</td><td>40</td><td>32</td><td>0</td><td>52</td><td>45</td><td>72</td><td>15</td><td>92</td><td>20</td><td>108</td><td>0</td><td>129</td><td>45</td><td>147</td><td>50</td><td>167</td><td>45</td><td>187</td><td>30</td><td rowspan="2">2</td><td rowspan="2"></td><td rowspan="2"></td><td rowspan="2"></td><td rowspan="2"></td><td rowspan="2"></td><td rowspan="2"></td></tr>
<tr><td>延续时间</td><td></td><td>70</td><td></td><td>80</td><td></td><td>85</td><td></td><td>75</td><td></td><td>90</td><td></td><td>80</td><td></td><td>115</td><td></td><td>85</td><td></td><td>80</td><td></td><td>80</td></tr>
<tr><td rowspan="2">4</td><td rowspan="2">返回装车点</td><td>终止时间</td><td>16</td><td>40</td><td>36</td><td>55</td><td>57</td><td>30</td><td>77</td><td>5</td><td>97</td><td>20</td><td>112</td><td>55</td><td>134</td><td>45</td><td>152</td><td>40</td><td>172</td><td>30</td><td>192</td><td>20</td><td rowspan="2">2</td><td rowspan="2"></td><td rowspan="2"></td><td rowspan="2"></td><td rowspan="2"></td><td rowspan="2"></td><td rowspan="2"></td></tr>
<tr><td>延续时间</td><td></td><td>300</td><td></td><td>295</td><td></td><td>285</td><td></td><td>290</td><td></td><td>300</td><td></td><td>295</td><td></td><td>300</td><td></td><td>290</td><td></td><td>285</td><td></td><td>290</td></tr>
<tr><td rowspan="2">5</td><td rowspan="2">停放以备装车</td><td>终止时间</td><td>20</td><td>10</td><td>40</td><td>40</td><td>60</td><td>50</td><td>80</td><td>30</td><td>100</td><td>45</td><td>116</td><td>15</td><td>138</td><td>5</td><td>155</td><td>55</td><td>175</td><td>40</td><td>195</td><td>35</td><td rowspan="2">2</td><td rowspan="2"></td><td rowspan="2"></td><td rowspan="2"></td><td rowspan="2"></td><td rowspan="2"></td><td rowspan="2"></td></tr>
<tr><td>延续时间</td><td></td><td>210</td><td></td><td>225</td><td></td><td>200</td><td></td><td>205</td><td></td><td>205</td><td></td><td>200</td><td></td><td>200</td><td></td><td>195</td><td></td><td>190</td><td></td><td>195</td></tr>
<tr><td colspan="24">合计</td><td></td><td></td><td></td><td></td><td></td><td></td></tr>
</table>

【任务要求】

1. 分析整理各组成部分的数据，并对可疑数据进行标注说明。
2. 计算各组成部分每一循环工时消耗，并填入表 2-13。
3. 计算翻斗车运土（运距 150 m）施工过程工时的合计消耗，并填入表 2-13。
4. 总结连续测时法的测时流程、主要特点，分析其适用范围。

任务 2.2.3　科学计算法

【知识准备】

微课：科学计算法

目前，我国建筑工程产品成本构成中，材料费占 60%～70%，合理确定材料消耗定额，对于合理和节约使用材料、降低工程成本具有非常重要的作用。科学计算法主要应用于材料消耗定额的测定与编制。

一、工程材料分类及耗用量计算原理

材料消耗定额是指在合理使用和节约材料的条件下，生产单位质量合格的建筑工程产品所必须消耗的原材料、半成品、构配件、燃料等资源的数量标准。要合理地确定材料消耗定额，首先要对材料在施工过程中的类别进行研究和区分。

1. 工程材料的分类

（1）根据材料消耗性质划分

材料的消耗可分为必需的材料消耗和损失的材料消耗两类。

必需的材料消耗，是指在合理用料的条件下，生产单位合格建筑产品所必须消耗的材料数量，包括直接用于建筑和安装工程的材料、不可避免的施工废料、不可避免的材料损耗。损失的材料消耗属于施工正常消耗，是确定材料消耗定额的基本数据。其中，直接构成工程实体的材料用量称为材料净用量，用于编制材料净用量定额；不可避免的施工废料和不可避免的材料损耗数量，称为材料损耗量，用于编制材料损耗定额。

（2）根据材料消耗与工程实体关系划分

根据施工生产材料消耗工艺要求及材料对工程的用途等不同特点，可将其划分为直接性材料、辅助性材料和周转性材料 3 类。

直接性材料是指直接构成建筑物或结构实体的材料，如钢筋混凝土柱中的钢筋、水泥、砂、碎石等。直接性材料用量大，属于一次性消耗。

辅助性材料也是施工过程中所必需的材料，但不构成建筑物或结构实体的材料，如土石方爆破工程中所需的炸药、引线、雷管等。辅助材料用量少，也属于一次性消耗。

周转性材料是指在施工中必须使用，但又不能构成建筑物或结构实体，而是为了辅助其完成所使用的施工措施性材料，如模板、脚手架、支撑等，可多次周转使用。

2. 工程材料的耗用量计算原理

工程材料的耗用量计算遵循以下规律：对于必需的材料消耗，分别计算直接性材料和周

转性材料的净用量及损耗量，借助一定的科学计算方法，将净用量和损耗量相加，即可获得材料消耗定额。

建筑工程中各种材料的耗用量主要通过现场技术测定法、实验室试验法、现场统计法及科学计算法 4 种方法获得。这 4 种方法将在模块 3 项目 1 的任务 2 材料消耗定额中介绍，本任务主要介绍科学计算法的计算原理。

科学计算方法是指根据设计图纸、建筑构造要求、施工规范和材料规格等，用科学的计算公式计算产品的材料净用量，从而确定定额消耗量的方法。该方法适用于不易产生损耗，且容易确定废料的材料消耗量的计算，如砌砖工程中的砖、块料镶贴中的块料等。在实际运用中还需确定各种材料的损耗量（率），与材料净用量相加方能得到材料的总耗用量。

二、直接性材料用量计算

直接性材料用量计算方法是指运用一定的数学公式计算材料消耗量的方法。例如，在墙面砖分项工程中，墙面面积由瓷砖和灰缝共同组成，若无灰缝，用墙面面积除以单块瓷砖的面积即可获得瓷砖用量；若有灰缝，可用墙面面积除以扩大的单块瓷砖面积获得瓷砖用量。

墙面贴瓷砖实例图

瓷砖耗用量可采用如下公式计算

$$\text{瓷砖耗用量} = \frac{\text{墙面面积}}{(\text{瓷砖长}+\text{灰缝})\times(\text{瓷砖宽}+\text{灰缝})}\times(1+\text{损耗率}) \tag{2-9}$$

【例 2–7】某装饰工程墙面净面积为 800 m^2，拟镶贴 500 mm × 500 mm 的瓷砖（灰缝 2 mm），计算瓷砖耗用量（瓷砖损耗率按 2.5% 计算）。

解：

$$\text{瓷砖耗用量} = \frac{800}{(0.5+0.002)\times(0.5+0.002)}\times(1+2.5\%) = 3\,253.92 \approx 3\,254(\text{块})$$

三、周转性材料用量计算

周转性材料在施工过程中不是一次性消耗，而是随着多次使用而逐渐消耗的材料，需要在使用过程中不断补充、多次重复使用，如各种模板、脚手架、临时支撑、活动支架及土方工程使用的挡土板等。因此，周转性材料应按照多次使用、分次摊销的方法进行计算，并考虑回收因素。按照周转性材料的不同，摊销量的计算方法分为周转摊销和平均摊销两种，对于易损耗材料（现浇构件木模板）采用周转摊销，而损耗小的材料（定型模板、钢材等）采用平均摊销。

例如，预制构件的模板，由于损耗较小，可按一次使用量除以周转次数以平均摊销方法计算，计算公式为

一次使用量 = 材料净用量 ×（1+ 制作损耗率）

= 混凝土模板的接触面积 × 每平方米接触面积需模量 ×（1+ 制作损耗率）（2–10）

摊销量 = 一次使用量 / 周转次数 （2–11）

直接性材料用量计算及周转性材料摊销量计算将在项目3.1中介绍。

【项目实训】

技术测定法实训的任务指引

【任务目标】

1. 掌握采用科学计算法计算材料耗用量的计算原理。

2. 熟悉定额原理与市场化计价虚拟仿真系统的交互训练流程。

3. 能根据给定情境完成红砖和砂浆消耗量的测定。

4. 能对测定数据进行计算与分析整理。

【项目背景】

楚雄职教办公楼项目的主体结构已经完成，正在进行二次结构砌筑，所用材料为红砖和砂浆。

【任务要求】

1. 登录定额原理与市场化计价虚拟仿真系统，运用科学计算法，完成砌筑工程中红砖和砂浆的材料消耗量测定。

2. 总结科学计算法测定材料消耗量的流程及注意事项。

任务 2.2.4　比较类推法

微课：比较类推法

【知识准备】

一、比较类推法的概念

比较类推法又称为典型定额法，它以精确测定好的同类或相似类型产品、工序的典型定额项目的定额水平或技术测定的实耗工时记录为依据，经过对比分析，类推出同类中相邻工序或产品定额水平的方法。例如，已知挖一类土地槽在不同槽宽和槽深的时间定额，可以根据各类土耗用工时的比例来推算挖二、三、四类土地槽的时间定额。

二、比较类推法的特点

该方法简便易行、工作量小，特别适合制定同类产品中品种多、批量小的劳动定额和材料消耗定额。若典型定额选取恰当，类推出来的定额一般比较合理。

1. 按比例类推定额

比较类推法主要采用正比例的方法来推算其他同类定额的消除量，进行比较的定额项目必须是同类或相似类型的，应具有明显的可比性，如果缺乏可比性就不能采用此法。

2. 方法简便，有一定的适用范围

该方法计算简便而准确，适用于同类型、规格多、批量小的施工过程。随着施工机械化、标准化、装配化程度的不断提高，这种方法的适用范围逐步扩大。

3. 采用典型定额类推

为了提高定额的准确程度和可靠性，通常采用以主要项目作为典型定额来类推。在对比分析时，选择典型定额务必恰当而合理，要抓住主要影响因素，并考虑技术革新和挖潜的可能性，类推计算的结果有时需要做一定调整。

三、比较类推法的计算方法

比较类推法按照典型定额类型的不同，可以划分为比例数示法和坐标图示法。

1. 比例数示法

比例数示法又称为比例推算法，是以某些典型劳动定额项目为基础，通过技术测定或统计资料求得相邻项目或类似项目的比例关系，运用正比例的方法计算出同一组定额中其余相邻的项目水平的方法。比例数示法的计算公式为

$$t=pt_0 \tag{2-12}$$

式中：t——待测项目的时间定额；

p——典型项目时间定额与待测项目时间定额的比例系数（典型项目为 1）；

t_0——典型项目的时间定额。

【例 2-8】已知人工挖地槽（深度 1.5 m 以内）一类土的时间定额，一类土与二、三、四类土人工挖地槽在不同槽宽的时间定额，以及各类土耗用工时比例关系（见表 2-14），推算挖二、三、四类土人工挖地槽的时间定额。

表 2-14　挖地槽时间定额表　　单位：工日 /m^3

项目	比例关系	挖地槽（深 1.5 m 以内）上口宽度 /m		
		0.8	1.5	3.0
一类土	1.00	0.133	0.115	0.108
二类土	1.43			
三类土	2.50			
四类土	3.75			

解：地槽上口宽度不同时，人工挖地槽的时间定额计算过程见表 2-15。用数示法推算出的挖地槽时间定额见表 2-16。

表 2-15　人工挖地槽时间定额计算过程表　　单位：工日 /m^3

地槽上口宽度 /m	二类土	三类土	四类土
≤ 0.8	t=1.43 × 0.133=0.190	t=1.43 × 0.115=0.164	t=1.43 × 0.108=0.154
>0.8 ~ 1.5	t=2.50 × 0.133=0.333	t=2.50 × 0.115=0.288	t=2.50 × 0.108=0.270
>1.5 ~ 3.0	t=3.75 × 0.133=0.499	t=3.75 × 0.115=0.431	t=3.75 × 0.108=0.405

表 2–16　挖地槽时间定额推算表（数示法）　　单位：工日 /m³

项目	比例关系	挖地槽（深 1.5 m 以内）		
		上口宽度 /m		
		0.8	1.5	3.0
一类土	1.00	0.133	0.115	0.108
二类土	1.43	0.190	0.164	0.154
三类土	2.50	0.333	0.288	0.270
四类土	3.75	0.499	0.431	0.405

2. 坐标图示法

坐标图示法又称为图表法，采用坐标图和表格来制定工程劳动定额。

使用坐标图示法时，选择一组同类型典型定额项目，采用技术测定或统计资料确定各项的定额水平，以定额的影响因素为横坐标，以产量或工时消耗为纵坐标，在坐标图上形成一系列交点，将其连接成一曲线。它反映工时消耗量随着影响因素变化而变化的规律，从定额曲线上即可找出所需的全部项目的定额水平。

采用坐标图示法时，选择的典型定额项目（即坐标点）数量与精确度成反比，即坐标点数量越多，精确度越高；数量越少，精确度越低。但过多或过少都会失去比较类推的意义。实践证明，同一组典型定额项目（坐标点）不得少于 3 点，一般以 4 点以上为宜。

【例 2–9】机动翻斗车运输砂子，其典型时间定额见表 2–17，试求运距为 200 m、600 m、1 200 m、2 000 m 的时间定额。

表 2–17　机动翻斗车运砂子的典型时间定额

项目	单位	运距 /m			
		140	400	900	1 600
运砂子	工日 /m³	0.126	0.182	0.240	0.333

解：用表 2–17 中所列的典型时间定额为点作图，得出运砂子的曲线（图 2–15）。在图 2–15 中的曲线上即可找出所需要的同一组相邻项目的定额水平，见表 2–18。从定额曲线可以看出，机动翻斗车运输的工日消耗量随着运距增加而逐步增加，运距越短，水平变化越小；运距越长，水平变化越大，反映了影响因素同工时之间一定的变化规律。

表 2–18 中相邻运距项目的时间定额就是坐标图上的定额曲线，通过网格部分计算出定额水平。这些数据还可以根据有关资料进行必要的修正，使定额水平更符合影响因素与工时之间的变化规律。用这种方法制定定额，简便易行，一目了然。

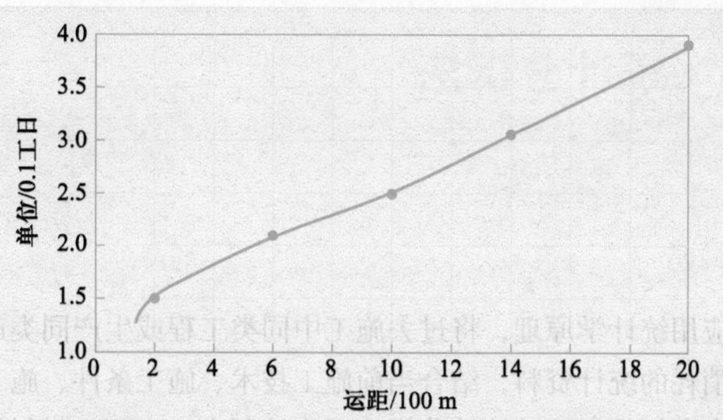

图 2-15　机动翻斗车运砂子的时间定额坐标图

表 2-18　用坐标图实法确定出的定额

项目	单位	运距 /m				
		200	600	1 000	1 400	2 000
运砂子	工日	0.150	0.208	0.253	0.306	0.390

【项目实训】

项目实训参考答案

【任务目标】

1. 熟悉比较类推法的测定流程及注意事项。
2. 能运用比较类推法完成工时消耗的测定。
3. 掌握比较类推法进行工时消耗测定数据的计算与分析整理。

【项目背景】

楚雄职教办公楼项目的挖柱基、地坑一类土的时间定额，以及一类土与二、三、四类土挖柱基、地坑在不同上口面积的时间定额及各类土耗用工时比例关系，见表 2-19。

表 2-19　挖柱基、地坑时间定额表　　单位：工日 /m^3

项目	比例关系	挖柱基、地坑 上口面积 /m^2 以内			
		2.25	6.25	12	30
一类土	1.00	0.218	0.198	0.194	0.189
二类土	1.426				
三类土	2.497				
四类土	3.766				

【任务要求】

推算二、三、四类土挖柱基、地坑的时间定额，填入表 2-19。

任务 2.2.5　统计分析法

【知识准备】

微课：统计分析法

一、统计分析法概述

统计分析法是应用统计学原理，将过去施工中同类工程或生产同类产品的工时消耗、材料消耗、机械台班消耗的统计资料，结合当前施工技术、施工条件、施工组织的变化因素进行统计分析研究制定定额的方法。统计分析法可为编制人工定额、材料消耗定额、机械台班定额提供较可靠的数据资料。

统计分析法的研究起源

使用统计分析法时，由调查目的和要求决定抽样对象。抽样对象可以是一个操作工人（或班组，或机械）在生产某一产品中的全部活动过程中每一活动的消耗时间，也可以是其中一项活动的消耗时间。统计分析法的抽查工作单一，简便易行，观察人员思想集中，有利于提高调查的原始数据的质量，同时花费的总时间较短，工作量小，费用较低。但是，该方法统计资料只有实耗工时的记录，统计时并未剔除生产技术组织中的不合理因素，只能反映已经达到的劳动生产率水平。因此，该方法适用于施工（生产）条件正常、产品稳定、批量大、统计工作制度健全的施工（生产）过程和施工企业，通常与技术测定法并用，或者某些次要的定额项目以及某些无法进行技术测定的项目。

二、统计分析法的要求

统计分析法的基本原理是概率论，相同条件下的一系列试验和观察，每次试验和观察的可能结果不止一个，而且在试验或观察之前无法预知确切结果，但在大量重复试验或观察下，结果呈现出符合统计规律的某种规律性，这种规律就是观察结果。利用这个客观规律，对于相同条件下重复工作的活动，进行若干次瞬时观察，累计多次的瞬时观察结果，就可以得到工作中的普遍规律。

1. 样本的取样和观察次数的确定

根据抽样目的确定每一个样本的观察；保持时间上的随机性，保证观察结果的真实性；所选取样本的工作条件尽量一致，使观察记录数据具有代表性。

一般来说，观察样本越多，次数越多，结果的精确度越高。但观察样本越多，次数越多，所需的时间就会越长，观察所需的费用也会增加。应根据观察目的及要求的准确程度确定观察次数。观察次数可按下式计算

$$N=\frac{\lambda^{\lambda}(1-P)}{S^{2}P} \tag{2-13}$$

置信水平

式中：N——随机观察的总次数；

S——精度；

P——观察样本发生的概率；

λ——参数，一般取 2 或 3。

精度 S 可以根据观察的目的事先确定，但 P 和 N 仍是两个未知数，一般采用逐次逼近法求解。首先假定一个基值 P 计算出第一个 N，然后经过一段时间的实际观察，可获得一个新的 P 值，代入式（2–13）可求得第二个 N，再以第二个 N 的观察次数及实际观察所得的 P 值代入式（2–13）反求 S。当求得的 S 小于原定的精度时，即可用最后的 P 值和反求的 S 值代入式（2–13），计算所需的观察次数 N。

2. 观察延续时间和观察时刻的确定

确定了观察次数后，还应确定观察延续时间和观察时刻。

观察延续时间指的是完成一项抽查任务的工作天数，一般根据抽查工作的目的和重要性，以及观察任务的大小（即观察的次数 N）和观察人员的多少来确定。

观察时刻是指在一个工作班内每一次观察的时刻。观察时刻的确定直接影响到观察结果的真实程度。观察时刻应是随机的，可以查用随机数表和工作抽查观察时刻对照表。

三、统计分析法的计算方法

统计分析法的计算方法主要有二次平均法和概率测算法两种。

1. 二次平均法

采用统计分析法需有准确的原始记录和统计工作基础。例如，编制消耗量定额时，需求出消耗量的平均先进值，但以往的统计数据反映的是工人过去已经达到的水平，在统计时并未剔除施工中不合理的因素。因此，这个水平偏于保守。当原定额水平偏于保守时，为了使定额保持平均先进水平，需要从统计资料中求出平均先进值。一般使用二次平均值法计算平均先进值，作为确定定额水平的依据。

二次平均法的计算步骤如下。

（1）剔除不合理的数据

剔除统计资料中特别偏高或偏低的明显不合理数据。

（2）计算平均数（简单算术平均值或加权平均数）

简单算术平均值的计算公式为

$$\bar{t}=\frac{t_1+t_2+\cdots+t_n}{n}=\frac{\sum_{i=1}^{n}t_i}{n} \tag{2–14}$$

式中：$\bar{t}$——全数据的平均值；

n——数据的个数；

t_n——第 n 个数据；

$\sum_{i=1}^{n}t_i$——第 1 个到第 n 个数据的代数和。

加权平均数的计算公式为

$$\bar{t}=\frac{1}{\sum f}\sum ft \tag{2–15}$$

式中：f——频数，即某一数值在数列中出现的次数；

$\sum f$——数列中各不同数值出现次数的总和；

$\sum ft$——将数列中各不同数值与各自出现的次数相乘，再将各乘积相加的总和。

（3）计算平均先进值

平均先进值是指将数列中小于平均值的各数值与平均值相加（求时间定额），或将数列中大于平均值的各数值与平均值相加（求产量定额），然后再将其与简单算术平均值相加求平均数，即求第二次平均值。该平均值是确定定额水平的依据。其计算公式为

1）时间定额的二次平均值为

$$\bar{t}_0=\frac{\bar{t}+\bar{t}_n}{2} \tag{2-16}$$

式中：$\bar{t}_0$——二次平均后的平均先进值；

$\bar{t}$——全数据的平均值；

$\bar{t}_n$——小于全数据的平均值的各数值的平均值。

2）产量定额的二次平均值为

$$\bar{P}_0=\frac{\bar{P}+\bar{P}_n}{2} \tag{2-17}$$

式中：$\bar{P}_0$——二次平均后的平均先进值；

$\bar{P}$——全数据的平均值；

$\bar{P}_n$——大于全数据的平均值的各数值的平均值。

【例 2-10】已知生产某产品的工时消耗资料为 45、20、60、55、65、100、55、65、60、60、65、60（工时 / 台），试用统计分析法的二次平均法计算该产品的平均先进值。

解：第一步，剔除明显偏高、偏低的不合理数据，即 20、100。

第二步，计算第一次平均值。

$$\bar{t}=\frac{1}{10}\times(45+60+55+65+55+65+60+60+65+60)=59(\text{工时/台})$$

或 $$\bar{t}=\frac{1}{1+4+2+3}\times(1\times45+4\times60+2\times55+3\times65)=59(\text{工时/台})$$

第三步，计算小于全数据平均值的各数值的平均值。

$$\bar{t}_n=\frac{45+55+55}{3}=51.67(\text{工时/台})$$

第四步，计算第二次平均后的平均先进值。

$$\bar{t}_0=\frac{\bar{t}+\bar{t}_n}{2}=\frac{59+51.67}{2}=55.34(\text{工时 / 台})$$

因此，55.34 工时 / 台可作为这一组统计资料整理优化后的数值，用于确定定额的依据。

2. 概率测算法

用二次平均法计算出的结果，一般偏向于先进，可能多数工人达不到，不能较好地体现

平均先进的原则。概率测算法可以运用统计资料计算出有多少百分比的工人，可能达到作为确定定额水平的依据。其计算公式及步骤如下。

（1）确定有效数据

对取得某施工过程的若干次工时消耗数据进行整理分析，剔除明显偏高或偏低的数据。

（2）计算工时消耗的平均值

$$\overline{t}=\frac{t_1+t_2+\cdots+t_n}{n}=\frac{\sum_{i=1}^{n}t_i}{n} \tag{2-18}$$

式中字母含义同式（2-14）。

（3）计算工时消耗数据的样本标准差

$$s=\sqrt{\frac{1}{n-1}\sum_{i=1}^{n}(x_i-\overline{t})^2} \tag{2-19}$$

式中：s——样本标准差；

n——数据个数；

x_i——工时消耗数据（i=1，2，3，…，n）；

$\overline{t}$——工时消耗平均值。

（4）运用正态分布公式确定定额水平

$$t=\overline{t}+\lambda s \tag{2-20}$$

式中：t——定额工时消耗；

$\overline{t}$——工时消耗算术平均值；

λ——s 的系数，从正态分布表（表 2-20）中可以查到对应于 λ 值的概率 $P(\lambda)$；

s——样本标准差。

表 2-20　正态分布表

λ	P（λ）	λ	P（λ）	λ	P（λ）	λ	P（λ）	λ	P（λ）
–2.5	0.01	–1.5	0.07	–0.5	0.31	0.5	0.69	1.5	0.93
–2.4	0.01	–1.4	0.08	–0.4	0.34	0.6	0.73	1.6	0.95
–2.3	0.01	–1.3	0.10	–0.3	0.38	0.7	0.76	1.7	0.96
–2.2	0.01	–1.2	0.12	–0.2	0.42	0.8	0.79	1.8	0.96
–2.1	0.02	–1.1	0.14	–0.1	0.46	0.9	0.82	1.9	0.97
–2.0	0.02	–1.0	0.16	0.0	0.50	1.0	0.84	2.0	0.98
–1.9	0.03	–0.9	0.18	0.1	0.54	1.1	0.86	2.1	0.98
–1.8	0.04	–0.8	0.21	0.2	0.58	1.2	0.88	2.2	0.98
–1.7	0.04	–0.7	0.24	0.3	0.62	1.3	0.90	2.3	0.99
–1.6	0.06	–0.6	0.27	0.4	0.66	1.4	0.92	2.4	0.99

【例 2-11】已知生产某产品的工时消耗资料为 45、20、60、55、65、100、55、65、60、60、65、60（工时 / 台）（同例 2-10），试用概率测算法确定 90% 的工人能够达到的定额值和超过平均先进值的概率。

解：第一步，剔除明显偏高或偏低的数值：20、100。

第二步，计算算术平均值。

$$\bar{t}=\frac{1}{10}\times(45+60+55+65+55+65+60+60+65+60)=59(\text{工时/台})$$

第三步，计算样本标准差。

$$s=\sqrt{\frac{1}{10-1}\times[(45-59)^2+(60-59)^2\times4+(55-59)^2\times2+(65-59)^2\times3]}$$
$$=6.15(\text{工时/台})$$

第四步，查表计算确定使 90% 的工人能够达到的工时消耗定额。

查阅表 2-20 可知，当 $P(\lambda)=0.90$ 时，$\lambda=1.3$，则

$$t=\bar{t}+\lambda s=59+1.3\times6.15=67.00\ (\text{工时 / 台})$$

第五步，确定能超过平均先进值的概率。

由例 2-10 求出的平均先进值为 55.34 工时 / 台，计算能达到此值的概率

$$\lambda=\frac{\bar{t}_0-\bar{t}}{s}=\frac{55.34-59}{6.15}=-0.60$$

查阅表 2-20 可知，当 $P(-0.60)=0.27$，即只有 27% 的工人能达到这个水平。

【项目实训】

项目实训
参考答案

【任务目标】

1. 熟悉统计分析法常用测定方法的流程及注意事项。
2. 能运用统计分析法的二次平均法和概率测算法完成工时消耗的测定。
3. 掌握统计分析法进行工时消耗测定数据的计算与分析整理。
4. 熟悉统计分析法不同方法的适用范围。

【项目背景】

已知楚雄职教办公楼项目的生产某产品的工时消耗资料为 65、40、80、75、85、110、65、75、80、70、75、80（工时 / 台）。

【任务要求】

1. 试用二次平均法确定该产品的平均先进值。
2. 试用概率测算法确定概率分别为 75%、85%、90% 时工人能够达到的定额值。
3. 试用概率测算法确定超过平均先进值的概率。
4. 总结二次平均法和概率测算法的测时流程、主要特点，分析其适用范围。

任务 2.2.6 经验估计法

微课：经验估计法

【知识准备】

一、经验估计法概述

1. 经验估计法的概念

经验估计法是指在没有统计资料的情况下，根据定额管理专业人员、工程技术人员和工人的个人或集体的实践经验，经过图纸分析和现场施工情况调查、观测，了解施工工艺、分析施工生产的技术组织条件和操作方法的繁简难易程度，考虑材料、工具、设备及现行规范等后，通过座谈、分析计算后讨论平衡而确定定额消耗量的方法。

2. 经验估计法的依据、要求及特点

（1）经验估计法的依据

1）施工过程和工艺规程，如施工程序、施工组织、施工操作方法、质量要求等。

2）施工过程中使用的机具、设备的型号、规格和效能。

3）施工过程中采用的原材料、半成品、成品和构件的品种、规格、性能以及对劳动效率的影响情况。

4）施工劳动组织情况，如工人的技术等级、人员配备和实际技术水平、劳动效率等。

5）同类或类似工序历史上已达到的生产水平和劳动量消耗的统计资料。

（2）经验估计法的要求及注意事项

经验估计法，以施工工序为对象，将工序分为操作（或动作），确定出操作（或动作）的基本工作时间，再考虑辅助工作时间、准备与结束时间和休息时间的影响因素，对上述时间加以综合整理，并对整理结果予以优化，最后获得该工序的时间定额或产量定额。

经验估计法受编制人的主观影响较大，因此，在采用该方法编制定额时要特别注意以下事项。

1）应挑选作风秉公正派、实践经验丰富的工人和技术人员参加，同时要充分调查和征求群众意见。对同一待编制定额应选择若干种不同类型的方法反复座谈讨论，多方征求意见，然后定案，避免以个人或局部经验作为确定定额水平的依据，使制定出的定额片面化。

2）加强分析施工过程生产技术组织条件，认真研究历史经验资料，充分考虑定额完成的各类影响因素，反复比较平衡，尽可能地提高经验估计定额的精确度，减少主观片面性的影响。

3）经验估计定额不可避免地会受到估计工作人员经验和水平的局限，对同一定额项目，往往会提出先进、保守和一般几种不同的水平，其准确性难以保证。因此，必须对提出的各种数据进行分析、整理及优化。此外，在使用中若统计的实耗工时、机械台班和材料消耗量与所制定的定额相比差异幅度较大时，说明估计的定额不具备合理性，要及时修订优化。

4）审批程序，加强定额管理。经验估计定额审批程序要严格，未经批准不得执行。经验估计定额实行时，要加强管理，如实行计件工资时，要建立工时实耗记录，单独核算定额完成情况，同时对完成定额的超额幅度应有所限制。

（3）经验估计法的特点

经验估计法简便易行，量小快速，可以大大缩短定额制定的时间；但是，由于缺乏技术资料、水平不易平衡、准确性差，易出现偏高或偏低的现象，且容易受到定额编制人员主观因素的影响。该方法通常适用于制定产品品种多、工程量小，或新产品试制以及不易计算工作量或不常出现的项目等一次性定额的制定。

二、经验估计法的计算方法

经验估算法的计算方法有算术平均值法和经验公式与概率估算法。

1. 算术平均值法

当对一个施工工序或产品进行工时消耗量估计时，大家提出了较多的估计值，这时就可以采用算术平均值的方法计算工时消耗量。当经验估计值较多时，还可以去除最大值和最小值后再采用算术平均值法。

算术平均值的计算公式为

$$\overline{X} = \frac{1}{n}\sum_{i=1}^{n} x_i \tag{2-21}$$

式中：$\overline{X}$——算术平均值；

n——数据的个数；

x_i——第 i 个数据（i=1，2，3，…，n）。

【例 2-12】某项工序的工时消耗通过有经验的有关人员分析后，提出了如下数据：1.22、1.30、1.20、1.28、1.60、1.21、1.25、1.26、1.15、1.05、1.25（工时/台），试用算术平均值法确定定额工时。

解：第一步，去掉一个最大值 1.60，去掉一个最小值 1.05。

第二步，计算其余数据的算术平均值。

$$\overline{X} = \frac{1}{9}(1.22+1.30+1.20+1.28+1.21+1.25+1.26+1.15+1.25) = 1.24(\text{工时/台})$$

2. 经验公式与概率估计法

为了尽量提高经验估计法制定定额的准确程度，使制定的定额水平比较合理，可以在经验公式的基础上采用概率的方法来估算定额工时。

该方法由有经验的人员，分别对某一个施工过程进行估算，从估算对象的消耗量数据中取出 3 个工时消耗数值，即先进的（乐观估计）数值 a、一般的（最大可能）数值 m、保守的（悲观估计）数值 b，然后用经验公式计算其平均值。

经验公式为

$$\overline{t} = \frac{a+4m+b}{6} \tag{2-22}$$

均方差为

$$\sigma = \left|\frac{a-b}{6}\right| \tag{2-23}$$

根据正态分布的公式，调整后的工时定额为

$$t=\overline{t}+\lambda\sigma \tag{2-24}$$

式中：λ——σ 的系数，从正态分布表（表 2-20）中，可以查到对应 λ 值的概率 $P(\lambda)$。

【例 2-13】已知完成某施工过程的先进工时消耗为 5 h，保守工时消耗为 9.5 h，一般工时消耗为 7.5 h。如果要求在 8 h 内完成该施工过程，完成任务的可能性有多少？若完成该施工过程的可能性 $P(\lambda)$=93% 时，则下达的工时定额应该是多少？

解：（1）求 8 h 内完成该施工过程的可能性。

已知：a=5 h，b=9.5 h，m=7.5 h，t=8 h

$$\overline{t}=\frac{a+4m+b}{6}=\frac{5+7.5\times4+9.5}{6}=7.41(\text{h})$$

$$\sigma=\left|\frac{a-b}{6}\right|=\left|\frac{5-9.5}{6}\right|=0.75(\text{h})$$

$$\lambda=\frac{t-\overline{t}}{\sigma}=\frac{8-7.41}{0.75}=0.79$$

可从表 2-20 中查对应的 $P(0.79)$=0.787，即要求 8 h 内完成该施工过程的可能性有 78.7%。

（2）求当可能性 $P(\lambda)$=93% 时下达的工时定额。

由 $P(\lambda)$=93%=0.93，查表 2-20 可知，相应的 λ=1.5，代入式（2-24）得

$$t=7.41+1.5\times0.75=8.5\ (\text{h})$$

即当要求完成该施工过程的可能性 $P(\lambda)$=93% 时，下达的工时定额应为 8.5 h。

【项目实训】

项目实训参考答案

【任务目标】

1. 熟悉经验估计法的测定流程及注意事项。
2. 能运用经验估计法完成工时消耗的测定。
3. 掌握经验估计法进行工时消耗测定数据的计算与分析整理。

【项目背景】

已知完成楚雄职教办公楼项目某施工过程的先进工时消耗、保守工时消耗及一般工时消耗数据见表 2-21。

表 2-21　工时消耗数据

类别	数据 / 工时											
	1	2	3	4	5	6	7	8	9	10	11	12
先进工时消耗	6.10	6.40	5.00	6.30	6.15	6.25	6.30	6.45	6.35	6.20	6.15	7.15
保守工时消耗	13.50	15.50	16.92	14.98	14.95	15.05	15.18	15.22	15.36	15.21	15.32	15.41
一般工时消耗	7.30	7.52	7.63	7.49	6.12	7.58	7.46	9.21	7.26	7.35	7.42	7.34

【任务要求】

1. 试计算施工过程的先进工时消耗。
2. 试计算施工过程的保守工时消耗。
3. 试计算施工过程的一般工时消耗。
4. 如果要求在 8.8 h 内完成该施工过程，完成任务的可能性有多少？
5. 若完成该施工过程的可能性 $P(\lambda)$ =90% 时，则下达的工时定额应该是多少？

任务 2.2.7　大数据测试法

微课：大数据测试法

【知识准备】

一、大数据样本采集方法

为了满足工程定额的编制需求，往往需要扩大样本容量。样本数据的扩大，一定程度上为后续编制的定额准确度提供了数据支持，利用大数据预测技术对充足的样本消耗量进行预测，相较于利用传统收集到的有限数据样本量进行未知消耗量的预测而编制的定额更为准确、可行。

常用的样本采集方法有蒙特卡洛抽样方法和拉丁超立方体抽样方法。这两种样本采集方法主要采用“空间填充思想”，依赖大量数据和计算机算法的试验和模拟实现目标。

1. 蒙特卡洛抽样方法

蒙特卡洛抽样方法指使用随机数或伪随机数从概率分布中抽样的传统技术，采用重复随机抽样的方法对未知参数进行估计。

蒙特卡洛模拟技术在工程定额编制中，以少量样本数据模拟产生大量的输出数据，弥补样本数据不足的缺陷。使用蒙特卡洛法进行样本采集时，需要考虑不确定性因素之间的相互依赖关系，使模拟的分析结果更接近于现实情况。

2. 拉丁超立方体抽样方法

拉丁超立方体抽样法最早由 Mckay 等人于 1 979 年提出，是一种从多元参数分布中近似随机抽样的方法，属于分层抽样技术，其核心是用较少的抽样次数，来达到与很多次随机抽样相同的结果，并且所有采样区间都能被采样点覆盖，保证了样本结果的全面性。

相对于绝对随机的蒙特卡洛方法，拉丁超立方体抽样法在工程定额的编制中，可使用更少的迭代次数达到理想的效果，缩短了实验时间，能更快速地模拟出未知消耗量。

二、大数据预测方法

常用的大数据预测方法主要有神经网络技术、模糊数学和灰色系统理论、线性回归以及层次分析对比估计。

1. 神经网络技术

神经网络技术对于非线性、不确定和未知问题有着很高的优越性，相对于传统非线性预测，具有更强的适用性和自学能力，能够充分考虑各种因素，解决多因素影响下的消耗量确定问题。

定额消耗量和价格往往由多种因素协同确定，传统消耗量测定方法在测定消耗量和价格时一般仅考虑 1 ~ 2 种因素，而利用 MATLAB 仿真模拟软件中 BP 神经网络（图 2–16）进行消耗量测定可以充分考虑多因素的协同作用，编制的定额与实际数据相比误差很小。

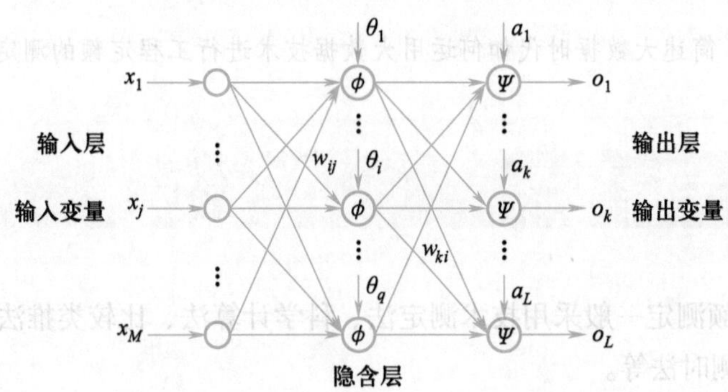

图 2–16 BP 神经网络结构图

2. 模糊数学和灰色系统理论

蒙特卡洛、拉丁超立方体抽样等方法通过扩大数据量、简化编制过程、利用 GA 和 PSO 算法优化神经网络的研究方法提高计算精度，但是会忽略实际生产过程中各生产系统要素对定额消耗量的重要影响，使定额消耗量失去了实际生产意义。

模糊数学和灰色系统理论是一种比较常用的分析方法，其主要用来分析不确定性问题和对象。模糊数学作为一种科学的分析方法，其主要研究客观事物的不确定性；灰色系统理论主要是针对小样本数据、数据缺失情况下提供解决对策。针对不同地区采集的定额数据，也会存在不确定性和缺失的问题。灰色模糊理论计算模型主要原理是综合运用模糊贴近度与灰色关联度，计算出样本值与综合代表值的相似度。因此，运用上述两种方法正好可以有效解决，建立一种能够代表不同地区的模糊分析模型。

结合灰色系统理论和模糊数学，基于灰色模糊理论构建定额消耗量计算模型，通过量化分析实际生产过程中影响劳动定额消耗量的主客观因素（施工作业环境因素、施工工艺因素、工人技艺因素、完工检验合格因素），对目标工程与样本工程的综合相似度进行计算，利用已知劳动消耗量估算未知劳动定额消耗量，更加符合实际情况。

3. 线性回归、层次分析法

线性回归是利用线性回归方程的最小平方函数对一个或多个自变量和因变量之间的关系进行建模的一种回归分析。这种线性函数是由一个或多个回归系数的模型参数组合而成。只有一个自变量的情况称为简单回归，大于一个自变量情况的称为多元回归。线性回归模型是用来描述统计数据成线性变化的一种模型，通过数学方法对定额测定的消耗数据进行拟合，可以用来预测、分析统计数据之间的变化关系。

层次分析法（Analytic Hierarchy Process，AHP）是一种分析多目标、多准则量化、将人脑分析方案的过程数学化、定性与定量相结合的系统分析方法。通过将定性因素定量化，确定各层次中各评估指标的初始权重，通过层次化与条理化能够很大程度上减少主观的影响，使评估更趋于科学化。

针对贫样本数据的项目，可以通过线性回归、AHP对比估计等方法分别建立预测模型进行估计及预测。在实际工程中，需针对不同的情况选取不同的预测方法进行工程定额的编制。

学习自测参考答案

【学习自测】

用自己的语言，简述大数据时代如何运用大数据技术进行工程定额的测定。

小结与关键概念

小结：工程定额测定一般采用技术测定法、科学计算法、比较类推法、统计分析法、经验估计法和大数据测时法等。

不同的工程定额测定方法有不同的精度、适用范围及优缺点。技术测定法以工时消耗为研究对象，以观察测时为手段，通过密集抽样和粗放抽样等技术进行直接的时间研究。该方法有充分的科学依据，制定的定额先进合理，准确程度较高，定额水平的精确度也高，适用于产品量大且品种少、施工条件比较正常、施工时间长的施工过程，是制定定额的主要方法。但是采用此方法观测数量大，人力规模大，工作复杂费时，技术要求高。技术测定法通常采用的方法有测时法、写实记录法、工作日写实法以及简易测定法4种。

科学计算法是根据施工图、建筑构造要求和其他技术资料，运用科学合理的理论计算公式直接计算出材料消耗量的一种方法。但是，科学计算法只能算出单位建筑产品的材料净用量，材料损耗量（率）仍要在现场通过观测获得。

比较类推法、统计分析法、经验估计法是定额的简易测定方法，简便易行、工作量小、省时省力，但是准确性受到原始资料准确性、完整性、定额编制人员经验水平等的影响，精度相较于技术测定法、科学计算法较低。

大数据测时法大大扩大了样本容量，为定额编制的准确度提供了数据支持，编制的定额更为准确可行。

关键概念：技术测定法、科学计算法、比较类推法、统计分析法、经验估计法和大数据测时法。

【综合训练】

习题与思考答案

【习题与思考】

一、单选题

1. 计时观察法最主要的3种方法是（　　）。

A. 测时法、写实记录法、混合法

B. 写实记录法、工作日写实法、混合法

C. 测时法、写实记录法、工作日写实法

D. 写实记录法、选择测时法、工作日写实法

2. 测时法主要适用于研究（　　）的作业。

A. 一次性作业形式　　B. 以循环形式不断重复进行

C. 重复 3 次以内作业形式　　D. 重复 10 次以内作业形式

3. 比例数示法通过技术测定或统计资料求得相邻项目或类似项目的（　　），运用正比例法计算出同一组定额中其余相邻的项目水平的方法。

A. 倒数关系　　B. 正比关系　　C. 比例关系　　D. 反比关系

4. 统计分析法一般使用二次平均值法计算（　　），作为确定定额水平的依据。

A. 社会平均值　　B. 平均先进值　　C. 生产平均值　　D. 超先进值

5. 写实记录法的数示法是用数字记录各类工时消耗的方法，是 3 种写实记录法中精确度较高的一种，记录时间的精确度达（　　）。

A. 小于 5 s　　B. 5 ~ 10 s　　C. 0.5 ~ 1 min　　D. 30 s

二、多选题

1. 工程定额测定的主要依据包括（　　）。

A. 国家有关经济政策、法律法规和劳动制度，主要包括《建筑安装工人技术等级标准》和工资标准、工资奖励制度、八小时工作制及劳动保护制度等

B. 国家现行的各类规范、规程和标准，如《施工及验收规范》《建筑安装工程安操作规程》、设计规范、质量评定标准系统性

C. 现行的标准通用图和国家建筑材料标准等

D. 典型工程施工图、定额统计资料等

E. 已经成熟使用并推广的新技术、新结构、新材料和先进经验等

2. 运用测试法制定定额，在整理测时数据时，应删掉以下哪几种数据？（　　）

A. 工作时间闲聊引起的人为因素影响的偏差

B. 材料供应不及时造成的等候

C. 测定人员记录时间的疏忽等造成的误测的数据

D. 由于施工因素影响而出现的偏差极大的数值

E. 挖土机挖土时碰到孤石等

3. 根据施工生产材料消耗工艺要求及材料对工程的用途等不同特点，可将其划分为（　　）三类。

A. 直接性材料　　B. 辅助性材料　　C. 生产性材料

D. 工程实体材料　　E. 周转性材料

4. 测时法的观察次数与要求的（　　）有关。

A. 算术平均值精确　　B. 最大观测值　　C. 最小观测值

D. 数列的稳定性　　E. 观察时间

5. 经验估计法从估算对象的消耗量数据中取出 3 个工时消耗数值，即（　　），然后用

经验公式计算其平均值的方法。

A. 先进的（乐观估计）数值 a　　　　B. 一般的（乐观估计）数值 a

C. 一般的（悲观估计）数值 b　　　　D. 一般的（最大可能）数值 m

E. 保守的（悲观估计）数值 b

三、填空题

1. 工程定额制定一般采用________、________、________、________和________等方法。

2. 技术测定通常采用的方法有________、________、________和________4 种。

3. 按记录时间的方法不同，测时法可分为________与________两种。

4. 按记录时间的方法不同，写实记录法可分为________、________和________3 种。

5. 工作日写实法主要用来研究工人全部工作时间中各类工时消耗，包括________写实、________写实和________写实 3 种。

四、思考题

1. 什么是技术测定法？它的特点是什么？

2. 什么是科学计算法？它的适用范围有哪些？

3. 什么是比例类推法？它的特点及适用范围是什么？

五、计算题

1. 已知生产某产品的工时消耗资料为 55、30、70、65、75、110、65、75、70、70、75、70（工时 / 台），试用统计分析法的二次平均法计算该产品的平均先进值。

2. 已知完成某施工过程的先进工时消耗为 10 h，保守工时消耗为 19.5 h，一般工时消耗 13.5 h。如果要求在 15 h 内完成该施工过程，完成任务的可能性有多少？若完成该施工过程的可能性 $P(\lambda)$=90% 时，则下达的工时定额应该是多少？

【拓展训练】

【任务目标】

1. 熟悉写实记录法的测定流程及注意事项。

2. 能运用写实记录法完成工时消耗的测定。

3. 掌握写实记录法并进行工时消耗测定数据的计算与分析整理。

4. 能运用写实记录法对写实结果进行综合分析，确定结果的可靠性及准确性。

【项目背景】

对楚雄职教办公楼项目浇捣混凝土梁（机拌人捣）的施工过程运用写实记录法（混合法）进行工时测定，整理相关数据并汇总，见表 2–22。

表 2–22　写实记录法测定数据汇总表

工地名称	楚雄职教办公楼项目施工现场
施工单位名称	×× 公司
施工过程	浇捣混凝土梁（机拌人捣）

续表

记录日期		××××年××月××日		
起止时间		9:00～17:00		
延续时间		8 h		
观察对象		三级工：3人；四级工：3人		
号次	各组成部分名称	时间 /min	产品数量	最终产品的完成数量
1	撒锹	624	15.84 m^3	15.84 m^3
2	捣固	1 184	15.84 m^3	
3	检查	38	32次	
4	转移	724	24次	
5	等混凝土	158		
6	准备与结束工作	47		
7	休息	80		
8	进行其他工作	25		
合计		2 880		

【任务要求】

1. 根据该施工过程的各组成部分，准确划分时间属性，按照属性分类在表2–23中填写“二”“三”“四”“五”及“七”各列内容。

2. 计算该施工过程的各组成部分的平均时间消耗，并填写表2–23的“九”列。

3. 计算撒锹、捣固、检查、转移的实际换算系数，并填写表2–23的“十”列。

4. 本次测试中，转移距离较远，调整换算系数为1.98，其余各组成部分的调整系数与实际换算系数相同，完成表2–23“十一”列的填写。

5. 根据测试资料，计算单位产品的平均时间消耗（实际、调整），并填写表2–23的“十二”“十三”列。

6. 根据测试资料，计算占单位产品时间消耗的百分比，并填写表2–23的“十四”列。

7. 根据时间消耗总计数，计算浇捣混凝土梁（机拌人捣）的实际量，并填写表2–23的“十七”列。

8. 根据调整后的时间消耗，计算浇捣混凝土梁（机拌人捣）的调整量，并填写表2–23的“十八”列。

9. 根据测试资料，计算单位产品平均时间消耗（实际、调整）以及每工产量（实际、调整），并填写表2–23的“十九”“二十”“二十一”“二十二”列。

10. 根据项目测定情况，尝试补充2～4条“汇总整理说明”。

表 2-23 写实记录汇总整理表

施工单位名称	工地名称	日期	开始时间	终止时间	延续时间	调查号次	页次
×× 公司	楚雄职教办公楼项目施工现场	×××× 年 ×× 月 ×× 日	9：00	17：00	8 h	1	2

施工过程名称：浇捣混凝土梁（机拌人捣）（6 人小组）

序号	各组成部分名称	时间消耗 /min	占全部时间的百分比 /%	计量单位名称		产品完成数量		组成部分的平均时间消耗 /min	换算系数		单位产品的平均时间消耗 /min		占单位产品时间消耗的百分比 /%	附注
				按组成部分	按最终产品	组成部分的	最终产品的		实际	调整	实际	调整		
一	二	三	四	五	六	七	八	九	十	十一	十二	十三	十四	
1														
2														
3														
4														
	基本工作时间和辅助工作时间合计				m^3		15.84							
5														
6														
	定额时间合计													

7													
8					m³		15.84						
	非定额时间合计												
	消耗时间总耗												

完成产品数量	计量单位	时间消耗 / 工日				每工产量		附注
		全部量		单位产品平均时间消耗				
		实际	调整	实际	调整	实际	调整	
十五	十六	十七	十八	十九	二十	二十一	二十二	
15.84	m^3							

汇总整理说明：1. 本资料每工日为 8 h。

2. ________________________________。

3. ________________________________。

4. ________________________________。

拓展训练答案

微课：唐山南湖跨线桥项目钢箱梁定额测定

【案例分析】唐山南湖跨线桥项目钢箱梁定额测定

唐山南湖跨线桥项目位于唐山市南湖公园南侧，是南湖景区跨越南湖大道主要路段的慢行景观桥。唐山南湖跨线桥项目设计为钢箱梁结构。目前，河北省关于钢箱梁现行定额中，仅可参考2018年公路工程预算定额中钢箱梁等钢结构安装子目定额，而唐山南湖跨线桥属于园林景观项目，市政、园林景观定额中并无相关子目。从所在施工环境、施工工艺、施工要求、定额取费、人工价格计取方式等方面，相对公路定额也区别甚远。我国颁布的其他预算定额中钢结构消耗定额子目多为厂房钢柱、钢梁或其他形式钢材制作成简单钢构件，运至现场采用螺栓连接的预算定额，不适合景观桥梁复杂钢结构的制作和安装。另外每个省市的定额都具有当地的地方性，河北省钢结构造价中钢结构制作价格需要遵循市场询价确认，安装及措施项按定额计价，所以现有的定额中都不能完全适用。综上背景原因，迫切需要编制出景观类工程钢箱梁定额，为实际项目提供工程造价依据。那么，应该如何测定唐山南湖跨线桥项目钢箱梁定额呢？

模块 3

人工、材料、机械台班的消耗量与单价

项目 3.1 人工、材料、机械台班消耗定额编制与应用

【学习目标】

（1）知识目标

① 熟悉建筑工程消耗量定额的含义、内容、编制原则和步骤；

② 熟悉材料消耗定额、机械台班消耗定额的组成；

③ 掌握人工、材料、机械台班消耗定额的编制原理与编制方法。

（2）能力目标

会编制人工、材料、机械台班消耗定额。

（3）素养目标

① 培养学生科学客观、实事求是的学习态度；

② 培养学生精益求精、客观、公正的职业责任心。

【思维导图】

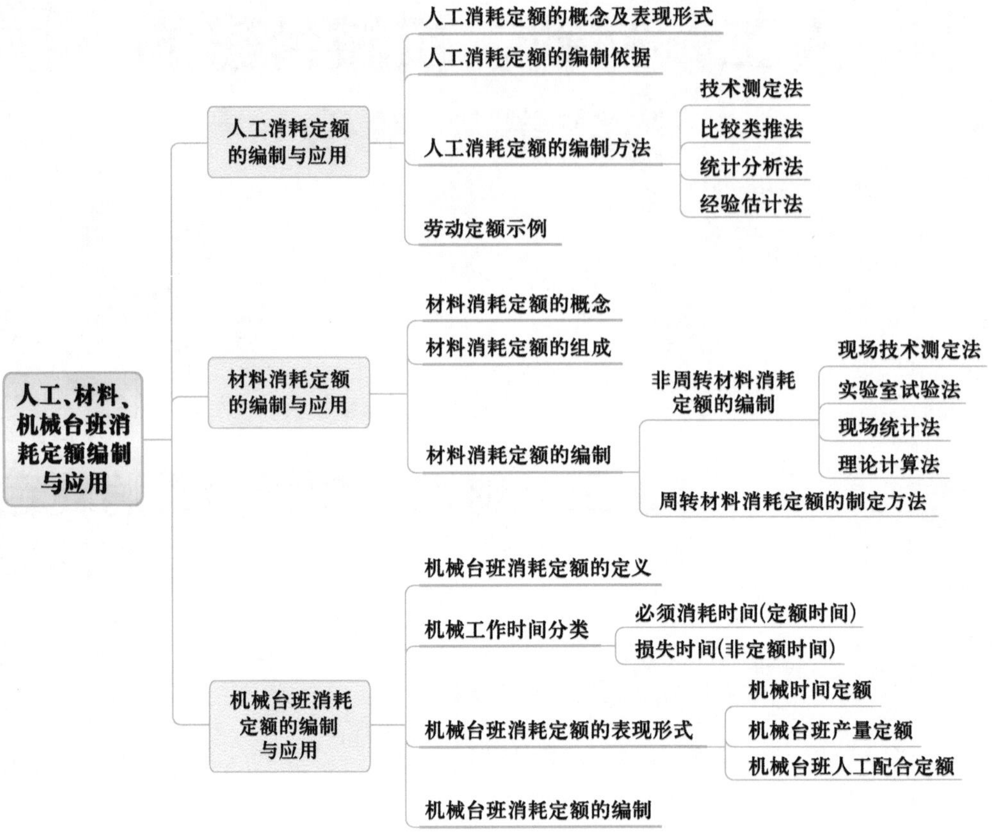

人工、材料、机械台班消耗定额编制与应用

- 人工消耗定额的编制与应用
  - 人工消耗定额的概念及表现形式
  - 人工消耗定额的编制依据
  - 人工消耗定额的编制方法
    - 技术测定法
    - 比较类推法
    - 统计分析法
    - 经验估计法
  - 劳动定额示例
- 材料消耗定额的编制与应用
  - 材料消耗定额的概念
  - 材料消耗定额的组成
  - 材料消耗定额的编制
    - 非周转材料消耗定额的编制
      - 现场技术测定法
      - 实验室试验法
      - 现场统计法
      - 理论计算法
    - 周转材料消耗定额的制定方法
- 机械台班消耗定额的编制与应用
  - 机械台班消耗定额的定义
  - 机械工作时间分类
    - 必须消耗时间(定额时间)
    - 损失时间(非定额时间)
  - 机械台班消耗定额的表现形式
    - 机械时间定额
    - 机械台班产量定额
    - 机械台班人工配合定额
  - 机械台班消耗定额的编制

案例引入

PCM 装配式建筑工程消耗量定额编制

PCM 装配式建筑

某 PCM 装配式建筑工程砌筑人工消耗定额测算表

住房和城乡建设部《“十四五”建筑业发展规划》(建市〔2022〕11 号)中明确指出，加快智能建造与新型建筑工业化协同发展，大力发展装配式建筑。在行业发展潮流中，PCM 装配式建筑顺势而生。作为装配式建筑的一类，PCM 装配式建筑基于装配式配筋砌块砌体剪力墙技术、局部叠合预应力连续空心板楼盖技术、竖向填充墙体系和呼吸式夹芯保温系统技术，具有区别于传统建造模式的独特优势。但建筑体系的发展需要相应规范标准的支撑，而现有定额体系缺少 PCM 装配式建筑工程消耗量定额板块，为进一步发展 PCM 装配式建筑体系，需要对其消耗量进行测定并编制消耗量定额，见图 3-1。

根据测算，某 PCM 装配式建筑工程砌筑 10 m^3 预制墙片消耗人工 5.054 综合工日，根据住房和城乡建设部发布的《房屋建筑与装饰工程消耗量定额》(TY01-31—2015)显示，选择同为 190 mm 厚轻集料混凝土小型空心砌块砌筑 10 m^3 该型墙片需要消耗 8.562 综合工日。PCM 装配式预制墙片与传统砌筑墙片相比，人工消耗量降低了 35.72%，充分体现了 PCM 装配式体系在墙片生产效率方面的巨大优势。

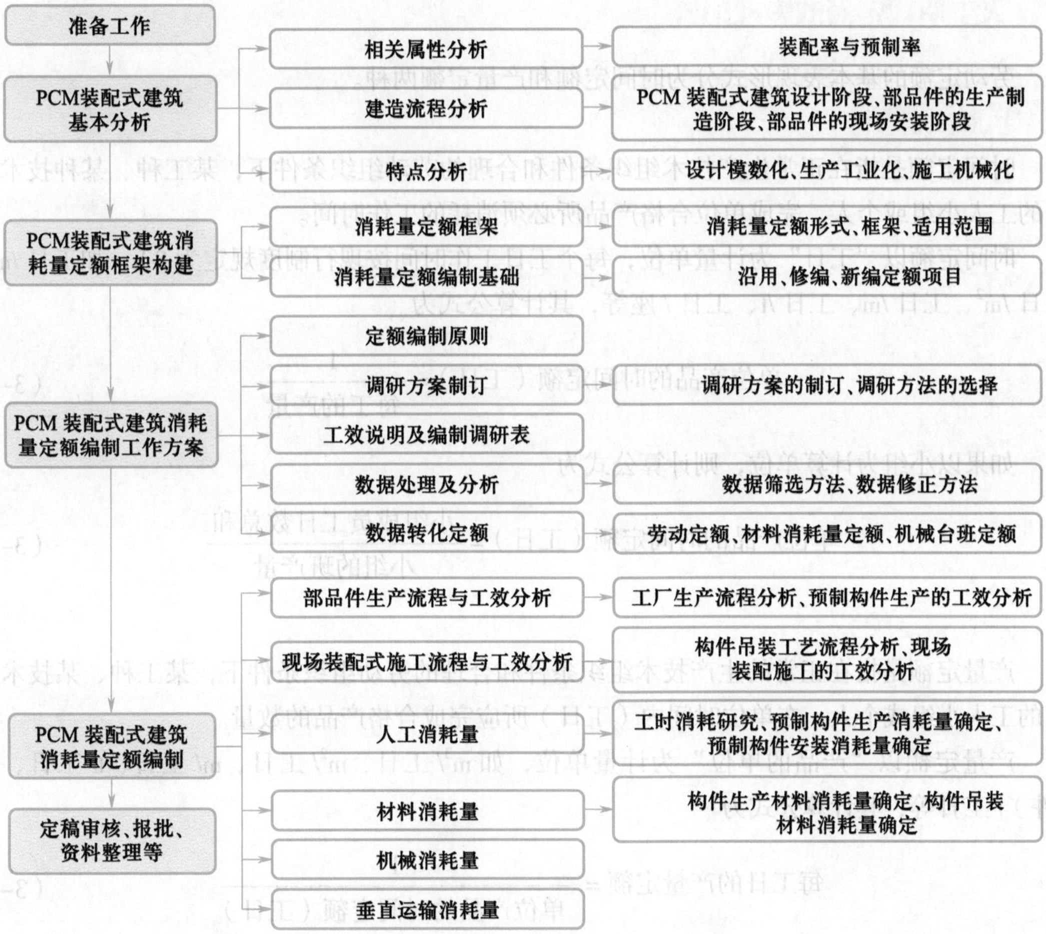

- 准备工作
- PCM装配式建筑基本分析
  - 相关属性分析 → 装配率与预制率
  - 建造流程分析 → PCM 装配式建筑设计阶段、部品件的生产制造阶段、部品件的现场安装阶段
  - 特点分析 → 设计模数化、生产工业化、施工机械化
- PCM装配式建筑消耗量定额框架构建
  - 消耗量定额框架 → 消耗量定额形式、框架、适用范围
  - 消耗量定额编制基础 → 沿用、修编、新编定额项目
- PCM 装配式建筑消耗量定额编制工作方案
  - 定额编制原则
  - 调研方案制订 → 调研方案的制订、调研方法的选择
  - 工效说明及编制调研表
  - 数据处理及分析 → 数据筛选方法、数据修正方法
  - 数据转化定额 → 劳动定额、材料消耗量定额、机械台班定额
- PCM 装配式建筑消耗量定额编制
  - 部品件生产流程与工效分析 → 工厂生产流程分析、预制构件生产的工效分析
  - 现场装配式施工流程与工效分析 → 构件吊装工艺流程分析、现场装配施工的工效分析
  - 人工消耗量 → 工时消耗研究、预制构件生产消耗量确定、预制构件安装消耗量确定
  - 材料消耗量 → 构件生产材料消耗量确定、构件吊装材料消耗量确定
  - 机械消耗量
  - 垂直运输消耗量
- 定稿审核、报批、资料整理等

图 3–1　PCM 装配式建筑工程消耗量定额编制步骤

装配式建筑优化了建筑行业的工作环境，科学合理的施工流程提高了材料和资源的利用率，减少了施工过程中的碳排放，与“双碳目标”相契合。未来我国建筑工业化的发展步伐将持续加快，建筑行业新技术、新材料、新工艺、新设备将不断更新迭代。掌握人工、材料、机械台班消耗定额的编制原理，方能以不变应万变，准确合理地编制出符合发展要求的定额。

消耗量定额

任务 3.1.1　人工消耗定额的编制与应用

【知识准备】

一、人工消耗定额的概念

微课
人工消耗定额的确定

人工消耗定额也称劳动定额，是指在正常技术组织条件和合理劳动组织条件下，生产单位合格产品所需消耗的工作时间，或在一定时间内生产的合格产品数量。在各种定额中，人工消耗定额都是很重要的组成部分。人工消耗是指活劳动的消耗，而不是指活化劳动和物化劳动的全部消耗。

二、人工消耗定额的表现形式

劳动定额的基本表现形式分为时间定额和产量定额两种。

1. 时间定额

时间定额是指在正常生产技术组织条件和合理的劳动组织条件下，某工种、某种技术等级的工人小组或个人，完成单位合格产品所必须消耗的工作时间。

时间定额以“工日”为计量单位，每个工日工作时间按现行制度规定为 8 h，如工日 /m^3、工日 /m^2、工日 /m、工日 /t、工日 / 座等，其计算公式为

$$单位产品的时间定额（工日）= \frac{1}{每工的产量} \quad （3-1）$$

如果以小组为计算单位，则计算公式为

$$单位产品的时间定额（工日）= \frac{小组成员工日数总和}{小组的班产量} \quad （3-2）$$

2. 产量定额

产量定额是指在正常的生产技术组织条件和合理的劳动组织条件下，某工种、某技术等级的工人小组或个人，在单位时间内（工日）所应完成合格产品的数量。

产量定额以“产品的单位”为计量单位，如 m^3/ 工日、m^2/ 工日、m/ 工日、t/ 工日、块（件）/ 工日等，其计算公式为

$$每工日的产量定额 = \frac{1}{单位产品的时间定额（工日）} \quad （3-3）$$

如果以小组为计算单位，则计算公式为

$$每工日的产量定额 = \frac{小组成员工日数总和}{单位产品的时间定额（工日）} \quad （3-4）$$

时间定额和产量定额，虽然以不同的形式表示同一劳动定额，但有不同的用途。时间定额是以“工日”为计量单位，便于计算某工序（或工种）所需总工日数，也易于核算工资和编制施工作业计划。产量定额是以“产品的单位”为计量单位，便于施工队向工人分配任务，考核工人的劳动生产率。

三、人工消耗定额的编制依据

劳动定额既是技术定额，又是重要的经济法规。因此，劳动定额的制定必须以国家的有关技术、经济政策和可靠的科学技术资料为依据。

国家的经济政策和劳动制度主要有《建筑安装工人技术等级标准》、工资标准、工资奖励制度、劳动保护制度、人工工作制度等。

技术资料可分为有关技术规范和统计资料两部分。技术规范主要包括《建筑安装工程施工验收规范》《建筑安装工程操作规范》《建筑工程质量检验评定标准》《建筑安装工人安全

技术操作规程》《国家建筑材料标准》等。统计资料主要包括现场技术测定数据和工时消耗的单项或综合统计资料。

四、人工消耗定额的编制方法

1. 技术测定法

技术测定法是指应用测时法、写实记录法、工作日写实法等计时观察法获得的工作时间的消耗数据，进而制定人工消耗定额。劳动定额的表现形式有时间定额和产量定额两种，它们之间互为倒数关系，拟定出时间定额，即可以计算出产量定额。

微课：技术测定法编制人工消耗定额

时间定额是在拟定基本工作时间、拟定辅助工作时间和准备与结束工作时间、拟定不可避免的中断时间及休息时间的基础上制定的。

（1）拟定基本工作时间

基本工作时间是必须消耗的工作时间，所占比例最大、最重要的时间。基本工作时间消耗根据计时观察法来确定。其做法为首先确定工作过程每一组成部分的工时消耗，然后综合出工作过程的工时消耗。

（2）拟定辅助工作时间和准备与结束工作时间

辅助工作时间和准备与结束工作时间的确定方法与基本工作时间相同，如果这两项工作时间在整个工作班工作时间消耗中所占比例不超过 5% ~ 6%，则可归纳为一项来确定。如果在计时观察时不能取得足够的资料来确定辅助工作和准备与结束工作的时间，也可采用经验数据来确定。

（3）拟定不可避免的中断时间

不可避免的中断时间一般根据测时资料，通过整理分析获得。在实际测定时由于不容易获得足够的相关资料，一般可根据经验数据，以占基本工作时间或工作延续时间的一定百分比确定此项工作时间。

在确定这项时间时，必须分析不同工作中断情况，分别加以对待。一种情况是由于工艺特点所引起的不可避免中断，此项工作时间消耗可以列入工作过程的时间定额。另一种是由于工人任务不均、组织不善而引起的中断，这种工作中断就不应列入工作过程的时间定额，而要通过改善劳动组织、合理安排劳力分配来克服。

（4）拟定休息时间

休息时间是工人生理需要和恢复体力所必需的时间，应列入工作过程的时间定额。休息时间应根据工作作息制度、经验资料、计时观察资料以及对工作的疲劳程度作全面分析来确定，同时应考虑尽可能利用不可避免的中断时间作为休息时间。

从事不同工程、不同工作的工人，疲劳程度有很大差别。在实际应用中往往根据工作轻重和工作条件的好坏，将各种工作划分为不同的等级。例如，按工作疲劳程度分为轻度、较轻、中等、较重、沉重、最沉重 6 个等级，它们的休息时间占工作的比例分别为 4.16%、6.25%、8.37%、11.45%、16.7%、22.9%。

（5）拟定时间定额

确定了基本工作时间、辅助工作时间、准备与结束工作时间、不可避免的中断时间和休

息时间后，即可计算劳动定额的时间定额，计算公式如下

$$定额工作延续时间 = 基本工作时间 + 其他工作时间 \tag{3-5}$$

$$其他工作时间 = 辅助工作时间 + 准备与结束工作时间 + 不可避免的中断时间 + 休息时间 \tag{3-6}$$

在实际应用中，其中的工作时间一般有以下两种表达方式。

第一种方法：其他工作时间以占工作延续时间的比例表达，计算公式为

$$定额工作延续时间 = \frac{基本工作时间}{1-其他各项时间所占百分比} \tag{3-7}$$

第二种方法：其他工作时间以占基本工作时间的比例表达，则计算公式为

$$定额工作延续时间 = 基本工作时间 \times (1+其他各项时间所占百分比) \tag{3-8}$$

【例 3–1】某型钢支架工作，测时资料表明，焊接每吨（t）型钢支架需基本工作时间为 50h，辅助工作时间、准备与结束工作时间、不可避免的中断时间、休息时间分别占工作延续时间的 3%、2%、2%、16%。试确定该支架的人工时间定额和产量定额。

解：（1）

$$工作延续时间 = \frac{50}{1-(3\%+2\%+2\%+16\%)} =64.94(h)$$

（2）

$$时间定额 = \frac{64.94}{8} =8.12(工日/t)$$

（3）

$$产量定额 = \frac{1}{时间定额} = \frac{1}{8.12} =0.12(t/工日)$$

【例 3–2】人工挖土方，按土壤分类属于二类土（普通土），测时资料表明，挖 1 m^3 土需消耗基本工作时间 55 min，辅助工作时间占基本工作时间的 2.5%，准备与结束时间占基本工作时间的 3%，不可避免的中断时间占基本工作时间的 1.5%，休息时间占工作延续时间的 15%，试确定人工挖土方的时间定额和产量定额。

解：（1）计算工作延续时间

由式（3–5）~ 式（3–8）工作延续时间 t= 基本工作时间 + 辅助工作时间 + 准备与结束工作时间 + 不可避免的中断时间 + 休息时间

$$t=55\times(1+2.5\%+3\%+1.5\%)+t\times 15\%$$

$$t= \frac{55\times(1+7\%)}{1-15\%} =69.24(min)$$

（2）计算时间定额

$$时间定额 =69.24\div 60\div 8=0.144(工日/m^3)$$

（3）计算产量定额

$$产量定额=\frac{1}{时间定额}=\frac{1}{0.144}=6.94（m^3/工日）$$

2. 其他测定方法

常用的测定人工消耗定额的方法除了技术测定法外，还有比较类推法、统计分析法及经验估计法等。

比较类推法简便、工作量小，只要典型定额选择恰当、切合实际、具有代表性，类推出的定额水平一般比较合理。这种方法适用于同类型产品规格多、批量小的施工（生产）过程。采用这种方法，要特别注意掌握工序、产品的施工（生产）工艺和劳动组织"类似"或"近似"的特征，细致地分析施工（生产）过程的各种影响因素，防止将因素变化很大的项目作为同类型产品项目比较类推。对典型定额的选择必须恰当，通常采用主要项目的常用项目作为典型定额比较类推，这样，就能够提高定额水平的精确度，否则，就会降低定额水平的精确度。

统计分析法的统计分析资料反映的是工人已完成工作时达到的相应水平。在实际统计时没有剔除施工中不利的因素，因而这个水平偏于保守，需要结合当前生产技术组织条件的变化因素，进行分析研究、整理和修正。

经验估计法简单、速度快、工作量小，但是精确度差，易受制定人员的主观因素和个人水平的影响，使定额出现偏高或偏低的现象，定额水平不易掌握。因此，适用于企业内部制定某些项目的补充定额。

比较类推法、统计分析法及经验估计法的测定方法及步骤详见模块 2 项目 2。

【项目实训】

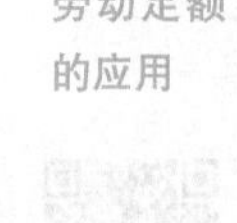

劳动定额的应用

【任务目标】

1. 掌握人工消耗定额的编制方法。
2. 熟悉定额原理与市场化计价虚拟仿真系统的交互训练流程。
3. 能根据给定情境完成多孔砖人工消耗量的测定。
4. 能对测定数据进行分析计算与整理。

【项目背景】

楚雄职教办公楼项目的主体结构已完成，正在进行二次结构砌筑，所用材料为多孔砖和砂浆。某施工企业进行消耗量的测定，现拟派 3 个小组针对多孔砖砌筑的人材机消耗量进行测定，第 1 组、第 2 组在一楼测定，第 3 组在二楼测定。你作为第 3 小组的测定人员，将通过第一关卡进行人工消耗量测定。

【任务要求】

任务指引

1. 登录定额原理与市场化计价虚拟仿真系统，运用技术测定方法获得工作时间消耗数据，完成人工消耗定额的编制。

2. 总结人工消耗定额的编制方法及注意事项。

任务 3.1.2　材料消耗定额的编制与应用

微课：材料消耗定额的确定

【知识准备】

一、材料消耗定额的概念

材料消耗定额是指在合理和节约使用材料的前提下，生产单位合格产品所必须消耗的建筑材料（半成品、配件、燃料、水、电）的数量标准。

建筑材料是消耗于建筑产品中的物化劳动，建筑材料的品种繁多，耗用量大，在一般的工业和民用建筑中，材料消耗占工程成本的60%～70%。材料消耗量多少，消耗是否合理，直接关系到资源的有效利用，对建筑工程的造价确定和成本控制有决定性影响。

材料消耗定额的任务，在于利用定额这一杠杆，对材料消耗进行有效调控。材料消耗定额是控制材料需用量计划、运输计划、供应计划、计算材料仓库面积大小的依据，也是企业对工人签发限额材料单和材料核算的依据。制定合理的材料消耗定额，是组织材料的正常供应、保证生产顺利进行、资源合理利用的必要前提，也是反映建筑安装生产技术管理水平的重要依据。

二、材料消耗定额的组成

施工中材料的消耗可分为必须消耗的材料和损失的材料消耗两类。

必须消耗的材料是指在合理使用材料的条件下，生产单位合格产品所需消耗的材料数量。它包括直接用于建筑和工程的材料、不可避免的施工废料和不可避免的材料损耗。其中，直接构成建筑安装工程实体的材料用量称为材料净用量；不可避免的施工废料和材料损耗数量称为材料损耗量。

材料的消耗量由材料净用量和材料损耗量组成，其公式为

$$材料消耗量 = 材料净用量 + 材料损耗量 \qquad (3\text{–}9)$$

部分原材料、半成品、成品损耗率

材料损耗量用材料损耗率（%）来表示，即材料的损耗量与材料净用量的比值，可用下式表示为

$$材料损耗率 = \frac{材料损耗量}{材料净用量} \times 100\% \qquad (3\text{–}10)$$

材料损耗率确定后，材料消耗定额亦可用下式表示为

$$材料消耗量 = 材料净用量 \times（1+ 材料损耗率） \qquad (3\text{–}11)$$

三、材料消耗定额的编制

根据施工生产材料消耗工艺要求，建筑安装材料分为非周转材料和周转材料两大类。

1. 非周转材料消耗定额的编制

非周转材料也称为直接性消耗材料，它是指在建筑工程施工中，一次性消耗并直接用于工程实体的材料，如砖、砂、石、钢筋、水泥、砂浆等。

非周转材料通常用现场技术测定法、试验室试验法、统计分析法和理论计算法等方法来确定建筑材料的净用量、损耗量。

（1）现场技术测定法

现场技术测定法主要是为了确定材料的损耗量。材料消耗中净用量比较容易确定，但材料消耗中的损耗量不能随意确定，需通过现场技术测定，获得必要的现场资料，来区分哪些属于不可避免的损耗，可以计入定额内，哪些属于可以避免的损耗，不可计入定额内，从而确定比较准确的材料损耗量标准。

利用现场技术测定法的首要任务是选择典型的工程项目，其施工技术、组织及产品质量均要符合技术规范的要求；材料的品种、型号、质量也应符合设计要求。同时，在测定前要充分做好准备工作，如选用标准的运输工具和计量工具、减少材料的损耗、挑选合格的生产工人等。

这种方法的优点是能通过现场观察、测定，得到产品产量和材料消耗情况，直观、操作简单，能为编制材料定额提供技术依据。

（2）实验室试验法

实验室试验法是在实验室内，通过试验仪器设备进行试验和测定数据，对材料强度与各种材料的消耗数量进行观察、测定和计算，确定生产单位合格产品材料消耗量的方法。

实验室试验法主要适用于在实验室条件下测定混凝土、沥青、砂浆、油漆涂料等的消耗定额，用于编制材料净用量定额。该方法能够更深入、更详细地研究各种因素对材料消耗的影响，精确度较高，但无法估计施工现场某些因素对材料消耗量的影响，容易脱离现场实际情况。因此，使用该方法制定材料消耗定额时，应考虑施工现场条件和各种附加的损耗数量。

（3）现场统计法

现场统计法是以施工现场积累的分部分项工程使用材料数量、完成产品数量、完成工作原材料的剩余数量等统计资料为基础，通过对现场进料、用料的大量统计数据及资料进行分析计算的一种方法。该方法可获得材料消耗的各项数据，用以编制材料消耗定额。这种方法比较简便，但不能准确分清材料消耗的性质，因而不能分别确定材料净用量定额和损耗定额，只能笼统地确定材料总消耗，可作为编制定额的辅助手段。

（4）理论计算法

理论计算法是指根据设计图纸、施工规范及材料规格，运用一定的理论计算式，制定材料消耗定额的方法。

这种方法主要适用于计算按件论块的现成制品材料和砂浆、混凝土等半成品。例如，砌砖工程中的砖、块料镶贴中的块料，如瓷砖、面砖、大理石、花岗石等。这种方法比较简单，先按一定公式计算出材料净用量，再根据损耗率计算出损耗量，然后将两者相加即为材料消耗定额。

1）砖石工程中砖和砂浆净用量的计算：

计算每 1 m^3 一砖墙砖的净用量：

$$砖数=\frac{1}{（砖宽+灰缝）\times（砖厚+灰缝）}\times\frac{1}{砖长} \tag{3–12}$$

计算每 1 m^3 一砖半墙砖的净用量：

$$砖数=\left[\frac{1}{(砖宽+灰缝)\times(砖厚+灰缝)}\times\frac{1}{(砖长+灰缝)\times(砖厚+灰缝)}\right]\times\frac{1}{(砖长+砖宽+灰缝)} \quad (3\text{–}13)$$

计算砂浆用量：

$$砂浆(m^3)=(1-砖数\times每块砖体积)\times 1.07 \quad (3\text{–}14)$$

式中：1.07——砂浆体积折合为虚体积的系数。

【例 3–3】计算一砖半标准砖（240 mm × 115 mm × 53 mm）外墙，每 1 m^3 砌体砖和砂浆消耗量。已知砖损耗率为 1%，砂浆损耗率为 1%。

解：

$$砖净用量=\left[\frac{1}{(0.24+0.01)\times(0.053+0.01)}\times\frac{1}{(0.115+0.01)\times(0.053+0.01)}\right]\times\frac{1}{(0.24+0.115+0.01)}=522\text{（块）}$$

$$砖消耗量=522\times(1+1\%)=527\text{（块）}$$

$$砂浆净用量=(1-0.24\times0.115\times0.053\times522)\times1.07=0.253\ (m^3)$$

$$砂浆消耗量=0.253\times(1+1\%)=0.256\ (m^3)$$

2）块状镶贴中材料面层材料消耗量的计算一般以 100 m^2 为标准，采用以下公式计算：

$$块料消耗量=\frac{100}{(块料长+灰缝)\times(块料宽+灰缝)}\times(1+损耗率) \quad (3\text{–}15)$$

【例 3–4】墙面砖规格为 240 mm × 60 mm，灰缝为 10 mm，其损耗率为 1.5%。试计算 100 m^2 墙面砖消耗量。

解：$$墙面砖消耗量=\frac{100}{(0.24+0.01)\times(0.06+0.01)}\times(1+1.5\%)=5\,800\text{（块）}$$

3）普通抹灰砂浆配合比用料量的计算。

抹灰砂浆的配合比通常是按砂浆的体积比计算的，每 1 m^3 砂浆的各种材料消耗如下：

$$砂消耗量(m^3)=\frac{砂比例数}{配合比总比例数-砂比例数\times砂空隙率}\times(1+损耗率) \quad (3\text{–}16)$$

$$水泥消耗量(kg)=\frac{水泥比例数\times水泥密度}{砂比例数}\times砂用量\times(1+损耗率) \quad (3\text{–}17)$$

$$石灰膏消耗量(kg)=\frac{石灰膏比例数}{砂比例数}\times砂用量\times(1+损耗率) \quad (3\text{–}18)$$

【例 3–5】试计算 1 : 1 : 6 水泥石灰混合砂浆每 1 m³ 材料消耗。已知砂空隙率为 40%，水泥密度为 1 200 kg/m³，砂损耗率为 2%，水泥、石灰膏损耗率各为 1%。

解：

$$\text{砂消耗量} = \frac{6}{1 + 1 + 6 - 6 \times 40\%} \times (1 + 2\%) = 1.09\ (\text{m}^3)$$

$$\text{水泥消耗量} = \frac{1 \times 1\ 200}{6} \times 1.09 \times (1 + 1\%) = 220\ (\text{kg})$$

$$\text{石灰膏消耗量} = \frac{1}{6} \times 1.09 \times (1 + 1\%) = 0.18\ (\text{m}^3)$$

2. 周转材料消耗定额的编制

周转材料是指在施工中不是一次性消耗的材料，它是随着多次使用而逐渐消耗的材料，并在使用过程中不断补充，可多次重复使用。例如，各种模板、脚手架、支撑、活动支架、跳板等。

周转材料的消耗定额应当按照多次使用、分期摊销的方式进行计算。现以钢筋混凝土模板为例，介绍周转材料摊销量计算。

（1）现浇钢筋混凝土构件周转材料（木模板）摊销量计算

1）材料一次使用量。是指周转材料在不重复使用条件下的一次性用量，通常根据选定的结构设计图纸进行计算。

$$\text{一次使用量} = \text{混凝土构件模板接触面积} \times \text{每 1 m}^2\text{ 接触面积模板用量} \times (1+\text{损耗率}) \quad (3\text{–}19)$$

2）材料周转次数。是指周转材料从第一次开始使用起到报废为止，可以重复使用的次数。其数值一般采用现场观察法或统计分析法来测定。

3）材料补损量。是指周转材料每周转使用一次的材料损耗，也就是在第二次和以后各次周转中为了修补难于避免的损耗所需要的材料消耗，通常用补损 率（%）来表示。

补损率的大小主要取决于材料的拆除、运输和堆放的方法，以及施工现场的条件。在一般情况下，补损率要随着周转次数增多而增大，所以一般采取平均补损率来计算，计算公式为

$$\text{补损率}(\%) = \frac{\text{平均每次损耗量} \times 100\%}{\text{一次使用量}} \times 100\% \quad (3\text{–}20)$$

现行《全国统一建筑工程基础定额》中有关木模板周转次数、补损率及施工损耗见表 3–1。

表 3–1 木模板周转次数、补损率及施工损耗表

序号	名称	周转次数 / 次	补损率 /%	施工损耗 /%
1	圆柱	3	15	5
2	异形梁	5	15	5
3	整体楼梯、阳台、栏杆	4	15	5
4	小型构件	3	15	5
5	支撑、垫板、拉板	15	10	5
6	木楔	2	—	5

4）材料周转使用量。是指周转材料周转使用和补损条件下，每周转使用一次平均需要的材料数量。

$$周转使用量=\frac{一次使用量+[一次使用量\times(周转次数-1)\times补损率]}{周转次数}$$
$$=\frac{1+(周转次数-1)\times补损率}{周转次数}\times一次使用量 \quad (3\text{–}21)$$

5）材料回收量。是指周转材料每周转使用一次平均可以回收材料的数量。这部分材料回收量应从摊销量中扣除，通常可规定一个合理的报价率进行折算，计算公式为

$$材料回收量=\frac{一次使用量-一次使用量\times补损率}{周转次数}=一次使用量\times\frac{1-补损率}{周转次数} \quad (3\text{–}22)$$

6）材料摊销量。是指周转材料在重复使用的条件下，分摊到每一计量单位结构构件的材料消耗量。这是应纳入定额的实际周转材料消耗的数量，计算公式为

$$材料摊销量=周转使用量-周转回收量 \quad (3\text{–}23)$$

【**例 3–6**】根据选定的现浇钢筋混凝土设计图纸计算，每 100 m^2 混凝土异型梁木模板接触面积需要模板木材 3.689 m^3，木支撑系统 7.603 m^3。试计算模板摊销量。

解：（1）每 100 m^2 模板一次使用量计算

一次使用量 =1 m^2 模板接触面积木板净用量 ×（1+ 损耗率）

从表 3–1 知，施工损耗率为 5%。

木模一次使用量 =3.689×（1+5%）=3.873（m^3）

支撑一次使用量 =7.603×（1+5%）=7.983（m^3）

（2）每 100 m^2 构件模板周转使用量

$$周转使用量=一次使用量\times\frac{1+(周转次数-1)\times补损率}{周转次数}$$

从表 3–1 知，木模板周转次数为 5 次，补损率为 15%，木支撑周转次数为 15 次，补损率为 10%。

$$模板周转使用量=3.873\times\frac{1+(5-1)\times15\%}{5}=1.239\ (m^3)$$

$$木支撑周转使用量=7.983\times\frac{1+(15-1)\times10\%}{15}=1.277\ (m^3)$$

（3）每 100 m^2 周转回收量计算

$$周转回收量=一次使用量\times\frac{1-补损率}{周转次数}$$

$$模板回收量=3.873\times\frac{1-15\%}{5}=0.658\ (m^3)$$

$$木支撑回收量 = 7.983 \times \frac{1 - 10\%}{15} = 0.479\ (m^3)$$

（4）每 10 m^2 构件模板摊销量

$$摊销量 = 周转使用量 - 周转回收量$$

$$模板摊销量 = 1.239-0.658=0.581\ (m^3)$$

$$木支撑摊销量 = 1.277-0.479=0.798\ (m^3)$$

$$合计摊销量 = 0.581+0.798=1.379\ (m^3)$$

（2）现浇构件周转性材料（组合钢模板、复合木模板）摊销量计算

组合钢模板、复合木模板属周转使用材料，但其摊销量与现浇构件木模板计算方法不同，它不需计算每次周转的损耗，只需根据一次使用量及周转次数，即可计算出其摊销量，计算公式为

$$周转材料摊销量 = \frac{100\ m^2\ 一次使用量 \times (1 + 施工损耗率)}{周转次数} \tag{3-24}$$

现行 1995 年《全国统一建筑工程基础定额》中有关组合钢模板、复合木模板周转次数及施工损耗详见表 3-2。

表 3-2　组合模板、复合模板材料周转次数及施工损耗率

序号	名称	周转次数 / 次	施工损耗率 /%	备注
1	模板板材	50	1	包括梁卡具。柱箍损耗率为 2%
2	零星卡具	20	2	包括 V 形卡具、L 形插销、梁形扣件、螺栓
3	钢支撑系统	120	1	包括连杆、钢筋支撑、管扣件
4	木模	5	5	
5	木支撑	10	5	包括琵琶撑、支撑、垫板、拉杆
6	圆钉、钢丝	1	2	
7	木楔	2	5	
8	尼龙帽	1	5	

【例 3-7】根据选定的现浇钢筋混凝土设计图纸计算，每 100 m^2 矩形（钢模、钢支撑）模板接触面积需组合式钢模板 3 866 kg、模板木材 0.305 m^3、钢支撑系统 5 458.80 kg、零星卡具 1 308.6 kg、木支撑系统 1.73 m^3。试计算周转材料摊销量。

解：因为组合模板、复合模板材料不考虑补损率，所以其摊销量计算公式为

$$周转材料摊销量 = \frac{100\ m^2\ 一次使用量 \times (1 + 施工损耗率)}{周转次数}$$

（1）钢模板摊销量

从表 3-2 可知，钢模板周转次数为 50 次，施工损耗率为 1%。

$$钢模板摊销量 = \frac{3\,866 \times (1 + 1\%)}{50} = 78.09\ (\mathrm{kg/100\ m^2})$$

（2）模板木材摊销量

从表 3–2 可知，模板木材周转次数为 5 次，施工损耗率为 5%。

$$模板木材摊销量 = \frac{0.305 \times (1 + 5\%)}{5} = 0.064\ (\mathrm{m^3/100\ m^2})$$

（3）钢支撑系统摊销量

从表 3–2 可知，钢支撑系统周转次数为 120 次，施工损耗率为 1%。

$$钢支撑系统摊销量 = \frac{5\,458.80 \times (1 + 1\%)}{120} = 45.94\ (\mathrm{kg/100\ m^2})$$

（4）零星卡具摊销量

从表 3–2 可知，零星卡具周转次数为 20 次，施工损耗率为 2%。

$$零星卡具摊销量 = \frac{1\,308.60 \times (1 + 2\%)}{20} = 66.74\ (\mathrm{kg/100\ m^2})$$

（5）木支撑系统摊销量

从表 3–2 可知，木支撑系统周转次数为 10 次，施工损耗率为 5%。

$$木支撑摊销量 = \frac{1.73 \times (1 + 5\%)}{10} = 0.182\ (\mathrm{m^3/100\ m^2})$$

（3）预制构件模板计算公式

预制构件模板由于损耗很少，可以不考虑每次的补损率，按多次使用平均分摊的办法进行计算，其计算公式为

$$模板摊销量 = \frac{一次使用量}{周转次数} \tag{3–25}$$

【项目实训】

【任务目标】

1. 掌握材料消耗定额的编制方法。
2. 熟悉定额原理与市场化计价虚拟仿真系统的交互训练流程。
3. 能根据给定情境完成多孔砖材料消耗量的测定。
4. 能对测定数据进行分析计算与整理。

【项目背景】

楚雄职教办公楼项目的主体结构已完成，正在进行二次结构砌筑，所用材料为多孔砖和砂浆。某施工企业进行消耗量的测定，现拟派 3 个小组针对多孔砖砌筑的人工、材料、机械消耗量进行测定，第 1 组、第 2 组在一楼测定，第 3 组在二楼测定。作为第 3 小组的测定人

员，你将通过第二关卡进行材料消耗量测定。

【任务要求】

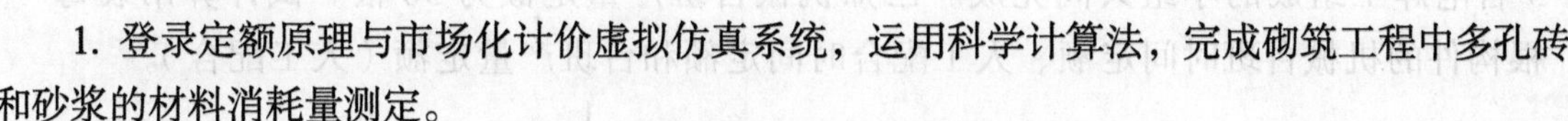

1. 登录定额原理与市场化计价虚拟仿真系统，运用科学计算法，完成砌筑工程中多孔砖和砂浆的材料消耗量测定。

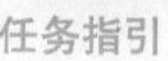

任务指引

2. 总结科学计算法测定材料消耗量的流程及注意事项。

任务 3.1.3　机械台班消耗定额的编制与应用

微课：施工机械消耗定额的确定

【知识准备】

一、机械台班消耗定额的定义

机械台班消耗定额是指在合理的劳动组织和合理使用施工机械的条件下，生产单位合格产品所必需的一定品种、规格施工机械作业时间的消耗标准。

所谓“台班”，就是一台机械工作一个工作班（即 8 h）。

二、机械台班消耗定额的表现形式

机械台班消耗定额的表现形式分为时间定额，产量定额和机械台班人工配合定额三种。

1. 机械台班的时间定额

在正常的施工条件和合理的劳动组织下，完成单位合格产品所必须消耗的机械台班量用公式表示为

$$\text{机械台班时间定额}=\frac{1}{\text{机械台班产量定额}} \tag{3-26}$$

2. 机械台班的产量定额

在正常的施工条件和合理的劳动组织下，在一个台班时间内必须完成的单位合格产品的数量用公式表示为

$$\text{机械台班产量定额}=\frac{1}{\text{机械台班时间定额}} \tag{3-27}$$

所以，机械台班时间定额和机械台班产量定额之间互为倒数，即机械时间定额 × 机械台班产量定额 =1。

3. 机械台班人工配合定额

机械必须由工人配合，机械台班人工配合定额是指机械台班配合用工部分，即机械和人工共同工作时的人工定额，用公式表示为

$$\text{机械台班人工配合时间定额}=\frac{\text{机械台班内工人的总工日数}}{\text{机械的台班产量}} \tag{3-28}$$

$$\text{机械台班产量定额}=\frac{\text{机械台班内工人的总工日数}}{\text{机械台班人工配合时间定额}} \tag{3-29}$$

【例 3-8】用塔式起重机安装某混凝土构件，由 1 名吊车司机、6 名安装起重工、3 名电焊工组成的小组共同完成。已知机械台班产量定额为 50 根。试计算吊装每一根构件的机械台班时间定额、人工配合时间定额和台班产量定额（人工配合）。

解： $$\text{吊装每一根构件的机械台班时间定额} = \frac{1}{\text{机械台班产量定额}} = \frac{1}{50} = 0.02\text{（台班）}$$

$$\text{吊装每一根构件的人工配合时间定额} = \frac{1+6+3}{50} = 0.2\text{（工日 / 根）}$$

$$\text{机械台班产量定额(人工配合)} = \frac{1}{0.2} = 5\text{（根 / 工日）}$$

三、机械台班定额的编制

微课：机械台班定额的编制实例

1. 拟定机械工作的正常施工条件

机械工作与人工操作相比，其劳动生产率与其施工条件密切相关，拟定机械施工条件，主要是拟定工作地点的合理组织和合理的工人编制。

（1）工作地点的合理组织

工作地点的合理组织就是对施工地点机械和材料的放置位置、工作操作场所做出科学合理的布置和空间安排，尽可能做到最大限度地发挥机械的效能，减少工人的劳动强度与时间。

（2）拟定合理的工人编制

拟定合理的工人编制就是根据施工机械的性能和设计能力、工人的专业分工和劳动工效，合理确定能保持机械正常生产率和工人正常的劳动工效的工人的编制人数。

2. 确定机械纯工作 1 h 正常生产率

机械纯工作时间是指机械必须消耗的时间。机械纯工作 1 h 正常生产率，就是正常施工组织条件下，具有必需的知识和技能的技术工人操纵机械工作 1 h 的生产率。

根据机械工作特点的不同，机械纯工作 1 h 正常生产率的确定方法也有所不同，经常把建筑机械分为循环动作机械和连续动作机械两种类型。

（1）循环动作机械

循环动作机械是指重复、有规律地在每一周期内进行同样次序动作的机械，如塔式起重机、混凝土搅拌机、挖掘机等。这类机械纯工作时间正常生产率的计算公式为

$$\text{机械一次循环的正常延续时间（s）} = \sum \text{循环各组成部分正常延续时间} - \text{重叠时间} \tag{3-30}$$

$$\text{机械纯工作 1 h 循环次数} = \frac{60 \times 60}{\text{一次循环的正常延续时间}} \tag{3-31}$$

$$\text{机械纯工作 1 h 正常生产率} = \text{机械纯工作 1 h 正常循环次数} \times \text{一次循环生产的产品数量} \tag{3-32}$$

（2）连续动作机械

连续动作机械是指工作时无规律性的周期界线，不停地做某一种动作的机械，如皮带运输机等。其纯工作 1 h 的正常生产率计算公式为

$$\text{连续动作机械纯工作 1 h 正常生产率} = \frac{\text{工作时间内生产的产品数量}}{\text{工作时间}} \tag{3-33}$$

其中，工作时间内的产品数量和工作时间的消耗，要通过多次现场观察和机械说明书来获得数据。

3. 确定机械的正常利用系数

机械的正常利用系数是指机械在工作班内对工作时间的利用率。机械的利用系数和机械在工作班内的工作状况有着密切的关系，其计算公式为

$$\text{机械正常利用系数} = \frac{\text{机械在一个工作班内纯工作时间}}{\text{一个工作班延续时间}} \tag{3-34}$$

4. 计算机械台班消耗定额

机械台班消耗定额采用下列公式来计算：

$$\begin{aligned}\text{施工机械台班产量定额} &= \text{机械纯工作 1 h 正常生产率} \times \text{工作班纯工作时间}\\ &= \text{机械纯工作 1h 正常生产率} \times \text{工作延续时间} \times \text{机械正常利用系数}\end{aligned} \tag{3-35}$$

$$\text{施工机械时间定额} = \frac{1}{\text{机械台班产量定额}} \tag{3-36}$$

【例 3-9】某沟槽采用挖斗容量为 0.5 m^3 的反铲挖掘机挖土，已知该挖掘机铲斗充盈系数为 1.0，每循环 1 次时间为 2 min，机械利用系数为 0.85。试计算该挖掘机台班产量定额。

解：机械一次循环时间为 2 min。

机械纯工作 1 h 循环次数 =60 ÷ 2=30（次）。

机械纯工作 1 h 正常生产率 =30 × 0.5 × 1=15（m^3/h）

机械正常利用系数 =0.85。

挖掘机台班产量 =15 × 8 × 0.85=102（m^3/ 台班）。

【例 3-10】某工程基础土方地槽长为 255 m，槽底宽为 2.8 m，设计室外地坪标高为 –0.300 m，槽底标高为 –2.200 m，无地下水，放坡系数为 0.33，地槽两端不放坡，采用挖斗容量为 0.5 m^3 的反铲挖掘机挖土，载质量为 5 t 的自卸汽车将开挖土方量的 55% 运走，运距为 4 km，其余土方量就地堆放。经测试的有关技术数据如下。

（1）土的松散系数为 1.2，松散状态密度为 1.60 t/m^3。

（2）挖掘机的铲斗充盈系数为 1.0，每循环 1 次的时间为 3 min，机械时间利用系数为 0.90。

（3）自卸汽车每一次装卸往返时间为 30 min，时间利用系数为 0.85。

（注：时间利用系数仅限于计算台班产量时使用。）

试求：（1）该工程地槽土方工程开挖量为多少（不考虑工作面宽度）？

（2）所选挖掘机、自卸汽车的台班产量是多少？

（3）所需挖掘机、自卸汽车各多少台班？

（4）如果要求在 8 d 内完成挖土工作，至少需要多少台挖掘机和自卸汽车？

解：（1）该工程地槽土方工程量

$$V=(B+KH)HL$$

$$H=2.2-0.3=1.9\text{（m）}$$

$$V=(2.8+0.33\times1.9)\times1.9\times255=1\,660.38\text{（m}^3\text{）}$$

（2）挖掘机、自卸汽车台班产量定额

1）0.5 m 反铲挖掘机

每小时循环次数：60 ÷ 3=20（次）

每小时劳动生产率：20 × 0.5 × 1=10（m^3/h）

每台班产量定额：10 × 8 × 0.9=72（m^3/ 台班）

2）5 t 自卸汽车

每小时循环次数：60 ÷ 30=2（次）

每小时劳动生产率：2 × 5 ÷ 1.60=6.25（m^3/h）

每台班产量定额：6.25 × 8 × 0.85=42.50（m^3/ 台班）

或按自然状态土体积计算每台班产量：6.25 × 8 × 0.85 ÷ 1.20=35.42（m^3/ 台班）

（3）所需挖掘机、自卸汽车台班数量

1）挖掘机台班数：1 660.38 ÷ 72=23.06（台班）

2）自卸汽车台班数：1 660.38 × 55% × 1.2 ÷ 42.50=25.78（台班）

或　　　　　　　1 660.38 × 55% ÷ 35.42=25.78（台班）

（4）8 d 完成土方工作的机械配备量

1）挖掘机台数：23.06 ÷ 8=2.88（台），取 3 台

2）自卸汽车台数：25.78 ÷ 8=3.22（台），取 4 台

人工、材料、机械台班定额确定综合实例

【项目实训】

【任务目标】

1. 掌握机械消耗定额的编制方法。
2. 熟悉定额原理与市场化计价虚拟仿真系统的交互训练流程。
3. 能根据给定情境完成机械消耗量的测定。
4. 能对测定数据进行分析计算与整理。

【项目背景】

楚雄职教办公楼项目，主体结构已完成，正在进行二次结构砌筑，所用材料为多孔砖和砂浆。某施工企业进行消耗量的测定，现拟派 3 个小组针对多孔砖砌筑的人材机消耗量进行测定，第 1 组、第 2 组在一楼测定，第 3 组在二楼测定。你作为第 3 小组的测定人员，将通过第三关卡进行机械消耗量测定。

【任务要求】

任务指引

1. 登录定额原理与市场化计价虚拟仿真系统，运用机械台班消耗定额编制方法，完成机械消耗量测定。

2. 总结机械消耗定额的编制流程及注意事项。

小结与关键概念

小结：消耗定额是由企业或建设行政主管部门根据合理的施工组织设计，按照正常施工条件制定的，生产一个规定计量的单位工程合格产品所需人工、材料、机械台班的社会平均消耗量标准。人工、材料、机械台班消耗量以劳动定额、材料消耗定额、机械台班消耗定额的形式来表现，它是工程计价最基础的定额，是编制地方和行业部门预算定额的基础，也是个别企业依据其自身消耗量水平编制企业定额的基础。消耗量定额与传统的预算定额不同：消耗量定额反映的是人工、材料和机械台班的消耗量标准，适用于市场经济条件下建筑安装工程计价，体现了工程计价“量价分离”的原则。

关键概念：消耗量定额、人工消耗定额、材料消耗定额、机械台班消耗定额。

综合训练

习题与思考答案

【习题与思考】

一、单选题

1. 工时消耗中，汽车司机在等待汽车装卸货时消耗的时间属于（　　）。

A. 多余工作时间　　B. 准备与结束时间

C. 停工时间　　D. 不可避免的中断时间

2. 某项施工内容由于质量不合格重新进行返工而产生的时间属于（　　）。

A. 多余工作时间　　B. 准备与结束时间

C. 停工时间　　D. 不可避免的中断时间

3. 人工消耗定额中，时间定额为 2.55 工日 /m^3，则对应的产量定额为（　　）m^3/ 工日。

A. 2.55　　B. 0.392　　C. 5.52　　D. 0.255

4. 建筑工程中必需消耗的材料中不包括（　　）。

A. 直接用于建筑工程的材料　　B. 不可避免的施工废料

C. 不可避免的场外运输损耗材料　　D. 不可避免的材料损耗

5. 在先张高强钢丝项目中，预应力钢筋的消耗量为 500 t，损耗率为 9%，那么钢筋的净用量为（　　）t。

A. 450　　B. 448.763　　C. 458.716　　D. 432.621

二、填空题

1. 施工中材料的消耗，可分为__________和__________。

2. 非周转材料消耗定额的编制方法中，理论计算法是根据__________、__________和__________，运用一定的理论计算公式，制定出定额的方法。

3. 周转材料的摊销量是__________与__________的差值。

4. 机械时间定额和机械台班产量定额之间互为__________。

5. 拟定机械施工条件，主要是拟定__________的合理组织和合理的__________。

6. 机械台班人工配合定额是指机械台班__________部分，即机械和人工共同工作时的__________。

7. 工人没有及时供给机械用料引起的空转属于__________的工作时间。

三、计算题

1. 测得某现浇柱钢筋，采用机制手绑施工时，每完成 1 t 钢筋的绑扎，需要基本工作时间为 5.22 工日，辅助工作时间为基本工作时间的 3%，准备与结束时间为基本工作时间的 2%，不可避免的中断时间为基本工作时间的 2.5%，休息时间为基本工作时间的 15%。试计算该现浇柱钢筋的人工时间定额与产量定额。

2. 试计算混合砂浆配合比为 1 : 0.5 : 5（水泥：石灰膏：砂），其中砂孔隙率为 42%，损耗率为 3%，水泥密度为 1 300 kg/m^3，水泥和石灰膏损耗率各均 1%，且 1 m^3 石灰膏需要生石灰的重量为 600 kg，求每立方米砂浆的原材料消耗量。

3. 缸砖地面，规格为 300 mm × 200 mm，灰缝为 5 mm，损耗率为 1.5%。试计算 100 m^2 地面的缸砖消耗量。

4. 根据选定的现浇混凝土矩形柱设计图纸算出，每 10 m^3 矩形柱模板接触面积为 105.8 m^2，每 10 m^2 接触面积需板材 1.95 m^2，损耗率为 4%，周转次数为 6，补损率为 17%。试计算每 10 m^3 矩形柱的模板摊销量。

5. 某砌筑工程，测时资料表明，砌筑 1 m^3 需消耗基本工作时间为 60 min，辅助工作时间占工作班延续时间的 3%，准备与结束工作时间占工作班延续时间的 2%，不可避免的中断时间占工作班延续时间的 3%，休息时间占工作班延续时间的 25%，试计算其时间定额和产量定额。

四、简答题

1. 什么是材料的摊销量？如何进行计算？

2. 什么是机械台班消耗定额？简述机械台班消耗定额编制的基本步骤。

3. 机械工作时间如何分类？

【拓展训练】

【任务目标】

1. 掌握材料消耗定额的基本制定方法。

2. 会运用理论计算法进行材料消耗量计算。

3. 会确定定额材料消耗量。

【项目背景】

某省砌筑工程在计算砌体工程量时按设计图示尺寸以“m^3”计算，计算时有关工程量增减计算的规定见表 3–3。

表 3–3　工程量增减计算的规定

增减形式	计算规则
应扣除	门窗洞口、过人洞、空圈、嵌入墙内的钢筋混凝土柱、梁、圈梁、挑梁、过梁、止水翻边及凹进墙内的壁龛、管槽、暖气槽、消火栓箱和每个面积在 0.3 m^2 以上的孔洞所占的体积
不扣除	嵌入墙体内的钢筋、铁件、管道、木筋、铁件、钢管、基础砂浆防潮层及承台桩头、屋架、檩条、梁等伸入砌体的头子、钢筋混凝土过梁板（厚 7 cm 内）、混凝土垫块、木楞头、沿缘木、木砖和单个面积≤ 0.3 m^2 的孔洞等所占体积
应增加	突出墙身的统腰线、1/2 砖以上的门窗套、二出檐以上的挑檐等的体积应并入所依附的砖墙内计算
不增加	突出墙身的窗台、1/2 砖以内的门窗套、二出檐以内的挑檐等的体积

砖墙：内墙梁头、板头垫块占 0.365%，0.3 m^2 以内孔网占 0.08%；外墙梁头、板头垫块占 0.125%，0.3 m^2 以内孔网占 0.012%，凸出墙身的定额，1/2 砖以内的门窗套占 0.815%，墙体按墙厚划分定额，内墙与外墙比例分别为 51% 与 49%。

砖采用烧结煤矸石多孔砖 240 mm × 115 mm × 90 mm，砌筑砂浆采用混合砂浆 M7.5，砖与砂浆施工损耗分别为 2% 和 1%。施工水平优良，实测强度为 36 MPa，砂堆积密度为 1 450 kg/m^3，含水量为 2%。

拓展训练答案

【任务要求】

（1）计算 1 砖混水砖墙砖及砂浆定额。

（2）计算 1 砖混水砖墙砖、水泥、砂、石灰膏用量。

【案例分析】PC 建筑生产要素消耗量的测算

装配式混凝土（Precast Concrete，PC）建筑采用工业化方式建造，是一种新型绿色建筑模式，其主要构件、部品等在工厂生产加工，现场拼装建造成完整的建筑。PC 建筑可实现住宅建设的高品质、高效率、低资源消耗和低环境影响，具有较高的经济效益、环境效益和社会效益，符合国家节能减排的产业政策，国务院和地方政府都在大力推广，是当前住宅建设的发展趋势。

微课：案例分析

PC 建筑与传统的建筑在施工工艺、技术要求等方面存在不同。那么，如何分析 PC 建筑的生产要素消耗量的构成，并对其生产要素消耗量进行测定呢？

项目 3.2
人工、材料、机械台班单价的确定与应用

【学习目标】

（1）知识目标

① 了解影响人工单价、材料单价、施工机械台班单价的因素；

② 掌握人工单价、材料单价、施工机械台班单价的组成及确定方法。

（2）能力目标

能够精准计算人工单价、材料单价和机械台班单价。

（3）素养目标

① 培养学生分析问题及解决问题的能力；

② 培养学生严谨、细致、精益求精的工作态度。

【思维导图】

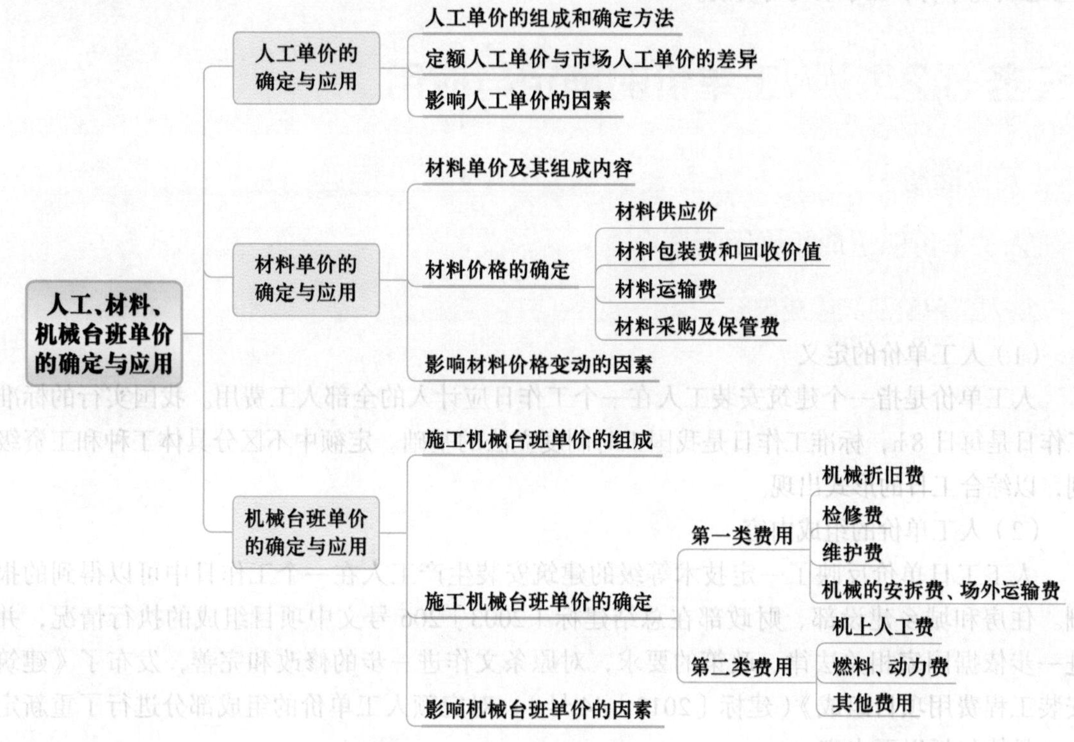

案例引入

建筑工程材料价格大数据平台

建筑行业工程体量大、周期长、涉及范围广、材料价格数据庞杂难获取、传统数据信息录入方式耗时耗力等特点，导致传统造价行业数据信息的利用仍停留在初加工阶段，海量的数据只是摆设，数据价值仍是空谈。大数据的出现为破解这一难题提供了有效的解决措施。

从价格属性及特点、作用分析定额人工单价和市场劳务价格的区别

建筑工程材料价格大数据平台依托互联网的信息快速传播优势、计算机的数据高效计算能力、应用大数据技术及科学的计算方法等，打破过程数据之间的壁垒，整合多项过程业务管理系统，实现模块联动和动态管理。从材料价格采集、分析、筛选、测算、审核、预警、发布、查询及信息员管理体系全面升级，以实现材料价格信息全过程动态监管、发布及掌上材料价格查询等一体化动态智能管理，促进材料价格信息科学化、精准化、高效化、透明化管理，有效推动了数字化转型升级和工程造价改革。

建筑工程材料价格大数据平台发布的建材价格能精准、及时地反映市场价格及变化，为招投标、合同签订、预结算等工作提供有力保障。现行的建筑工程材料价格大数据平台多种多样，如造价通、广材网等。以大数据为核心，打造建设工程造价行业数据应用新体系，通过平台可实现海量材料价格数据一键查询、历史数据分析。通过对历史造价大数据分析测算，可得出该建筑材料的历史价格走势、造价指标指数，生成价格走势图，由此预测材料在近期的波动幅度，更好地对造价成本进行管控。

大数据技术更好地满足造价行业现阶段的需求，是顺应时代发展的产物。对于工程造价行业企业来说，需要建立信息化意识，以开放、务实、包容的态度理解和运用科学技术手段，不断提升企业的竞争力，谋求长远的发展。

任务 3.2.1 人工单价的确定与应用

微课：人工单价的组成和确定方法

【知识准备】

一、人工单价的组成和确定方法

1. 人工单价及其组成内容

（1）人工单价的定义

人工单价是指一个建筑安装工人在一个工作日应计入的全部人工费用。我国实行的标准工作日是每日 8 h，标准工作日是我国工时制度立法的基础。定额中不区分具体工种和工资级别，以综合工日的形式出现。

（2）人工单价的组成内容

《建筑安装工程费用项目组成》

人工工日单价反映了一定技术等级的建筑安装生产工人在一个工作日中可以得到的报酬。住房和城乡建设部、财政部在总结建标〔2003〕206 号文中项目组成的执行情况，并进一步依据国家相关法律、政策的要求，对原条文作进一步的修改和完善，发布了《建筑安装工程费用项目组成》（建标〔2013〕44 号），对定额人工单价的组成部分进行了重新定义，具体包括以下内容。

1）计时工资或计件工资：指按计时工资标准和工作时间或对已做工作按计件单价支付给个人的劳动报酬。

2）奖金：指对超额劳动和增收节支支付给个人的劳动报酬，如节约奖、劳动竞赛奖等。

3）津贴补贴：指为了补偿职工特殊或额外的劳动消耗和因其他特殊原因支付给个人的津贴，以及为了保证职工工资水平不受物价影响支付给个人的物价补贴，如流动施工津贴、特殊地区施工津贴、高温（寒）作业临时津贴、高空津贴等。

《劳动法》中关于加班加点工资的条款

4）加班加点工资：指按规定支付的在法定节假日工作的加班工资和法定工作日时间外延时工作的加点加班工资。

5）特殊情况下支付的工资：指根据国家法律、法规和政策规定，因病、工伤、产假、计划生育假、婚丧假、事假、探亲假、定期休假、停工学习、执行国家或社会义务等原因按计时工资标准或计时工资标准的一定比例支付的工资。

而在各省市中，人工单价组成内容有细微差别。例如，浙江省 2018 版计价规则在构成中除了上述 5 项内容外，还将职工福利费和劳动保护费两项内容包括在内。

2. 人工单价的确定方法

（1）企业正式员工的人工单价确定

$$\text{日工资单价} = \frac{\begin{array}{c}\text{生产工人平均月工资（计时、计件）+}\\ \text{平均每月（奖金 + 津贴补贴 + 特殊情况下支付的工资）}\end{array}}{\text{年平均每月法定工作日}} \tag{3-37}$$

日工资单价主要适用于施工企业投标报价时自主确定人工费，也是工程造价管理机构编制计价定额确定定额人工单价或发布人工成本信息的参考依据。

【例 3–11】某地区建筑企业生产工人计时、计件每月 1 500 元，奖金每月 500 元，每月各种津贴流动施工 300 元、高温 250 元，加班工资每月 1 000 元。无特殊情况下支付的工资。求该地区人工日工资单价。注：职工全年月平均工作天数为 20.83 天。

解：日工资单价 =（1 500+500+300+250+1 000）/20.83=170.43（元）

（2）市场劳动力的人工单价确定

投标报价时人工单价的确定有以下 3 种方法。

1）根据劳动力来源确定。人工单价的计算过程可分为以下几个步骤。

① 根据总施工工日数（即人工工日数）及工期计算总施工人数。工日数、工期和施工人数存在着下列关系

$$\text{总工日数}=\text{工程实际施工工期}\times\text{平均总施工人数} \tag{3–38}$$

因此，当招标文件中已经确定了施工工期时：

$$\text{平均总施工人数}=\frac{\text{总工日数}}{\text{工程实际施工工期(天)}} \tag{3–39}$$

当招标文件中未确定施工工期，而由投标人自主确定工期时：

$$\text{最优化的施工人数(工日)}=\frac{\text{总工日数}}{\text{最优施工工期(天)}} \tag{3–40}$$

② 确定各专业施工人员的数量及比重。

$$\text{某专业平均施工人数}=\frac{\text{某专业消耗的工日数}}{\text{工程实际施工工期(天)}} \tag{3–41}$$

③ 确定各专业劳动力资源的来源及构成比例。

劳动力主要有三大来源：本企业的工人、外聘技工、劳务市场招聘的普工。其中，外聘技工的工资水平高些，普工工资水平低些。这 3 种劳动力资源的构成比例，应先对本企业现状、工程特点和对生产工人的要求，以及当地劳动力资源的充足程度、技能水平和工资水平进行综合评价，再据此合理确定。

④ 确定工资单价。

$$\begin{aligned}\text{某专业综合人工单价}&=\sum(\text{本专业某种来源的人力资源人工单价}\times\text{构成比例})\\ \text{某综合人工单价}&=\sum(\text{某专业综合工单价}\times\text{权数})\end{aligned} \tag{3–42}$$

其中，权数是根据各专业工日消耗量占总工日数的比重取定的。例如，土建专业工日消耗量占总工日数的比重是 30%，则其权数即为 30%。如果投标单位使用各专业综合工日单价法投标，则不须计算综合工日单价。

通过上述一系列的计算，可以初步得出综合工日单价的水平。但是得出的单价是否有竞争力，以此报价是否能够中标，还应进行一系列的分析评估。

2）根据以往的承包情况确定。企业在投标报价时，可以对同一地区以往承包工程的人工单价进行对比分析，再根据实际情况确定。

3）根据单位估价表中的人工单价确定。地区的单位估价表中都规定了人工单价，承包工程时可以以此为依据确定投标报价的人工单价。

（3）定额人工单价的定价基础

建筑安装工程定额人工单价的定价基础大致可以分为以市场价格为基础和以最低工资标准为基础两类。

1）以市场价格为基础确定人工单价。以市场价格为基础确定人工单价的方法主要是指各地区建设工程造价管理机构安排负责人员或下设网员单位，进行人工成本信息的采集、整理分析与上报。据此，各造价管理机构或建设标准定额站，进行相应的甄别、分析、处理、测算等工作，经过一系列计算可得出人工单价。其主要适用于施工企业投标报价时自主确定人工费，也是工程造价管理机构编制计价定额确定定额人工单价或发布人工成本信息的参考依据。

2）以最低工资标准为基础确定人工单价。以最低工资标准为基础确定人工单价的方法主要指以全国或当地企业职工最低工资标准为基础，通过收集全国各省市的各区域最低工资标准，按照一定的权重加权平均计算得到全国平均的最低工资标准，以此为基础计算得到初级工的工资标准，通过初级工与高级工等类别之间的比例关系确定人工单价。

日工资单价是指施工企业平均技术熟练程度的生产工人在每工作日（国家法定工作时间内）按规定从事施工作业应得的日工资总额。日工资单价应通过市场调查、根据工程项目的技术要求综合分析确定，最低日工资单价不得低于工程所在地最低工资标准的普工 1.3 倍、一般技工 2 倍、高级技工 3 倍。

定额人工单价与市场人工单价的差异

工程计价定额不可只列一个综合工日单价，应根据工程项目技术要求和工种差别适当划分多种人工单价，确保各分部工程人工费的合理构成。该方法主要适用于工程造价管理机构编制计价定额时确定定额人工费，是施工企业投标报价的参考依据。目前建筑安装工程人工单价价格基础的主要参考依据是人工市场信息价，力求正确引导发承包双方合理确定建筑安装工程人工费用，客观反映建筑市场的人工价格水平。

二、影响人工单价的因素

影响建筑安装工人人工单价的因素有很多，归纳起来有以下几方面。

1. 社会平均工资水平

随着经济增长，社会平均工资水平在不断提高，施工人员的工资也在上涨。人工单价由各地工程造价管理机构确定，工人日工资不会低于工程所在地人力资源和社会保障部门发布的最低工资标准。

2. 生活消费指数

在物价上升时，为维持原有的生活水平，人工单价会随着生活消费指数提高而上升。生活消费指数的提高会影响人工单价的提高，以减少生活水平的下降，或维持原来的生活水平。生活消费指数的变动取决于生活消费品物价的变动。另外，住房消费、各种社会附加保险列入人工单价，会使人工单价提高。

3. 劳动力市场供需变化

劳动力市场供不应求时，人工单价将上涨；劳动力市场供过于求时，人工单价将下降。

在每年的春节施工过程中，这种供需变化引起的价格波动现象特别明显。

4. 政府推行的社会保障和福利政策

政府发布的政策法规和福利保障制度都会直接或间接地影响到人工单价。例如，2013年住房和城乡建设部与财政部发布的关于印发《建筑安装工程费用项目组成》的通知中指出，人工日工资单价中剔除职工福利费和劳动保护费，直接改变了人工单价的组成。再比如，行业标准的变化改变了人工单价的组成结构及基数标准；法定节日的增加减少了年有效工作日，增加了人工单价的各项组成费用；国家调整企业职工收入的相关规定直接增加了人工单价的基本工资水平；“五金”制度的建立与实施使“五金”直接成为人工单价的组成部分。

【项目实训】

【任务目标】

1. 掌握人工单价的确定方法。
2. 能正确区分企业正式员工和市场劳动力。
3. 能根据给定情境完成企业正式员工人工单价的计算。

【项目背景】

楚雄职教办公楼项目，在施工过程中，现场施工人员由企业正式员工和市场工人组成。

【任务要求】

任务指引

1. 登录定额原理与市场化计价虚拟仿真系统，运用人工单价的确定方法，完成生产工日日工资单价的确定。
2. 总结人工单价的确定方法、基本流程及注意事项。

任务 3.2.2 材料单价的确定与应用

【知识准备】

微课：材料价格的组成和确定方法

一、材料单价及其组成内容

1. 材料单价的定义

材料单价是指材料（包括构件、成品或半成品）从其来源地（或交货地点）到达施工现场工地仓库后的出库的综合平均价格，即材料预算价格。

2. 材料单价的组成内容

材料单价一般由材料供应价、包装费及回收价值、运输费、采购及保管费等组成。

（1）材料供应价

材料供应价是指按照国家规定的产品出厂价、交货地点价格、市场批发价格及进口材料的调拨价格、供销部门手续费等确定的材料价格。一般施工企业都有自己的材料来源渠道，在投标报价前应对主要材料进行询价，确定不同来源的材料的市场价格和供货比例。同一种材料因来源地、供应单位或生产厂家不同而价格不同时，应根据供应数量比例采取加权平均方法计算。

（2）材料包装费和回收价值

材料包装费是为了便于运输或保护材料免受损坏或损失而必须进行包装时所需的费用，包括水陆运输中的支撑、篷布等所耗用的材料和费用。

（3）材料运输费

材料运输费又称材料运杂费，是指材料由来源地或交货地运至施工现场仓库或存放点运输全过程中所支付的一切费用。材料来源地根据因地制宜、就近取材、流向合理的原则确定。材料运输费按国家、地方管理部门批准的铁路、公路、水路等运价规定计算。材料运输流程示意图见图 3–2。

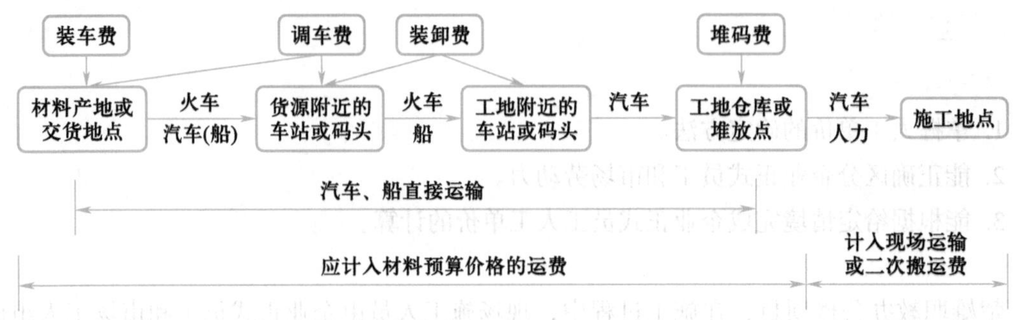

图 3–2 材料运输流程示意图

（4）材料采购及保管费

材料采购及保管费指材料供应部门（包括工地仓库及以上各级材料管理部门）在组织采购、供应和保管材料过程中所需的各种费用，包括采购和保管人员的工资、福利费、办公费、差旅交通费、固定资产使用费、工具用具使用费、材料储存损耗以及其他零星费用。

以上 4 项费用之和即为材料预算价格，其计算公式为

材料预算价格 =（材料供应价 + 包装费 + 运输费）×（1+ 采购及保管费率）– 包装品回收价格 （3–43）

二、材料价格的确定

1. 材料供应价

材料供应价的计算公式为

材料供应价 = 出厂价（供应价）+ 包装费 （3–44）

在确定出厂价时，凡同一种材料因来源地、交货地、供货单位、生产厂家不同，而有几种价格（原价）时，根据不同来源地供货数量的比例，采取加权平均的方法确定。其计算公式为

$$G=\sum_{i=1}^{n} G_i f_i \quad (3\text{–}45)$$

式中：G——加权平均原价；

G_i——某 i 来源地（或交货地）原价；

f_i——某 i 来源地（或交货地）数量占总材料数量的百分比。

$$f_i=\frac{W_i}{W_{总}}\times 100\% \tag{3-46}$$

式中：W_i——某 i 来源地（或交货地）材料的数量；

$W_{总}$——材料总数量。

【例 3-12】某工地需要二级螺纹钢，由三家钢材厂供应不同数量的钢筋，其中，甲地供应 900 t，出厂价 3 900 元 /t；乙地供应 1 200 t，出厂价 4 000 元 /t；丙地供应 400 t，出厂价 3 800 元 /t，求钢筋原价。

解：

$$材料原价=\frac{900\times 3\,900+1\,200\times 4\,000+400\times 3\,800}{900+1\,200+400}=3\,932（元/t）$$

2. 材料包装费和回收价值

材料包装费和回收价值按以下几种情况分别计算。

1）由生产厂家负责包装的，如水泥、玻璃、铁钉、卫生瓷器等，其包装费已计入供应价的，不再另行计算包装费。但包装材料回收价值，应从材料包装费中扣除。

$$包装品回收价值=\frac{包装材料原价\times 回收价值率}{包装容器标准容量} \tag{3-47}$$

2）采购部门自备包装材料或容器的，其包装费用应按周转使用次数分摊计算，并计入材料价格中。

$$包装费=\frac{包装材料原价\times(1-回收率\times 回收价值率)+使用期限维修费}{周转使用次数\times 包装容器标准容量} \tag{3-48}$$

3）包装器材的回收价值应按当地旧、废包装器材出售价格计算；没有回收价值的不予计算。包装材料的回收率、回收价值率、周转使用次数、残值回收率见表 3-4。

表 3-4　包装品回收率、回收价值率、周转使用次数、残值回收率

包装品		回收率 /%	回收价值率 /%	周转使用次数	残值回收率 /%
木制品	箱	70	20	4	5
	桶	70	20	5	3
竹制品					10
塑料制品	纤维箱、桶			8	
金属制品	桶	95	50	10	3
	丝、线	20	50		
	薄钢板	50	50		
纸制品	袋、箱、桶	50	50		
玻璃陶瓷制品		30	60		

4）租赁包装品的，其包装费按租金计算。

凡不需包装的材料不得计算包装费。应包装的材料，没有包装，仍应计算包装费。但是

毛重与净重的比例修正系数表

由于未包装而发生的规定运输损耗以外的运输损耗及费用，不得计算。

5）材料净重与毛重的比例修正系数。材料运输费是按材料毛重计算的，而材料预算价格按净重计算，毛重与净重之差别就在于材料包装器材的质量。

3. 材料运输费

材料运输费由运费、装卸费、调车费或驳船费、附加工作费和材料场外运输合理损耗费（运输损耗费）组成。

（1）运费

1）铁路运费。根据原铁道部《铁路货物运输管理规则》按以下 3 个条件确定铁路运费：按托运货物的质量确定运费标准、按托运货物等级规定运费标准、按不同运输里程规定运费标准。

2）水路运费。水路运费按不同等级、不同运价里程和质量计算。

3）公路运费。公路运输分汽车、马车、人力车等运输方式，所用运输工具不同，运费标准也不一样，按所属省、市、自治区公路（市内）交通运输部门规定计算。

4）市内运费。市内运费按当地"货物装卸搬运价格规定"计算。

（2）装卸费

铁路运输装卸费按铁路部门规定的装卸等级和装卸费率计算；水路运输装卸费按各港口规定计算；汽车运输装卸费按当地公路运输部门的规定计算。

（3）调车费（取送车费）或驳船费

调车费是铁路机车在专用线、货物专线调送车辆的费用。调车费不论取送车皮多少，均按往返里程，以机车公里计算费用。驳船费是在港口用驳船从码头到船舶取送货物的费用，按驳船费率计算。

（4）附加工作费

附加工作费是指除前面讲的各种运费、调车费或驳船费、装卸费和下面讲的材料场外运输合理损耗费以外的其他费用，如堆码费、过磅费等。

（5）材料场外运输合理损耗费

材料场外运输合理损耗费简称"运输损耗费"，又称材料运输途中损耗费，是指材料在到达施工现场仓库或堆放地点之前的全部运输过程中的合理损耗费用。

1）按运输损耗率计取。材料运输损耗费的计算公式为

$$材料运输损耗费 = 场外运输损耗量 \times 材料到仓库的价格 \tag{3-49}$$

其中，场外运输损耗量 = 材料净用量 × 损耗率；材料净用量是指计划采购量。材料到仓库的价格，包括材料供应价、包装费、运输费，但不包括采购保管费。

2）按预算价格的百分比计取。材料运输损耗费的计算公式为

$$材料运输损耗费 = [材料供应价 + 包装费 + 运输费（不含运输损耗）] \times 运输损耗率 \tag{3-50}$$

主要材料运输损耗率表

4. 材料采购及保管费

材料采购及保管费一般按规定费率计算，其计算公式为

$$材料采购及保管费 =（材料供应价 + 包装费 + 运输费）\times 采购及保管费率 \tag{3-51}$$

其中，材料采购及保管费率一般≤ 2.5%，最高不超过 3%。凡由建设单位供应的材料，

施工单位只收取保管费，一般不超过采购及保管费的 70%。

【例 3-13】某种材料由甲乙两地供货。甲地可以供货 40%，原价 95 元 /t；乙地可供货 60%，原价 96 元 /t。甲地运距 110 km，运费 0.45 元 /（km · t），途中损耗 2%；乙地运距 115 km，运费 0.35 元 /（km · t），途中损耗 2.5%。材料包装费均为 10 元 /t，采购保管费率 2.5%，计算该材料的预算价格。

解：计算过程为

（1）加权平均供应价 =95 × 0.4+96 × 0.6=95.6（元 /t）

（2）包装费 =10 元 /t。

（3）材料运输费计算过程为

运费 =0.4 × 110 × 0.45+0.6 × 115 × 0.35=43.95（元 /t）

加权平均损耗率 =0.4 × 2%+0.6 × 2.5%=2.3%

材料运输损耗费 =（95.6+10+43.95）× 2.3%=3.44（元 /t）

材料运输费 =43.95+3.44=47.39（元 /t）

（4）该地方材料预算价格 =（95.6+10+47.39）×（1+2.5%）=156.82（元 /t）

三、影响材料价格变动的因素

1）市场供求变化。材料原价是材料预算价格中最基本的组成。市场供给大于需求，价格就会下降：反之，价格就会上升。市场供求变化会影响材料预算价格的涨落。

2）材料生产成本的变动，直接带动材料预算价格的波动。

3）流通环节的多少和材料供应体制也会影响材料预算价格。

4）运输距离和运输方法的改变会影响材料运输费用的增减，从而也会影响材料价格。

5）国际市场行情会对进口材料价格产生影响。

【项目实训】

【任务目标】

1. 掌握材料单价的确定方法。

2. 能根据给定情境完成材料单价的确定。

【项目背景】

楚雄职教办公楼项目在施工过程中需 2 000 t M7.5 预拌干混砂浆。

【任务要求】

1. 登录定额原理与市场化计价虚拟仿真系统，运用材料单价的确定方法，完成砂浆原价、运杂费、最终材料价格的确定。

任务指引

2. 总结材料单价的确定方法、基本流程及注意事项。

微课：施工机械台班单价的组成和确定方法

任务 3.2.3　机械台班单价的确定与应用

【知识准备】

一、施工机械台班单价的组成

1. 施工机械台班单价的定义

施工机械单价以“台班”为计量单位，机械工作 8 h 称为“一个台班”。施工机械台班单价是指一个施工机械，在正常运转条件下一个台班中所支出和分摊的各种费用之和。

施工机械台班单价的高低，直接影响建筑工程造价和企业的经营效果，确定合理的施工机械台班单价，对提高企业的劳动生产率、降低工程造价具有重要意义。

2. 施工机械台班单价的组成

机械台班单价由两类费用组成，即第一类费用和第二类费用。

（1）第一类费用的组成

第一类费用又称不变费用。它是由国家主管部门统一制定颁发，根据施工机械的年工作制，按全年所需分摊到每个台班中，并且以货币形式列入施工机械台班使用费中。在编制台班费用时，第一类费用不允许调整，是一种比较固定的经常费用，即不因施工地点和施工条件不同而发生变化，它的大小与机械工作年限直接相关，其内容包括折旧费、大修理费、经常修理费、安拆费及场外运输费 4 项内容。

（2）第二类费用的组成

施工机械第二类费用也称可变费用，在施工机械台班定额中，是以每台班实物消耗量指标来表示的，即是机械在运转时发生的费用。它常因施工地点和施工条件的变化而变化，它的大小与机械工作台班数直接相关，其内容包括机上人工费、燃料动力费、养路费及车船使用税 3 项内容。

二、施工机械台班单价的确定

1. 第一类费用

（1）机械折旧费

机械折旧费是指施工机械在规定的耐用总台班内，陆续收回其原值的费用，其计算公式为

$$\text{机械折旧费}=\frac{\text{机械预算价格}\times(1-\text{机械残值率})\times\text{机械时间价值系数}}{\text{机械耐用总台班}}\qquad(3\text{-}52)$$

其中，机械预算价格是指机械出厂价格（或到岸完税价格）加上供应部门手续费和出厂地点到使用单位的全部运杂费。

机械残值率的计算公式为

$$\text{机械残值率}=\frac{\text{机械报废时回收残值}}{\text{机械预算价格}}\times100\%\qquad(3\text{-}53)$$

机械时间价值系数是指购置施工机械的资金在施工生产过程中随时间推移而产生的单位

增值，其计算公式为

$$机械时间价值系数 = 1 + \frac{(n+1)i}{2} \tag{3-54}$$

机械残值率取定表

式中：n——机械折旧年限；

i——年折现率，根据编制期银行年贷款利率确定。

机械耐用总台班是指机械在正常施工条件下，从投入使用直到报废为止，按规定应达到的使用总台班数，其计算公式为

$$\begin{aligned}耐用总台班 &= 折旧年限 \times 年工作台班 \\ &= 大修间隔台班 \times 大修周期 \\ &= 大修间隔台班 \times（寿命期内大修理次数 +1）\end{aligned} \tag{3-55}$$

其中，大修间隔台班是指机械自投入使用起至第一次大修或上一次大修投入使用起至下一次大修止，应达到的使用台班数；大修周期是指机械正常施工条件下，将其耐用总台班按规定的大修总次数划分为若干周期。

【例 3-14】已知某施工机械预算价格为 8 万元，使用寿命为 10 年，银行年贷款利率为 7%，机械残值率为 2%，机械耐用总台班为 2 000 台班。试求该机械折旧费。

解：

$$机械折旧费 = \frac{80\,000 \times (1-2\%) \times \left[1 + \frac{(10+1) \times 7\%}{2}\right]}{2\,000} = 54.29（元 / 台班）$$

（2）检修费

检修费指施工企业在规定的机械耐用总台班内，按规定的检修间隔进行必要的检修，以恢复其正常功能所需要的费用，其计算公式为

$$检修费 = \frac{一次检修费 \times 机械寿命期内检修次数}{机械耐用总台班} \tag{3-56}$$

$$机械寿命期内检修次数 = \frac{机械耐用总台班}{检修间隔台班} - 1 \tag{3-57}$$

【例 3-15】某施工机械预计使用 10 年，耐用总台班为 3 000 台班，使用期内有 4 个检修周期，一次检修费为 5 000 元。试求该机械台班检修费。

解：

$$机械台班检修费 = \frac{5\,000 \times (4-1)}{3\,000} = 5（元 / 台班）$$

【例 3-16】某施工机械耐用总台班为 5 000 台班，检修间隔台班为 1 000 台班，一次检修费为 15 000 元，该机械预算价格为 100 万元，机械时间价值系数为 1.125，残值率为 3%。求该机械台班的折旧费和检修费。

解：

$$机械台班折旧费=\frac{1\,000\,000\times(1-3\%)\times1.125}{5\,000}=218.25（元）$$

$$机械台班检修费=\frac{15\,000\times\left(\frac{5\,000}{1\,000}-1\right)}{5\,000}=12（元/台班）$$

（3）维护费

维护费指施工机械在规定的耐用总台班内，按规定的维护间隔进行各级维护和临时故障排除所需的费用，包括为保障机械正常运转所需替换设备与随机配备工具附具的摊销费用、机械运转及日常维护所需润滑与擦拭的材料费用，以及机械停滞期间的维护费用等，其计算公式为

$$维护费=\frac{\sum（各级保养一次费用\times寿命期内各级保养次数）}{耐用总台班}+\frac{临时故障排除费+替换设备费和工具附具费+例保辅料费}{耐用总台班} \quad (3\text{-}58)$$

式中：各级保养一次费用是指机械在各个使用期内，为保证处于完好使用状况，必须按规定的各级保养间隔周期、保养范围、保养内容所进行的定期保养所消耗的工时、配件、辅料、油燃料等费用；

临时故障排除费是指机械除规定的大修理及各级保养以外，临时故障排除所需费用，可按各级保养费用之和的 3% 计算；

例保辅料费是指机械日常保养所需润滑擦拭材料的费用。

为简化计算，编制施工机械台班费用定额时也可采用下式计算，即

$$维护费=检修费\times维护系数 \quad (3\text{-}59)$$

维护系数一般取定：载重汽车为 1.46，自卸汽车为 1.52，塔式起重机为 1.69 等。

（4）机械的安拆费、场外运输费

1）安拆费是指施工机械在现场进行安装与拆卸所需的人工、材料、机械和试运转费用以及机械辅助设施的折旧、搭设、拆除等费用，其计算公式为

$$安拆费=\frac{机械一次安拆费\times年平均安拆次数}{年工作台班}+台班辅助设施摊销费 \quad (3\text{-}60)$$

其中

$$台班辅助设施摊销费=\sum\frac{一次使用量\times相应单价\times（1-机械残值率）}{辅助设施耐用台班} \quad (3\text{-}61)$$

2）场外运输费是指施工机械（大型机械除外）整体或分体自停放地点运至施工现场或由一施工地点运至另一施工地点的运输、装卸、辅助材料及架线等费用，其计算公式为

$$场外运输费=\frac{（一次运输及装卸费+辅助材料一次摊销费+一次架线费）\times年平均场外运输次数}{年工作台班} \quad (3\text{-}62)$$

注意：大型机械安拆费和场外运输费应另行计算。

【例 3–17】 某施工机械年工作台班为 400 台班，年平均安拆 0.85 次，机械一次安拆费为 20 000 元，台班辅助设施摊销费为 150 元。试求该施工机械的台班安拆费。

解：

$$安拆费 = \frac{20\,000 \times 0.85}{400} + 150 = 192.5（元/台班）$$

2. 第二类费用

（1）机上人工费

机上人工费指机上司机（司炉）和其他操作人员的人工费，其计算公式为

$$机械台班人工费 = 定额机上人工工日 \times 日工资单价 \tag{3–63}$$

其中，定额机上人工工日 = 机上定员工日 ×（1+ 增加工日系数）。

$$增加工日系数 = \frac{年日历天数 - 规定节假公休日 - 辅助工资年非工作日 - 机械年工作台班}{机械年工作台班}$$

增加工日系数取定 0.25。

或

$$机械台班人工费 = 人工消耗量 \times [1+（年制度工作日 - 年工作台班）/ 年工作台班] \times 人工单价 \tag{3–64}$$

【例 3–18】 某载重汽车配司机 1 人，当年年制度工作日为 250 天，年工作台班为 230 台班，人工日工资单价为 50 元。求载重汽车的台班人工费。

解： 台班人工费 =1 ×［1+（250–230）/230］×50=54.35（元 / 台班）

（2）燃料动力费

燃料动力费指施工机械在运转作业中所耗用的燃料及水、电等费用，其计算公式为

$$机械台班燃料动力费 = 每台班所消耗的动力消耗量 \times 相应单价 \tag{3–65}$$

（3）其他费用

其他费用指施工机械按照国家和有关部门规定应缴纳的车船使用税、保险费及年检费用等，其计算公式为

$$其他费用 = \frac{年养路费 + 年车船使用税 + 年保险费 + 年检费用}{年工作台班} \tag{3–66}$$

【例 3–19】 某大型施工机械预算价格为 5 万元，机械耐用总台班为 1 250 台班，检修周期数为 4，一次检修费为 2 000 元，维护费系数为 60%，残值率为 6%，银行年贷款利率为 6%，机上人工费和燃料动力费为 60 元 / 台班。不考虑其他有关费用，试求该机械台班单价。

解：（1）第一类费用

$$\text{折旧费}=\frac{50\,000\times(1-6\%)\times\left[1+\frac{(4+1)\times 6\%}{2}\right]}{1\,250}=43.24\text{（元 / 台班）}$$

机械台班单价计算案例

$$\text{检修费}=2\,000\times(4-1)/1\,250=4.8\text{（元 / 台班）}$$

$$\text{维护费}=4.8\times 60\%=2.88\text{（元 / 台班）}$$

（2）第二类费用

机上人工费 + 燃料动力费 =60 元 / 台班

$$\text{机械台班单价}=43.24+4.8+2.88+60=110.92\text{（元 / 台班）}$$

【例 3–20】某地 10 t 自卸汽车预算价格为 250 000 元 / 台，耐用总台班为 3 150 台班，检修间隔台班为 665 台班，年工作台班为 250 台班，一次检修费为 26 000 元，经常维修费系数 K=1.52，机械残值率为 6%，替换设备、工具附具费及润滑材料费为 45.10 元 / 台班，机上人工消耗为 2.50 工日 / 台班，人工单价为 16.5 元 / 工日，柴油耗用为 45.6 kg/ 台班，柴油预算价格为 3.5 元 /kg，养路费为 95.8 元 / 台班。不考虑其他有关费用，试求该机械台班单价。

解：（1）第一类费用

$$\text{机械折旧费}=250\,000\times(1-6\%)/3\,150=74.6\text{（元 / 台班）}$$

$$\text{检修费}=26\,000\times(3\,150/665-1)/3\,150=33.02\text{（元 / 台班）}$$

$$\text{经常修理费}=33.02\times 1.52=50.19\text{（元 / 台班）}$$

（2）第二类费用

$$\text{机上人工}=2.50\times 16.5=41.25\text{（元 / 台班）}$$

$$\text{柴油}=45.6\times 3.5=159.6\text{（元 / 台班）}$$

$$\text{养路费}=95.8\text{（元 / 台班）}$$

$$\text{机械台班单价}=74.6+33.02+50.19+41.25+159.6+95.8=454.46\text{（元 / 台班）}$$

三、影响机械台班单价的因素

1. 施工机械的本身价格

从机械折旧费计算公式可以看出，施工机械本身价格的大小直接影响到折旧费用，它们之间成正比关系，进而直接影响施工机械台班单价。

2. 施工机械使用寿命

施工机械使用寿命通常是指施工机械更新的时间，它是由机械自然因素、经济因素和技术因素所决定的。施工机械使用寿命不仅直接影响施工机械折旧费，而且也影响施工机械的大修理费和经常修理费，因此它对施工机械台班单价大小的影响较大。

3. 施工机械的使用效率、管理水平和市场供需变化

施工企业的管理水平高低，将直接体现在施工机械的使用效率、机械完好率和日常维护水平上，它将对施工机械台班单价产生直接影响，而机械市场供需变化也会造成机械台班单价的提高或降低。

4. 国家及地方征收税费政策和有关规定

国家地方有关施工机械征收税费（包括燃料税、车船使用税、养路费等）政策和规定，

将对施工机械台班单价产生较大影响，并会引起相应的波动。

四、大数据与人工、材料、机械价格的动态管理

在工程造价的构成中，人工、材料、机械使用费是构成直接费（定额直接费）的三大要素，其中，材料费常占直接费的60%～70%，其次是人工费，再次是机械台班使用费。材料费涉及各种材料的价格，而材料价格因地域、供应渠道、采购部门管理水平和时间变化而变化。仅从价格信息来源来看，常有政府信息价、市场询价、甲方对乙方供材的核实价、实际采购价等。可见，在人工、材料、机械三大要素中，材料价格动态因素最多，再加上材料品种众多，往往同一类材料有几十个品种，各品种价格相差甚大等。造价人员因材料价格这一点往往要花很多精力和时间才能确定。因此，在市场经济条件下，人工、材料、机械价格的动态性最强、最复杂，对造价影响也最大。借助大数据技术，创建人工、材料、机械价格信息数据库特别重要。人工、材料、机械价格数据库的建设，应在统一标准、统一格式、统一编号的前提下，全行业各部门、各单位、各企业齐心协力，齐抓共管，收集、整理、汇总各自的人工、材料、机械价格信息，及时上报各省、市、区信息中心，及时发布，为建设、设计、施工、造价咨询企业提供不同地区、不同时期的人工、材料、机械价格信息和价格走势，使询价更加及时和高效。

利用大数据技术创建人工、材料、机械价格信息数据库，需要经过数据采集、数据分析、数据解释等处理流程。人工价格信息采集可按照目前建筑的工种来采集，可将建筑工种分为普工、抹灰工、钢筋工、混凝土工、架子工等18个不同工种，价格信息通过地方各造价站、造价软件等实现信息动态入库。材料价格信息采集的目的主要是为用户询价、制作标底价格，以及确定和控制工程造价信息服务，尽量含括已有的材料价格信息，同时也为新材料出现留有空间。施工机械价格信息主要包括施工建设使用机械的安拆费和场外施工建设发生的运输费等。施工机械使用一般包括自有和租赁两种方式，分别采集价格信息。在价格信息采集的基础上，将海量的材料市场价、信息价、建材知识图谱等信息进行深加工，形成综合价格指数、价格相关性分析、成本敏感性分析以及价格预测等应用，使数据可视化，从而使造价人员获取价格信息更为便捷和高效。

【项目实训】

【任务目标】

1. 掌握机械台班单价的确定方法。
2. 熟悉定额原理与市场化计价虚拟仿真系统的交互训练流程。
3. 能根据给定情境完成机械台班单价的确定。

【项目背景】

楚雄职教办公楼项目在施工过程中，需要使用自有机械12 t自卸汽车。

【任务要求】

1. 登录定额原理与市场化计价虚拟仿真系统，运用机械台班单价的确定方法，完成机械台班单价的确定。
2. 总结机械台班单价的确定方法、基本流程及注意事项。

任务指引

小结与关键概念

小结： 人工、材料、机械费用计算是将人工、材料、机械台班的消耗量分别乘以人工单价、材料预算价格、机械台班单价，即可得到人工费、材料费、机械使用费。而人工单价的确定方法有两种：一种是工程造价管理机构发布的定额人工单价或人工成本信息价；另一种是劳动市场形成的实物工程量单价或人工市场价。施工机械台班单价通常由工程造价管理机构编制施工机械台班单价，或根据机械租赁市场行情确定施工机械租赁价格。材料价格有工程造价管理机构发布的信息价或市场价。

关键概念： 人工单价、材料单价、机械台班单价。

综合训练

习题与思考答案

【习题与思考】

一、单选题

1.（　　）费用不是人工单价的组成内容。

A. 奖金　　B. 高温补贴　　C. 劳动保护费　　D. 计时工资

2. 每个工日工作时间按现行制度规定为（　　）小时。

A. 10　　B. 8　　C. 6　　D. 12

3. 材料的预算价格是指材料由交货地运到（　　）后的价格。

A. 施工工地　　B. 施工操作地点

C. 施工工地仓库出库　　D. 施工工地仓库

4. 预算定额材料价格不包含（　　）费用。

A. 运输损耗　　B. 包装费　　C. 供销部门手续费　　D. 施工损耗费

5.（　　）费用不是机械单价的组成内容。

A. 机上人工费　　B. 燃料动力费　　C. 大型机械安拆费　　D. 机械大修费

6. 机械台班折旧费计算时（　　）不是考虑的因素。

A. 机械预算价格　　B. 机械大修费用　　C. 耐用总台班　　D. 残值率

7. 台班大修费与（　　）因素无关。

A. 机械预算价格　　B. 机械大修次数　　C. 耐用总台班　　D. 一次修理费

8. 机械台班安拆费与（　　）因素有关系。

A. 机械预算价格　　B. 机械一次安拆费　C. 耐用总台班　　D. 一次修理费

9. 施工机械耐用总台班，指机械从投入使用至（　　）前的总台班数。

A. 大修　　B. 报废　　C. 满 5 年　　D. 满 10 年

10. 某机械耐用总台班为 5 000 台班，大修间隔为 1 000 台班，则大修次数为（　　）次。

A. 5　　B. 4　　C. 3　　D. 2

二、简答题

1. 影响人工单价的因素有哪些？

2. 简述材料价格的组成及计算公式。

三、计算题

1. 已知某施工机械预算价格为 10 万元，使用寿命为 8 年，银行年贷款利率为 7%，残值率为 2%，机械耐用台班数为 2 000 台班。试求该机械台班的折旧费。

2. 某施工机械预计使用 10 年，机械耐用总台班为 3 000 台班，使用期内有 4 个大修周期，一次大修理费为 5 000 元。试求该机械台班的大修理费。

3. 某施工机械耐用总台班为 5 000 台班，大修间隔台班为 1 000 台班，一次大修费为 15 000 元，该机械预算价格为 100 万元，机械时间价值系数为 1.125，机械残值率为 3%。求该机械台班的折旧费和大修理费。

【拓展训练】

拓展训练答案

【任务目标】

1. 掌握施工机械台班单价的组成。

2. 会计算施工机械台班的单价。

【项目背景】

某地区 10 t 自卸汽车有关资料如下：机械预算价格为 200 000 元 / 台，使用总台班为 3 000 台班，大修间隔台班为 600 台班，年工作台班为 250 台班，一次大修理费为 25 000 元，经常维修费系数 K=1.52，机械残值率为 6%，替换设备、工具附具费及润滑材料费为 50.10 元 / 台班，机上人工消耗为 2.50 工日 / 台班，人工单价为 25.5 元 / 工日，柴油耗用为 45.6 kg/ 台班，柴油预算价格为 4.5 元 /kg，养路费为 105.8 元 / 台班。

【任务要求】

试计算该地区 10 t 自卸汽车的台班使用费。

【案例分析】“川藏联网工程”材料价格的构成

微课：案例分析

“川藏联网工程”也称川藏联网输变电工程，旨在将西藏昌都电网与四川电网接通，结束西藏昌都地区长期孤网运行的历史。工程全长 1 500 多千米，沿线多为高山峻岭和无人区，被称为全球最具挑战性的输变电工程。该工程的投运结束了西藏昌都长期孤网运行的历史，从根本上解决了西藏昌都和四川甘孜南部地区严重缺电和无电的问题，对维护西藏地区经济发展和社会稳定具有重要的政治意义，同时，还将为满足西藏地区水电开发外送，实现资源优势转化发挥重要作用。

该项目建设区域资源匮乏，材料采购方式多样，采购价高。项目所处的巴塘县、乡城县、西藏昌都属于高寒高海拔地区，自然条件恶劣，材料购买困难。如何准确分析该项目的材料价格构成，对于控制整个项目的造价起着关键作用。应如何进行分析、确定呢？

模块 4

工程定额的编制与应用

项目 4.1 企业定额的编制与应用

【学习目标】

(1) 知识目标

① 熟悉企业定额的概念、作用、特点和原则；

② 了解企业定额的水平，掌握企业定额的组成与应用；

③ 掌握企业定额的编制原则、方法和应用；

④ 了解大数据在企业定额的编制与应用中的体现。

(2) 能力目标

① 能够进行企业定额的编制；

② 具备企业定额实际应用能力。

(3) 素养目标

① 培养理论结合实践的应用能力；

② 培养科学客观、实事求是的学习态度。

【思维导图】

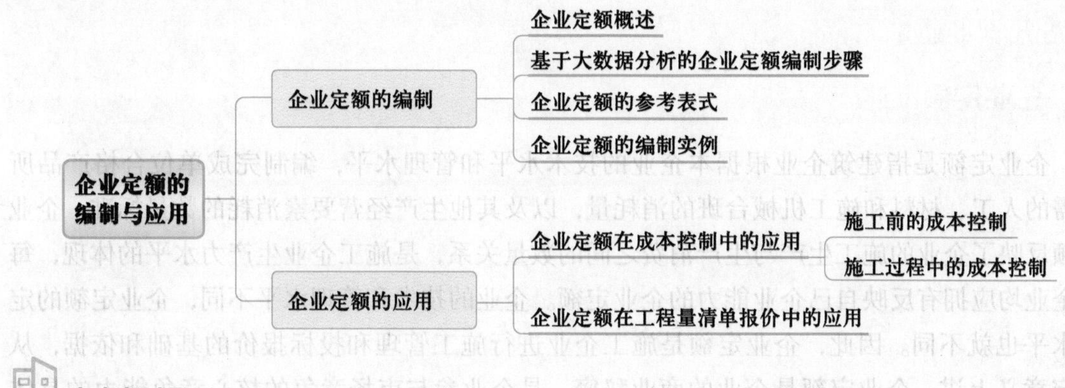

案例引入

楚雄职教办公楼招标通知

1. 工程概况

楚雄职教办公楼地处 ×× 市北部，地块西至向山路，东至经一路，北为纬一路，南为北清路，为二类办公用地项目。本项目建设范围为职教办公楼地块，有办公楼一栋，建筑总高度25.5 m，一层层高4.5 m，二层层高4.2 m，标准层高3.9 m，总建筑面积7 895.70 m^2，其中地上建筑面积6 654.24 m^2，地下建筑面积1 241.46 m^2；层数为5+1，其中地上5层，地下1层，1～4层为办公区域，5层为住宿区。

本项目包含的专业有建筑、结构、机电、幕墙、装饰等专业，其中主楼为现浇及装配式结构、报告厅为钢结构、屋顶亭子为木结构。安全等级三级，设计使用年限分类及使用年限3类，50年，8度抗震设防。

2. 投标人资格要求

本项目招标要求投标人是具备房屋建筑工程施工总承包一级及以上资质的施工企业，并在人员、设备、资金等方面具有相应的施工能力，×× 市住房和城乡建设委员会公布的最新信用评价为C级及以上企业。

本项目吸引多家企业参与竞争。哪个企业可以中标该项目呢？其中各企业的报价是关键因素之一。企业报价的依据又是什么呢？通过本项目的学习，让你对“企业定额”有更深入的认识。

任务 4.1.1 企业定额的编制

【知识准备】

一、企业定额概述

微课：企业定额的编制与应用基础知识

企业定额的性质特点、作用及表现形式

企业定额的编制依据、原则和方法

企业定额是指建筑企业根据本企业的技术水平和管理水平，编制完成单位合格产品所必需的人工、材料和施工机械台班的消耗量，以及其他生产经营要素消耗的数量标准。企业定额反映了企业的施工生产与生产消费之间的数量关系，是施工企业生产力水平的体现，每个企业均应拥有反映自己企业能力的企业定额。企业的技术和管理水平不同，企业定额的定额水平也就不同。因此，企业定额是施工企业进行施工管理和投标报价的基础和依据，从一定意义上讲，企业定额是企业的商业秘密，是企业参与市场竞争的核心竞争能力的具体表现。

企业定额在不同的历史时期有着不同的概念。在计划经济时期，企业定额也称为“临时定额”，是国家统一定额或地方定额中缺项定额的补充，它仅限于企业内部临时使用，而不是一级管理层次。在市场经济条件下，企业定额有着新的概念，它是企业参与市场竞争和自主报价的依据。目前大部分施工企业都以国家或行业制定的工程量清单、预算定额作为施工管理、工料分析和成本核算的依据。随着市场化改革的不断深入和发展，施工企业以工程量清单、预算定额（消耗量定额）和人工定额为参照，逐步建立起反映企业自身施工管理水平和技术装备程度的企业定额。

企业定额应制定得合理，能反映平均先进水平，既要看到目前水平，又要充分估计广大职工的积极性。如果定额定得偏低，成本控制就会失去意义；反之，脱离实际，要求过高，就会使职工丧失信心。并且，随着科学技术的进步和施工组织管理水平及其他条件的变化，定额也应进行及时的修订。

二、基于大数据分析的企业定额编制步骤

编制企业定额的关键工作是确定人工、材料和机械台班的消耗量，计算分项工程单价或综合单价。企业定额的编制过程是一个系统而又复杂的过程，在消耗量测定环节加入大数据样本产生技术对传统方法测定的消耗量数据进行处理，生成大量样本数据，缩短现场测定数据的时间，进而在大量真实有效的数据基础上，为后续消耗量预测模型的构建提供数据支持，以此编制的定额具有较高的参考价值。结合大数据分析技术，其编制步骤见图 4–1。

三、企业定额的参考表式

企业实体消耗定额的内容包括总说明、册说明、章节说明、工程量计算规则、分项工程工作内容、定额计量单位、定额代码、定额编号、定额名称，以及人工、材料、机械的编码、名称、消耗量和市场价、定额标号等。表 4–1、表 4–2 为某企业消耗定额表式。

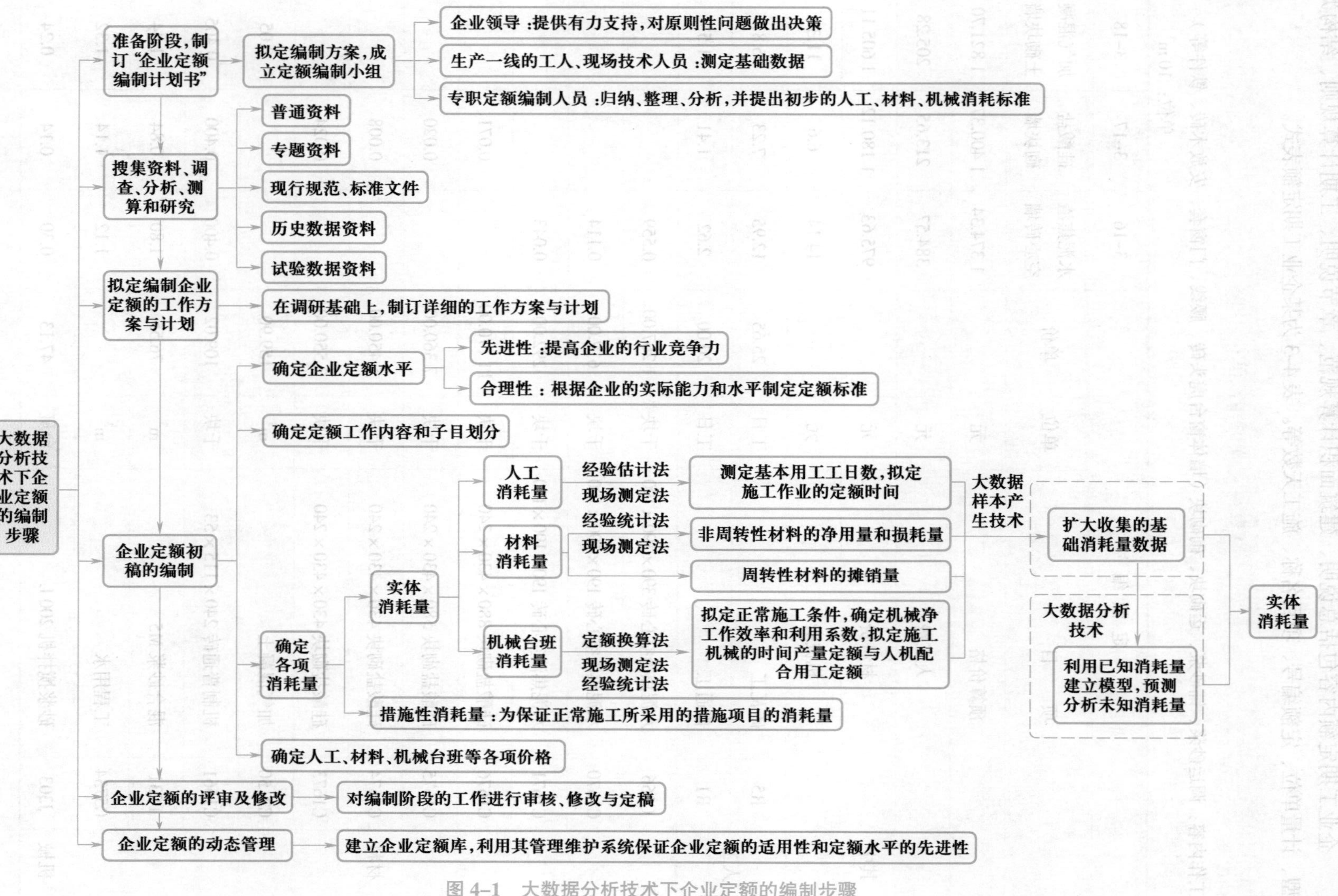

图 4-1　大数据分析技术下企业定额的编制步骤

企业工期定额内容包括总说明、建筑面积计算规范、章节说明、工期计算规则、结构类型、计量单位、定额编号、项目名称、施工天数等。表 4–3 为某企业工期定额表式。

表 4–1　砌块墙工程

工作内容：调运砂浆、铺砂浆、运砌块、砌砌块（墙体窗台虎头砖、腰线、门窗套，安放木砖、铁件等）。

单位：10 m^3

定额编号					3–16	3–17	3–18
项目			单位	单价	水泥焦渣空心砖墙	硅酸盐砌块墙	加气混凝土砌块墙
预算价格			元		1 374.34	1 400.37	1 821.70
其中	人工费		元		384.57	213.65	205.28
	材料费		元		975.63	1 180.12	1 605.11
	机械费		元		14.14	6.6	11.31
人工	R5	砖瓦工	工日	25.65	12.95	7.23	6.81
	R1	普通工	工日	20.00	2.62	1.41	1.53
材料	C166	水泥焦渣空心砖 390 × 190 × 190	千块	1 267.00	0.559		
	C1670	水泥焦渣空心砖 190 × 190 × 190	千块	617.00	0.114		
	C1671	水泥焦渣空心砖 190 × 190 × 190	千块	292.00	0.043		
	C1676	硅酸盐砌块 880 × 430 × 240	千块	11 170.00		0.071	
	C1675	硅酸盐砌块 580 × 430 × 240	千块	7 360.00		0.020	
	C1674	硅酸盐砌块 430 × 430 × 240	千块	5 450.00		0.008	
	C1673	硅酸盐砌块 430 × 430 × 240	千块	3 550.00		0.024	
	C2150	加气混凝土	m^3	159.90			9.05
	C1661	机制普通砖 240 × 115 × 53	千块	109.02	0.400	0.400	0.405
	P231	混合砂浆 M5	m^3	76.55	1.80	0.84	1.44
	C5734	工程用水	m^3		1.12	1.14	1.32
机械	J303	砂浆搅拌机 200 L	台班	47.13	0.30	0.14	0.24

表 4–2　现浇构件钢筋工程

工作内容：钢筋配制、绑扎、安装。

定额编码					6–5	6–6	6–7	6–8
项目			单位	单价	现浇混凝土构件			
					圆钢筋 /mm			
					ϕ14	ϕ16	ϕ18	ϕ20
预算价格			元		2 554.23	2 594.49	2 482.12	2 456.16
其中		人工费	元		191.05	190.50	176.05	159.75
		材料费	元		2 309.04	2 321.31	2 234.34	2 235.56
		机械费	元		54.14	82.68	71.73	60.85
人工	R17	钢筋工	工日	27.50	5.10	2.54	4.70	4.26
	R1	普通工	工日	20.00	2.54	5.08	2.34	2.13
材料	C4	圆钢 14	kg	2.18	1 050.00	—		
	C5	圆钢 16	kg	2.18		1 050.00		
	C6	圆钢 18	kg	2.18			1 010.00	
	C7	圆钢 20	kg	2.18		—		1 010.00
	C323	镀锌钢丝 0.7 mm（22 号）	kg	3.74	3.39	2.6	2.05	1.67
	C3295	电焊条 / 结 422	kg	3.68	2.00	5.98	6.63	7.37
	C5734	工程用水	m^3	2.75	—	0.21	0.17	0.14
机械	J320	钢筋调直机 ϕ14	台班	38.88	0.21	0.17	—	—
	J321	钢筋切断机 ϕ40	台班	39.52	0.11	0.11	0.11	0.11
	J322	钢筋弯曲机 ϕ40	台班	23.99	0.42	0.42	0.35	0.35
	J425	直流电焊机功率 30 kW	台班	105.15	0.30	0.41	0.42	0.34
	J430	对焊机容量 75 kVA	台班	123.51		0.15	0.12	0.10

表 4–3　±0.000 以上综合楼工程

编号	结构类型	层数	建筑面积 /m^2	施工天数 /d	
				总工期	其中：结构
1–358	框架结构	18 层以下	15 000 以内	330	120
1–359			20 000 以内	340	135
1–360			25 000 以内	350	150
1–361			30 000 以内	370	170
1–362			30 000 以外	390	190
1–363		20 层以下	15 000 以内	360	125
1–364			20 000 以内	370	140
1–365			25 000 以内	390	155

续表

编号	结构类型	层数	建筑面积 /m²	施工天数 /d	
				总工期	其中：结构
1-366	框架结构	20 层以下	30 000 以内	410	175
1-367			30 000 以外	430	200
1-368		22 层以下	15 000 以内	390	135
1-369			20 000 以内	400	150
1-370			25 000 以内	415	170
1-371			30 000 以内	430	190
1-372			30 000 以外	460	210
1-373		24 层以下	20 000 以内	420	160
1-374			25 000 以内	440	180
1-375			30 000 以内	470	210
1-376			30 000 以外	500	240
1-377		26 层以下	20 000 以内	440	170
1-378			25 000 以内	460	190
1-379			30 000 以内	490	220
1-380			30 000 以外	520	250

四、企业定额的编制实例

以某企业定额 $\phi 8$ mm 的钢筋制作与安装工程项目编制为例进行说明。

1. 编制依据

1）参考《全国建筑安装工程统一劳动定额》及《全国建筑安装工程统一劳动定额编制说明》。

2）企业内部实测数据。

2. 施工方法

施工现场统一配料，集中加工，配套生产，流水作业。

机械制作指通过机械设备和工具，将原材料或零部件加工成成品的过程，通常用到调直机、卷扬机、切断机、弯曲机等机械设备。

1）平直：采用调直机调直或卷扬机拉直（冷拉）。

2）切断：采用切断机切断。

3）弯曲：采用弯曲机弯折。钢筋弯曲程度以弯曲钢筋占构件钢筋总量的 60% 为准。

钢筋的绑扎采用一般工具，手工操作。

原材料及半成品的水平运输，用人力或双轮车搬运。机械垂直运输不分塔吊、机吊，半成品用人力和机械配合运输。

3. 工作内容

（1）钢筋制作

1）平直：包括取料、解捆、开拆、平直（调直、拉直）及钢筋必要的切断、分类堆放到指定地点及 30 m 以内的原材料搬运等（不包括过磅）。

2）切断：包括配料、画线、标号、堆放及操作地点的材料取放和清理钢筋头等。

3）弯曲：包括放样、画线、弯曲、捆扎、标号、垫棱、堆放、覆盖以及操作地点 30 m 以内材料和半成品的取放。

（2）钢筋绑扎

1）清理模板内杂物、木屑、烧断铁丝。

2）按设计要求绑扎成型并放入模内，捣制构件，除混凝土另有规定外，均需安放垫块等。

3）捣制构件包括搭拆施工高度在 3.6 m 以内的简单架子。

4）地面 60 m 的水平运输和取放半成品，捣制构件并包括人力一层和机械六层（或高 20 m）以内的垂直运输，以及建筑物底层或楼层的全部水平运输。

4. 人工、材料、机械消耗量计算和有关说明

（1）人工消耗量计算和说明

1）除锈：按钢筋总重量的 25% 计算，用工详见《全国建筑安装工程统一劳动定额编制说明》附录二，时间定额取定 2.94 工日 /t。

2）平直：按机械平直 100% 计算，用工详见《全国建筑安装工程统一劳动定额编制说明》附录一，时间定额取定 1.19 工日 /t。

3）切断：以劳动定额为基础，按企业内部调查资料确定的综合权数综合计算，见表 4–4。

表 4–4　现浇构件钢筋切断用工消耗量计算表　　单位：t

<table>
<tr><th rowspan="2">钢筋直径 /mm</th><th rowspan="2">劳动定额</th><th colspan="6">切断长度在（m）以内</th><th rowspan="2">综合取定</th></tr>
<tr><th>1</th><th>2</th><th>3</th><th>4.5</th><th>6</th><th>9</th></tr>
<tr><td rowspan="2">$\phi 8$</td><td>时间定额</td><td>0.704</td><td>0.528</td><td>0.433</td><td>0.380</td><td>0.376</td><td>0.316</td><td rowspan="2">0.525</td></tr>
<tr><td>内部综合权数</td><td>20</td><td>50</td><td>15</td><td>10</td><td>3</td><td>2</td></tr>
</table>

4）弯曲：以劳动定额为基础，按企业内部调查资料确定的综合权数综合计算，见表 4–5。

5）绑扎：以劳动定额为基础，按企业内部调查资料确定的综合权数综合计算，见表 4–6。

表 4–5　现浇构件钢筋弯曲用工消耗量计算表　　单位：t

<table>
<tr><th rowspan="2">钢筋直径 /mm</th><th colspan="3">项目
弯头在（2、6、8）个以内</th><th colspan="5">长度在（m）以内</th><th rowspan="2">综合（一）</th><th rowspan="2">综合权数</th><th rowspan="2">综合</th></tr>
<tr><th>1</th><th>2</th><th>3</th><th>4.5</th><th>6</th></tr>
<tr><td rowspan="6">$\phi 8$</td><td rowspan="6">机械弯曲</td><td rowspan="2">2</td><td>时间定额</td><td>1.534</td><td>0.874</td><td>0.703</td><td>0.664</td><td>0.641</td><td rowspan="2">0.821</td><td rowspan="2">50</td><td rowspan="6">1.27</td></tr>
<tr><td>内部综合权数</td><td>10</td><td>30</td><td>25</td><td>25</td><td>10</td></tr>
<tr><td rowspan="2">6</td><td>时间定额</td><td>2.988</td><td>1.81</td><td>1.62</td><td>1.408</td><td>1.405</td><td rowspan="2">1.671</td><td rowspan="2">40</td></tr>
<tr><td>内部综合权数</td><td>5</td><td>30</td><td>30</td><td>25</td><td>10</td></tr>
<tr><td rowspan="2">8</td><td>时间定额</td><td>4.228</td><td>2.532</td><td>2.11</td><td>1.762</td><td>1.688</td><td rowspan="2">1.946</td><td rowspan="2">10</td></tr>
<tr><td>内部综合权数</td><td>0</td><td>10</td><td>35</td><td>35</td><td>20</td></tr>
</table>

表 4-6　$\phi 8$ 钢筋绑扎用工消耗量计算表　单位：t

施工工序名称	单位	数量	内部权数 /%	劳动定额				备注
				定额编号	工种	时间定额	工日	
(1)	(2)	(3)	(4)	(5)	(6)	(7)	(8)=(3)×(4)×(7)	
地面	t	1.0	5	9–2–37	钢筋	3.03	0.152	
墙面	t	1.0	10	9–5–94	钢筋	6.25	0.625	
电梯井、通风道等	t	1.0	5	9–5–102	钢筋	8.33	0.417	
平板、屋面板（单向）	t	1.0	5	9–6–107	钢筋	4.35	0.218	
平板、屋面板（双向）	t	1.0	8	9–6–110	钢筋	5.56	0.445	
筒形薄板	t	1.0	2	9–6–114	钢筋	7.14	0.143	
楼梯	t	1.0	3.5	9–7–120	钢筋	9.26	0.324	
阳台、雨篷等	t	1.0	1.5	9–7–126	钢筋	12.30	0.185	
拦板、扶手	t	1.0	3	9–7–129	钢筋	20.00	0.60	
暖气沟等	t	1.0	2	9–7–131	钢筋	9.09	0.182	
盥洗池、槽	t	1.0	3	9–7–140	钢筋	10.0	0.30	
水箱	t	1.0	2	9–7–142	钢筋	6.25	0.125	
化粪池	t	1.0	2	9–7–146	钢筋	7.46	0.149	
墙压顶	t	1.0	3	9–7–149	钢筋	10.00	0.30	
小计							4.165	

6）钢筋成品保护：经实际测定，取定 0.45 工日 /t。

7）定额项目人工消耗量计算，见表 4-7。

表 4-7　定额项目人工消耗量计算表　单位：t

工作内容	钢筋除锈、制作、绑扎、安装						
操作方法质量要求							
施工操作工序名称及工作量				用工计算	工种	时间定额	工日数
名称		单位	数量				
	1	2	3	4	5	6	7=3×6
劳动力计算	除锈	t	0.25	详见计算表（此处略）	钢筋	2.94	0.735
	平直	t	1.00		钢筋	1.19	1.19
	切断	t	1.00		钢筋	0.525	0.525
	弯曲	t	1.00		钢筋	1.27	1.27
	绑扎	t	1.00		钢筋	8.742	8.742
	成品保护用工	t	1.00		钢筋	0.45	0.45
				小计			12.912
人工幅度差 10%				1.29	合计		14.2

（2）材料消耗量计算和说明

1）钢筋绑扎用量的计算。依据企业内部多项工程测算，综合取定钢筋重量 17.75 t，综合取定长度 220 mm/ 根的 22 号绑扎铁丝用量 156.28 kg，每吨钢筋用 22 号铁丝 8.8 kg。

2）钢筋用量的计算。首先根据图纸计算出净用量，然后结合企业内部多项工程的实测数据，取定钢筋的损耗率为 1.5%。

3）定额项目材料消耗量计算，见表 4–8。

表 4–8　定额项目材料计算表

计算依据或说明						
	名称	规格	单位	计算量	损耗率 %	消耗量
主要材料	圆钢筋	$\phi8$	t	1.0	1.5	1.015
	镀锌铁丝	22 号	kg			8.8

（3）机械台班消耗量计算和说明

1）有关数据如下。

钢筋调直机、钢筋切断机、钢筋弯曲机机械台班使用量 =1 t 钢筋 ×（1÷ 钢筋制作每工产量 × 小组成员人数）（4–1）

小组成员人数取定：调直机 3 人；切断机 3 人（切断长度 6 m）；弯曲机 2 人。

2）钢筋调直机、钢筋切断机、钢筋弯曲机机械台班使用量均以劳动定额为基础计算，见表 4–9，定额项目机械台班消耗量计算见表 4–10。

表 4–9　定额项目钢筋调直机、钢筋切断机、钢筋弯曲机机械台班使用量计算表

机械	预算定额	劳动定额					
	钢筋直径 /mm	定额编号	单位	每工产量	小组人数	台班产量	台班使用量计算 / 台班
钢筋调直机	$\phi8$	9–17–308（一）	t	0.84	3	2.52	1/2.52=0.40
钢筋切断机	$\phi8$	9–17–308（二）	t	1.54	3	4.62	1/4.62=0.22
钢筋弯曲机	$\phi8$	9–17–308（三）	t	1	2	2	1/2 × 60%=0.3

注：$\phi8$ 机械弯曲比例按 60% 计算。

表 4–10　定额项目机械台班消耗量计算表

工程内容	钢筋调直、切断、弯曲					
	施工操作			机械名称	台班用量计算	机械使用量 / 台班
	工序	数量	单位			
机械台班计算	1	2	3	4	5	6
	钢筋调直	1.0	t	调直机	表 4–9	0.40
	钢筋切断	1.0	t	切断机	表 4–9	0.22
	钢筋弯曲	1.0	t	弯曲机	表 4–9	0.30

企业定额编制拓展案例

3）综上所述，现浇构件 $\phi 8$ 钢筋工程人工、材料、机械台班消耗量定额见表 4–11。

表 4–11　钢筋工程人工、材料、机械台班消耗量定额

工作内容：钢筋配制、绑扎、安装。

定额编号				6–2
项目		单位	单价	现浇混凝土构件 圆钢筋 /mm $\phi 8$
预算价格		元		
其中	人工费	元		
	材料费	元		
	机械费	元		
人工	钢筋工	工日		14.2
材料	圆钢 $\phi 8$	kg		1 015
	镀锌铁丝（22 号）	kg		8.80
机械	钢筋调直机	台班		0.40
	钢筋切断机	台班		0.22
	钢筋弯曲机	台班		0.30

注：上述消耗量定额中的人工、材料、机械单价以当期市场价计入，合成当期企业定额单价。

微课：钢管脚手架企业定额项目编制实例

【项目实训】

【任务目标】

1. 掌握企业定额的编制原则、方法和依据。
2. 能根据给定情境完成水泥砂浆砌砖基础企业定额的编制。

【项目背景】

1. 项目名称：水泥砂浆砌砖基础

2. 砖基础类型比例及标准砖净用量

等高式砖基础 60%：每立方米砌体标准砖净用量 522.85 块。

不等高式砖基础 40%：每立方米砌体标准砖净用量 523.15 块。

3. 增加用工

砖基础埋深超过 1.5 m 应增加用工 0.06 工日 /10 m^3。

4. 砖基础墙厚比例

1 砖厚基础墙：50%；1.5 砖厚基础墙：20%；2 砖厚基础墙：20%。

2 × 2.5 砖柱基：10%。

5. 材料超运距

柱准砖为 100 m；砂浆为 100 m。

6. 材料损耗率

标准砖为 0.5%；砂浆为 1.5%。

项目实训参考答案

【任务要求】

1）根据上述有关依据和表 4–12 中的数据，计算砖基础企业定额人工消耗量，并将结果填入表 4–12。

表 4–12 企业定额项目用工量计算表

章名称：砖石 节名称：砌砖 项目名称：基础 子目名称：砖基础 定额单位：10 m³

<table>
<tr><td>工程内容</td><td colspan="7">清理地槽、坑，递砖、调制砂浆。砌砖基础、砖垛，半成品水平运输等</td></tr>
<tr><td>操作方法
质量要求</td><td colspan="7">砖砌体水平灰缝和垂直灰缝以 10 mm 为准，水平灰缝饱满度应不低于 80%，竖缝错开，不应有通缝</td></tr>
<tr><td rowspan="13">用工量计算</td><td colspan="3">施工操作工序及工程量</td><td colspan="3">人工定额</td><td rowspan="2">工日数</td></tr>
<tr><td>名称</td><td>数量</td><td>单位</td><td>定额编号</td><td>工种</td><td>时间定额</td></tr>
<tr><td>①</td><td>②</td><td>③</td><td>④</td><td>⑤</td><td>⑥</td><td>②×⑥</td></tr>
<tr><td>砖基础 1 砖厚</td><td></td><td>m³</td><td>§ 5–1–1（一）</td><td>砖工</td><td>0.98</td><td></td></tr>
<tr><td>砖基础 1.5 砖厚</td><td></td><td>m³</td><td>§ 5–1–2（一）</td><td>砖工</td><td>0.95</td><td></td></tr>
<tr><td>砖基础 2 砖厚</td><td></td><td>m³</td><td>§ 5–1–3（一）</td><td>砖工</td><td>0.924</td><td></td></tr>
<tr><td>2×2.5 砖基础</td><td></td><td></td><td>§ 5–1–21（二）</td><td>砖工</td><td>1.57</td><td></td></tr>
<tr><td></td><td></td><td></td><td></td><td></td><td></td><td></td></tr>
<tr><td>埋深超过 1.5 m 加工</td><td>10</td><td>m³</td><td>附注</td><td>砖工</td><td>0.006</td><td></td></tr>
<tr><td>超运距加工</td><td></td><td></td><td></td><td></td><td></td><td></td></tr>
<tr><td>标准砖 100 m</td><td>10</td><td>m³</td><td></td><td>普工</td><td>0.16</td><td></td></tr>
<tr><td>砂浆 100 m</td><td>10</td><td>m³</td><td></td><td>普工</td><td>0.012</td><td></td></tr>
<tr><td>小计</td><td></td><td></td><td></td><td></td><td></td><td></td></tr>
</table>

2）根据上述有关依据和表 4–13 中的数据，计算砖基础企业定额材料消耗量，并将结果填入表 4–13。

表 4–13 企业定额项目材料用量计算表

章名称：砖石 节名称：砌砖 项目名称：基础 子目名称：砖基础 定额单位：10 m³

<table>
<tr><td>计算过程</td><td>1. 计算依据
（1）采用理论公式计算材料净用量
（2）根据现场测定资料取定材料损耗率
2. 根据等高式砖基础测定资料确定增加或减少体积百分比
（1）附墙柱放脚宽应增加 0.257 5%
（2）T 形接头放脚重复部分应减少 0.785%
增减相抵后的百分比 =
3. 计算标准砖的定额净用量
标准砖净用量 =
4. 计算砂浆的定额净用量
通过计算，每立方米砖基础砂浆净用量为 m³
砂浆净用量 =</td></tr>
</table>

续表

材料用量	名称	规格	单位	净用量	损耗率	定额消耗量	备注
	标准砖						
	砂浆						
	水		m^3			1.05	

任务 4.1.2 企业定额的应用

【知识准备】

企业定额的建立和运用可以提高企业管理水平，是企业科学地进行经营决策的依据。它对加强成本管理、挖掘企业降低成本潜力、提高经济效益具有重大意义。企业定额是施工企业完成工程实体消耗的各种人工、材料、机械和其他费用的标准，量体现在定额消耗水平上，而价则反映在实现工程报价的过程中。依据企业定额报价，能够较为准确地体现施工企业的实际管理水平和施工水平。

一、企业定额在成本控制中的应用

1. 施工前的成本控制

（1）工程投标阶段

企业根据工程概况、招标文件以及企业定额，结合建筑市场和竞争对手的情况，进行成本预测，提出投标决策意见；招标以后，根据项目的建设规模，组建与之相适应的项目经理部，同时以标书为依据确定项目的成本目标，并下达给项目经理部。

（2）施工准备阶段

根据设计图样和有关技术资料，制订出科学先进、经济合理的施工方案；根据企业下达的成本目标，编制详细而具体的成本计划，作为部门、施工队和班组的责任成本落实下去，为今后的成本控制做好准备。

（3）间接费用预算的编制及落实

根据项目建设时间的长短和参加建设人数的多少，编制间接费用预算，并对上述预算进行明细分解，以项目经理部有关部门（或业务人员）责任成本的形式落实下去，为今后的成本控制和绩效考核提供依据。

2. 施工过程中的成本控制

在施工过程中，设计变更、现场签证等工程内容的增减是不可避免的。工程内容的增减，就会带来材料费用的变更、人工费用的变更、施工工期的变更，有时还会带来机具费用的变更。变更是成本控制的核心管理内容，应用企业定额，输入工作量的增减变更，就可以轻松解决上述诸多变更费用同步产生的问题，及时计算出“人工、材料、机械分析清单增减表”，相应更新成本控制指标。项目管理中要跟踪的管理内容很多，变更管理就是其中一项重要的跟踪管理内容。

施工过程中的成本控制措施如下。

1）加强施工任务单和限额领料单（表 4–14）的管理。

表 4–14　限额领料单

编号：　　　　　　　　　　　　　　　　　　　　　　　日期：年　　月　　日

<table>
<tr><td>领料部门</td><td>钢筋班组</td><td></td><td>发料仓库</td><td></td><td>用途</td><td colspan="3"></td></tr>
<tr><td rowspan="2">材料编号</td><td rowspan="2">材料名称及规格</td><td rowspan="2">计量单位</td><td rowspan="2">计划投产量</td><td rowspan="2">单位消耗定额</td><td rowspan="2">领用限额</td><td colspan="3">实发</td></tr>
<tr><td>数量</td><td>单价</td><td>金额</td></tr>
<tr><td></td><td></td><td></td><td></td><td></td><td></td><td></td><td></td><td></td></tr>
<tr><td rowspan="2">日期
（月 / 日）</td><td colspan="3">领用记录</td><td colspan="3">退料记录</td><td colspan="2" rowspan="2">限额结余数量</td></tr>
<tr><td>数量</td><td>领料人</td><td>发料人</td><td>数量</td><td>退料人</td><td>收料人</td></tr>
<tr><td></td><td></td><td></td><td></td><td></td><td></td><td></td><td colspan="2"></td></tr>
<tr><td colspan="2">生产计划主管</td><td></td><td colspan="2">物控主管</td><td></td><td>仓管员</td><td colspan="2"></td></tr>
</table>

2）将施工任务单和限额领料单的结算资料与施工预算进行核对，计算分部分项工程的成本差异，分析差异产生的原因，并采取有效的纠偏措施。

3）做好月度成本原始资料的收集和整理，正确计算月度成本，分析月度预算成本与实际成本的差异，并采取措施加以纠正。

4）在月度成本核算的基础上，实行责任成本核算。

5）定期检查各责任部门和责任者的成本控制情况，检查成本控制责、权、利的落实情况（一般为每月一次）。

工程成本的管理是综合反映一个企业经营水平的重要指标，它集中反映了施工企业各方面的实力。尤其是现在众多工程在投标时采用“合理低价中标”的情况下，进一步明确企业的竞争实力是一个关键。

二、企业定额在工程量清单报价中的应用

在传统定额计价方式下，施工企业根据国家或地方颁布的统一消耗量标准、计算规则和计算依据，计算出定额直接工程费用、各种相关费用以及利润和税金，最后形成建筑产品的造价。在这种模式下，招标人编制控制价与投标人编制报价都是按相同定额、相同图样、相同技术规程进行计算与报价，不能真正体现投标单位的施工、技术和管理水平。

在工程量清单计价模式下，投标企业首先要依据现场情况和招标文件的要求，制订比较可行的施工方案，然后依据施工方案，再考虑市场竞争和风险情况，并结合企业内部定额，依据本企业的技术专长、施工机械装备程度、材料来源渠道及价格情况、内部管理水平确定一个比较有竞争力的利润水平，最终得到对外报价。其中，清单综合单价的确定是关键的一步，清单综合单价一旦确定，后续的清单计价工作就可以以清单综合单价为基础，顺理成章地完成计算。

【项目实训】

项目实训
参考答案

【任务目标】

1. 熟悉企业定额的基础知识。
2. 掌握企业定额的应用。

【项目背景】

已知楚雄职教办公楼项目的 ϕ8 mm 钢筋的图示用量为 100 t，钢筋工程人工、材料、机械台班消耗量定额见表 4–11。

【任务要求】

1. 确定楚雄职教办公楼项目 ϕ8 mm 钢筋配制、绑扎、安装的人工、材料、机械台班用量。

2. 人工、材料、机械台班的单价见表 4–15，试计算 ϕ8 mm 钢筋配制、绑扎、安装所需人工费、材料费、机械台班费。

表 4–15　人工、材料、机械台班单价

名称	单价
钢筋工	150 元 / 工日
ϕ8 mm 钢筋	3 000 元 /t
镀锌铁丝（22 号）	2 500 元 /t
钢筋调直机	500 元 / 台班
钢筋切断机	200 元 / 台班
钢筋弯曲机	500 元 / 台班

小结与关键概念

小结：建筑施工企业为适应工程计价的改革，就必须更新观念，未雨绸缪，适应环境，以市场价格为依据形成建筑产品价格，按照市场经济规模建立符合企业自身实际情况和管理要素的有效价格体系，而这个价格体系中的重要内容之一就是“企业定额”。本项目主要介绍企业定额的编制和应用。

关键概念：企业定额、企业施工定额、企业计价定额。

综合训练

【习题与思考】

习题与思考答案

一、单选题

1. 企业定额是以（　　）为测定对象。

A. 工序　　B. 项目

C. 综合工作过程　　D. 工程类别

2. 企业定额编制是以（　　）确定消耗量水平的。

A. 企业自身生产消耗水平　　B. 社会必要劳动消耗

C. 社会平均水平　　D. 社会平均先进水平

3. 企业招投标中，优先采用的计价依据是（　　）。

A. 预算定额　　B. 概算定额　　C. 企业定额　　D. 概算指标

4. 施工企业现场核算中，根据实际完成工程量，按照（　　）消耗量标准与班组结算。

A. 企业定额　　B. 概算定额　　C. 预算定额　　D. 实际

5. 实现项目成本管理目标的基础与依据是（　　）。

A. 施工合同　　B. 标底

C. 预算定额工程量计算规则　　D. 企业定额

二、填空题

1. 企业定额的概念是____，别称为________。

2. 企业定额的组成包括________、________、________。

3. 企业定额的性质：________、________、________、________。

4. 企业定额的特点：________、________、________、________、________。

5. 企业定额常用的编制方法：________、________、________、________。

三、简答题

1. 企业定额的作用有哪些？

2. 企业定额的编制原则是什么？

3. 简述企业定额的编制依据。

4. 简述企业定额的编制步骤。

四、思考题

如何提高企业自身的企业定额水平？

【拓展训练】

拓展训练参考答案

【任务目标】

思考大数据与企业定额之间的关联。

【项目背景】

为顺利中标楚雄职教办公楼项目，你所在的公司希望你跟着你的师傅王工重新对公司的企业定额进行完善提升，在大数据的背景应用越来越广泛的基础上，你的师傅王工希望你寻找一些有关大数据与企业定额编制的资料以和他一起完成企业定额的编制。

【任务要求】

查找资料形成有关大数据与企业定额编制的研究现状报告。

微课：
案例分析

【案例分析】大数据预测技术在编制装配式建筑企业定额中的应用

发展绿色建筑是城市实现碳达峰、碳中和的重点，装配式建筑作为绿色建筑的典型代表近年来得到极大推广，然而企业定额的传统编制方法存在许多不足，制约着装配式建筑的快速发展。如何利用大数据的预测技术进行装配式建筑的企业定额编制呢?

项目 4.2
预算定额的编制与应用

【学习目标】

(1) 知识目标

① 了解预算定额、单位估价表的概念、作用；

② 熟悉预算定额与施工定额的区别，预算定额编制的原则、依据；

③ 掌握预算定额的编制步骤、编制方法。

(2) 能力目标

① 能够理解预算定额的编制依据、编制原理；

② 会应用预算定额进行套价。

(3) 素养目标

① 培养学生辩证的思维，严谨、细致的工作作风，科学客观、实事求是的学习态度；

② 提高学生的可持续发展意识。

【思维导图】

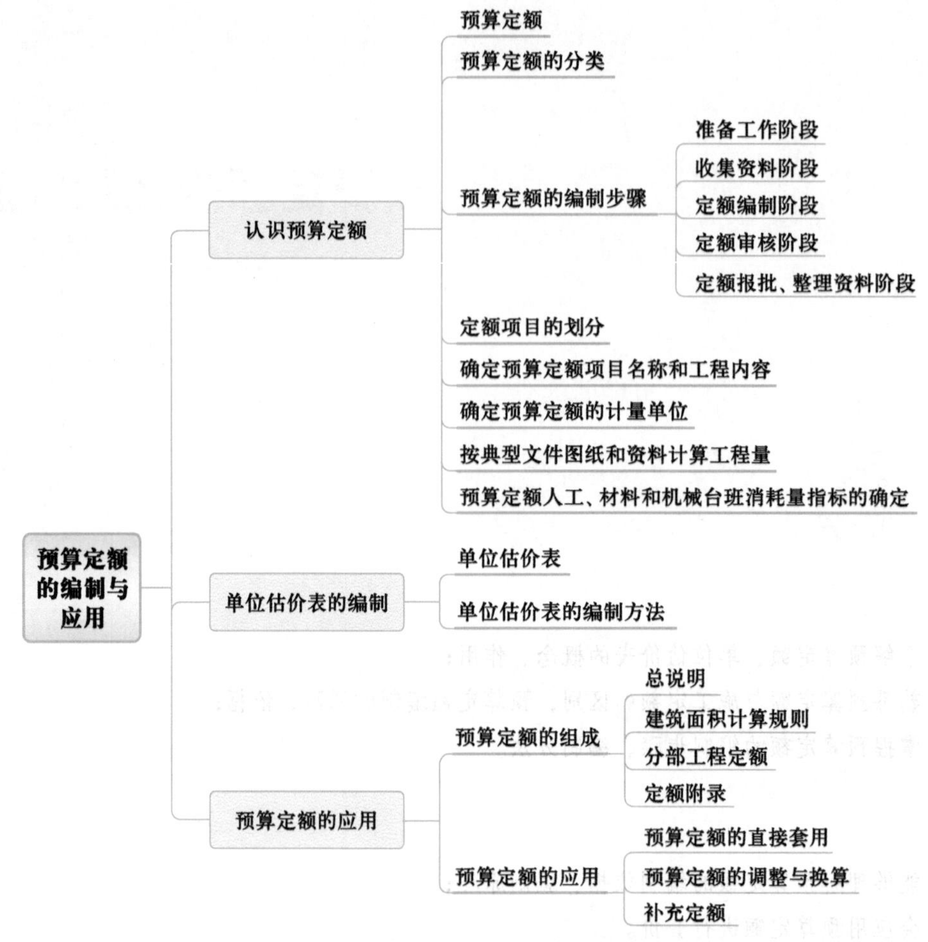

导言

预算定额的“取舍”

2020年7月24日，《住房和城乡建设部办公厅关于印发工程造价改革工作方案的通知》(建办标〔2020〕38号)中提出，优化概算定额、估算指标编制发布和动态管理，取消最高投标限价按定额计价的规定，逐步停止发布预算定额。取消定额后如何计价？对造价行业有什么影响？现行预算要作废了吗？在行业内引发热烈讨论。现行预算定额由于被作为国有投资项目最高投标限价、部分定额子目水平失真、更新时间漫长等问题被视为“计划经济的产物、工程造价市场化的绊脚石”，备受诟病。但我国预算定额是汇聚了工程技术、工程经济与工程管理学理论及经验，通过合理规划、科学测算、不断完善形成的专业齐全、涉及不同计价阶段的完整的工程造价数据，实践证明预算定额总体上比较客观、理性地反映了社会的必要劳动水平，具有一定的科学性、合理性。新时期怎样对预算定额进行改革，既不浪费成熟庞大的预算定额资源，又能满足市场决定工程造价的要求，是业内值得深思的问题。

我国除港澳台地区以外的31个省级行政区均发布有预算定额或消耗量定额或计价定额，适用于各省、直辖市、自治区行政区域内的建设工程。截至2022年底，对比北京、广东、广西、湖南、江苏、浙江、上海、四川、重庆9个省级行政区的房屋建筑与装饰工程预算定额中与消耗量相关的内容，发现各地区之间存在较大差异。9个地区的定额名称大致可以分为预算定额、消耗量定额、综合定额和计价定额等。浙江和上海的称作预算定额，北京的称作预算消耗量标准，广西的称作消耗量定额，湖南的称作消耗量标准，广东的称作综合定额，江苏、四川和重庆的称作计价定额。从9个典型地区的定额名称差异也可以看出各地定额的内容各有侧重。北京、浙江、上海、江苏和重庆的定额消耗量均由人工、材料、机械消耗量组成。广西、湖南和广东的定额消耗量中都去掉了人工消耗量，只保留了材料和机械消耗量。而四川不仅去掉了定额人工消耗量，还取消了定额机械消耗量，仅保留了定额材料消耗量。9个典型地区在消耗量方面均保留了材料消耗量，对人工消耗量和机械消耗量的取舍各异，由此可见，各地区预算定额消耗量的组成结构存在一定差异。

上述这种差异性或许为新时期怎样对预算定额进行改革提供了有效的参考价值。随着云技术、大数据及智能算法的逐步应用，采用人工智能方式管理工程造价信息将得到进一步发展。取消预算定额的发布，并不是完全的取消使用，而是为了更好地发展，取其精华，去其糟粕。

任务 4.2.1　认识预算定额

【知识准备】

一、预算定额

微课：预算定额的编制

建筑工程预算定额简称“预算定额”，是指在正常合理的施工条件下，规定完成一定计量单位分项工程或结构构件所必需的人工、材料、机械台班的消耗数量标准。

预算定额的作用

预算定额是由国家主管机关或被授权单位组织编制并颁发执行的一种技术经济指标，是工程建设中一项重要的技术经济文件，它的各项指标反映了国家对承包商和业主在完成施工承包任务中消耗的活化劳动和物化劳动的限度。这种限度体现了业主与承包商的经济关系，最终决定着一个项目的建设工程成本和造价。

二、预算定额的分类

建筑工程预算定额按管理权限和执行范围、专业性质及构成生产要素的不同进行分类，具体分类见图4–2。

三、预算定额的编制步骤

预算定额的编制大致可分为5个阶段：准备工作阶段、收集资料阶段、定额编制阶段、定额审核阶段和定稿报批、整理资料阶段，见图4–3。

预算定额与施工定额的关系

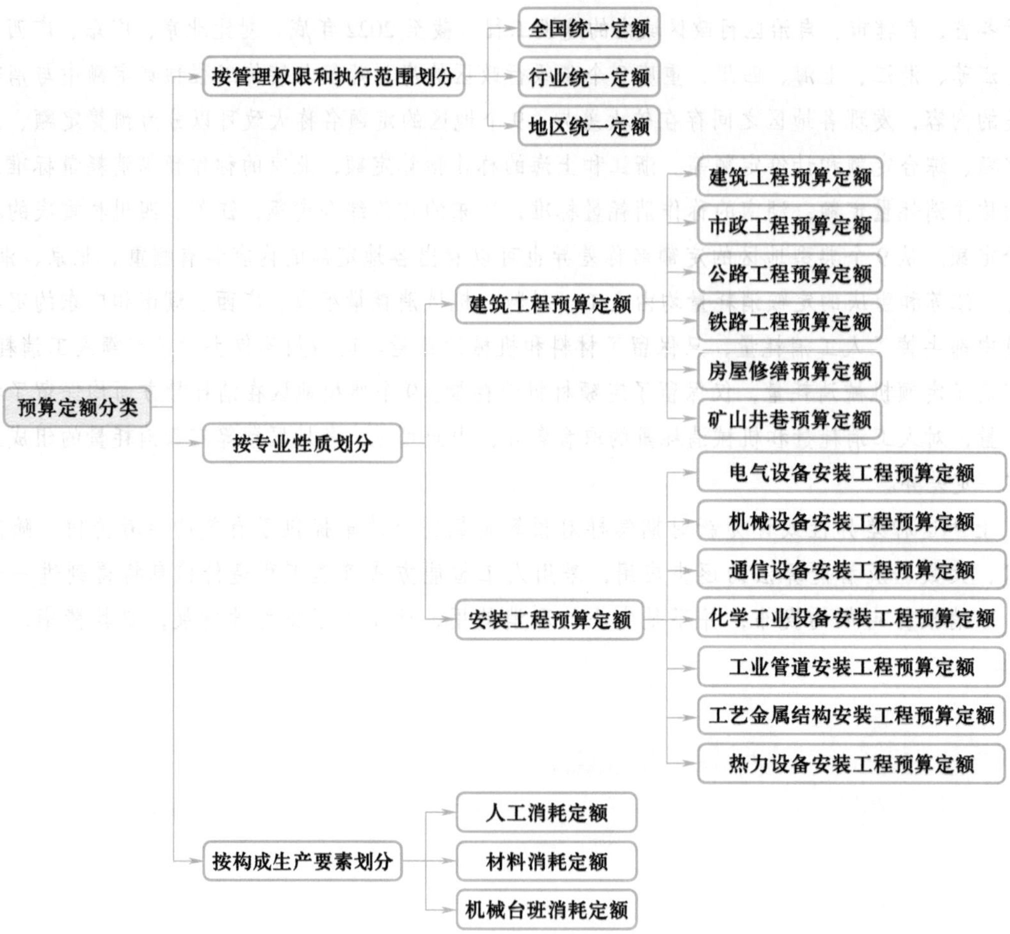

- 预算定额分类
  - 按管理权限和执行范围划分
    - 全国统一定额
    - 行业统一定额
    - 地区统一定额
  - 按专业性质划分
    - 建筑工程预算定额
      - 建筑工程预算定额
      - 市政工程预算定额
      - 公路工程预算定额
      - 铁路工程预算定额
      - 房屋修缮预算定额
      - 矿山井巷预算定额
    - 安装工程预算定额
      - 电气设备安装工程预算定额
      - 机械设备安装工程预算定额
      - 通信设备安装工程预算定额
      - 化学工业设备安装工程预算定额
      - 工业管道安装工程预算定额
      - 工艺金属结构安装工程预算定额
      - 热力设备安装工程预算定额
  - 按构成生产要素划分
    - 人工消耗定额
    - 材料消耗定额
    - 机械台班消耗定额

图 4–2　预算定额分类

1. 准备工作阶段

准备工作阶段主要有两项工作：一是确定定额编制机构，成立编制领导小组和专业编制小组；二是拟定编制方案，对编制过程中一些重大原则问题做出统一规定，包括以下内容。

1）定额项目和步距的划分要适当。定额项目和步距划分过细不但增加定额编制工作量，而且给以后编制预算工作带来麻烦；划分过粗则会使单位造价差异过大。

2）确定统一计量单位。定额项目的计量单位应能反映该分项工程的最终实物量，同时，要注意计算方法上的简便，定额只能按大多数施工企业普遍采用的一种施工方法作为计算人工、材料、施工机械定额的基础。

3）确定机械化施工和工厂预制的程度。施工的机械化和工厂化是建筑安装工程技术提高的标志，同样也是工程质量不断提高的保证。因此，必须按照现行的规范要求，选用先进的机械和扩大工厂预制程度，同时，也要兼顾大多数企业现有的技术装备水平。

4）确定设备和材料在现场内的水平运输距离和垂直运输高度，作为计算运输用人工和机具的基础。

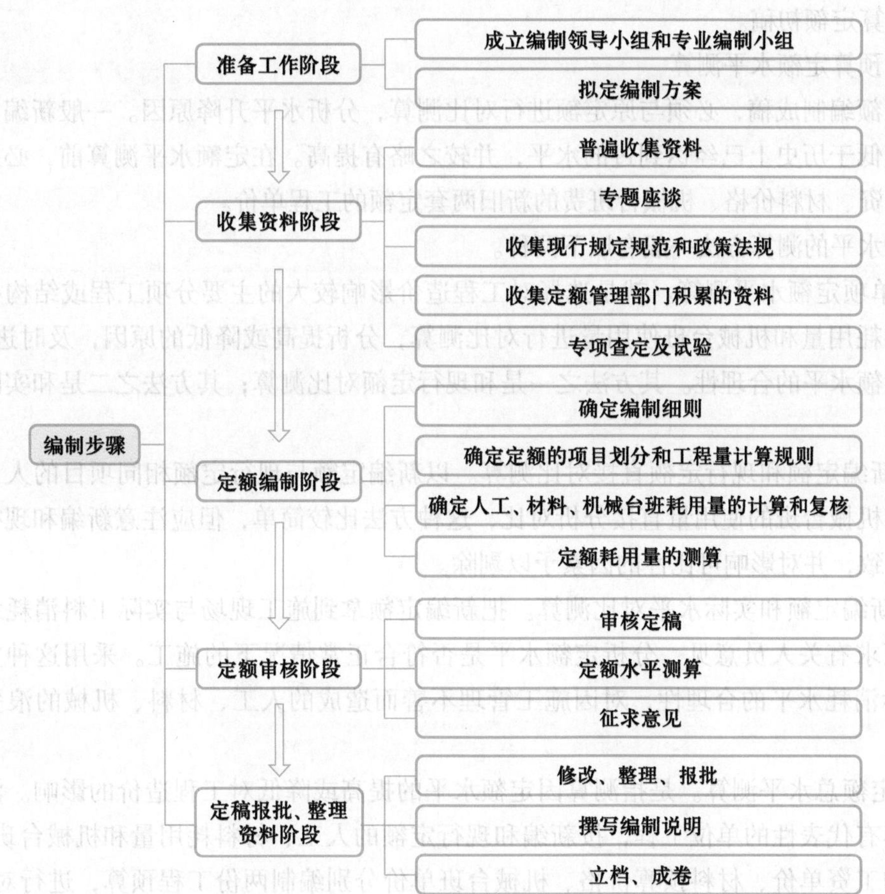

图 4–3 预算定额的编制步骤

预算定额的编制原则和依据

5）确定主要材料损耗率。对造价影响大的辅助材料，如电焊条，也编制安装工程中焊条的消耗定额，作为各册安装定额计算焊条消耗量的基础定额。对各种材料的名称要统一命名，对规格多的材料要确定各种规格所占比例，编制出规格综合价为计价提供方便，对主要材料要编损耗率表。

6）确定工程量计算规则，统一计算口径。

7）其他需要确定的内容

如定额表形式、计算表达式、数字精确度、各种幅度差等。

2. 收集资料阶段

通常收集现行有关定额资料和典型设计资料，现行有关规范、规程、标准，以及新技术、新结构、新材料和新工艺等有关资料，国家和各地区以往颁发的其他定额编制基础资料、价格及有关文件规定，根据收集到的有关资料，召开专题座谈讨论和开展专项查定及试验等工作。

3. 定额编制阶段

（1）编制预算定额初稿

在这个阶段，根据确定的定额项目和基础资料，进行反复分析和测算，编制定额项目劳动力计算表、材料及机械台班计算表，并附注有关计算说明，然后汇总编制预算定额项目表，即预算定额初稿。

（2）预算定额水平测算

新定额编制成稿，必须与原定额进行对比测算，分析水平升降原因。一般新编定额的水平应该不低于历史上已经达到过的水平，并较之略有提高。在定额水平测算前，必须编出同一工人工资、材料价格、机械台班费的新旧两套定额的工程单价。

定额水平的测算方法一般有以下两种。

1）单项定额水平测算。就是选择对工程造价影响较大的主要分项工程或结构构件的人工、材料耗用量和机械台班使用量进行对比测算，分析提高或降低的原因，及时进行修订，以保证定额水平的合理性。其方法之一是和现行定额对比测算；其方法之二是和实际水平对比测算。

① 新编定额和现行定额直接对比测算。以新编定额与现行定额相同项目的人工、材料耗用量和机械台班的使用量直接分析对比，这种方法比较简单，但应注意新编和现行定额口径是否一致，并对影响可比性的因素予以剔除。

② 新编定额和实际水平对比测算。把新编定额拿到施工现场与实际工料消耗水平对比测算，征求有关人员意见，分析定额水平是否符合正常情况下的施工。采用这种方法，应注意实际消耗水平的合理性，对因施工管理不善而造成的人工、材料、机械的浪费应予以剔除。

2）定额总水平测算。是指测算因定额水平的提高或降低对工程造价的影响。测算方法是选择具有代表性的单位工程，按新编和现行定额的人工、材料耗用量和机械台班使用量，用相同的工资单价、材料预算价格、机械台班单价分别编制两份工程预算，进行对比分析，测算出定额水平提高或降低比率，并分析其原因。采用这种测算方法，一是要正确选择常用的、有代表性的工程；二是要根据国家统计资料和基本建设工程。这样工作量大，计算复杂，但因综合因素多，能够全面反映定额的水平。在定额编制完成后，应进行定额总水平测算，以考核定额水平和编制质量。测算定额总水平后，还要根据测算情况，分析定额水平的升降原因。影响定额水平的因素很多，主要应分析其对定额的影响，施工规范变更的影响，修改现行定额误差的影响，改变施工方法的影响，调整材料损耗率的影响，材料规格变化的影响，调整劳动定额水平的影响，机械台班使用量和台班费变化的影响，其他材料费变化的影响，调整人工工资标准、材料价格的影响，其他因素的影响等，并测算出各种因素影响的比率，分析其是否正确合理。

同时，还要进行施工现场水平比较，即将上述测算水平进行分析比较，其分析对比的内容有规范变更的影响；施工方法改变的影响；材料损耗率调整的影响；材料规格对造价的影响；其他材料费变化的影响；人工定额水平变化的影响；机械台班定额和台班预算价格变化的影响；由于定额项目变更对工程量计算的影响等。

4. 定额审核阶段

定额初稿编制完成后，需要征求各有关方面意见和组织讨论，反馈意见。在统一意见的基础上整理分类，制订修改方案。

5. 定稿报批、整理资料阶段

（1）修改整理报批

按修改方案的决定，将初稿按照定额的顺序进行修改，并经审核无误后形成报批稿，经批准后交付印刷。

（2）撰写编制说明

为顺利地贯彻执行定额，需要编写新定额编制说明。其内容包括项目、子目数量；人工、材料、机械的内容范围；资料的依据和综合取定情况；定额中允许换算和不允许换算规定的计算资料；人工、材料、机械单价的计算和资料；施工方法、工艺的选择及材料运距的考虑；各种材料损耗率的取定资料；调整系数的使用；其他应该说明的事项与计算数据、资料。

（3）立档、成卷

定额编制资料是贯彻执行定额中需查对资料的唯一依据，也为修编定额提供历史资料数据，应作为技术档案永久保存。

四、定额项目的划分

建筑产品因结构复杂、形体庞大，所以，就整个产品来计价是不可能的。但可根据不同部位、不同消耗或不同构件，将庞大的建筑产品分解成各种不同的较为简单适当的计量单位（称为分部分项工程），作为计算工程量的基本构造要素，在此基础上编制预算定额项目。定额项目划分要求：便于确定单位估价表；便于编制施工图预算；便于进行计划、统计和成本核算工作。

五、确定预算定额项目名称和工程内容

预算定额项目名称是指一定计量单位的分项工程或结构构件及其所含子目的名称。定额项目和工程内容，一般是按施工工艺结合项目的规格、型号、材质等特征要求进行设置的，同时应尽可能反映科学技术的新发展、新材料、新工艺，使其能反映建筑业的实际水平和具有广泛的代表性。

六、确定预算定额的计量单位

1. 计量单位确定的原则

预算定额的计量单位的确定，应与定额项目相适应。预算定额与施工定额计量单位往往不同，施工定额的计量单位一般按工序或施工过程确定，而预算定额的计量单位主要根据分项工程或结构构件的形体特征变化确定。预算定额计量单位的确定首先要确切反映分项工程或结构构件的实物消耗量；其次要达到减少项目、简化计算的目的；最后要能较准确地反映定额所包括的综合工作内容。

2. 计量单位的选择

定额计量单位的选择，主要根据分项工程或结构构件的形体特征和变化规律，按物理计量单位或自然计量单位来确定，见表 4–16。

表 4-16　预算定额计量单位的选择

序号	构件形体特征及变化规律	计量单位	实例
1	长、宽、高（厚）3 个度量均变化	m^3	土方、砌体、钢筋混凝土构件、桩等
2	长、宽 2 个度量均变化	m^2	楼地面、门窗、抹灰、油漆等
3	截面形状、大小固定，长度变化	m	楼梯、木扶手、装饰线等
4	设备和材料重量变化大	t 或 kg	金属构件、设备制作安装
5	形状没有规律且难以度量	套、台、座、件（个或组）	铸铁头子、弯头、卫生洁具安装、栓类、阀门等

预算定额中各项人工、材料和机械台班的计量单位的选择相对比较固定，见表 4-17。

表 4-17　定额计量单位选择方法

序号	项目	计量单位	小数位数
1	人工	工日	2 位小数
2	机械	台班	2 位小数
3	钢材	t	3 位小数
4	木材	m^3	3 位小数
5	水泥	kg	无小数（取整数）
6	其他材料	与产品计量单位基本一致	2 位小数

七、按典型文件图纸和资料计算工程量

计算工程量的目的是通过计算出典型设计图纸或资料所包括的施工过程的工程量，使之在编制建筑工程预算定额时，有可能利用施工定额的人工、材料和机械消耗量指标确定预算定额的消耗量。

八、预算定额人工、材料和机械台班消耗量指标的确定

1. 人工消耗量指标的确定

预算定额的人工消耗量指标是指完成一定计量单位的分项工程或结构构件所必需的各种用工数量。人工的工日数确定有两种基本方法：一种是以施工的劳动定额为基础确定；另一种是采用现场实测数据为依据确定。

（1）以劳动定额为基础的人工工日消耗量的确定

以劳动定额为基础的人工工日消耗量的确定包括基本用工和其他用工。

1）基本用工。是指完成一定计量单位的分项工程或结构构件所必须消耗的技术工种用工。这部分工日数按综合取定的工程量和相应劳动定额进行计算，即

$$基本用工消耗量 = \sum(各工序工程量 \times 相应的劳动定额) \tag{4-2}$$

2）其他用工。是指劳动定额中没有包括而在预算定额内又必须考虑的工时消耗，其内容包括辅助用工、超运距用工和人工幅度差。

① 辅助用工。辅助用工是指劳动定额中基本用工以外的材料加工等的用工。例如，机械土方工程配合用工、材料加工中过筛砂、冲洗石子、化淋灰膏等。其计算公式为

$$辅助用工 = \sum(材料加工数量 \times 相应的劳动定额) \quad (4\text{–}3)$$

② 超运距用工。超运距用工是指编制预算定额时，材料、半成品、成品等运距超过劳动定额所规定的运距，而需要增加的工日数量。其计算公式为

$$超运距 = 预算定额取定的运距 - 劳动定额已包括的运距 \quad (4\text{–}4)$$

$$超运距用工消耗量 = \sum(超运距材料数量 \times 相应的劳动定额) \quad (4\text{–}5)$$

③ 人工幅度差。人工幅度差是指劳动定额作业时间未包括而在正常施工情况下不可避免发生的各种工时损失。其内容包括：a. 各工种的工序搭接及交叉作业互相配合发生的停歇用工；b. 施工机械在单位工程之间转移及临时水电线路移动所造成的停工；c. 质量检查和隐蔽工程验收工作的用工；d. 班组操作地点转移用工；e. 工序交接时对前一工序不可避免的修整用工；f. 施工中不可避免的其他零星用工。

人工幅度差的计算公式为

$$人工幅度差 =（基本用工 + 辅助用工 + 超运距用工）\times 人工幅度差系数 \quad (4\text{–}6)$$

人工幅度差是预算定额与施工定额最明显的差额，人工幅度差一般为 10% ~ 15%。

综上所述，人工消耗量指标的计算公式为

$$\begin{aligned}人工消耗量指标 &= 基本用工 + 其他用工\\ &= 基本用工 + 辅助用工 + 超运距用工 + 人工幅度差\\ &=（基本用工 + 辅助用工 + 超运距用工）\times（1+ 人工幅度差系数）\end{aligned} \quad (4\text{–}7)$$

（2）以现场测定资料为基础的人工工日消耗量的确定

这种方法是采用计时观察法中的测时法、写实记录法、工作日写实等测时方法测定工时消耗数值，再加一定人工幅度差来计算预算定额的人工消耗量。它仅适用于劳动定额缺项的预算定额项目编制。

【例 4–1】某省预算定额人工挖地槽深 1.5 m，三类土编制。已知现行劳动定额，挖地槽深 1.5 m 以内，底宽为 0.8 m、1.5 m、3 m 以内 3 档，其时间定额分别为 0.492 工日 /m^3、0.421 工日 /m^3、0.399 工日 /m^3，并规定底宽超过 1.5 m，如为一面抛土者，时间定额系数为 1.15。试计算该预算定额人工消耗量。

解：该省预算定额综合考虑以下因素。

1）底宽 0.8 m 以内占 50%，1.5 m 以内占 40%，3 m 以内占 10%。

2）底宽 3 m 以内单面抛土按 50% 计，系数为 1.15 × 50%+1 × 50%=1.075。

3）人工幅度差系数按 10% 计。

则每 1 m^3 挖土人工定额为

基本用工 =0.492 × 50%+0.421 × 40%+0.399 × 10% × 1.075

（单面抛土占 50% 的系数）=0.46（工日）

预算定额人工消耗量 =0.46 ×（1+10%）=0.51（工日 /m^3）

2. 材料消耗量指标的确定

材料消耗量指标是指完成一定计量单位的分项工程或结构构件所必须消耗的原材料、半成品或成品的数量。材料消耗量指标按用途划分为以下4种。

（1）主要材料

主要材料为直接构成工程实体的材料，其中也包括半成品、成品等。

（2）辅助材料

辅助材料为构成工程实体中除主要材料外的其他材料，如钢钉、钢丝等。

（3）周转材料

周转材料为多次使用但不构成工程实体的摊销材料，如脚手架、模板等。

（4）其他材料

其他材料为用量较少、难以计量的零星材料，如棉纱等。

材料消耗量指标划分见图4–4。

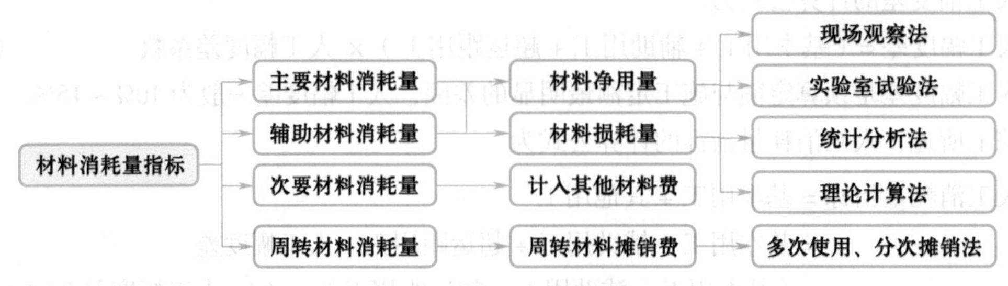

图4–4 材料消耗量指标示意图

预算定额的材料消耗指标一般由材料净用量和损耗量构成，其计算公式为

$$材料消耗量 = 材料净用量 + 材料损耗量 \tag{4–8}$$

$$或\quad 材料消耗量 = 材料净用量 \times（1+ 损耗率） \tag{4–9}$$

其中，$损耗率 = \dfrac{损耗量}{净用量} \times 100\%$。

材料的损耗率通过观测和统计而确定，详见各地区预算定额附录。

材料净用量、损耗量以及周转材料的摊销量具体确定方法已在前面章中详细介绍，在此不再重述。在这里需指出的是，在计算钢筋混凝土现捣构件木模板摊销量时，应考虑模板回收折价率，即摊销量计算公式为

$$\begin{aligned}木模板摊销量 &= 周转使用量 - 周转回收量 \times 回收折价率 \\ &= 一次使用量 \times \left[\frac{1+（周转次数 -1）\times 补损率}{周转次数}\right] \\ &\quad - \frac{一次使用量 \times（1- 补损率）\times 回收折旧率}{周转次数}\end{aligned} \tag{4–10}$$

【例 4-2】经测定计算，每 10 m^3 一砖标准砖墙，墙体中梁头、板头体积占 2.8%，0.3 m^2 以内孔洞体积占 1%，突出部分墙面砌体占 0.54%。试计算标准砖和砂浆定额用量。

解：（1）每 10 m^3 标准砖理论净用量

$$砖数=\frac{1}{（砖宽+灰缝）\times（砖厚+灰缝）}\times\frac{1}{砖长}\times 10$$

$$=\frac{1}{（0.115+0.01）\times（0.053+0.01）}\times\frac{1}{0.24}\times 10$$

$$=5\ 291\ [块/（10\ m^3）]$$

（2）定额净用量

规定除梁垫及每个孔洞在 0.3 m^2 以下的孔洞等的体积；不增加突出墙面的窗台虎头砖、门窗套及三皮砖以内的腰线等的体积。这种为简化工程量而做出的规定对定额消耗量的影响在制定定额时给予消除，即

$$定额净用量=理论净用量\times（1+不增加部分比例-不扣除部分比例）$$

$$=5\ 291\times[1+0.54\%-（2.8\%+1\%）]=5\ 291\times 0.967\ 4$$

$$=5\ 119\ [块/（10\ m^3）]$$

（3）砌筑砂浆净用量

$$砂浆净用量=（1-529.1\times 0.24\times 0.115\times 0.053）\times 10\times 0.967\ 4=2.26\times 0.967\ 4$$

$$=2.186\ [m^3/（10\ m^3）]$$

（4）标准砖和砂浆定额消耗量

砖墙中标准砖及砂浆的损耗率均为 1%，则

$$标准砖定额消耗量=5\ 119\times（1+1\%）=5\ 170\ [块/（10\ m^3）]$$

$$砂浆定额用量=2.186\times（1+1\%）=2.208\ [m^3/（10\ m^3）]$$

3. 机械台班消耗量指标的确定

机械台班消耗量指标的确定是指完成一定计量单位的分项工程或结构构件所必需的各种机械台班的消耗数量。机械台班消耗量的确定一般有两种基本方法：一种是以施工定额的机械台班消耗定额为基础来确定；另一种是以现场实测数据为依据来确定。

（1）以施工定额为基础的机械台班消耗量的确定

这种方法以施工定额中的机械台班消耗用量加机械幅度差来计算预算定额的机械台班消耗量，其计算公式为

$$预算定额机械台班消耗量=施工定额中机械台班用量+机械幅度差$$
$$=施工定额中机械台班用量\times（1+机械幅度差系数）\quad (4\text{-}11)$$

机械幅度差是指施工定额所规定的范围内没有包括，但实际施工中又不可避免产生的影响机械效率或使机械停歇的时间，其内容包含以下几项。

1）施工中机械转移工作面及配套机械相互影响损失的时间。

2）在正常施工条件下机械工作中不可避免的工作间歇时间。

3）检查工程质量影响机械操作的时间。

4）临时水电线路在施工过程中移动所发生的不可避免的机械操作间歇时间。

5）冬期施工发动机械的时间。

6）不同品牌机械的工效差别，临时维修、小修、停水、停电等引起的机械停歇时间。

7）工程收尾和工作量不饱满所损失的时间。

大型机械的幅度差系数规定见表 4–18。

表 4–18　大型机械的幅度差系数表

序号	机械名称	系数	序号	机械名称	系数
1	土石方机械	25%	4	钢筋加工机械	10%
2	吊装机械	30%	5	木作、小磨石、打夯机械	10%
3	打桩机械	33%	6	塔吊、卷扬机、砂浆、混凝土搅拌机	0

（2）以现场实测数据为基础的机械台班消耗量的确定

如遇施工定额缺项的项目，在编制预算定额的机械台班消耗量时，则须通过对机械现场实地观测得到机械台班数量，在此基础上加上适当的机械幅度差，来确定机械台班消耗量。

【项目实训】

【任务目标】

熟悉预算定额人工、材料、机械台班消耗量的确定方法。

【项目背景】

楚雄职教办公楼施工中使用某液压正铲挖掘机（1 m^3）挖三类土、自卸汽车（8 t）运 5 km。根据测算数据，每台挖掘机配备辅助用工 2 人，主要工作为工作面排水、现场行驶道路维护、清除铲斗内积土、配合洒水车等。行驶道路配备洒水车（4 000 L），按挖掘机台班的 25% 配备，每台班上水 4 次。按挖掘机台班的 60% 配备推土机（75 kW）台班，用于清理机下余土、卸土区平整及道路维修等。挖土机根据劳动定额，台班产量为 571 m^3，取定机械幅度差 20%。根据劳动定额 8 t 自卸汽车运 5 km 的台班产量为 52.8 m^3，取定机械幅度差 20%。

【任务要求】

试编制该液压正铲挖掘机（1 m^3）挖三类土、自卸汽车（8 t）运 5 km 的消耗量。

【任务指引】

第一步，计算每 1 000 m^3 三类土施工机械台班消耗量。

第二步，计算每 1 000 m^3 三类土人工消耗量，具体为挖掘机配备的辅助用工。本项目不涉及材料消耗量，因此无需计算材料消耗量。

任务 4.2.2　单位估价表的编制

微课：单位估价表的编制

【知识准备】

一、单位估价表

单位估价表亦称地区单位估价表或价目表，它是消耗量定额的价格表现形式。单位估价表是指以全国统一建筑工程基础定额或各省、市、自治区建筑工程预算定额规定的人工、材料、机械台班消耗数量，按一个地区的工人工资单价基准、材料预算价格、机械台班预算价格，计算出的以货币形式表现的建筑工程各分项工程或结构构件的定额单位预算价值表。

单位估价表与预算定额两者的不同之处在于：预算定额只规定完成单位分项工程或结构构件的人工、材料、机械台班消耗的数量标准，理论上讲不以货币形式来表现；而地区单位估价表是将预算定额中的消耗量在本地区用货币形式来表示，一般不列人工、材料、机械消耗数量。为了方便预算编制，部分地区将预算定额和地区单位估价表合并，不仅列出人工、材料、机械消耗数量，同时也列出人工、材料、机械预算价格及工程预算单价汇总值，即定额基价。

单位估价表是预算定额在各地区价格表现的具体形式。

二、单位估价表的编制方法

编制单位估价表就是把 3 种量（人工、材料、机械消耗量）与 3 种价（人工、材料、机械预算价）分别结合起来，得出分项工程人工费、材料费和施工机械使用费，最后汇总起来就是工程预算单价，即基价。其计算公式为

单位估价表的编制依据

分项工程直接费单价（基价）= 单位人工费 + 材料费 + 施工机械使用费　　(4–12)

单位人工费 = $\sum$(分项工程的工日数 × 人工工日单价)　　(4–13)

材料费 = $\sum$(分项工程各种材料消耗量 × 相应材料价格)　　(4–14)

施工机械使用费 = $\sum$(分项工程的机械台班消耗量 × 相应机械台班价格)　　(4–15)

地区统一单位估价表编制出来以后，就形成了地区统一的工程预算单价，这种单价是根据现行定额和当地的价格水平编制的，具有相对的稳定性。但是为了适应市场价格的变动，在编制预算时，应根据工程造价管理部门发布的调价文件对固定的工程预算单价进行修正。修正后的工程单价乘以根据图纸计算出来的工程量，就可以获得符合实际市场情况的工程的直接工程费。

【例 4–3】某省单位估价表见表 4–19，试列出定额子目 4–1 的定额基价计算过程。

表 4–19　某省单位估价表　　单位：10 m³

定 额 编 号				4–1	4–2	4–3
项　目				混凝土实心砖基础		
				墙厚		
				1 砖	1/2 砖	190
基价 / 元				**4 078.04**	**4 485.86**	**4 788.98**
其中	**人工费 / 元**			**1 051.65**	**1 502.55**	**1 274.40**
	材料费 / 元			**3 004.10**	**2 964.31**	**3 490.55**
	机械费 / 元			**22.29**	**19.00**	**24.03**
	名称	单位	单价 / 元	消耗量		
人工	二类人工	工日	135.00	7.790	11.130	9.440
材料	混凝土实心砖 240 mm × 115 mm × 53 mm MU10	千块	388.00	5.290	5.550	—
	干混砌筑砂浆 DM M10.0	站	413.73	2.300	1.960	2.470
	混凝土实心砖 190 mm × 90 mm × 53 mm MU10	千块	296.00	—	—	8.340
机械	干混砂浆罐式搅拌机 20 000 L	台班	193.83	0.115	0.098	0.124

注：黑体粗体字部分为单位估价表的内容。

单位估价表拓展案例

解：表 4–19 中定额子目 4–1 的定额基价计算过程如下。

定额人工费 =135.00 × 7.790=1 051.65（元）

定额材料费 =388.00 × 5.290+413.73 × 2.300=3 004.10（元）

定额机械费 =193.83 × 0.115=22.29（元）

定额基价 =1 051.65+3 004.10+22.29=4 078.04（元）

【项目实训】

【任务目标】

1. 熟悉预算定额的组成及预算定额的套用原则。
2. 熟练运用预算定额的基本换算，熟悉计价软件的使用步骤。
3. 掌握预算定额换算中材料价格的调整。

【项目背景】

楚雄职教办公楼项目在施工过程中，采用 35 mm 厚 C20 细石混凝土找平层，工程量为 200 m³。

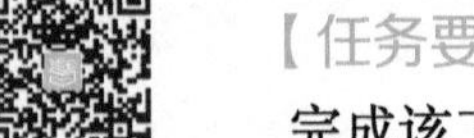

任务指引

【任务要求】

完成该工程人工、材料、机械台班消耗量计算，人工、材料、机械费用计算，以及直接费计算。

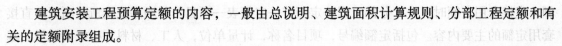

任务 4.2.3　预算定额的应用

【知识准备】

一、预算定额的组成

微课：预算定额的组成及应用

建筑安装工程预算定额的内容，一般由总说明、建筑面积计算规则、分部工程定额和有关的定额附录组成。

1. 总说明

总说明是对定额的使用方法及全册共同性问题所做的综合说明和统一规定。要正确地使用预算定额，就必须首先熟悉和掌握总说明内容，以便对整个定额册有全面了解。总说明内容一般包括定额的性质和作用；定额的适用范围、编制依据和指导思想；人工、材料、机械台班定额有关共同性问题的说明和规定；定额基价编制依据的说明等；其他有关使用方法的统一规定等。

某省分部说明（节选）及定额表式

2. 建筑面积计算规则

建筑面积是以 m^2 为计量单位，反映房屋建设规模的实物量指标。建筑面积计算规则是按国家统一规定编制的，是计算工业与民用建筑建筑面积的依据。

3. 分部工程定额

分部工程定额是预算定额的主体部分。以某省 2018 版预算定额为例，其他各省内容大体相同，《某省房屋建筑与装饰工程预算定额》按工程结构类型，结合形象部位将全册划分为 20 个分部工程。每一分部工程均列有分部说明、工程量计算规则、定额节及定额表。

1）分部说明：是对本分部编制内容、使用方法和共同性问题所做的说明与规定，是预算定额的重要组成部分。

2）工程量计算规则：是对本分部中各分项工程工程量的计算方法所做的规定，是编制预算时计算分项工程工程量的重要依据。

3）定额节：是分部工程中技术因素相同的分项工程的集合。

4）定额表：是定额最基本的表现形式，每一定额表均列有项目名称、定额编号、计量单位、工作内容、定额消耗量、基价和附注等。

4. 定额附录

定额附录是预算定额的有机组成部分，各省、市、自治区、直辖市编入内容不尽相同，一般包括定额砂浆与混凝土配合比表、建筑机械台班费用定额、主要材料施工损耗、建筑材料预算价格取定表、某些工程量计算表以及简图等。定额附录内容可作为定额换算与调整和制定补充定额的参考依据。

二、预算定额的应用

预算定额是计算工程造价和主要人工、材料、机械台班消耗数量的经济依据，定额应用正确与否，直接影响工程造价和实物量消耗的准确性。在应用预算定额时，要认真地阅读、掌握定额的总说明、各册说明、分部工程说明、附注说明以及定额的适用范围。在实际工程预算定额应用时，通常会遇到以下 3 种情况：预算定额的直接套用、预算定额的调整与换算、补充定额。

1. 预算定额的直接套用

当分项工程的设计要求、项目内容与预算定额项目内容完全相符时，可以直接套用定额。直接套用定额时可按“分部工程—定额节—定额表—项目”的顺序找出所需项目。直接套用定额的主要内容。包括定额编号，项目名称，计量单位，人工、材料、机械消耗量，基价等。套用时应注意以下几点。

（1）项目名称的确定

项目名称确定的原则：设计规定的做法与要求应与定额的做法和工作内容符合才能直接套用；否则应根据有关规定进行换算或补充。

（2）计量单位的变化

预算定额在编制时，为了保证预算价值的精确性，对某些价值较低的工程项目采用了扩大计量单位的办法。例如，抹灰工程的计量单位，一般采用 100 m^2；混凝土工程的计量单位，一般采用 10 m^3 等。在使用定额时必须注意计量单位的变化，以避免由于错用计量单位而造成预算价值过大或过小的差错。

（3）定额项目划分的规定

预算定额的项目划分是根据各个工程项目的人工、材料、机械消耗水平的不同和工具、材料品种以及使用的机械类型不同而划分的，一般有以下几种划分方法。

1）按工程的现场条件划分，如挖土方按土壤的等级划分。

2）按施工方法的不同划分，如灌注混凝土桩分钻桩孔、打孔、打孔夯扩、人工挖孔等。

3）按照具体尺寸或质量的大小划分，如挖土方分为深 1.5 m 以内、3 m 以内等项目。

注：定额中凡注明 ×× 以内（或以下）者，均包括 ×× 本身在内；而 ×× 以外（或以上）者，均不包括 ×× 本身。

4）要注意定额表上的工作内容，工作内容列出的内容其人工、材料、机械消耗已包括在定额内，否则需另列项目计取。

5）查阅时应特别注意定额表下附注，附注作为定额表的一种补充与完善，套用时必须严格执行。

【例 4-4】某住宅建筑楼梯及平台面层铺贴花岗石，铺贴工程量为 210.65 m^2，试计算完成该楼梯花岗石铺贴的人工、材料、机械数量。

解：查《某省房屋建筑与装饰工程预算定额》（2018 版），该项目属于第十一章楼地面工程楼梯石材面层，套用定额编号为 11-114，人工、材料、机械消耗数量见表 4-20。

表 4-20　楼梯石材面层人工、材料、机械消耗数量表

项　目		单位	每 1 m^2 定额消耗量	工程量	消耗数量
			①	②	① × ②
人工	综合工日	工日	0.314 0	210.65	66.14
材料	花岗石板	m^2	1.446 9	210.65	304.79
	干混地面砂浆 DSM20.0	m^3	0.032 2		6.78
	纯水泥浆	m^3	0.001 5		0.32
	白色硅酸盐水泥 425# 二级白度	kg	0.192		40.44
	棉纱头	kg	0.013 7		2.89
	锯木屑	m^3	0.008 2		1.73
	石料切割锯片	片	0.025 5		5.37
	电	kW · h	0.460 2		96.94
	水	m^3	0.034 0		7.16
	其他材料	元	0.800 0		168.52
机械	干混砂浆罐式搅拌机 20 000 L	台班	14	210.65	2 949.10

2. 预算定额的调整与换算

（1）预算定额的换算原则

套用预算定额时，如果工程项目内容与套用相应定额项目的要求不相符，当定额规定允许换算时，就要在定额规定的范围内进行换算，从而使施工图的内容与定额中的要求相一致，这个过程称为定额的换算。经过换算后的定额项目，要在定额编号后加注“换”或“H”，以示区别。

为了保持定额的适用性，预算定额的总说明、章节说明及附录中规定了换算原则，一般包括以下 3 点。

1）砂浆、混凝土强度等级，如果与定额不同时，允许按定额附录的砂浆、混凝土配合比表换算，但配合比中的各种材料用量不得调整。

2）定额中抹灰项目已考虑了常用厚度，各层砂浆的厚度一般不作调整。如果设计有特殊要求时，定额中人工、材料可以按厚度比例换算。

3）应按消耗量定额中的各项规定换算定额。

（2）预算定额的换算方法

微课：预算定额的调整与换算

1）砂浆、混凝土配合比换算。当设计砂浆、混凝土配合比与定额规定不同时，应按定额规定的换算范围进行换算，其换算公式为

换算后定额基价 = 原定额基价 +［设计砂浆（或混凝土）单价 − 定额砂浆（或混凝土）单价］× 定额砂浆（或混凝土）用量　　（4–16）

换算后相应定额消耗量 = 原定额消耗量 +［设计砂浆（或混凝土）单位用量 − 定额砂浆（或混凝土）单位用量］× 定额砂浆（或混凝土）用量 （4–17）

【例 4–5】某工程 M7.5 现拌水泥砂浆砌筑一砖厚混凝土多孔砖基础，求换算后定额人工费、材料费和机械费。

解：查《某省房屋建筑与装饰工程预算定额》（2018 版）的第四章，找到定额编号 4–4，但查看材料构成发现，该定额中所采用砂浆为干混砌筑砂浆 DM M10.0，与本项目砂浆不同。

查看该定额第四章前的章说明，本章定额中砖、砌块和石料是按标准和常用规格编制的，设计规格与定额不同时，砌体材料（砖、砌块、砂浆、黏结剂）用量应作调整换算，其余用量不变；砌筑砂浆是按干混砌筑砂浆编制的，定额所列砌筑砂浆种类和强度等级、砌块专用砌筑黏结剂品种，如设计与定额不同时，应按本定额总说明相应规定调整换算。

再查看该定额的总说明，本定额中所使用的砂浆除另有注明外均按干混预拌砂浆编制，若实际使用现拌砂浆或湿拌预拌砂浆时，按以下方法调整。

使用现拌砂浆的，除将定额中的干混预拌砂浆调换为现拌砂浆外，另按相应定额中每立方米砂浆增加人工 0.382 工日、200 L 灰浆搅拌机 0.167 台班，并扣除定额中干混砂浆罐式搅拌机台班的数量。

再查该定额的附录一“砂浆配合比砌筑砂浆”中 M7.5 现拌水泥砂浆单价为 215.81 元 /m^3，查该定额附录四“人工、材料（半成品）、机械台班单价取定表”中 200 L 灰浆搅拌机单价为 154.97 元。

因此，换算后定额人工费、材料费和机械费如下。

4–4H　人工费 =78.705+135 × 0.382 × 0.18=87.987 6（元 /m^3）

材料费 =239.447+（215.81−413.73）× 0.18=203.821 4（元 /m^3）

机械费 =1.744+0.167 × 154.97 × 0.18−193.83 × 0.009=4.657 9（元 /m^3）

【例 4–6】C30 非泵送商品混凝土条形基础，混凝土单价为 450 元 /m^3，求换算后定额人工费、材料费和机械费。

解：查《某省房屋建筑与装饰工程预算定额》（2018 版）的第五章，找到定额编号 5–3，查看材料构成发现，该子目混凝土为“泵送商品混凝土 C30”，与本项目混凝土不符，混凝土种类需要换算。查该定额第五章前的章说明，本章定额中混凝土除另有注明外均按泵送商品混凝土编制，实际采用非泵送商品混凝土、现场搅拌混凝土时仍套用泵送定额，混凝土价格按实际使用的种类换算，混凝土浇捣人工乘以表 4–21 的相应系数，其余不变。现场搅拌的混凝土还应按混凝土消耗量执行现场搅拌调整费定额。

表 4–21　建筑物人工调整系数表

序号	项目名称	人工调整系数	序号	项目名称	人工调整系数
1	基础	1.5	4	墙、板	1.3
2	柱	1.05	5	楼梯、雨篷、阳台、栏板及其他	1.05
3	梁	1.4			

因此，换算后定额人工费、材料费和机械费如下。

5–3H　人工费 =24.044 × 1.5=36.066（元 /m^3）

材料费 =411.752+（450–416）× 1.01=446.092（元 /m^3）

机械费 =0.251（元 /m^3）

2）系数增减换算。当设计的工程项目内容与定额规定的相应内容不完全相符时，按定额规定对定额中的人工、材料、机械台班消耗量乘以大于（或小于）1 的系数进行换算，其换算公式为

调整后的定额基价 = 原定额基价 ± 定额人工费（或材料、机械台班费）× 相应调整系数（4–18）

调整后的相应消耗量 = 定额人工消耗量（或材料、机械台班消耗量）× 相应调整系数（4–19）

【例 4–7】人工开挖地坑土方，坑底面积 120 m^2，三类土，湿土，挖土深度 2 m，该工程有桩基，求每立方米定额人工费、材料费、机械费。

解：查《某省房屋建筑与装饰工程预算定额》（2018 版）的第一章，找到定额编号 1–8。

查该定额第一章前的章说明，人工挖、运湿土时，相应定额人工乘以系数 1.18；挖桩承台土方时，人工开挖土方乘以系数 1.25。

因此，换算后定额人工费、材料费和机械费如下。

1–8H　人工费 =37.70 × 1.18 × 1.25=55.61（元 /m^3）

材料费 =0

机械费 =0

3）木材换算。

【例 4–8】某工程小青瓦屋面采用刨光、ϕ60 mm 不对开杉原木椽子基层，已知椽子杉原木价格为 1 580 元 /m^3，其他价格均与定额取定价格相同，分别求出换算后的定额人工费、材料费、机械费。

解：查《某省房屋建筑与装饰工程预算定额》（2018 版）的第七章，找到定额编号 7–29。

查该定额第七章前的章说明，屋面木基层中的椽子断面是按杉木 ϕ70 mm 对开、松枋 40 mm × 60 mm 确定的，如设计不同时，木材用量按比例计算，其余用量不变。

因此，换算后定额人工费、材料费和机械费如下。

7–29H　人工费 =5.440 5 元 /m^2

材料费 =20.918–0.011 5 × 1 800+0.01 ×（65/2）^{2}/［（70/2）^{2}/2］× 1 580

=27.464 9（元 /m^2）

机械费 =0

4）其他换算。是指不属于上述几类换算的定额换算。

【例 4-9】三类木材钢木屋架制作及安装，其中铁架施工图净用量为 86 kg/m³，试求出换算后的定额人工费、材料费、机械费。

解：查《某省房屋建筑与装饰工程预算定额》（2018 版）的第七章，找到定额编号 7-6。

查定额表中材料消耗量为 68 kg/m³，消耗量不同需换算，查定额表下附注说明，钢木屋架定额中金属拉杆、铁件按施工图净用量（其中铁件另加损耗 1%）进行调整，其余工料不变。

因此，换算后定额人工费、材料费和机械费如下。

7-6H　人工费 =1 329.9 × 1.3=1 728.87（元 /m³）

材料费 =2 576.34+（86 × 1.01−68）× 6.9=2 706.47（元 /m³）

机械费 =0

3. 补充定额

工程建设日益发展，新技术、新材料不断采用，在一定时间范围内编制的预算定额，不可能包括施工中可能遇到的所有项目。当分项工程或结构构件的设计要求与定额适用范围和规定内容完全不符合或者由于设计采用新结构、新材料、新工艺、新方法，在预算定额中没有这类项目，属于定额缺项时，应另行补充预算定额。

补充定额编制有两类情况：一类是地区性补充定额，这类定额项目全国或省（市）统一预算定额中没有包括，但此类项目本地区经常遇到，可由当地（市）造价管理机构按预算定额编制原则、方法和统一口径与水平编制地区性补充定额，报上级造价管理机构批准颁布；另一类是一次性使用的临时定额，此类定额项目可由预（结）算编制单位根据设计要求，按照预算定额编制原则并结合工程实际情况，编制一次性补充定额，在预（结）算审核中审定。

（1）编制补充定额的原则

1）定额的组成内容应与现行定额中同类分项工程相一致。

2）人工、材料、机械台班消耗量计算口径应与现行定额相统一。

3）工程主要材料的损耗率应符合现行定额规定，施工中用的周转性材料计算应与现行定额保持一致。

4）施工中可能发生的互相关联的可变性因素，要考虑周全，数据统计必须真实。

5）各项数据必须是实验结果或实际施工情况的统计，数据的计算必须实事求是。

（2）编制补充定额的要求

1）编制补充定额，特别要注重收集和积累原始资料，原始资料的取定要有代表性，必须深入施工现场进行全过程测定，测定数据要准确。

2）注意做好补充定额使用的信息反馈工作，并在此基础上加以修改、补充、完善。

3）经验指导与广泛听取意见相结合。

4）借鉴其他城市、企业项目编制的有关补充定额，作为参考依据。

（3）编制补充定额消耗量的方法

编制补充定额，确定有关的人工、材料和机械台班消耗量计算方法同前所述的方法一致。

【项目实训】

【任务目标】

1. 熟悉预算定额的组成及预算定额的套用原则。
2. 熟练运用预算定额的基本换算，熟悉计价软件的使用步骤。
3. 掌握预算定额换算中材料价格的调整。

【项目背景】

楚雄职教办公楼项目需编制招标控制价，现需编制此工程 4# 土建部分。

【任务要求】

该工程项目以蒸压加气混凝土砌块墙、矩形柱、保温隔热屋面 3 个清单项为例，应用软件完成组价，根据任务指引完成相应实践内容。

任务指引

小结与关键概念

小结： 预算定额由各地建设行政主管部门根据合理的施工组织和正常施工条件制定，是生产一定计量单位合格工程产品所需人工、材料、机械台班的社会平均消耗量标准。它是各地区编制和颁发的一种指导性指标，反映了完成单位分项工程消耗的活劳动和物化劳动的数量限制。这种限度最终决定着单项工程和单位工程的成本和造价。预算定额是施工图预算、竣工结算、招标控制价及投标报价的计价依据，也是编制概算定额和概算指标的基础。预算定额是按社会平均水平确定的人工、材料及机械台班消耗量标准。

单位估价表又称工程预算单价表，是以建筑安装工程预算定额规定的人工、材料及机械台班消耗量指标为依据，以货币形式确定定额计量单位某分部分项工程或结构构件直接费用的文件。它是根据预算定额所确定的人工、材料和机械台班消耗数量，乘以人工工资单价、材料预算价格和机械台班预算价格汇总而成的。单位估价表具有地区性和时间性，是预算定额在各地区价格表现的具体形式。

关键概念： 预算定额、人工消耗量指标、材料消耗量指标、机械台班消耗量指标、单位估价表。

综合训练

【习题与思考】

一、单选题

习题与思考答案

1. 预算定额的人工、材料、机械台班消耗量水平反映的是（　　）。

A. 社会平均水平　　B. 平均先进水平　　C. 社会先进水平　　D. 一般水平

2. 预算定额是按照（　　）编制的。

A. 社会平均先进水平　　B. 社会平均水平

C. 行业平均先进水平　　D. 行业平均水平

3. 预算定额中人工消耗量的人工幅度差是指（　　）。

A. 预算定额消耗量与概算定额消耗量的差额

B. 预算定额消耗量与全部工时消耗量的差额

C. 预算定额消耗量自身的误差

D. 预算定额人工工日消耗量与施工劳动定额消耗量的差额

4. 预算定额的编制应遵循（　　）原则。

A. 平均先进性　　B. 独立自主

C. 差别性和统一性相结合　　D. 以专家为主

5. 完成 10 m^3 砖墙基本用工 26 工日，辅助用工为 3 工日，超距运砖需要 2 工日，人工幅度差系数为 10%，则预算人工工日消耗量是（　　）工日。

A. 34.1　　B. 35.8　　C. 35.6　　D. 33.7

二、多选题

1. 建筑工程预算定额中分项工程的基价由（　　）组成。

A. 人工费　　B. 材料费　　C. 机械费

D. 管理费　　E. 利润

2. 编制预算定额的原则是（　　）。

A. 平均性原则　　B. 直接工程费　　C. 简明适用原则

D. 统一性与差别性相结合原则　　E. 独立自主原则

3. 预算定额的作用包括（　　）。

A. 预算定额是确定和控制工程造价的依据

B. 预算定额是对设计方案进行技术经济分析的依据

C. 预算定额是编制施工组织设计的依据

D. 预算定额是编制施工定额的基础

E. 预算定额是编制招标控制价和投标报价的依据

4. 预算定额中人工工日消耗量应包括（　　）。

A. 基本用工　　B. 辅助用工　　C. 人工幅度差

D. 多余用工　　E. 超运距用工

5. 预算定额中材料损耗量包括（　　）。

A. 施工操作中的材料损耗　　B. 施工地点材料堆放损耗　　C. 材料采购运输损耗

D. 材料场内运输损耗　　E. 材料仓库内外保管损耗

三、计算题

砌筑一砖半墙的技术测定资料如下。

1. 完成 1 m^3 的砖体需基本工作时间为 15.5 h，辅助工作时间占工作延续时间的 3%，准备与结束工作时间占工作延续时间的 3%，不可避免的中断时间占工作延续时间的 2%，休息时间占工作延续时间的 16%，多余偶然工作时间占工作延续时间的 1%，超运距每千块砖需要 2.5 h，人工幅度差系数为 10%。

2. 砖墙采用 M7.5 混合砂浆，实体积与虚体积之间的折算系数为 1.07，砖和砂浆的损耗率均为 1%，完成 1 m^3 砌体需耗水 0.8 m^3，其他材料占上述材料费的 2%。

3. 砂浆采用 200 L 搅拌机现场搅拌，运料需 200 s，装料 70 s，搅拌 80 s，卸料 30 s，不可避免的中断时间为 10 s，工人超时搅拌 15 s，机械利用系数为 0.8，幅度系数为 15%。

4. 人工工日单价为 43 元 / 工日，M7.5 混合砂浆单价为 180 元 /m^2，砖单价为 360 元 / 千块，水单价为 2.95 元 /m^3，200 L 砂浆搅拌机台班单价为 60 元 / 台班。

问题：

1. 多余偶然工作时间属于定额时间吗？工人超时搅拌的时间属于定额时间吗？

2. 计算确定砌筑 1 m^3 砖墙的施工定额。

3. 计算确定 1 m^3 砖墙的预算定额和预算单价。

【拓展训练】

拓展训练
参考答案

【任务目标】

1. 熟悉预算定额的人工、材料、机械台班消耗量和单价的确定。

2. 掌握预算定额的直接套用与换算。

3. 掌握直接工程费的确定。

【项目背景】

楚雄职教办公楼项目，砌体墙 ±0.000 以下外墙采用 M7.5 水泥砂浆砌筑 200 mm 厚 MU10 烧结页岩砖，首层内、外墙体采用 M5 专用砂浆砌筑 200 mm 厚 MU3.5 加气混凝土砌块，首层墙高 4.5 m，根据计算可得该工程 ±0.000 以下外墙工程量为 300 m^3；首层内、外墙工程量为 476.84 m^3，超过 3.6 m 墙高的工程量为 36.68 m^3，查询当地综合人工市场价为 129 元 / 工日，M7.5 水泥砂浆单价为 254.73 元 /m^3。

【任务要求】

查询北京市建设工程预算定额（2012 版）确定该项目 ±0.000 以下外墙，首层内、外墙的直接工程费。

【案例分析】锅锥成孔灌注混凝土桩补充定额的编制

微课：
案例分析

某省工程项目采用的锅锥成孔灌注混凝土桩施工工艺，查阅《房屋建筑与装饰工程消耗量定额》（编号为 T01–31–2015）中没有此项。如何进行该项目预算定额消耗量的编制呢？

项目 4.3
概算定额、概算指标和投资估算指标的编制与应用

【学习目标】

（1）知识目标

① 了解概算定额作用；

② 熟悉概算定额内容，预算定额和概算定额的编制关系；

③ 掌握概算定额的编制方法与程序；

④ 熟悉概算指标、投资估算内容、作用及编制方法。

（2）能力目标

① 能利用预算定额编制概算定额；

② 能运用概算指标和投资估算指标。

（3）素养目标

① 培养学生的规则意识，科学客观、诚实守信的职业品质；

② 提高学生的投资控制意识；

③ 帮助学生养成公平、公正的职业道德。

【思维导图】

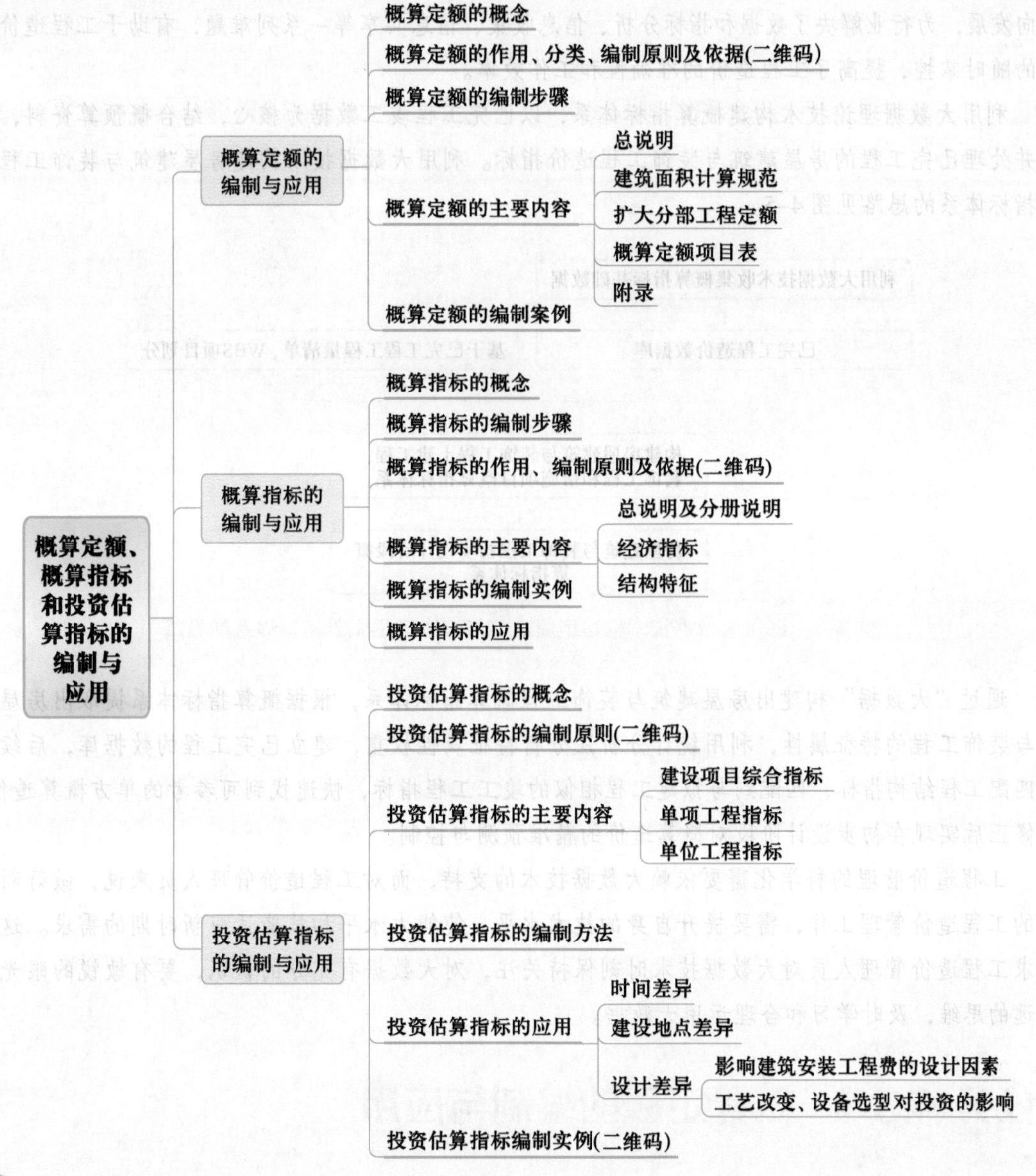

案例引入

利用大数据技术构建房屋建筑工程概算指标体系

我国早已实施工程量清单计价模式，但是地方定额仍在造价工作中占据主导地位。由于各地区的地方定额不尽相同，人工、材料价格差异较大，导致各地区编制的造价信息存在很大差异，无法对数据进行合理筛选，难以建立共享资源数据库。同时，建设单位与施工企业之间不愿意共享彼此的工程造价数据，由此导致造价数据难以交换和共享，存在严重的“信息孤岛”和“信息茧房”问题。

大数据的出现为破解上述难题提供了有效途径。对于工程造价领域而言，不管是定额、指标、工程量清单，还是最终的计价资料，所有的造价信息都会以数据的形式呈现，并利用计算机进行处理。大数据技术与工程造价融合，推动了工程造价行业从信息相对单一的传统模式向信息化方向发展，为行业解决了数据和指标分析、信息收集、信息共享等一系列难题，有助于工程造价信息的随时掌控，提高了工程造价的准确性和工作效率。

利用大数据理论技术构建概算指标体系，以已完工程竣工数据为核心，结合概预算资料，收集并处理已完工程的房屋建筑与装饰工程造价指标。利用大数据技术构建房屋建筑与装饰工程概算指标体系的思路见图 4–5。

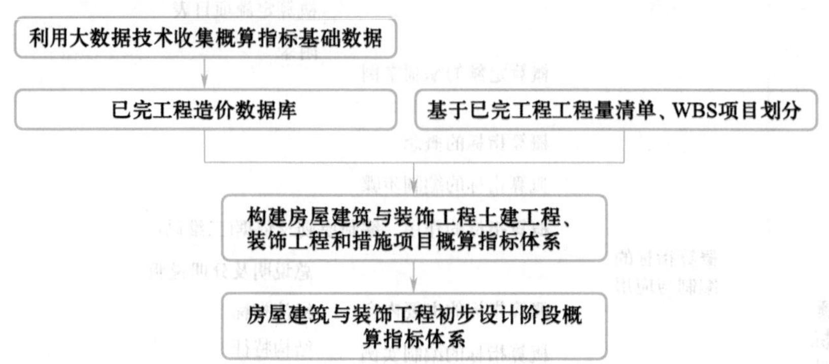

图 4–5　利用大数据技术构建房屋建筑与装饰工程概算指标体系的思路

通过“大数据”构建出房屋建筑与装饰工程概算指标体系，根据概算指标体系提取出房屋建筑与装饰工程的特征属性，利用统计分析法分析特征属性权重，建立已完工程的数据库，后续通过匹配工程结构指标，匹配到与拟建工程相似的竣工工程指标，快速找到可参考的单方概算造价，经修正后实现在初步设计阶段对概算造价的精准预测与控制。

工程造价管理的科学化需要依赖大数据技术的支持，而对工程造价管理人员来说，做好新时期的工程造价管理工作，需要提升自身的技术水平，使能力水平和技能适应新时期的需求。这就要求工程造价管理人员对大数据技术时刻保持关注，对大数据有充分的认识，要有敏锐的眼光及长远的思维，及时学习和合理运用大数据。

任务 4.3.1　概算定额的编制与应用

【知识准备】

一、概算定额的概念

微课：概算定额的编制

概算定额是指完成一定计量单位的扩大分项工程或扩大结构构件所需消耗的人工、材料和机械台班的数量标准。概算定额的编制比预算定额的编制具有更大的综合性，概算定额往往以所要完成主要分项工程产品的长度（m）、面积（m^2）、体积（m^3）及每座小型独立构筑物等为计量单位进行计算。

从 1957 年开始，我国在全国试行了统一的《建筑工程扩大结构定额》，各省、市和自治区结合本地区的特点编制了建筑工程概算定额。例如，北京市在2016年编制了《房屋建筑与装饰工程概算定额》，浙江省在2018年编制了《浙江省房屋建筑与装饰工程概算定额》。

二、概算定额的编制步骤

概算定额的编制一般分4个阶段进行，即准备阶段、编制阶段、测算阶段和审批阶段，见图4–6。

概算定额的作用、分类、编制原则及依据

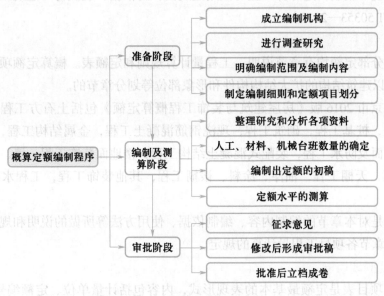

图4–6　概算定额编制程序

1. 准备阶段

确定编制机构和人员组成，并进行调查研究，明确编制范围和编制内容等，拟定编制方案。

2. 编制阶段

根据已制订的编制规划，调查研究，对收集到的设计图、资料进行细致的整理和分析，编出概算定额初稿。

3. 测算阶段

测算新编概算定额与现行预算定额、原概算定额水平的差值，编制定额水平测算报告。根据需要对概算定额水平进行必要的调整。

4. 审批阶段

在征求有关部门、基本建设单位和施工企业的意见并且修改之后形成审批稿，交国家主管部门审批并经批准之后立档成卷，并印刷发行。

三、概算定额的主要内容

建筑工程概算定额一般由总说明、章说明、概算定额项目表、工程内容以及有关附录等部分组成。

1. 总说明

总说明是对定额的使用方法及共同性的问题所做的综合说明和规定。总说明一般包括概算定额的性质和作用；定额的适用范围、编制依据和指导思想；有关人工、材料、机械台班定额的规定和说明；有关定额的使用方法的统一规定；有关定额的解释和管理等。

2. 建筑面积计算规范

建筑面积以平方米（m^2）为计量单位，是反映房屋建设规模的实物量指标。建筑面积计算规范由国家统一编制，是计算工业与民用建筑面积的依据，现执行《建筑工程建筑面积计算规范》(GB/T 50353—2013)。

3. 扩大分部工程定额

不同地区概算定额表式

每一扩大分部定额均有章节说明、工程量计算规则和定额表。概算定额项目的排序，是按施工程序，以建筑结构的扩大结构构件和形象部位等划分章节的。

例如，北京市 2016 版《房屋建筑与装饰工程概算定额》包括土石方工程，地基处理与边坡支护工程，桩基工程，砌筑工程，现浇钢筋混凝土工程，金属结构工程，木结构工程，门窗工程，屋面及防水工程，装配式混凝土结构工程，楼地面装饰工程，墙、柱面装饰与隔断、幕墙工程，天棚工程，油漆、涂料、裱糊工程，其他装饰工程，工程水电费，措施项目，共 17 章。

浙江省概算定额

章节说明是对本章节的编制内容、编制依据、使用方法等所做的说明和规定。工程量计算规则是对本章节各项目工程量计算的规定。

4. 概算定额项目表

概算定额项目表是定额最基本的表现形式，内容包括计量单位、定额编号、项目名称、项目消耗量、定额基价及工料指标等。各地区略微有差别。

5. 附录

附录一般列在概算定额手册的后面，它是对定额的补充，具体内容各地区不尽相同。

四、概算定额的编制案例

概算定额往往是在消耗量定额或预算定额的基础上综合扩大而成的。下面以某省预算定额综合 30 mm 厚干混砂浆楼地面随捣随抹编制概算定额为例，说明概算定额的编制方法。

依据工作内容与常见施工工艺划分，概算定额 30 mm 厚干混砂浆楼地面随捣随抹子目所综合的内容，确定楼地面干混砂浆随捣随抹概算定额子目所综合预算定额的子目为 4 个：细石混凝土找平层 30 mm 厚（11–5）、细石混凝土找平层每增减 1 mm（11–6）、混凝土面上干混砂浆随捣随抹（11–7）以及干混砂浆（11–95），并确定各分项工程在该概算定额项目中的消耗量指标见表 4–22，所综合预算定额各分项中的人工费、材料费、机械费见表 4–23，工日及主要消耗量材料见表 4–24。

由表 4–23 可计算得出概算定额中的人工费、材料费、机械费，计算式如下。

人工费 $=1\,189.01\times0.009\,3+4.81\times0.093+314.65\times0.009\,3+3\,449.68\times0.001\,2=18.57$（元 /$m^2$）

材料费 $=1\,275.8\times0.009\,3+42.47\times0.093+185.36\times0.009\,3+1\,209.99\times0.001\,2=18.99$（元 /$m^2$）

表 4-22 各分项工程在概算定额项目中的消耗量指标

预算定额编号	项目名称	消耗量指标 /（100 m²/m²）
11–5	细石混凝土找平层 30 mm 厚	0.009 30
11–6	细石混凝土找平层每增减 1 mm	0.093 0
11–7	混凝土面上干混砂浆随捣随抹	0.009 30
11–95	干混砂浆	0.001 20

表 4-23 预算定额各分项中的人工费、材料费、机械费

预算定额编号	人工费 /（元 /100 m²）	材料费 /（元 /100 m²）	机械费 /（元 /100 m²）	概算定额中的消耗量 /（100 m²/m²）
11–5	1 189.01	1 275.8	3.01	0.009 3
11–6	4.81	42.47	0.11	0.093
11–7	314.65	185.36	1.94	0.009 3
11–95	3 449.68	1 209.99	24.62	0.001 2

表 4-24 工日及主要消耗量材料

预算定额编号	人工	主要材料 /（m³/100 m²）			
	工日 /100 m²	非泵送商品混凝土 C30	水	干混地面砂浆 DSM15.0	干混地面砂浆 DSM20.0
11–5	7.671	3.030	0.4	0	0
11–6	0.031	0.101	0	0	0
11–7	2.030	0	0.6	0	0.2
11–95	22.256	0	4.28	1.52	1.01
概算定额消耗量	0.119 81 工日 /m²	0.037 57 m³/m²	0.014 44 m³/m²	0.001 82 m³/m²	0.003 07 m³/m²

机械费 =3.01 × 0.009 3+0.11 × 0.093+1.94 × 0.009 3+24.62 × 0.001 2=0.09（元 /m²）

概算定额的基价 =18.57+18.99+0.09=37.65（元 /m²）

由表 4–24 可计算得出概算定额中各项主材的消耗量指标，计算式如下。

人工消耗量 =7.671 × 0.009 3+0.031 × 0.093+2.030 × 0.009 3+22.256 × 0.001 2=0.119 81（工日 /m²）

非泵送商品混凝土 C30 的消耗量 =3.030 × 0.009 3+0.101 × 0.093=0.037 57（m³/m²）

水的消耗量 =0.4 × 0.009 3+0.6 × 0.009 3+4.28 × 0.001 2=0.014 44（m³/m²）

干混地面砂浆 DSM15.0 的消耗量 =1.52 × 0.001 2=0.001 82（m³/m²）

干混地面砂浆 DSM20.0 的消耗量 =0.2 × 0.009 3+1.01 × 0.001 2=0.003 07（m^3/m^2）

将上述计算内容按照概算定额表表示，见表 4–25。

表 4–25　30 mm 厚干混砂浆楼地面随捣随抹概算定额表

工作内容：清理基层、面层、踢脚线等　　　　计量单位：m^2

定额编号				X–Y
项目				干混砂浆随捣随抹
基价 / 元				37.65
其中	人工费 / 元 材料费 / 元 机械费 / 元			18.57 18.99 0.09
预算定额编号	项目名称	单位	单价 / 元	消耗量
11–5 11–6 11–7 11–95	细石混凝土找平层 30 mm 厚 细石混凝土找平层每增减 1 mm 混凝土面上干混砂浆随捣随抹 干混砂浆	100 m^2 100 m^2 100 m^2 100 m^2	2 467.82 47.39 501.95 4 684.29	0.009 30 0.093 00 0.009 30 0.001 20
名称		单位	单价 / 元	消耗量
人工	三类人工	工日	155.00	0.119 81
材料	非泵送商品混凝土 C20 水 干混地面砂浆 DSM15.0 干混地面砂浆 DSM20.0	m^3 m^3 m^3 m^3	412.00 4.27 443.08 443.08	0.037 57 0.014 44 0.001 82 0.003 07

某省预算定额基础资料

【项目实训】

【任务目标】

1. 熟悉概预算定额的编制步骤和方法。
2. 掌握概算定额编制数据的收集与分析整理。
3. 会依据预算定额编制概算定额。

【项目背景】

某省预算定额基础资料详见二维码链接文件。

项目实训参考答案

【任务要求】

分析整理各组成部分的数据，完成 C20 商品混凝土矩形梁概算定额表的编制，见表 4–26。

表 4–26　梁概算定额表

工作内容：模板、钢筋制作安装，混凝土浇捣、养护，梁面抹灰。计量单位：m^3

定额编号				5–21	5–22
项　目				矩形梁	异形梁
				复合木模、混合砂浆抹面	
基价 / 元					
其中	人工费 / 元 材料费 / 元 机械费 / 元				
预算定额编号	项目名称	单位	单价 / 元	消耗量	
4–165	现浇混凝土矩形梁复合木模	m^2		8.602	—
4–166	现浇混凝土异形梁模板	m^2		—	8.770
4–83	C20 现浇泵送商品混凝土梁浇捣	m^3		0.920	0.920
4–416	现浇构件圆钢制作、安装	t		0.049	0.052
4–417	现浇构件螺纹钢制作、安装	t		0.112	0.121
11–14	砖柱、混凝土柱、梁混合砂浆抹灰 20 mm 厚	m^2		8.602	8.68
	名称	单位	单价 / 元	消耗量	
人工	人工二类	工日			
	人工三类	工日			
材料	复合模板	m^2			
	木模	m^3			
	钢支撑	kg			
	水泥 32.5 级	kg			
	综合净砂	t			
	商品泵送混凝土 C20（20）	m^3			
	水	m^3			
	圆钢综合	t			
	低合金螺纹钢综合	t			

任务 4.3.2 概算指标的编制与应用

微课：概算指标的编制

【知识准备】

一、概算指标的概念

建筑工程概算指标通常以整个建筑物和构筑物为对象，以建筑面积、体积或成套设备装置的台或组为计量单位而规定的人工、材料、机械台班的消耗量标准和造价指标。概算指标是比概算定额综合性更强的一种定额指标。它是已完工程概算资料的分析和概括，也是典型工程统计资料的计算成果。如一幢公寓或一幢办公楼，当其结构选型和主要构造已知时，它的消耗指标是多少？如果是公寓，1 m^2 的造价是多少？如果是工业厂房，1 000 m^3 的造价和消耗指标是多少？20 m 宽的高速公路，1 km 的造价和消耗指标是多少？

概算指标可分为两大类：一类是建筑工程概算指标；另一类是设备与安装工程概算指标，见图 4-7。

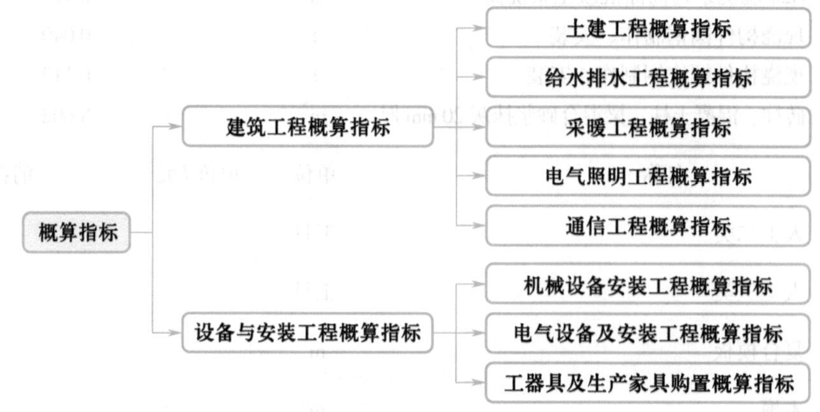

图 4-7 概算指标的分类

概算指标的作用、编制原则及依据

二、概算指标的编制步骤

1. 准备阶段

准备阶段主要是成立编制小组，拟定编制方案。其包括收集图纸资料，确定编制内容和表现形式，制订概算指标的有关方针、政策和技术性问题。

2. 编制阶段

编制阶段主要是选定图纸，并根据图纸资料和已完成的工程造价资料计算工程量和编制单位工程预算，以及按编制方案确定的指标内容中人工及主要材料消耗指标，填写概算指标表格。

每 100 m^2 建筑面积造价指标编制方法如下。

1）编写资料审查意见并填写设计资料名称、设计单位、设计日期、建筑面积及构造情况，提出审查和修改意见。

2）在计算工程量的基础上，编制单位工程预算书，据以确定每百平方米建筑面积及构造情况以及人工、材料、机械消耗指标和单位造价的经济指标。

a. 计算工程量，根据审定的图纸和消耗量定额计算出建筑面积及各分部分项工程量，然后按编制方案规定的项目进行归并，并以每百平方米建筑面积为计算单位，换算出所对应的工程量指标。

例如，计算某民用住宅的典型设计的工程量，知道其中条形毛石基础的工程量为 128.3 m^3，该建筑物建筑面积为 980 m^2，则 100 m^2 的该建筑物的条形毛石基础工程量指标为

$$\frac{128.3}{980}\times 100=13.09\ (m^3)$$

其他各结构工程量指标的计算，依此类推。

b. 根据计算出的工程量和消耗量定额等资料，编制预算书，求出每百平方米建筑面积的预算造价及人工、材料、机械费用和材料消耗量指标。

构筑物是以座为单位编制概算指标，因此，在计算完工程量，编出预算书后，不必进行换算，预算书确定的价值就是每座构筑物概算指标的经济指标。

3. 审核定案及审批

概算指标初步确定后要进行审查，平衡分析，并作必要的修整后，审查定稿。

三、概算指标的主要内容

概算指标的主要内容由总说明及分册说明、经济指标、结构特征等组成。

1. 总说明及分册说明

总说明主要包括概算指标编制依据、作用、适用范围、分册情况及共同性问题的说明；分册说明就是对本册中具体问题作出必要的说明。

2. 经济指标

经济指标是概算指标的核心部分，它包括该单项工程或单位工程每平方米造价指标、扩大分项工程量、主要材料消耗及工日消耗指标等。

3. 结构特征

结构特征是指在概算指标内标明建筑物等的示意图，并对工程的结构形式、层高、层数和建筑工程进行说明，以表示建筑结构工程的概况。

四、概算指标的编制实例

以 ×× 市某多层住宅造价分析为例进行说明。

（1）工程概况（表 4–27）

某工业厂房概算指标实例

表 4–27　××市某多层住宅工程概况

工程名称	某多层住宅	工程类别	建筑安装工程	结构特征	混凝土框架结构
建筑面积	1 089.25 m^2	造价类别	招标控制价	建筑高度	10.5 m
层数	3 层	单方造价	3 159.97 元 /m^2	编制时间	× 年 × 月
工程结构特征	本工程为地上 3 层住宅，建筑高度 10.5 m，主体结构采用装配式混凝土框架结构。混凝土全部采用商品混凝土，砂浆按预拌干混砂浆；填充墙外墙采用陶粒加气混凝土砌块，内墙采用烧结页岩多孔砖及 ALC 条板墙；屋面做法为 20 mm 厚 1∶3 水泥砂浆找平层（随捣随抹），60 mm 厚挤塑聚苯板（XPSB1 级），2.6 mm 波形沥青防水板（吸水率小于或等于 12%），防腐木挂瓦条 20 × 40（h），中距按瓦材规格 8 × 150 mm 锤击式膨胀钉固定，水泥块瓦；外墙采用素水泥浆掺胶水喷涂，10 mm 厚 1∶3 水泥砂浆内掺 5% 防水剂兼找平，50 mm 厚有釉面发泡陶瓷保温板；门窗采用铝合金门窗及钢质门。安装工程包含电气工程、给排水工程、弱电工程等					

（2）工程造价费用组成分析（表 4–28）

表 4–28　××市某多层住宅工程工程造价费用组成分析

项　目		造价 / 元	单方造价 / 元 /m^2	占总价比例 /%
1. 建筑工程量清单费用		2 537 531.36	2 329.61	73.72%
其中	砌筑工程	222 839.00	204.58	6.47%
	混凝土及钢筋混凝土工程	590 911.48	542.49	17.17%
	门窗工程	332 175.88	304.96	9.65%
	屋面及防水工程	151 129.63	138.75	4.39%
	保温、隔热、防腐工程	718 005.17	659.17	20.86%
	楼地面装饰工程	62 308.33	57.20	1.81%
	墙、柱面装饰工程	166 579.9	152.93	4.84%
	天棚工程	10 989.41	10.09	0.32%
	油漆、涂料、裱糊工程	22 340.04	20.51	0.65%
	其他装饰工程	260 252.52	238.93	7.56%
2. 安装工程量清单费用		283 096.89	259.90	8.22%
其中	电气工程	129 424.52	118.82	3.76%
	给排水工程	129 208.77	118.62	3.75%
	弱电工程	24 463.60	22.46	0.71%
3. 措施项目清单		294 305.50	270.19	8.55%
（1）技术措施费		246 789.84	226.57	7.17%
（2）组织措施费		47 515.66	43.62	1.38%
4. 其他项目费				
5. 规费		42 864.12	39.35	1.25%
6. 税金		284 201.81	260.92	8.26%
总造价		3 441 999.68	3 159.97	100%

（3）主要人工、材料、机械耗用量分析（表 4–29）

表 4–29　×× 市某多层住宅工程主要工料机耗用量分析

序号	名称	单位	耗用量（每平方米）	金额 / 元	占总价比例 /%
1.	人工费				
（1）	一类	工日	0.01	1 027.41	0.03%
（2）	二类	工日	1.80	292 198.39	8.49%
（3）	三类	工日	0.84	157 295.72	4.57%
2.	材料费				
（1）	螺纹钢	kg	44.55	225 259.42	6.54%
（2）	圆钢	kg	0.10	518.62	0.02%
（3）	型钢	kg	1.86	9 916.03	0.29%
（4）	水泥	kg	17.45	9 918.84	0.29%
（5）	黄砂	t	0.04	7 164.32	0.21%
（6）	碎石	t	0.02	2 002.87	0.06%
（7）	页岩多孔砖 190 × 190 × 90	块	13.44	16 196.98	0.47%
（8）	陶粒混凝土小型砌块	m^3	0.09	34 199.02	0.99%
（9）	商品混凝土	m^3	0.31	183 651.47	5.34%
（10）	干混砂浆	kg	82.79	31 171.28	0.91%
（11）	铝合金门窗	m^2	0.38	193 421.11	5.62%
（12）	波形沥青防水板	m^2	0.32	31 470.84	0.91%
（13）	聚合物水泥基复合防水涂料	kg	3.82	36 847.67	1.07%
（14）	50 厚釉面发泡陶瓷保温板	m^2	1.23	700 617.75	20.35%
（15）	ALC 条板墙	m^3	0.07	114 795.9	3.34%
（16）	预制混凝土叠合板	m^3	0.03	86 333.38	2.51%
（17）	电线	m	7.67	15 749.01	0.46%
（18）	电缆	m	0.58	21 063.28	0.61%
（19）	镀锌钢管	m	0.42	10 834.06	0.31%
（20）	塑料给排水管	m	0.99	10 640.75	0.31%
3.	机械费	元	39.68	43 221.54	1.26%

五、概算指标的应用

概算指标能直接套用，但必须基本符合拟建工程的外形特征、结构特征，建筑物层数基本相同，建设地点在同一地区等。

1. 主要材料消耗量的计算

主要材料消耗量的计算公式为

材料消耗量 = 拟建建筑面积 × 概算指标中 100 m^2 材料消耗量 /100　　(4–20)

2. 建筑物的造价计算

建筑物的造价计算公式为

$$综合单价 = 拟建建筑面积 \times 概算指标中每1\ m^2单位综合造价 \tag{4-21}$$

$$土建造价 = 拟建建筑面积 \times 概算指标中每1\ m^2单位土建造价 \tag{4-22}$$

$$暖卫电造价 = 拟建建筑面积 \times 概算指标中每1\ m^2单位暖卫电造价 \tag{4-23}$$

$$综合单价 = 土建造价 + 暖卫电造价 \tag{4-24}$$

$$采暖造价 = 拟建建筑面积 \times 概算指标中每1\ m^2单位采暖造价 \tag{4-25}$$

$$给水排水造价 = 拟建建筑面积 \times 概算指标中每1\ m^2单位给水排水造价 \tag{4-26}$$

$$电气照明造价 = 拟建建筑面积 \times 概算指标中每1\ m^2单位电气照明造价 \tag{4-27}$$

$$暖卫电造价 = 采暖造价 + 给水排水造价 + 电气照明造价 \tag{4-28}$$

但概算指标在应用中，拟建工程（设计对象）与类似工程的概算指标相比，经常遇到以下情况：① 技术条件不尽相同；② 概算指标编制年份的设备、材料、人工等价格与当时、当地价格不一样；③ 外形特征和结构特征不一样。

因此，应对其进行调整。其调整方法如下。

（1）设计对象的结构特征与概算指标有局部差异时的单价调整

其调整方法是在原概算指标基础上换入新结构的费用，换出旧结构的费用，计算公式为

$$结构局部变化修正概算指标 = 原概算指标 + 换入新结构的含量 \times 新结构相应的单价 - 旧结构的含量 \times 旧结构相应的单价 \tag{4-29}$$

（2）设计对象的结构特征与概算指标有局部差异时的人工、材料、机械数量调整

其调整基本方法是在原概算指标人工、材料、机械数量的基础上，换入新结构的人工、材料、机械数量，换出旧结构的人工、材料、机械数量，计算公式为

$$结构局部变化修正概算指标的人工、材料、机械数量 = 原概算指标的人工、材料、机械数量 + 换入结构构件工程量 \times 相应定额人工、材料、机械消耗量 - 换出结构构件 \times 相应定额人工、材料、机械消耗量 \tag{4-30}$$

（3）设备、人工、材料、机械台班费用的调整

由于建设地点不同，引起设备、人工、材料、机械台班费用的调整，其计算公式为

$$设备、人工、材料、机械修正费用 = 原概算指标的设备、人工、材料、机械费用 + \sum(换入设备、人工、材料、机械数量 \times 拟建地区相应单价) - \sum(换出设备、人工、材料、机械数量 \times 原概算指标设备、人工、材料、机械单价) \tag{4-31}$$

【例 4-10】某地区结构商住楼，建筑面积 4 500 m^2，结构形式与已建成的某工程相同，只有外墙保温贴面不同，其他部分较为接近。类似工程单方概算造价 715 元 /m^2，外墙为珍珠岩板保温、水泥抹面，每平方米建筑面积消耗量分别为 0.05 m^3、0.95 m^3，珍珠岩板单价 250 元 /m^3、水泥砂浆单价 8.5 元 /m^2；拟建工程外墙为加气混凝土保温，外贴面砖，每

平方米建筑面积消耗量分别为 0.1 m³、0.85 m²，加气混凝土单价 175 元 /m³、贴面砖单价 47.5 元 /m²。试求拟建工程的概算单方造价指标。

解：修正拟建工程的概算单方造价指标。

拟建工程概算单方造价 =715+0.1 × 175+0.85 × 47.5–（0.05 × 250+0.95 × 8.5）

=752.3（元 /m²）

【项目实训】

【任务目标】

项目实训
参考答案

1. 熟悉概算指标的编制步骤和方法。
2. 掌握概算指标数据的收集与分析整理。
3. 会依据原概算指标进行新概算指标调整。

【项目背景】

某单层工业厂房造价指标为 427.72 元 /m²，概算指标见表 4–30。

表 4–30　某单层工业厂房概算指标

序号	分部分项	每平方米工程量	占造价的百分比 /%	每平方米造价	分部分项单价	说明
1	基础	0.43 m³	5.1	21.81	50.70 元 /m³	
2	外围结构	0.58 m³	6.6	28.23	18.67 元 /m³	
	石棉瓦墙	（0.21 m³）	（6.6）	（28.23）	132.82 元 /m³	
3	柱		8	34.22		
	钢筋混凝土	（0.008 m³）	（0.3）	（1.28）	166.65 元 /m³	
	钢结构	（0.046 t）	（7.7）	（32.94）	716.09 元 /t	
4	吊车梁	0.139 1 t	24	102.65	739.05 元 /t	
5	屋盖		10.2	43.63		
	承重结构	（1.05 m²）	（9.2）	（39.35）	37.48 元 /m²	
	卷材屋面	（1.02 m²）	（1.0）	（4.28）	4.07 元 /m²	
6	地坪面		1.6	6.84		
7	钢坪台	0.153 m²	34.1	145.86	953.33 元 /m²	
8	其他		10.4	44.48		
	合计			427.72		

【任务要求】

拟建厂房与上述厂房技术条件相符，但在结构因素上拟建厂房是采用大型板墙作围护结构，而原指标厂房是石棉瓦墙。试对原概算指标进行调整。

微课：投资估算指标的编制

任务 4.3.3　投资估算指标的编制与应用

【知识准备】

一、投资估算指标的概念

投资估算指标以独立的建设项目、单项工程或单位工程为对象，综合项目全过程投资和建设中各类成本和费用，反映出其扩大的技术经济指标，具有较强的综合性和概括性。投资估算指标是在编制项目建议书、可行性研究报告和编制设计任务书阶段进行投资估算、计算投资需要量时使用的一种定额，它既是定额的一种表现形式，但又不同于其他计价定额。投资估算作为项目前期投资评估服务的一种扩大的技术经济指标，具有较强的综合性、概括性。

投资估算一经批准即为建设项目投资的最高限额，一般情况下不得随意突破。因此投资估算准确与否不仅影响建设前期的投资决策，而且也直接关系到下一阶段设计概算、施工图预算的编制及项目建设期的造价管理和控制。

投资估算指标的作用、编制原则

二、投资估算指标的主要内容

投资估算指标是确定和控制建设项目全过程各项投资支出的技术经济指标，其范围涉及建设前期、建设实施期和竣工验收交付使用期等各个阶段的费用支出。其内容因行业不同而各异，一般可分为建设项目综合指标、单项工程指标和单位工程指标 3 个层次。

1. 建设项目综合指标

建设项目综合指标指按规定应列入建设项目投资从立项筹建至竣工验收交付使用的全部投资额，包括固定资产投资和流动资产投资，其组成见图 4–8。

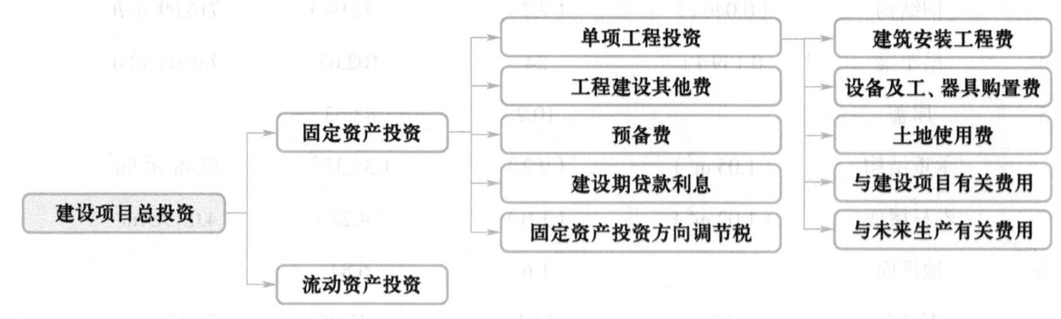

图 4–8　建设项目综合指标

建设项目综合指标一般以项目综合生产能力单位投资表示，如元 /t、元 /kW；或以使用功能表示，如医院床位为元 / 床；或以建筑面积表示，如元 /m^2。

2. 单项工程指标

单项工程指标指按规定应列入能独立发挥生产能力或使用效益的单项工程内的全部投资额，包括建筑工程费、安装工程费、设备及工器具购置费和其他费用。其组成见图 4–9。

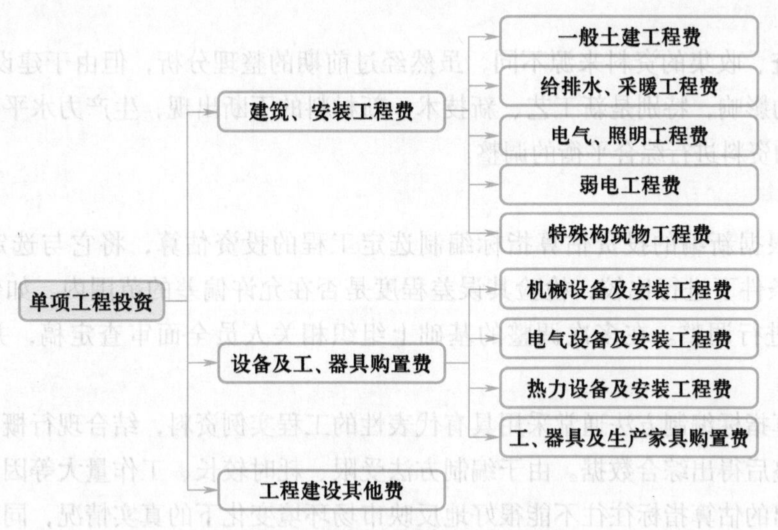

图 4–9　单项工程指标的组成

单项工程指标一般以单项工程生产能力单位投资（如元/t）或其他单位表示。例如，变配电站：元/（kV·A）；锅炉房：元/蒸汽吨；供水站：元/m^3；办公室、仓库、宿舍、住宅等房屋则区别不同结构形式为元/m^2。

3. 单位工程指标

单位工程指标是指按规定应列入能独立设计、单独组织施工的工程项目的费用，即建筑安装工程费。其组成见图 4–10。

单位工程一般以如下方式表示。

房屋：区别不同结构形式，以元/m^2 表示。

道路：区别不同结构层、面层，以元/m^2 表示。

水塔：区别不同结构、容积，以元/座表示。

管道：区别不同材质、管材，以元/m 表示。

烟囱：区别不同材料、高度，以元/座表示。

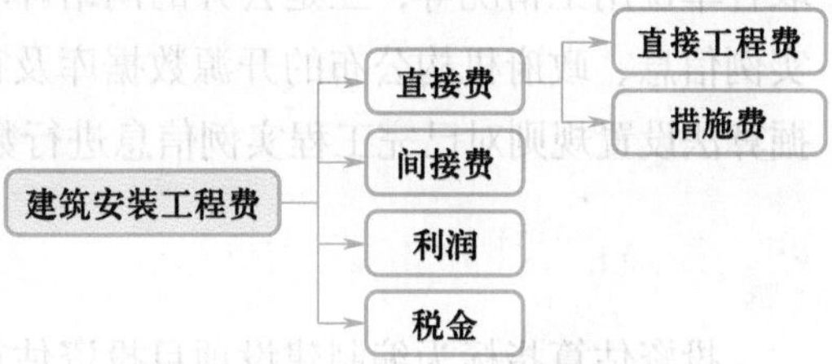

建筑安装工程费
直接费
直接工程费
措施费
间接费
利润
税金

图 4–10　单位工程指标的组成

三、投资估算指标的编制方法

投资估算的编制是一项系统工程，它涉及的方面相当多，如产品规模、方案、工艺流程、设备选型、工程设计和技术经济等。因此，编制一开始就必须成立由专业人员、专家及相关领导参加的编制小组，制订包括编制原则、编制内容、指标的层次项目划分、表现形式、计量单位、计算、平衡、审查程序等内容的编制方案，具体指导编制工作。

投资估算指标编制工作一般可分为 3 个阶段进行。

1. 调查、收集、整理资料阶段

调查、收集与编制内容有关的已经建成或正在建设的工程设计目标、施工文件、概算依据，这是编制投资估算指标的基础。资料收集得越多，越有利于提高指标的准确性、实用性与适应性。注意，在大量收集的同时要重视对资料的整理工作。

2. 平衡调整阶段

由于调查、收集的资料来源不同，虽然经过前期的整理分析，但由于建设地点、条件、时间上带来的影响，特别是新工艺、新技术、新材料的不断出现，生产力水平的不断提高需要对所收集的资料进行综合平衡的调整。

3. 测算审查阶段

测算是根据新编的投资估算指标编制选定工程的投资估算，将它与选定工程概预算在同一价格条件下进行比较，检验其误差程度是否在允许偏差的范围内。如偏差过大，要找出原因，进行调整。在多次调整的基础上组织相关人员全面审查定稿，并报相关部门审发。

传统估算指标编制方法通常采用具有代表性的工程实例资料，结合现行概预算定额，经过修正、调整后得出综合数据。由于编制方法受限、耗时较长、工作量大等因素的影响，传统方法编制出的估算指标往往不能很好地反映市场环境变化下的真实情况，同时也耗费了大量的人力物力。大数据的出现，有利于解决投资估算指标编制过程周期长、工作量大、工作内容繁杂、消耗成本较高等问题。大数据应用于编制投资估算指标，从数据生成、数据采集、数据存储及数据利用方面都大大提高效率和适用性。如在挖掘数据采集阶段，数据来源渠道多样化：一是各大企业的内部数据库，包含从可行性研究阶段、设计阶段、施工阶段等整个工程建设全生命周期的所有数据；二是从外部市场环境中获取数据信息，如材料供应商处可获取企业单位的采购清单、机械租赁公司可获取各规格机械的租赁情况、人才市场可获取各单位用工情况等；三是公开的网络环境，如各大工程类相关网站上的招投标信息、工程实例信息、政府机构公布的开源数据库及行业年报等。在数据利用阶段，可通过利用数据挖掘算法设置规则对已完工程实例信息进行数据分类等。

四、投资估算指标的应用

投资估算指标为编制建设项目投资估算提供了必要的编制依据，但使用时一定要根据建设项目实施的时间、建设地点自然条件和工程的具体情况等进行必要的调整、换算，切忌生搬硬套，以保证投资估算确切可靠。

1. 时间差异

投资估算指标编制年度所依据的各项定额、价格和费用标准及项目实施年度可能会随时间的推移而有所变化。这些变化对项目投资的影响，因工期长短而异，时间越长影响越大，越不可忽视。项目投资估算一定要预计计算至实施年度的造价水平，否则将给项目投资留下缺口，使其失去控制投资的意义。时间差异对项目投资的影响，一般可按下述几种情况考虑。

（1）定额水平的影响

各项定额的修订、新旧定额水平变化所引起的定额差，一般表现为人工、材料、施工机械台班消耗的量差，可相应调整投资估算指标内的人工、材料和施工机械台班数量，也可用同一价格计算的新、旧定额直接费之比调整投资估算指标的直接费，即

$$调整后的直接费 = 指标直接费 \times [1+(新定额直接费 - 旧定额直接费)/旧定额直接费] \tag{4-32}$$

（2）价格差异的影响

如投资估算指标编制年度至项目实施期年度，仅设备、材料有所变化，可按指标内所列设备、材料用量调整其价差或以价差率调整，价差率可按下式计算

设备（材料）价差率 = 设备（材料）用量 ×（编制年度价格 – 指标编制年度价格）/ 指标设备（材料）费总额 ×100%　（4–33）

也可先求得设备、材料价格每年的平均递增率，按下式调整后列入项目投资估算预备费中设备（材料）差价项下，即

$$E=\sum_{i=1}^{n}F_i\left[(1+\rho)^{i}-1\right] \quad (4\text{–}34)$$

式中：E——设备（材料）价差；

n——指标编制年度至项目实施期的年度数；

F_i——项目实施期间第 i 年度设备（材料）投资额；

ρ——设备（材料）价格年平均递增率。

（3）费用差异的影响

指标编制年度即实施期年度之间如建筑安装工程各项费用定额有变化，可将新建筑安装工程费用定额中不同计算基数的费率换算成同一计算基数的综合费率形式进行调整。

为简化计算，也可将上述定额水平差，设备（材料）价格差、费用差，分别以不同类型的单项工程综合测算出工程造价年平均递增率，运用式（4–34）计算工程造价的价格差异，借以调整建筑安装工程费。

2. 建设地点差异

建设地点的变化（如水文、地质、气候，地震以及地形地貌等）必然要引起设计、施工的变化，由此引起对投资的影响，除在投资估算指标中规定相应调整办法外，使用指标时必须依据建设地点的具体情况，研究具体处理方案，进行必要的调整。

3. 设计差异

由于投资估算指标的编制是取材于已经建成或正在建设的工程设计和施工资料，而设计是一种创造活动，完全一样的工程是不存在的，设计对投资的影响是多方面的，编制时应对投资影响比较大的下列设计差异进行必要的调整。

1）影响建筑安装工程费的设计因素，如建筑物层数、层高、开间、进深、平面组合形式，以及工业建筑的跨度、柱距、高度，起重机吨位等变化引起的结构形式、工程量和主要材料的改变。

2）工艺改变、设备选型会对投资造成影响。

五、投资估算指标编制实例

投资估算指标编制实例

根据某省 2020 年《建筑工程投资估算指标》，选取一例进行说明。该投资估算指标包括 5 部分内容，分别是工程概况、工程造价费用组成、土建工程各分部占定额直接费的比例及每 1 m^2 直接费用指标、主要实物工程量指标和工料消耗指标。

【项目实训】

【任务目标】

1. 熟悉投资估算指标的编制步骤和方法。
2. 掌握投资估算指标编制数据的收集与分析整理。
3. 会以已完项目投资估算数据为基础编制拟建项目投资估算额。

【项目背景】

项目实训参考答案

某地区五星级酒店（超高层）投资估算资料如下。

1. 工程概况

1）工程类型：五星级酒店。

2）技术经济指标：9 591 元 /m^2。

3）拟建地点：某直辖市。

4）建筑面积：80 000 m^2，其中，地上 65 000 m^2、地下 15 000 m^2，标准层≥ 1 500 m^2。

5）建筑高度：≤ 160 m（檐口高度），标准层层高 3.6 m。

6）建筑层数：地下 3 层，地上≤ 40 层（其中裙房≤ 4 层）。

7）结构形式：钢筋混凝土钻孔灌注桩，桩长≤ 56 m，地下连续墙围护，钢筋混凝土框筒结构。

8）基础埋深：≤ 18 m（地下室外墙长度约 300 m）。

9）地面建筑室内外高差：0.8 m。

2. 投资估算造价

某市五星级酒店造价估算指标及工程量见表 4-31。

表 4-31　某市五星级酒店造价估算指标及工程量

序号	工程和费用名称	特殊说明	总价 / 万元	数量	每平方米造价 / （元 /m^2）
一	土建及装饰工程				
1	打桩			65 000	230
2	基坑维护			15 000	1 000
3	土方工程			15 000	250
4	地下建筑	含地下室装修		15 000	400
5	地下结构			15 000	2 200
6	地上建筑			65 000	450
7	地上结构			65 000	850
8	装饰			65 000	3 400
9	外立面	含人口雨篷		65 000	1 000
10	屋面			65 000	30

续表

序号	工程和费用名称	特殊说明	总价 / 万元	数量	每平方米造价 /（元 /m²）
11	标识系统			80 000	25
	土建及装饰工程费小计			80 000	5 589
二	机电安装工程				
1	给水排水工程			80 000	400
2	消防喷淋			80 000	120
3	煤气	包括调压站		80 000	20
4	变配电	15 000 kV · A		80 000	270
5	应急柴油发电机组	3 000 kW		80 000	150
6	电气			80 000	380
7	泛光照明			65 000	45
8	消防报警			80 000	45
9	综合布线			80 000	60
10	弱电配管			80 000	40
11	弱电桥架			80 000	30
12	智能化调光系统			80 000	50
13	BA 系统			80 000	60
14	卫星天线及有线电视			80 000	15
15	安全防护系统			80 000	40
16	广播系统			80 000	10
17	程控电话			80 000	40
18	空调送排风			80 000	750
19	锅炉			80 000	50
20	电梯	含自动扶梯		80 000	300
21	擦窗机			65 000	55
22	车库管理			15 000	55
23	厨房设备			65 000	300
24	宾馆管理系统			65 000	40
25	VOD 点播系统			65 000	25
26	游泳池设备			65 000	30
27	康体设施			65 000	60

续表

序号	工程和费用名称	特殊说明	总价 / 万元	数量	每平方米造价 / (元 /m²)
	机电安装工程费小计			80 000	3 291
	建筑安装工程费合计				
三	预备费	按建筑安装工程费的 8% 计算		80 000	710
四	建筑安装工程总费用			80 000	9 591

【任务要求】

试以“某市五星级酒店造价估算指标及工程量”为依据计算该工程的投资估算造价。

小结与关键概念

小结：概算定额是在消耗量定额的基础上根据有代表性的通用设计图和标准图等资料，以主要工序为准，综合相关工序，进行综合、扩大和合并而成的定额。概算定额是编制扩大初步设计概算时计算和确定扩大分项工程的人工、材料、机械台班耗用量（或货币量）的数量标准。它是消耗量定额的综合扩大。概算定额是编制扩大初步设计概算时计算和确定扩大分项工程的人工、材料、机械台班耗用量（或货币量）的数量标准。它是预算定额的综合扩大。概算定额是由预算定额综合而成的。

概算指标是在概算定额的基础上进一步综合扩大，以整个建筑物或构筑物为对象，按各种不同的结构类型，以 100 m^2 建筑面积为单位，构筑物以座为单位，规定所需人工、材料及机械台班消耗数量及资金的定额指标。其主要用于在初步设计阶段，工程设计形象尚不具体，不能按图纸计算各扩大分项工程或结构构件的工程量，无法套用概算定额，但又必须提供设计概算文件时，可采用概算指标进行编制。概算指标是基本建设管理部门编制投资估算和编制基本建设计划、估算主要材料用量计划的依据。概算定额和概算指标是编制初步设计概算、确定概算造价的依据，是设计单位进行设计方案技术经济分析的依据。

投资估算指标是以独立的建设项目、单项工程或单位工程为对象，确定其建设前期、建设实施期以及竣工验收交付使用全过程各项投资支出的技术经济指标，主要应用于工程建设决策阶段。它不仅包括建筑安装工程费、设备购置费等静态投资，还包括贷款利息、涨价预备费等动态投资因素，故投资估算指标较之概算定额和概算指标而言，其所包含的内容更为广泛。它一般可划分为建设项目综合指标、单项工程指标和单位工程指标 3 个层次。工程建设投资估算指标是编制建设项目建议书、可行性研究报告等前期工作阶段投资估算的依据，也可以作为编制固定资产长远规划投资额的参考。投资估算指标为完成项目建设的投资估算提供依据和手段，它在固定资产的形成过程中起着投资预测、投资控制、投资效益分析的作用，是合理确定项目投资的基础。估算指标的正确制定对于提高投资估算的准确度、对建设项目的合理评估、正确决策具有重要意义。

关键概念： 概算定额、概算指标、设计概算、修正概算指标、投资估算。

综合训练

【习题与思考】

习题与思考答案

一、单选题

1. 概算定额是在（　　）的基础之上，以形象部位为对象将若干个有联系的分项工程项综合、扩大、合并成为一个概算定额项目。

A. 预算定额　　B. 概算指标　　C. 劳动定额　　D. 投资估算指标

2. 概算定额的水平为（　　）。

A. 平均先进水平　　B. 社会平均水平　　C. 先进企业水平　　D. 编制专家水平

3. 编制设计概算需要用到的定额是（　　）。

A. 预算定额　　B. 企业定额　　C. 工期定额　　D. 概算定额

4. 一个项目设计方案的选择，它的经济性，必须通过同一方案编制出不同的（　　）来进行比较。

A. 项目建议书　　B. 设计预算　　C. 投资估算　　D. 设计概算

5. 以整个建筑物或构筑物为对象，以建筑面积、体积或成套设备装置的台班数量为计量单位而规定的人工、材料、机械台班的消耗量标准和造价指标的定额是（　　）。

A. 概算定额　　B. 投资估算指标　　C. 概算指标　　D. 预算定额

二、填空题

1. 概算定额是指完成一定计量单位的或所需消耗的________、________、________的数量标准。

2. 对于大中型项目，________、________和________是设计工作的 3 个主要阶段。

3. 根据国家规定，在方案设计阶段需要编制________，在技术设计阶段需要编制________，两者都是以________为主要依据进行编制。

4. 概算指标的分类有________概算指标和________概算指标两个大类。

5. 建筑工程概算指标的分类有________概算指标、________概算指标、________概算指标、________概算指标、________概算指标 5 类。

三、计算题

1. 拟建住宅楼建筑面积 5 000 m^2，框架结构，其中深层搅拌桩为 150 元 /m^2。有类似工程住宅楼，建筑面积 6 000 m^2，建筑工程直接工程费为 1 200 元 /m^2，基础采用灌注桩基础，为 100 元 /m^2，其他结构相同，求拟建工程直接工程费。

2. 某地区拟建住宅楼，参考类似工程的土建单方概算单价为 800 元 /m^2，类似工程外墙采用珍珠岩板保温，每平方米建筑面积消耗量为 0.05 m^3，珍珠岩板单价为 300 元 /m^3，而拟建工程外墙拟采用加气混凝土保温，每平方米建筑面积消耗量为 0.1 m^3，加气混凝土单价为 200 元 /m^3，求该拟建工程的概算单方造价指标。

3. 某砖混结构工程，建筑面积 3 325 m^2，按施工图纸计算出其一砖外墙为 601 m^3，木窗为 571 m^2；而所选的概算指标中每 100 m^2 建筑面积有一砖半外墙 25.71 m^3，钢窗 15.50 m^2。每 100 m^2 概算造价为 75 830 元。其中，一砖外墙、一砖半外墙、木窗、钢窗价格分别为 238.21 元 /m^3、235.43 元 /m^3、126.52 元 /m^2 和 201.12 元 /m^2。调整后概算指标计算表见表 4-32。

表 4-32　概算指标计算表

序号	构件名称	单位	数量	单价 / 元	合价 / 元	备注
换入的新结构	一砖外墙	m^3	18.08	238.21	4 307	601/33.25=18.08
换入的新结构	木窗	m^2	17.17	126.52	2 172	571/33.25=17.17
换入部分小计	—	—	—	—	6 479	—
换出的旧结构	一砖半外墙	m^3	25.71	235.43	6 053	已知
换出的旧结构	钢窗	m^2	15.5	201.12	3 117	已知
换出部分小计	—	—	—	—	9 170	—

根据上述给定背景信息，试计算该工程的概算造价及每平方米的概算造价。

四、简答题

1. 简述概算定额的编制原则。
2. 概算定额和预算定额有哪些区别与联系？
3. 阐述概算定额和概算指标之间的区别和联系。
4. 试述当设计对象的结构特征和概算指标有局部差异时，概算指标的调整方法。

拓展训练答案

【拓展训练】

【任务目标】

1. 掌握投资估算指标、概算指标数据的应用。
2. 会依据已有工程概算指标进行拟建项目概算指标调整计算。

【项目背景】

楚雄职教办公楼项目建筑面积为 7 895.70 m^2，其造价估算指标及工程量见表 4-33。

表 4-33　造价估算指标及工程量表

序号	工程和费用名称	特殊说明	总价 / 万元	数量	单方造价 /（元 /m^2）
一	土建及装饰工程				
1	土方工程			15 000	230
2	地上建筑			65 000	350
3	地上结构			65 000	850

续表

序号	工程和费用名称	特殊说明	总价 / 万元	数量	单方造价 / （元 /m²）
4	装饰			65 000	1 000
5	外立面			65 000	860
6	屋面			65 000	150
	土建及装饰工程费小计				
二	机电安装工程				
1	给水排水工程			50 000	350
2	消防工程			50 000	200
3	电气			50 000	420
4	弱电工程			50 000	60
	机电安装工程费小计				
	建筑安装工程费合计				
三	预备费	按建筑安装工程费的 8% 计算			
四	建筑安装工程总费用				

该项目进入设计阶段，根据概算指标和地区材料预算价格等算出综合单价为 3 750 元 /m²，其中建筑工程 2 200 元 /m²，装饰工程 800 元 /m²，给排水工程 300 元 /m²，电气工程 320 元 /m²，消防工程 130 元 /m²。但拟建楚雄职教办公楼项目设计资料与概算指标相比较，其材料有部分变更。设计资料表明，拟建楚雄职教办公楼项目窗为断桥铝窗，而概算指标中为木窗。根据当地土建工程预算定额计算，木窗综合单价为 540 元 /m²，断桥铝窗造价为 440 元 /m²，概算指标中每 100 m² 中含木窗为 8.5 m²，新建过程设计资料表明，每 100 m² 中含断桥铝窗为 5.5 m²。

【任务要求】

根据上述条件，完成以下问题。

1. 完善并估算拟建楚雄职教办公楼项目的投资估算造价。
2. 计算调整后的概算综合单价和楚雄职教办公楼项目概算造价。

【案例分析】投资估算指标的分类收集与应用

《工程造价改革工作方案》中指出，要完善工程计价依据发布机制，为市场形成价格提供支撑。进一步明确政府发布定额的定位，对估算指标、概算定额、预算定额采取不同的处理方法，对于概算定额、估算指标是“优化”和“动态管理”。在顺应社会主义市场经济体制的基础上，编制各类工程项目投资估算指标，加强工程造价的前期管理至关重要。那么，如何分类收集投资估算指标并合理应用呢？

微课：案例分析

项目 4.4
工程费用和费用定额

【学习目标】

（1）知识目标

① 了解我国现行建设项目总投资及工程费用的构成、国外建设工程投资构成；
② 熟悉设备购置费、工器具及生产家具购置费的构成；
③ 熟悉建筑安装工程费用的构成、计算方法与计价程序；
④ 掌握工程建设其他费用定额的编制方法。

（2）能力目标

① 能计算设备购置费、工器具及生产家具购置费、预备费等；
② 能计算不同阶段的建筑安装工程费；
③ 能根据具体工程项目计算工程费用。

（3）素养目标

① 培养科学客观、实事求是的学习态度；
② 形成全过程工程造价咨询的意识；
③ 养成工程造价人员良好的职业道德。

【思维导图】

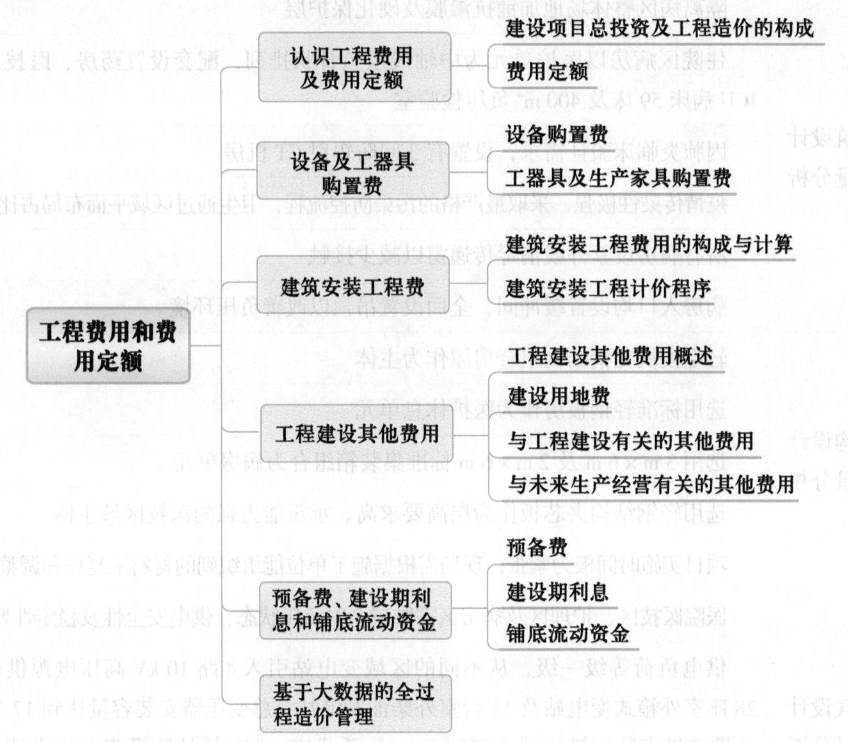

案例引入

武汉雷神山医院工程费用特点分析

2020年初，新型冠状病毒疫情席卷全国。武汉作为重灾区，几乎所有的医院均用于抗击疫情。多所大型场馆被改造为方舱医院，在短短数周内建成了“火神山”“雷神山”医院，见图4–11、图4–12。

图4–11　雷神山医院HDPE膜施工

图4–12　雷神山医院建设工地

雷神山医院作为应急临时传染病专科类医院，与常规医院诊疗医护流程有较大差异，在设计、施工等方面均会对工程费用产生影响。项目设计与常规医院费用差异点主要有建筑设计、结构设计、电气设计、给排水设计和空调通风设计5个方面，见表4–34。

表 4–34　项目设计与常规医院费用差异点分析表

序号	差异点	项目详情
1	建筑设计增量分析	隔离病区整体场地加铺抗渗膜及硬化保护层
		住院区病房以医护单元为中轴线呈鱼骨状排列，配套设置药房、医技用房，设置 ICU 病床 59 床及 400 m^2 负压检验室
		因肺炎临床验证需求，设置有 3 间防辐射 CT 机房
		疫情传染性极强，采取最严格的污染防控流程，卫生通过区域平面布局占比较大
		所有病房设紫外线消毒传递窗以减少接触
		病房入口均设置缓冲间，全面设置吊顶以改善负压环境
2	结构设计增量分析	轻型模块化钢结构组合房屋作为主体
		选用标准轻钢板房作为医护休息单元
		选用 3 m×6 m 及 2 m×6 m 标准集装箱组合为病房单元
		选用轻钢结构夹芯板作为层高要求高、承重能力强的医技区域主体
		项目实施时间极为紧张，现场需根据施工单位能组织到的材料来复核和调整设计
3	电气设计增量分析	医院医技区、护理区及病房区需维持全时负压状态，供电安全性及稳定性要求特别高
		供电负荷等级一级，从不同的区域变电站引入 4 路 10 kV 高压电源供电，共设置 28 座室外箱式变电站及 11 台室外柴油发电站，总变压器安装容量达到 17 720 kV・A，总发电机安装容量达到 6 870 kV・A，手术室、ICU 等处还设置 UPS 电源，医院整体供配电容量达到普通医院一倍以上
		病房、卫生间、走廊、诊室、手术室等需要灭菌消毒的场所设置紫外杀菌灯
4	给排水设计增量分析	为防止供水返流污染市政给水网，项目采用断流水箱设加压给水泵站供水，泵房出水管设紫外线消毒器，且生活供水设置应急加氯措施，确保供水安全
		隔离病房区为防止交叉感染，设置室外分病区污水、非病区污水及室外雨水 3 套独立排水管网
		隔离病区室外地面铺设 HDPE 防渗膜，防止带菌雨水渗入地下污染地下水
		为防止污染水对外传染，病区污水均采用预消毒 + 化粪池 + 二级处理 + 消毒工艺，且消毒停留时间均延长，较常规医院污水处理规模约成倍增长
5	空调通风设计增量分析	为防止污染空气扩散形成空气交叉感染，有效保障医护安全，需通过送排风组织形成清洁区、半污染区、污染区的梯度压力差，对传染病区整体空气流向进行控制
		全病区均需设置机械通风系统，且所有区域通风系统送、排风支管上均安装定风量阀，病房送、排风支管同时安装电动密闭阀
		为降低病房空气中细菌、病毒浓度，呼吸道传染病要求在非呼吸道传染病房间通风量的 2 倍以上，相应送排风机容量均需提高
		所有风机均设置“一用一备”，每个送风系统均设置粗、中、高三级过滤，排风设高效过滤

项目施工组织费用差异点主要有工人组织管理情况、设备物资供应组织情况、施工机械供应组织情况和管理及措施成本情况 4 个方面，见表 4-35。

表 4-35　项目施工组织费用差异点分析表

序号	差异点	项目详情
1	工人组织管理情况	雷神山项目施工工期要求极短，而项目总规模约 8 万平方米，工人数量需求极大，而项目建设高峰期正处于防疫与春节双期叠加期间，人员组织困难。为保障项目进度，施工总包单位提高人工单价、通过各种渠道募集工人，高峰期现场工人达万余人。由于施工周期极短，无法采用常规流水节拍方式施工，大量交叉作业导致工效降低幅度较大，人工成本巨幅增加
2	设备物资供应组织情况	项目实施期间所有工厂基本均处于停工停产状态，市场供应均以现有库存为主，且项目实施周期极短，物资设备采购范围辐射全国，货物运输困难，导致项目设备物资价格大幅上升。大宗物资如主体工程的集装箱房，雷神山、火神山两个项目共需近 4 000 间，本地区存量完全无法满足，需从北京、上海、广州及部分西部城市紧急调货，单间运输费即高达数千元，且集装箱房原设计以办公为主，现均需改造为病房，加设传递窗、改造卫生间，改造工程量较大。部分无现货非标设备需订制生产，工厂非满负荷运转导致设备成本剧增
3	施工机械供应组织情况	受春节、疫情防控及交通管制影响，现场机械设备基本均为一次性入场，按照施工需要陆续离场，机械降效明显。如为应对大批集装箱、屋顶风机集中吊装任务，前期即组织大量各类型吊车入场，但前期工作强度较低，待现场集装箱房已基本完成改造工作后，又大批量集中吊装，工作强度极大，施工机械工作降效巨大
4	管理及措施成本情况	由于项目工期极短，现场工序存在大量交叉作业，为保证项目顺利正常推进，物资调拨、商务财务、施工管理、质量管理人员数量较常规项目增加数十倍。项目实施期为疫情高峰期，现场人员密集，为疫情防控增加防护费用，如安装测体温系统，药品、防护口罩，手套、酒精，清洁用品，专职防疫医务人员及场区，办公、生活消杀人员及药品等费用

近年来，我国国民经济蓬勃发展，建筑领域取得了显著的成就，工程费用通常囊括了从开始筹备工作到工程竣工的所有费用，直接关系着整个工程的经济效益。本案例的雷神山医院作为应急项目，其建设模式与常规项目不同，其首要目标是进度，围绕进度核心开展设计、施工组织，设计工作经常要根据现有资源调整设计，经济性并非项目实施控制性因素，而常规建设项目的工程费用是工程管理的重要内容。随着我国建筑工程数量和规模的不断扩大，工程费用的编制及管理工作难度也在不断地增大，了解建设工程的费用构成及费用定额的编制及应用，同时掌握建筑安装工程费用、设备及工器具购置费、工程建设其他费等费用的计算对于掌控整个工程的造价费用至关重要。

任务 4.4.1 认识工程费用及费用定额

微课：建设项目总投资构成

【知识准备】

一、建设项目总投资及工程造价的构成

增值税

建设项目总投资是为完成工程项目建设并达到使用要求或生产条件，在建设期内预计或实际投入的全部费用总和，见图 4-13。生产性建设项目总投资包括建设投资、建设期利息和流动资金 3 部分；非生产性建设项目总投资包括建设投资和建设期利息两部分。其中，建设投资与建设期利息之和为固定资产投资，固定资产投资与建设项目的工程造价在量上相等。

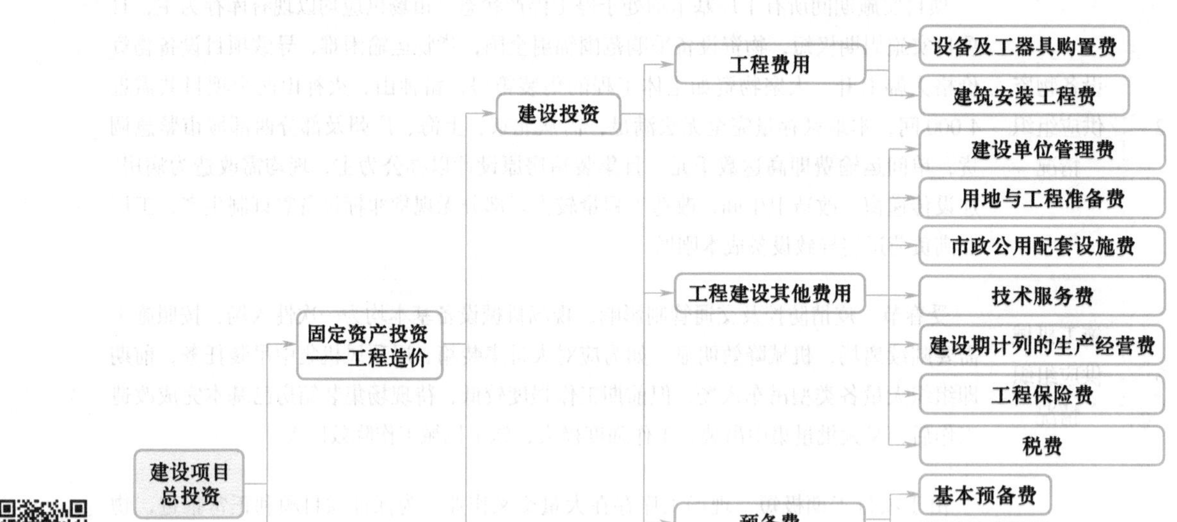

图 4-13 我国现行建设项目总投资构成

浙江省建设项目总投资

国外建设工程造价构成

工程造价是按照确定的建设内容、建设规模、建设标准、功能要求和使用要求等将建设项目全部建设并验收合格交付使用所需的全部费用，包括用于购买工程项目所需各种设备的费用，用于建筑和安装施工所需支出的费用，用于委托工程勘察设计、监理等应支付的费用，用于购置土地所需费用，还包括用于建设单位进行项目筹建和管理所需的费用等。工程造价由建设投资和建设期利息两部分构成，其主要构成部分是建设投资。

建设投资是为完成工程项目建设，在建设期内投入且形成现金流出的全部费用，包括工程费用、工程建设其他费用和预备费 3 部分。工程费用是指建设期内直接用于工程建造、设备购置及其安装的建设投资，分为建筑安装工程费和设备及工器具购置费；工程建设其他费用是指建设期发生的与土地使用权取得、整个建设项目建设以及未来生产经营有关的，必须发生的但不包括在工程费用中的费用；预备费是在建设期内因各种不可预见因素的变化而预留的可能增加的费用，包括基本预备费和涨价预备费。

建设期利息则是在建设期内为工程项目筹措资金的融资费用及债务资金利息等费用。

流动资金是指为进行正常生产运营，用于购买原材料、燃料、支付工资及其他运营费用等所需的周转资金。在可行性研究阶段用于财务分析时计为全部流动资金，在初步设计及以后阶段用于计算“项目报批总投资”或“项目概算总投资”时计为铺底流动资金。铺底流动资金是指生产经营性建设项目为保证投产后正常的生产运营所需，并在项目资本金中筹措的自有流动资金。

二、费用定额

微课：工程费用定额

费用定额是按照现行工程造价构成规定计算工程造价时配合预算定额、概算定额等计价性定额使用的一种定额或计费标准。往往以某个或多个自变量为计算基础，反映专项费用（因变量）社会必要劳动量的百分率或标准。

工程造价组成中除人工费、材料费、机械费和设备、工器具购置费，建设期贷款利息及预备费外的其他各项费用均需要按照一定的标准即费用定额进行计算。费用定额包括工程建设其他费用定额、管理费定额、施工组织措施项目费用定额、利润定额和税金定额等。

费用定额的编制原则和依据

建筑安装工程费计算所需要的费用定额如施工组织措施费定额、管理费定额、利润定额，部分省市主管部门根据当地的建筑市场具体情况，经过测算给出了参考费率，以代替定额计价体系下的费用定额（如《浙江省建设工程计价规则》），与预算定额配套使用，所规定的各项费用是这些费用所能计取的最高限额。在市场经济条件下，建筑施工企业应根据自身的实际情况，编制自己的费用定额，以适应竞争的需要。

【学习自测】

学习自测参考答案

1. 请你认真思考国内外工程造价的异同点，并绘制思维导图。
2. 除了书中列举的费用定额的编制依据，你认为还有哪些可以作为费用定额的编制依据？

任务 4.4.2 设备及工器具购置费

【知识准备】

微课：设备及工器具购置费

设备及工器具购置费用包括设备购置费和工器具及生产家具购置费，是固定资产投资中的积极部分。在生产性工程建设中，设备及工器具购置费用占工程造价比重的增大，意味着生产技术的进步和资本有机构成的提高。

一、设备购置费

设备购置费是指购置或自制的达到固定资产标准的设备、工器具及生产家具等所需的费用。根据设备来源可以分为外购设备费和自制设备费。其中，外购设备指的是由设备生产厂制造的符合规定标准的设备；自制设备指的是按订货要求，并依据具体的设计图纸自行制造完成的设备。设备购置费由设备原价和设备运杂费构成，均指不包含增值税可抵扣进项税额

的价格，其计算公式为

设备购置费 = 设备原价（含备品备件费）+ 设备运杂费 （4–35）

式中：设备原价（含备品备件费）——国内采购设备的出厂（场）价格，或国外采购设备的抵岸价格，备品备件费指设备购置时随设备同时订货的首套备品备件所发生的费用；

设备运杂费——除设备原价之外的关于设备采购、运输（国内采购设备自来源地、国外采购设备自到岸港运至工地仓库或指定堆放地点）、途中包装及仓库保管等方面支出费用的总和。

1. 国产设备

国产设备原价一般指的是设备制造厂的交货价或订货合同价，即出厂（场）价格。一般根据生产厂或供应商的询价、报价、合同价确定，或采用一定的方法计算确定。国产设备原价分为国产标准设备原价和国产非标准设备原价。

（1）国产标准设备原价

国产标准设备是指按照主管部门颁布的标准图样和技术要求，由国内设备生产厂批量生产的，符合国家质量检测标准的设备。国产标准设备原价一般指的是设备制造厂的交货价，即出厂价。国产标准设备一般有完善的设备交易市场，通过查询相关交易市场价格或向设备生产厂家询价即可得到国产标准设备原价。如设备由设备公司成套供应，则以订货合同价为设备原价。国产标准设备原价有两种：带有备件的原价和不带有备件的原价。在计算中，往往按带有备件的原价计算。

（2）国产非标准设备原价

国产非标准设备（或国产自制设备）是指国家尚无定型标准，各设备生产厂不可能在工艺过程中批量生产，只能按一次订货，并根据具体的设计图纸制造的设备。由于非标准设备单件生产、无定型标准，无法获取市场交易价格，一般按其成本构成或相关技术参数估算其价格。非标准设备原价的计算方法有很多种，如成本计算估价法、系列设备插入估价法、分部组合估价法、定额估价法等。无论采用哪种方法都应保证非标准设备计价接近实际出厂价，且计算简便。按成本计算估价法，非标准设备的原价由材料费、加工费、辅助材料费、专用工具费、废品损失费、外购配套件费、包装费、利润、税金及非标准设备设计费构成。

1）材料费

材料费 = 材料净用量 ×（1+ 加工损耗系数）× 每吨材料综合单价 （4–36）

2）加工费

加工费包括生产工人工资和工资附加费、燃料动力费、设备折旧费、车间经费等。

加工费 = 设备总质量（吨）× 设备每吨加工费 （4–37）

3）辅助材料费（简称“辅材费”）

辅助材料费包括焊条、焊丝、氧气、氩气、氮气、油漆、电石等费用。

辅助材料费 = 设备总质量 × 辅助材料费指标 （4–38）

4）专用工具费

专用工具费 =（材料费 + 加工费 + 辅助材料费）× 专用工具费率 （4–39）

5）废品损失费

废品损失费 =（材料费 + 加工费 + 辅助材料费 + 专用工具费）× 废品损失费率　（4–40）

6）外购配套件费

外购配套件费 = 相应购买价格 + 运杂费　（4–41）

7）包装费

包装费 =（材料费 + 加工费 + 辅助材料费 + 专用工具费 + 废品损失费 + 外购配套件费）× 包装费率　（4–42）

8）利润

利润 =（材料费 + 加工费 + 辅助材料费 + 专用工具费 + 废品损失费 + 包装费）× 利润率　（4–43）

9）税金，主要指增值税，通常是指设备制造厂销售设备时向购入设备方收取的销项税额。

当期销项税额 = 销售额 × 适用增值税率　（4–44）

销售额 = 材料费 + 加工费 + 辅助材料费 + 专用工具费 + 废品损失费 + 外购配套件费 + 包装费 + 利润　（4–45）

10）非标准设备设计费，按国家规定的设计费收费标准计算。

综上，单台非标准设备原价可用公式表达为

单台非标准设备原价 =｛［（材料费 + 加工费 + 辅助材料费）×（1+ 专用工具费率）×（1+ 废品损失费率）+ 外购配套件费］×（1+ 包装费率）– 外购配套件费｝×（1+ 利润率）+ 外购配套件费 + 销项税额 + 非标准设备设计费　（4–46）

【例 4–11】某工厂采购一台国产非标准设备，制造厂生产该台设备所用材料费 30 万元，设备质量 15 t，每吨加工费 3 000 元，辅助材料费 300 元 /t。专用工具费率为 2%，废品损失费率为 10%，外购配套件费 6 万元，包装费率为 1%，利润率为 8%，增值税率为 13%，非标准设备设计费 2.5 万元，求该国产非标准设备的原价。

解：材料费 =30 万元

加工费 =15 × 0.3=4.5（万元）

辅助材料费 =15 × 0.03=0.45（万元）

专用工具费 =（30+4.5+0.45）× 2%=0.699（万元）

外购配套件费 =6 万元

废品损失费 =（30+4.5+0.45+0.699）× 10%=3.565（万元）

包装费 =（30+4.5+0.45+0.699+6+3.565）× 1%=0.452（万元）

利润 =（30+4.5+0.45+0.699+3.565+0.452）× 8%=3.173（万元）

当期销项税额 =（30+4.5+0.45+0.699+6+3.565+0.452+3.173）× 13%
=6.349（万元）

该国产非标准设备的原价 =30+4.5+0.45+0.699+6+3.565+0.452+3. 173+6.349
=55.188（万元）

2. 进口设备

进口设备的原价是指进口设备的抵岸价，即设备抵达买方边境港口或边境车站，交纳完各种手续费、关税等税费后形成的价格。在国际贸易中，进口设备抵岸价的构成与进口设备的交货方式有关。

（1）进口设备的交货方式

进口设备的交货方式可分为内陆交货类、目的地交货类、装运港交货类。

1）内陆交货类，指卖方在出口国内陆的某个地点交货。在交货地点，卖方及时提交合同规定的货物和有关凭证，并负担交货前的一切费用和风险；买方按时接受货物，交付货款，负担接货后的一切费用和风险，并自行办理出口手续和装运出口。货物的所有权也在交货后由卖方转移给买方。

2）目的地交货类，指卖方在进口国的港口或内地交货，有目的港船上交货价、目的港船边交货价和目的港码头交货价（关税已付）及完税后交货价（进口国的指定地点）等几种交货价。它们的特点是：买卖双方承担的责任、费用和风险是以目的地约定交货点为分界线，只有当卖方在交货点将货物置于买方控制下才算交货，才能向买方收取货款。这种交货类别对卖方来说承担的风险较大，在国际贸易中卖方一般不愿采用。

3）装运港交货类，指卖方在出口国装运港交货，主要有装运港船上交货价（Free on Board，FOB），习惯称离岸价格；运费在内价（Cost and Freight，CFR）和运费、保险费在内价（Cost Insurance and Freight，CIF），习惯称到岸价格。它们共同的特点是：卖方按照约定的时间在装运港交货，只要卖方把合同规定的货物装船后提供货运单据便完成交货任务，可凭单据收回货款。

FOB、CFR、CIF 交易价格比较见表 4–36。

表 4–36　FOB、CFR、CIF 交易价格比较

序号	交易价格	买卖双方责任义务		风险与费用转移点比较
		卖方	买方	
1	FOB	在合同规定的期限内，负责在合同规定的装运港口将货物装上买方指定的船只，并及时通知买方；负担货物装船前的一切费用和风险，负责办理出口手续，取得出口许可证等；提供出口国政府或有关方面签发的证件；负责提供有关装运单据（证明货物已交至船上的通常单据或具有同等效力的电子单证）	负责租船或订舱，支付运费，并将船期、船名通知卖方；负担货物装船后的一切费用和风险；负责办理保险及支付保险费；办理在目的港的进口和收货手续，取得进口许可证或其他官方批准的证件等，并支付有关费用；接受卖方提供的有关装运单据，受领货物，并按合同规定支付货款	当货物在装运港被装上指定船时，卖方即完成交货义务，同时风险转移至买方，即风险转移点与费用转移点一致，均为货物在装运港装上船

续表

序号	交易价格	买卖双方责任义务		风险与费用转移点比较
		卖方	买方	
2	CFR	自负风险和费用，取得出口许可证或其他官方批准的证件，在需要办理海关手续时，办理货物出口所需的一切海关手续；签订从指定装运港承运货物运往指定目的港的运输合同；在买卖合同规定的时间和港口，将货物装上船并支付至目的港的运费，装船后及时通知买方；负担货物在装运港至装上船为止的一切费用和风险；向买方提供通常的运输单据或具有同等效力的电子单证	自负风险和费用，取得进口许可证或其他官方批准的证件，在需要办理海关手续时，办理货物进口以及必要时经由另一国过境的一切海关手续，并支付有关费用及过境费；负担货物在装运港装上船后的一切费用和风险；接受卖方提供的有关单据，受领货物，并按合同规定支付货款；支付除通常运费以外的有关货物在运输途中所产生的各项费用以及包括驳运费和码头费在内的卸货费	风险转移点与费用转移点不一致
3	CIF	除负有与CFR相同的责任外，还应办理货物在运输途中最低险别的海运保险，并应支付保险费。如买方需要更高的保险险别，则需要与买方明确地达成协议，或者自行做出额外的保险安排	除保险这项义务之外，买方的义务与CFR相同	风险转移点与费用转移点不一致

注：在实际外贸业务中，还应结合买卖双方的违约情况等不同情形来确定它们的风险转移界限，这样才能正确地分清买卖双方对货物风险所应承担的责任，从而及时、快速地处理买卖双方之间的贸易纠纷，降低贸易成本和改善贸易关系。

（2）进口设备原价的构成及计算

进口设备原价（抵岸价）通常是由进口设备到岸价格（CIF）和进口从属费用两部分构成。进口设备的到岸价格，即设备抵达买方边境港口或边境车站所形成的价格。进口设备从属费用是指进口设备在办理进口手续过程中发生的应计入设备原价的银行财务费、外贸手续费、进口关税、消费税、进口环节增值税及进口车辆的车辆购置税等。

$$\begin{aligned}\text{进口设备到岸价（CIF）} &= \text{离岸价格（FOB）} + \text{国际运费} + \text{运输保险费} \\ &= \text{运费在内价（CFR）} + \text{运输保险费}\end{aligned} \quad (4\text{–}47)$$

$$\begin{aligned}\text{进口从属费} = &\ \text{银行财务费} + \text{外贸手续费} + \text{进口关税} + \text{消费税} + \\ &\ \text{进口环节增值税} + \text{车辆购置税}\end{aligned} \quad (4\text{–}48)$$

$$\text{进口设备原价} = \text{进口设备到岸价（CIF）} + \text{进口从属费} \quad (4\text{–}49)$$

进口设备离岸价格、到岸价格、抵岸价格以及设备原价和设备购置费的关系见图4–14。

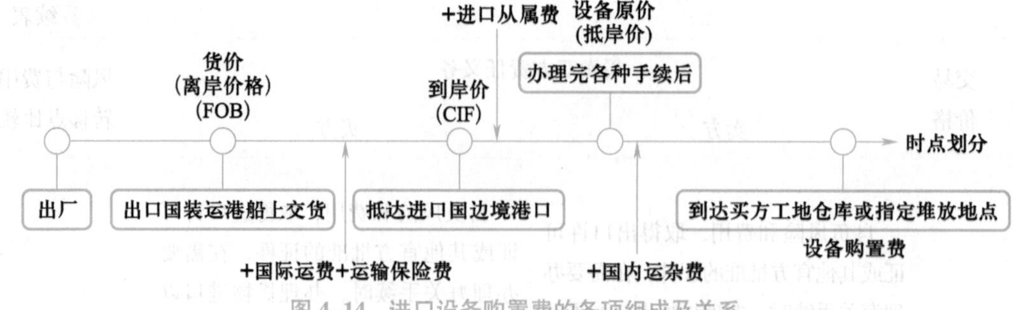

图 4-14　进口设备购置费的各项组成及关系

1）货价（离岸价格），一般指装运港船上交货价（FOB）。设备货价分为原币货价和人民币货价，原币货价一律折算为美元表示，人民币货价按原币货价乘以外汇市场美元兑换人民币汇率中间价确定。进口设备货价按有关生产厂商询价、报价、订货合同价计算。

2）国际运费，即从装运港（站）到达我国目的港（站）的运费。我国进口设备大多采用海洋运输，小部分采用铁路运输，个别采用航空运输。进口设备国际运费计算公式为

$$国际运费（海、陆、空）= 原币货价（FOB）\times 运费率 \tag{4-50}$$

或

$$国际运费（海、陆、空）= 单位运价 \times 运量 \tag{4-51}$$

其中，运费率或单位运价参照有关部门或进出口公司的规定执行。

3）运输保险费。对外贸易货物运输保险是由保险人（保险公司）与被保险人（出口人或进口人）订立保险契约，在被保险人交付议定的保险费后，保险人根据保险契约的规定对货物在运输过程中发生的承保责任范围内的损失给予经济上的补偿。这是一种财产保险，计算公式为

$$运输保险费 = \frac{原币货价（FOB）+ 国外运费}{1- 保险费率} \times 保险费率 \tag{4-52}$$

其中，保险费率按保险公司规定的进口货物保险费率计算。

4）进口从属费，各项费用的计算见表 4-37。

表 4-37　进口从属费的构成及计算表

序号	费用构成	说明	计算公式
1	银行财务费	一般是指在国际贸易结算中，金融机构（通常为中国银行）为进出口商提供金融结算服务所收取的费用	银行财务费 = 离岸价格（FOB）× 人民币外汇汇率 × 银行财务费率
2	外贸手续费	按对外经济贸易部门规定的外贸手续费率计取的费用，外贸手续费率一般取 1.5%	外贸手续费 = 到岸价格（CIF）× 人民币外汇汇率 × 外贸手续费率
3	关税	由海关对进出国境或关境的货物和物品征收的一种税	关税 = 到岸价格（CIF）× 人民币外汇汇率 × 进口关税税率
4	消费税	仅对部分进口设备（如轿车、摩托车等）征收，消费税税率根据规定的税率计算	消费税 =（到岸价格（CIF）× 人民币外汇汇率 + 关税）× 消费税税率 /（1- 消费税税率）

续表

序号	费用构成	说明	计算公式
5	进口环节增值税	是对从事进口贸易的单位和个人，在进口商品报关进口后征收的税种。《中华人民共和国增值税暂行条例》规定，进口应税产品均按组成计税价格和增值税税率直接计算应纳税额，增值税税率根据规定的税率计算	进口环节增值税额 = 组成计税价格 × 增值税税率 组成计税价格 = 关税完税价格 + 关税 + 消费税
6	海关监管手续费	海关对进口减税、免税、保税货物实施监督、服务的手续费。对于全额征收进口关税的货物不计本项费用	海关监管手续费 = 到岸价格（CIF）× 海关监管手续费费率（一般为 0.3%）
7	车辆购置税	进口车辆需缴纳进口车辆购置税	进口车辆购置税 =（关税完税价格 + 关税 + 消费税）× 车辆购置税率

注：到岸价格作为关税的计征基数时，通常又可称为关税完税价格。进口关税税率分为优惠和普通两种。优惠税率适用于与我国签订关税互惠条款的贸易条约或协定的国家的进口设备；普通税率适用于与我国未签订关税互惠条款的贸易条约或协定的国家的进口设备。进口关税税率按我国海关总署发布的进口关税税率计算。

【例 4–12】拟从国外进口某设备（应纳消费税），重量 1 200 t，装运港船上交货价为 440 万美元，工程建设项目位于国内某省会城市。如果国际运费标准为 330 美元 /t，海上运输保险费率 2.5‰，中国银行财务费率 4.5‰，外贸手续费率 1.6%，关税税率 22%，增值税税率 13%，消费税税率 10%，银行外汇牌价为 1 美元 =6.85 元人民币，求该进口设备的原价。

解：进口设备货价（FOB）=440 × 6.85=3 014（万元）

国际运费 =330 × 1 200 × 6.85/10 000=271.26（万元）

海运保险费 =（3 014+271.26）× 2.5‰ /（1–2.5‰）=8.23（万元）

进口设备到岸价（CIF）=3 014+271.26+8.23=3 293.49（万元）

银行财务费 =3 014 × 4.5‰ =13.56（万元）

外贸手续费 =（3 014+271.26+8.23）× 1.6%=52.70（万元）

关税 =（3 014+271.26+8.23）× 22%=724.57（万元）

消费税 =（3 293.49+724.57）× 10%/（1–10%）=446.45（万元）

增值税 =（3 293.49+724.57+446.45）× 13%=580.39（万元）

进口从属费 =13.56+52.70+724.57+446.45+580.39=1 817.67（万元）

进口设备原价 =3 293.49+1 817.67=5 111.16（万元）

（3）设备运杂费的构成及计算

1）设备运杂费的构成。设备运杂费是指国内采购设备自来源地、国外采购设备自到岸港运至工地仓库或指定堆放地点发生的采购、运输、运输保险、保管、装卸等费用，通常由下列各项构成。

① 运费和装卸费：国产设备由设备制造厂交货地点起至工地仓库（或施工组织设计指定的需要安装设备的堆放地点）止所发生的运费和装卸费；进口设备由我国到岸港口、边境车站起至工地仓库（或施工组织设计指定的需要安装设备的堆放地点）止所发生的运费和装卸费。

② 包装费：在设备原价中没有包含的，为运输而进行的包装支出的各种费用。

③ 设备供销部门的手续费：按有关部门规定的统一费率计算。

④ 采购与仓库保管费：指采购、验收、保管和收发设备所发生的各种费用，包括设备采购人员、保管人员和管理人员的工资、工资附加费、办公费、差旅交通费，设备供应部门办公和仓库所占固定资产使用费、工具用具使用费、劳动保护费、检验试验费等。这些费用可按主管部门规定的采购与保管费费率计算。

2）设备运杂费的计算。设备运杂费按设备原价乘以设备运杂费率计算，其公式为

$$设备运杂费 = 设备原价 \times 设备运杂费率 \tag{4-53}$$

其中，设备运杂费率按各部门及省、市有关规定计取。

【例 4–13】若例 4–12 进口设备的国内运杂费率为 2%，求该进口设备的购置费用。

解：设备购置费 =5 111.16×（1+2%）=5 213.38（万元）

二、工器具及生产家具购置费

工器具及生产家具购置费是指新建或扩建项目初步设计规定的，保证初期正常生产必须购置的没有达到固定资产标准的设备、仪器、工卡模具、器具、生产家具和备品备件等的购置费用。一般以设备购置费为计算基数，按照部门或行业规定的工器具及生产家具费率计算，计算公式为

$$工器具及生产家具购置费 = 设备购置费 \times 定额费率 \tag{4-54}$$

项目实训
参考答案

【项目实训】

【任务目标】

1. 掌握国产非标准设备原价的计算方法与步骤。
2. 掌握国外进口设备原价的计算方法与步骤。

【项目背景】

某工厂新建生产线需要某设备。采购人员调研发现，市场上有两种产品可供选择：一种是国产的非标准设备；另一种是国外进口设备。国产非标准设备，制造厂生产该台设备所用材料费 25 万元，设备重量 12 t，每吨加工费 1 800 元，辅助材料费 200 元 /t，专用工具费率 2%，废品损失费率 8%，外购配套件费 5 万元，包装费率 1.5%，利润率为 8.5%，增值税率为 13%，非标准设备设计费 3.5 万元，从下订单到到货需要 1 个月；国外进口某设备（应纳消费税），重量 10 t，装运港船上交货价为 4.8 万美元，工程建设项目位于国内某省会城市。如果国际运费标准为 380 美元 /t，海上运输保险费率为 2.7‰，中国银行财务费率为 4.5‰，外贸手续费率

为 1.8%，关税税率为 22%，增值税税率为 13%，消费税税率为 10%，银行外汇牌价为 1 美元 =6.85 元人民币，从下订单到到货需要 20 天。

【任务要求】

1. 试计算国产非标准设备原价。
2. 试计算国外进口设备原价。
3. 如果你是该工厂的采购人员，你会选择采购哪种设备？

微课：建安工程费用组成

任务 4.4.3　建筑安装工程费

【知识准备】

一、建筑安装工程费用的构成与计算

国外建筑安装工程费用的构成

1. 建筑安装工程费用项目组成

（1）建筑安装工程费用内容

建筑安装工程费是指为完成工程项目建造、生产性设备及配套工程安装所需的费用，包括建筑工程费和安装工程费，其费用内容见表 4–38。

表 4–38　建筑安装工程费用内容

序号	费用名称	概念	费用内容
1	建筑工程费	建筑工程费是指建筑物、构筑物及与其配套的线路、管道等的建造、装饰费用	1. 各类房屋建筑工程和列入房屋建筑工程预算的供水、供暖、卫生、通风、煤气等设备费用及其装设、油饰工程的费用，列入建筑工程预算的各种管道、电力、电信和电缆导线敷设工程的费用
			2. 设备基础、支柱、工作台、烟囱、水塔、水池、灰塔等建筑工程以及各种炉窑的砌筑工程和金属结构工程的费用
			3. 为施工进行的场地平整、工程和水文地质勘察，原有建筑物和障碍物的拆除以及施工临时用水、电、暖、气、路、通信和完工后的场地清理，环境绿化、美化等工作的费用
			4. 矿井开凿、井巷延伸、露天矿剥离，石油、天然气钻井，修建铁路、公路、桥梁、水库、堤坝、灌渠及防洪等工程的费用
2	安装工程费	安装工程费是指设备、工艺实施及其附属物的组合、装配、调试等费用	1. 生产、动力、起重、运输、传动和医疗、实验等各种需要安装的机械设备的装配费用，与设备相连的工作台、梯子、栏杆等设施的工程费用，附属于被安装设备的管线敷设工程费用，以及被安装设备的绝缘、防腐、保温、油漆等工作的材料费和安装费
			2. 为测定安装工程质量，对单台设备进行单机试运转、对系统设备进行系统联动无负荷试运转工作的调试费

（2）我国现行建筑安装工程费用项目组成

根据住房和城乡建设部、财政部颁布的“关于印发《建筑安装工程费用项目组成》的通知”（建标〔2013〕44号），我国现行建筑安装工程费用项目有按费用构成要素划分和按造价形成划分两种不同的方式，其具体构成关系见图4–15。

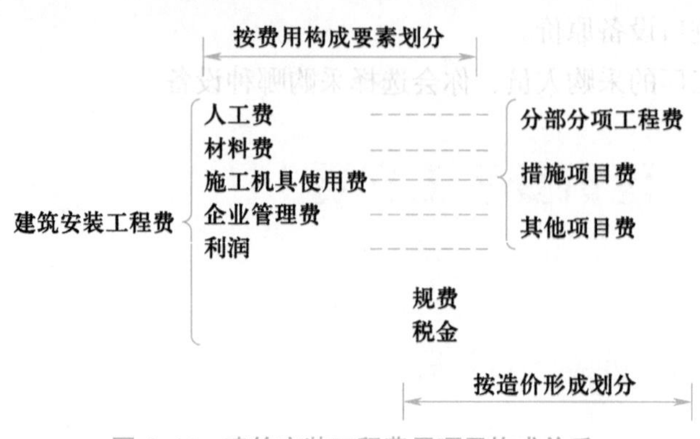

浙江省费用构成要素划分图

图4–15　建筑安装工程费用项目构成关系

2. 按费用构成要素划分建筑安装工程费用项目构成与计算

按照费用构成要素划分，建筑安装工程费包括人工费、材料费、施工机具使用费、企业管理费、利润、规费和税金，根据建标〔2013〕44号文、财税〔2016〕36号文等最新文件，其具体构成见图4–16。

（1）人工费

人工费是指按工资总额构成规定，支付给从事建筑安装工程施工的生产工人和附属生产单位工人的各项费用（包含个人缴纳的社会保险费与住房公积金）。计算人工费的两个基本要素为人工工日消耗量和人工日工资单价。

1）人工工日消耗量，指在正常施工生产条件下，完成规定计量单位的建筑安装产品所消耗的生产工人的工日数量。由分项工程所综合的各个工序劳动定额包括的基本用工、其他用工两部分组成。

人工费的内容

2）人工日工资单价，指直接从事建筑安装工程施工的生产工人在每个法定工作日的工资、津贴及奖金等。

人工费的基本计算公式为

$$人工费=\sum(工日消耗量\times日工资单价) \tag{4–55}$$

$$日工资单价=\frac{生产工人平均月工资（计时、计件）+平均每月（奖金+津贴补贴+特殊情况下支付的工资）}{年平均每月法定工作日} \tag{4–56}$$

（2）材料费

材料费的内容

材料费是指施工过程中耗费的原材料、辅助材料、构配件、零件、半成品或成品、工程设备的费用，以及周转材料的摊销、租赁费用。计算材料费的基本要素是材料消耗量和材料单价。

1）材料消耗量，指在正常施工生产条件下，完成规定计量单位的建筑安装产品所消耗的各类材料的净用量和不可避免的损耗量。

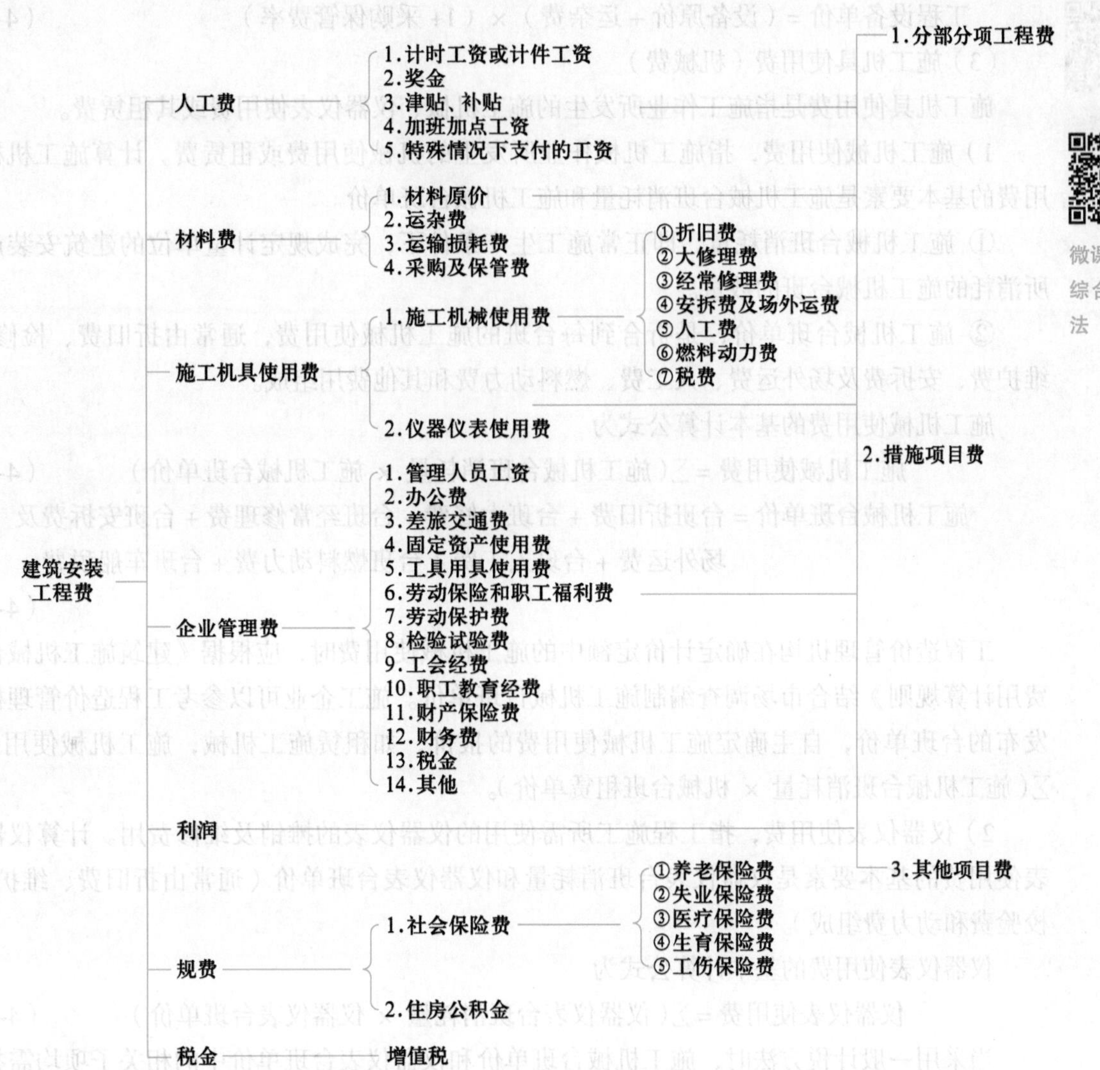

微课：综合单价法

图 4-16　建筑安装工程费用（按照费用构成要素划分）

2）材料单价，指建筑材料从其来源地运到施工工地仓库直至出库形成的综合平均单价，由材料原价、运杂费、运输损耗费、采购及保管费组成。当采用一般计税方法时，材料单价中的材料原价、运杂费等均应扣除增值税进项税额。

材料费的基本计算公式为

$$材料费 = \sum（材料消耗量 \times 材料单价） \quad (4\text{–}57)$$

$$材料单价 = [（材料原价 + 运杂费）\times（1+ 运输损耗率）] \times（1+ 采购保管费率） \quad (4\text{–}58)$$

3）工程设备费，指构成或计划构成永久工程一部分的机电设备、金属结构设备、仪器装置及其他类似的设备和装置的费用。

工程设备费的基本计算公式为

$$工程设备费 = \sum（工程设备量 \times 工程设备单价） \quad (4\text{–}59)$$

机械费的内容

$$工程设备单价 =（设备原价 + 运杂费）\times（1+ 采购保管费率） \quad (4-60)$$

（3）施工机具使用费（机械费）

施工机具使用费是指施工作业所发生的施工机械、仪器仪表使用费或其租赁费。

1）施工机械使用费，指施工机械作业所发生的机械使用费或租赁费。计算施工机械使用费的基本要素是施工机械台班消耗量和施工机械台班单价。

① 施工机械台班消耗量，即正常施工生产条件下，完成规定计量单位的建筑安装产品所消耗的施工机械台班的数量。

② 施工机械台班单价，是折合到每台班的施工机械使用费，通常由折旧费、检修费、维护费、安拆费及场外运费、人工费、燃料动力费和其他费用组成。

施工机械使用费的基本计算公式为

$$施工机械使用费 = \sum(施工机械台班消耗量 \times 施工机械台班单价) \quad (4-61)$$

$$\begin{aligned}施工机械台班单价 =& 台班折旧费 + 台班大修费 + 台班经常修理费 + 台班安拆费及\\ &场外运费 + 台班人工费 + 台班燃料动力费 + 台班车船税费\end{aligned} \quad (4-62)$$

工程造价管理机构在确定计价定额中的施工机械使用费时，应根据《建筑施工机械台班费用计算规则》结合市场调查编制施工机械台班单价。施工企业可以参考工程造价管理机构发布的台班单价，自主确定施工机械使用费的报价，如租赁施工机械，施工机械使用费 = ∑(施工机械台班消耗量 × 机械台班租赁单价)。

2）仪器仪表使用费，指工程施工所需使用的仪器仪表的摊销及维修费用。计算仪器仪表使用费的基本要素是仪器仪表台班消耗量和仪器仪表台班单价（通常由折旧费、维护费、校验费和动力费组成）。

仪器仪表使用费的基本计算公式为

$$仪器仪表使用费 = \sum(仪器仪表台班消耗量 \times 仪器仪表台班单价) \quad (4-63)$$

当采用一般计税方法时，施工机械台班单价和仪器仪表台班单价中的相关子项均需扣除增值税进项税额。

（4）企业管理费

企业管理费是指施工企业组织施工生产和经营管理所发生的费用。

1）企业管理费的内容。

① 管理人员工资：按规定支付给管理人员的计时工资、奖金、津贴补贴、加班加点工资及特殊情况下支付的工资等。

② 办公费：企业管理办公用的文具、纸张、账表、印刷、邮电、书报、办公软件、现场监控、会议、水电、烧水和集体取暖降温（包括现场临时宿舍取暖降温）等费用。当采用一般计税方法时，办公费以购进货物适用的相应税率扣减：购进自来水、暖气、冷气、图书、报纸、杂志等适用的税率为 9%，接受邮政和基础电信服务等适用的税率为 9%，接受增值电信服务等适用的税率为 6%，其他一般为 13%。

③ 差旅交通费：职工因公出差、调动工作的差旅费、住勤补助费，市内交通费和误餐补助费，职工探亲路费，劳动力招募费，职工退休、退职一次性路费，工伤人员就医路费，

工地转移费以及管理部门使用的交通工具的油料、燃料等费用。

④ 固定资产使用费：管理和试验部门及附属生产单位使用的属于固定资产的房屋、设备、仪器（包括现场出入管理及考勤设备、仪器）等的折旧、大修、维修或租赁费。当采用一般计税方法时，固定资产使用费中增值税进项税额的扣除原则：购入的不动产适用的税率为 9%，购入的其他固定资产适用的税率为 13%，设备、仪器的折旧、大修、维修或租赁费以购进货物、接受修理修配劳务或租赁有形动产服务适用的税率扣除，均为 13%。

⑤ 工具用具使用费：企业施工生产和管理使用的不属于固定资产的工具、器具、家具、交通工具和检验、试验、测绘、消防用具等的购置、维修和摊销费。当采用一般计税方法时，工具用具使用费中增值税进项税额的扣除原则：以购进货物或接受修理修配劳务适用的税率扣减，均为 13%。

⑥ 劳动保险和职工福利费：劳动保险费是指由企业支付的离退休职工易地安家补助费、职工退职金、6 个月以上的病假人员工资、职工死亡丧葬补助费、抚恤费、按规定支付给离休干部的各项经费等；职工福利费[①]是指企业按规定标准计提并支付给生产工人的集体福利费、夏季防暑降温费、冬季取暖补贴、上下班交通补贴等。

⑦ 劳动保护费[②]：企业按规定发放的劳动保护用品的支出，如工作服、手套、防暑降温饮料的费用以及在有碍身体健康的环境中施工的保健费用等。

⑧ 检验试验费：施工企业按照有关标准规定，对建筑以及材料、构件和建筑安装物进行一般鉴定、检查所发生的费用，包括自设试验室进行试验所耗用的材料等费用，不包括新结构、新材料的试验费，对构件做破坏性试验及其他特殊要求检验试验的费用和建设单位委托检测机构进行检测的费用，对此类检测发生的费用，由建设单位在工程建设其他费用中列支。但对施工企业提供的具有合格证明的材料进行检测不合格的，该检测费用由施工企业支付。当采用一般计税方法时，检验试验费中增值税进项税额以现代服务业适用的税率 6% 扣减。

⑨ 工会经费：企业按《中华人民共和国工会法》规定的全部职工工资总额比例计提的工会经费。

⑩ 职工教育经费：按职工工资总额的规定比例计提，企业为职工进行专业技术和职业技能培训，专业技术人员继续教育、职工职业技能鉴定、职业资格认定以及根据需要对职工进行各类文化教育所发生的费用。

⑪ 财产保险费：施工管理用财产、车辆等的保险费用。

⑫ 财务费：企业为施工生产筹集资金或提供预付款担保、履约担保、职工工资支付担保等所发生的各种费用。

⑬ 税金：企业按规定缴纳的房产税、车船使用税、土地使用税、印花税等。

⑭ 其他[③]：包括技术转让费、技术开发费、投标费、业务招待费、绿化费、广告费、公证费、法律顾问费、审计费、咨询费、保险费等。

⑮ 夜间施工增加费：因施工工艺要求必须持续作业而不可避免的夜间施工所增加的费

---

① 2018 版《浙江省建设工程计价规则》中将职工福利费纳入人工费，而非企业管理费。

② 2018 版《浙江省建设工程计价规则》中将劳动保护费纳入人工费，而非企业管理费。

③ 2018 版《浙江省建设工程计价规则》的企业管理费还包括夜间施工增加费、已完工程及设备保护费及工程定位复测费。

用，包括夜班补助费、夜间施工降效、夜间施工照明设备摊销及照明用电等费用。

⑯ 已完工程及设备保护费：竣工验收前，对已完工程及工程设备采取的必要保护措施所发生的费用。

⑰ 工程定位复测费：工程施工过程中进行全部施工测量放线和复测工作的费用。

2）企业管理费的计算。一般采用取费基数乘以费率的方法计算，取费基数有 3 种，分别是以直接费为计算基础、以人工费和施工机具使用费合计为计算基础，以及以人工费为计算基础。企业管理费费率计算方法如下。

① 以直接费为计算基础

$$企业管理费费率（\%）=\frac{生产工人年平均管理费}{年有效施工天数\times人工单价}\times人工费占直接费的比例\times100\% \tag{4-64}$$

直接费包括人工费、材料费和施工机具使用费。

② 以人工费和施工机具使用费合计为计算基础

$$企业管理费费率（\%）=\frac{生产工人年平均管理费}{年有效施工天数\times（人工单价+每一台班施工机具使用费）}\times100\% \tag{4-65}$$

③ 以人工费为计算基础

$$企业管理费费率（\%）=\frac{生产工人年平均管理费}{年有效施工天数\times人工单价}\times100\% \tag{4-66}$$

上述公式适用于施工企业投标报价时自主确定管理费，是工程造价管理机构编制计价定额确定企业管理费的参考依据。工程造价管理机构在确定计价定额中的企业管理费时，应以定额人工费或定额人工费与施工机具使用费之和作为计算基数，其费率根据历年积累的工程造价资料，辅以调查数据确定，列入分部分项工程和措施项目中。

（5）利润

利润是指施工单位从事建筑安装工程施工所获得的盈利，由施工企业根据企业自身需求并结合建筑市场实际自主确定。工程造价管理机构在确定计价定额中利润时，应以定额人工费、材料费和施工机具使用费之和，或以定额人工费，或以定额人工费与施工机具使用费之和作为计算基数，其费率根据历年积累的工程造价资料，并结合建筑市场实际、项目竞争情况、项目规模与难易程度等确定，以单位（单项）工程测算，利润在税前建筑安装工程费的比重可按不低于 5%、不高于 7% 费率计算。

（6）规费

规费是指按国家法律、法规规定，由省级政府和省级有关权力部门规定施工单位必须缴纳或计取，应计入建筑安装工程造价的费用。

1）规费的内容。主要包括社会保险费和住房公积金。

① 社会保险费包括：

a. 养老保险费：是指企业按照国家规定标准为职工缴纳的基本养老保险费。

b. 失业保险费：是指企业按照国家规定标准为职工缴纳的失业保险费。

c. 医疗保险费：是指企业按照国家规定标准为职工缴纳的基本医疗保险费。

d. 工伤保险费：是指企业按照国务院制定的行业费率为职工缴纳的工伤保险费。

e. 生育保险费：是指企业按照国家规定为职工缴纳的生育保险费[①]。

② 住房公积金：是指企业按规定标准为职工缴纳的住房公积金。

2）规费的计算。社会保险费和住房公积金应以定额人工费为计算基础，根据工程所在地省、自治区、直辖市或行业建设主管部门规定费率计算。

$$规费=\sum(工程定额人工费\times 社会保险费和住房公积金费率) \quad (4\text{–}67)$$

社会保险费和住房公积金费率可以每万元发承包价的生产工人人工费和管理人员工资含量与工程所在地规定的缴纳标准综合分析取定。

（7）税金

税金是指国家税法规定的应计入建设项目总投资内的增值税销项税额，是基于商品或服务的增值额而征收的一种价外税，按税前造价乘以增值税税率确定。税金的计算可以采用一般计税方法和简易计税方法两种。

增值税价外税计税原理

1）一般计税方法。当采用一般计税方法时，建筑业增值税税率为 9%，计算公式为

$$税金=税前造价\times 9\% \quad (4\text{–}68)$$

税前造价为人工费、材料费、施工机械使用费、企业管理费、利润和规费之和，各费用项目均以不包含增值税可抵扣进项税额的价格计算。

【例 4–14】某市一施工企业承接的钢筋混凝土工程各项费用和相应取费费率见表 4–39，所有购入要素都有合法的进项税抵扣凭证，采用一般计税法计算该钢筋混凝土工程的增值税额及工程造价。

表 4–39　措施项目费的计算方法

序号	项目 / 万元	数额 / 取费基数 / 费率	可抵扣的进项税额 / 万元
一	直接费		
1	人工费	40	
2	钢筋	120	22
3	混凝土	55	2
4	水（无票）	2.5	0
5	施工机械使用费	25	4.5
二	规费	取费基数：人工费 + 机械费；费率 12.55%	
三	企业管理费	取费基数：人工费 + 机械费；费率 17.25%	
四	利润	取费基数：人工费 + 机械费；费率 8.52%	

① 生育保险与基本医疗保险合并的实施方案先在 12 个试点城市行政区域（河北省邯郸市、山西省晋中市、辽宁省沈阳市、江苏省泰州市、安徽省合肥市、山东省威海市、河南省郑州市、湖南省岳阳市、广东省珠海市、重庆市、四川省内江市、云南省昆明市）进行试点，现已在全国施行。

解： 规费 =（40+25）× 12.55%=8.16（万元）

企业管理费 =（40+25）× 17.25%=11.21（万元）

利润 =（40+25）× 5.52%=3.59（万元）

税前除税工程造价 = 直接费 + 规费 + 企业管理费 + 利润

=40+120+55+2.5+25+8.16+11.21+3.59=265.46（万元）

增值税销项税额 = 税前工程造价 × 9%=265.46 × 9%=23.89（万元）

工程造价 = 税前工程造价 + 增值税销项税额 =265.46+23.89=289.35（万元）

简易计税的适用范围

2）简易计税方法。采用简易计税方法时，建筑业增值税税率为 3%。计算公式为

增值税 = 税前造价 × 3%　　　　（4–69）

税前造价为人工费、材料费、施工机具使用费、企业管理费、利润和规费之和，各费用项目均以包含增值税进项税额的含税价格计算。

按要素划分时建筑安装工程费相关费用的计算基数，见表 4–40。

表 4–40　按要素划分时建筑安装工程费的计算基数汇总表

建筑安装工程费的部分构成	计算基数	
人工费、材料费、机械费	两大关键变量：相应消耗量和相应单价	
企业管理费	3 类基数	① 直接费 ② 人工费 + 施工机具使用费 ③ 人工费
	2 类基数	① 定额人工费 ② 定额人工费 + 定额施工机具使用费
利润	3 类基数	① 定额人工费、材料费和施工机具使用费之和 ② 定额人工费 ③ 定额人工费 + 定额施工机具使用费
规费（即五险一金）	1 类基数	定额人工费

3. 按造价形成划分建筑安装工程费用项目构成与计算

按照工程造价形成划分，建筑安装工程费用包括分部分项工程费、措施项目费、其他项目费、规费和税金，见图 4–17。

（1）分部分项工程费

分部分项工程费是指各类专业工程的分部分项工程应予列支的各项费用，即根据设计规定，按照施工验收规范、质量评定标准的要求，完成构成工程实体所耗费或发生的各项费用。各类专业工程的分部分项工程划分遵循国家或行业工程量计算规范的规定。分部分项工程费通常用分部分项工程量乘以综合单价进行计算。

分部分项工程费 =∑（分部分项工程量 × 综合单价）　　　　（4–70）

综合单价包括人工费、材料费、施工机具使用费（机械费）、企业管理费和利润，以及一定范围的风险费用。

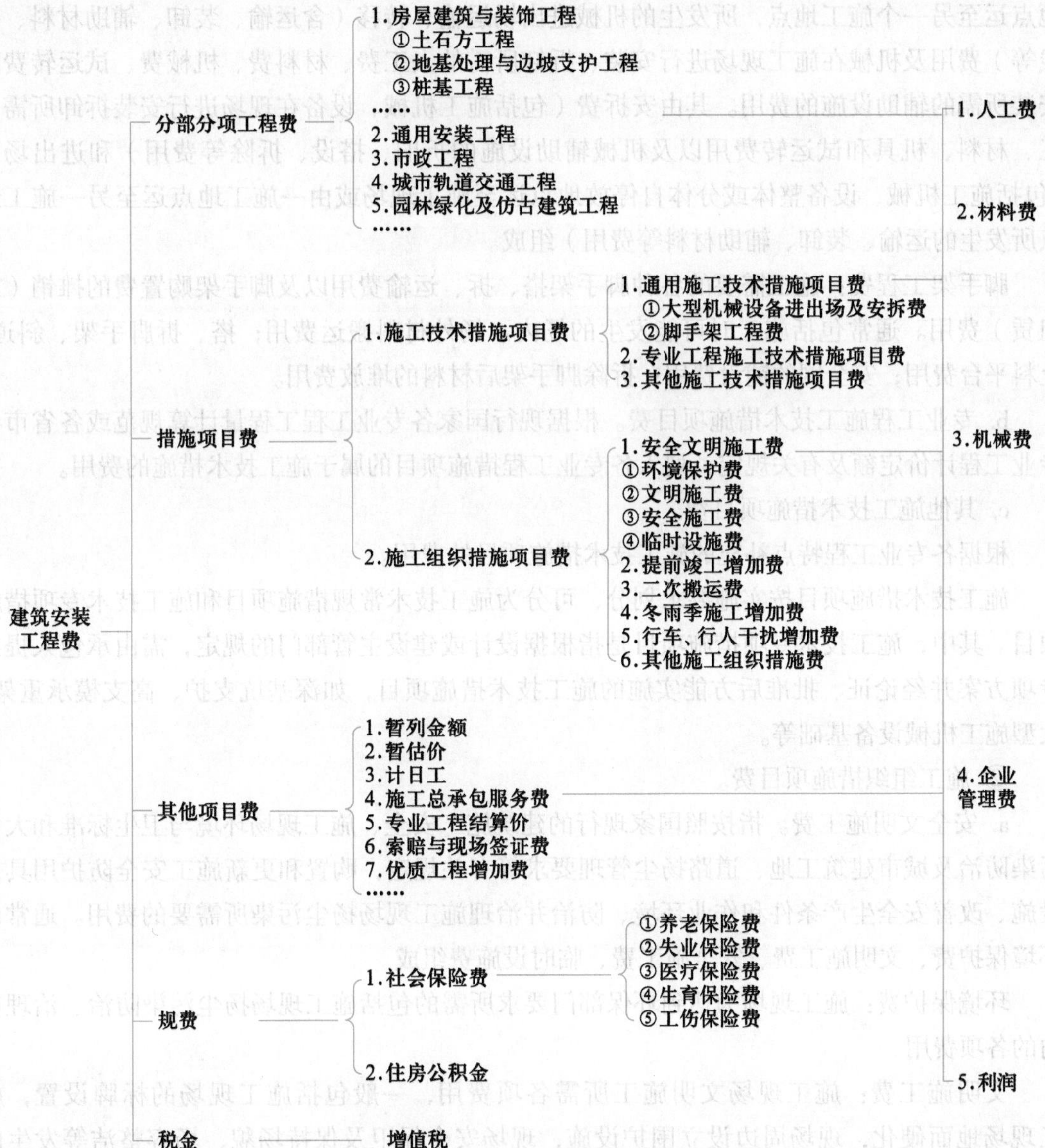

图 4–17 建筑安装工程费用（按照造价形成划分）

（2）措施项目费

1）措施项目费的构成。措施项目费是指为完成建设工程施工，按照安全操作规程、文明施工规定的要求，发生于该工程施工准备和施工过程中的技术、生活、安全、环境保护等方面的费用，包括人工费、材料费、施工机具使用费（机械费）、企业管理费和利润，以及一定范围的风险费用。措施项目及其包含的内容应遵循各类专业工程的现行国家或行业工程量计算规范。一般情况下，措施项目费由施工技术措施项目费和施工组织措施项目费构成。

① 施工技术措施项目费。

a. 通用施工技术措施项目费。

大型机械设备进出场及安拆费：机械整体或分体自停放场地运至施工现场或由一个施工

地点运至另一个施工地点，所发生的机械进出场运输、转移（含运输、装卸、辅助材料、架线等）费用及机械在施工现场进行安装、拆卸所需的人工费、材料费、机械费、试运转费和安装所需的辅助设施的费用。其由安拆费（包括施工机械、设备在现场进行安装拆卸所需人工、材料、机具和试运转费用以及机械辅助设施的折旧、搭设、拆除等费用）和进出场费（包括施工机械、设备整体或分体自停放地点运至施工现场或由一施工地点运至另一施工地点所发生的运输、装卸、辅助材料等费用）组成。

脚手架工程费：施工需要的各种脚手架搭、拆、运输费用以及脚手架购置费的摊销（或租赁）费用。通常包括施工时可能发生的场内、场外材料搬运费用；搭、拆脚手架、斜道、上料平台费用；安全网的铺设费用；拆除脚手架后材料的堆放费用。

b. 专业工程施工技术措施项目费。根据现行国家各专业工程工程量计算规范或各省市各专业工程计价定额及有关规定，列入各专业工程措施项目的属于施工技术措施的费用。

c. 其他施工技术措施项目费。

根据各专业工程特点补充的施工技术措施项目的费用。

安全文明施工费的具体内容

施工技术措施项目按实施要求划分，可分为施工技术常规措施项目和施工技术专项措施项目。其中，施工技术专项措施项目是指根据设计或建设主管部门的规定，需由承包人提出专项方案并经论证、批准后方能实施的施工技术措施项目，如深基坑支护、高支模承重架、大型施工机械设备基础等。

② 施工组织措施项目费。

a. 安全文明施工费。指按照国家现行的建筑施工安全、施工现场环境与卫生标准和大气污染防治及城市建筑工地、道路扬尘管理要求等有关规定，购置和更新施工安全防护用具及设施、改善安全生产条件和作业环境、防治并治理施工现场扬尘污染所需要的费用。通常由环境保护费、文明施工费、安全施工费、临时设施费组成。

环境保护费：施工现场为达到环保部门要求所需的包括施工现场扬尘污染防治、治理在内的各项费用。

文明施工费：施工现场文明施工所需各项费用，一般包括施工现场的标牌设置，施工现场地面硬化，现场周边设立围护设施，现场安全保卫及保持场貌、场容整洁等发生的费用。

安全施工费：施工现场安全施工所需要的各项费用，一般包括安全防护用具和服装，施工现场的安全警示、消防设施和灭火器材，安全教育培训，安全检查及编制安全措施方案等发生的费用。

临时设施费：施工企业为进行建筑工程施工所必须搭设的生活和生产用的临时建筑物、构筑物和其他临时设施等发生的费用。临时设施包括临时宿舍、文化福利及公用事业房屋与构筑物、仓库、办公室、加工厂（场）以及在规定范围内道路、水、电、管线等临时设施和小型临时设施。临时设施费用包括临时设施的搭设、维修、拆除或摊销等费用。

安全文明施工费以实施标准划分，可分为安全文明施工基本费和创建安全文明施工标准化工地增加费（即标化工地增加费）。

b. 提前竣工增加费：指因缩短工期要求发生的施工增加费，包括赶工所需发生的夜间施工增加费、周转材料加大投入量和资金、劳动力集中投入等所增加的费用。夜间施工增加费是指因夜间施工所发生的夜班补助费、夜间施工降效、夜间施工照明设备摊销及照明用电等措施费用。

c. 二次搬运费：指因施工管理需要或因场地狭小等原因限制而发生的材料、构配件、半成品等一次运输不能到达堆放地点，必须进行二次或多次搬运所发生的费用。

d. 冬雨季施工增加费：指在冬季或雨季施工需增加的临时设施、防滑、排除雨雪，人工及施工机械效率降低等费用，包括冬雨（风）季施工时增加的临时设施（防寒保温、防雨、防风设施）的搭设、拆除费用；冬雨（风）季施工时，对砌体、混凝土等采用的特殊加温、保温和养护措施费用；冬雨（风）季施工时，施工现场的防滑处理、对影响施工的雨雪的清除费用；冬雨（风）季施工时增加的临时设施、施工人员的劳动保护用品、冬雨（风）季施工劳动效率降低等费用。

e. 行车、行人干扰增加费：指边施工边维持行人与车辆通行的市政、城市轨道交通、园林绿化等市政基础设施工程及相应养护维修工程受行车、行人干扰影响而降低工效等所增加的费用。

f. 其他施工组织措施费：根据项目的专业特点或所在地区不同，可能会出现其他的施工组织措施项目费用。

2）措施项目费的计算。措施项目费按施工技术措施项目费、施工组织措施项目费之和进行计算。按照有关专业工程量计算规范规定，一般情况下，施工技术措施项目费属于应予计量的措施项目，施工组织措施项目费属于不宜计量的措施项目。

① 施工技术措施项目费。应以施工技术措施项目工程数量乘以综合单价以其合价之和进行计算。施工技术措施项目与分部分项工程费的计算方法基本相同，其工程数量及综合单价的计算原则可参照分部分项工程费相关内容处理，计算公式为

$$措施项目费=\sum(措施项目工程量\times 综合单价) \tag{4-71}$$

不同的措施项目工程量的计算单位有所不同，分列如下。

a. 脚手架费通常按照建筑面积或垂直投影面积以 m^2 计算。

b. 混凝土模板及支架（撑）费通常是按照模板与现浇混凝土构件的接触面积以 m^2 计算。

c. 垂直运输费可根据不同情况用两种方法进行计算：按照建筑面积以 m^2 为单位计算；按照施工工期日历天数以天为单位计算。

d. 超高施工增加费通常按照建筑物超高部分的建筑面积以 m^2 为单位计算。

e. 大型机械设备进出场及安拆费通常按照机械设备的使用数量以台次为单位计算。

f. 施工排水、降水费分两个不同的独立部分计算：成井费用通常按照设计图示尺寸，钻孔深度以 m 计算；排水、降水费用通常按照排、降水日历天数按昼夜计算。

② 施工组织措施项目费。包括安全文明施工基本费、标化工地增加费、提前竣工增加费、二次搬运费、冬雨季施工增加费和行车、行人干扰增加费，除安全文明施工基本费属于必须计算的施工组织措施费项目外，其余施工组织措施费项目可根据工程实际需要进行列项，工程实际不发生的项目不应计取其费用。施工组织措施项目费通常用计算基数乘以费率的方法予以计算。

a. 安全文明施工费计算公式为

$$安全文明施工费 = 计算基数 \times 安全文明施工费费率 \tag{4-72}$$

计算基数应为定额基价（定额分部分项工程费 + 定额中可以计量的措施项目费）、定额人工费或定额人工费与施工机具使用费之和，其费率由工程造价管理机构根据各专业工程的特点综合确定。

b. 其余不宜计量的措施项目，包括提前竣工增加费、二次搬运费、冬雨季施工增加费和行车、行人干扰增加费等，计算公式为

$$措施项目费 = 计算基数 \times 措施项目费费率 \tag{4-73}$$

计算基数应为定额人工费或定额人工费与定额施工机具使用费之和，其费率由工程造价管理机构根据各专业工程特点和调查资料综合分析后确定。

（3）其他项目费

其他项目费的构成内容应视工程实际情况按照不同阶段的计价需要进行列项。其中，编制招标控制价和投标报价时，由暂列金额、暂估价、计日工、施工总承包服务费构成；编制竣工结算时，由专业工程结算价、计日工、施工总承包服务费、索赔与现场签证费以及优质工程增加费构成。

1）暂列金额：是指建设单位在工程量清单中暂定并包括在工程合同价款中的一笔款项。用于施工合同签订时尚未确定或者不可预见的所需材料、工程设备、服务的采购，施工中可能发生的工程变更、合同约定调整因素出现时的工程价款调整，以及发生的索赔、现场签证确认等的费用和标化工地、优质工程等费用的追加，包括标化工地暂列金额、优质工程暂列金额和其他暂列金额。

暂列金额由建设单位根据工程特点，按有关计价规定估算，施工过程中由建设单位掌握使用，扣除合同价款调整后如有余额归建设单位所有。

2）暂估价：是指招标人在工程量清单中提供的用于支付必然发生但暂时不能确定价格的材料、工程设备的单价以及施工技术专项措施项目、专业工程的金额，在施工中按照合同约定加以调整。

① 材料及工程设备暂估价是指发包阶段已经确认发生的材料、工程设备，由于设计标准未明确等原因造成无法当时确定准确价格，或者设计标准虽已明确，但一时无法取得合理询价，由招标人在工程量清单中给定的若干暂估单价。暂估价中的材料、工程设备暂估单价根据工程造价信息或参照市场价格估算，计入综合单价。

② 专业工程暂估价是指发包阶段已经确认发生的专业工程，由于设计未详尽、标准未明确或者需要由专业承包人完成等原因造成无法当时确定准确价格，由招标人在工程量清单中给定的一个暂估总价。专业工程暂估价分不同专业，按有关计价规定估算。

③ 施工技术专项措施项目暂估价（即专项措施暂估价）是指发包阶段已经确认发生的施工技术措施项目，由于需要在签约后由承包人提出专项方案并经论证、批准方能实施等原因造成无法当时准确计价，由招标人在工程量清单中给定的一个暂估总价。

3）计日工：是指在施工过程中，施工企业完成建设单位提出的工程合同范围以外的零星项目或工作，按照合同中约定的单价计价形成的费用。

计日工由建设单位和施工单位按施工过程中形成的有效签证来计价。

4）施工总承包服务费：是指施工总承包人为配合、协调建设单位进行的专业工程发包，对建设单位自行采购的材料、工程设备等进行保管以及施工现场管理、竣工资料汇总整理等服务所需的费用，包括建设单位发包专业工程管理费（即专业发包工程管理费）和建设单位提供材料及工程设备保管费（即甲供材料设备保管费）。

施工总承包服务费由建设单位在最高投标限价中根据总包范围和有关计价规定编制，施工单位投标时自主报价，施工过程中按签约合同价执行。

5）专业工程结算价：是发包阶段招标人在工程量清单中以暂估价给定的专业工程，竣工结算时发承包双方按照合同约定计算并确定的最终金额。

6）索赔与现场签证费：

① 索赔费用是指在工程合同履行过程中，合同当事人一方因非己方的原因而遭受损失，按合同约定或法律法规规定应由对方承担责任，从而向对方提出补偿的要求，经双方共同确认需补偿的各项费用。

② 现场签证费用（即签证费用）是指发包人现场代表（或其授权的监理人、工程造价咨询人）与承包人现场代表就施工过程中涉及的责任事件所做的签认证明中的各项费用。

7）优质工程增加费：指建筑施工企业在生产合格建筑产品的基础上，为生产优质工程而增加的费用。

（4）规费和税金

规费和税金的构成和计算与按费用构成要素划分建筑安装工程费用项目组成部分相同。

二、建筑安装工程计价程序

1. 建设单位工程招标控制价计价程序

依据《建筑安装工程费用项目组成》，建设单位工程招标控制价计价程序见表 4–41。

表 4–41　建设单位工程招标控制价计价程序

工程名称：　　　　　　　　　　　　　　标段：

序号	内容	计算方法	金额（元）
1	分部分项工程费	按计价规定计算	
1.1			
1.2			
1.3			
1.4			
1.5			
…			
2	措施项目费	按计价规定计算	
2.1	其中：安全文明施工费	按规定标准计算	
3	其他项目费		

续表

序号	内容	计算方法	金额（元）
3.1	其中：暂列金额	按计价规定估算	
3.2	其中：专业工程暂估价	按计价规定估算	
3.3	其中：计日工	按计价规定估算	
3.4	其中：总承包服务费	按计价规定估算	
4	规费	按规定标准计算	
5	税金（扣除不列入计税范围的工程设备金额）	（“1” + “2” + “3” + “4”）× 规定税率	
招标控制价合计 = “1” + “2” + “3” + “4” + “5”			

浙江省招投标阶段建筑安装工程施工费用计算程序表

2. 施工企业工程投标报价计价程序

施工企业工程投标报价计价程序见表 4–42。

表 4–42　施工企业工程投标报价计价程序

工程名称：　　　　　　　　　　　　　　标段：

序号	内容	计算方法	金额（元）
1	分部分项工程费	自主报价	
1.1			
1.2			
1.3			
1.4			
1.5			
…			
2	措施项目费	自主报价	
2.1	其中：安全文明施工费	按规定标准计算	
3	其他项目费		
3.1	其中：暂列金额	按招标文件提供金额计列	
3.2	其中：专业工程暂估价	按招标文件提供金额计列	
3.3	其中：计日工	自主报价	
3.4	其中：总承包服务费	自主报价	
4	规费	按规定标准计算	
5	税金（扣除不列入计税范围的工程设备金额）	（“1” + “2” + “3” + “4”）× 规定税率	
投标报价合计 = “1” + “2” + “3” + “4” + “5”			

微课：招投标阶段建筑工程施工费用计算

3. 竣工结算计价程序

竣工结算计价程序见表 4–43。

表 4-43　竣工结算计价程序

工程名称：　　　　　　　　　　　　　　标段：

序号	汇总内容	计算方法	金额（元）
1	分部分项工程费	按合同约定计算	
1.1			
1.2			
1.3			
1.4			
1.5			
...			
2	措施项目	按合同约定计算	
2.1	其中：安全文明施工费	按规定标准计算	
3	其他项目		
3.1	其中：专业工程结算价	按合同约定计算	
3.2	其中：计日工	按计日工签证计算	
3.3	其中：总承包服务费	按合同约定计算	
3.4	索赔与现场签证	按发承包双方确认数额计算	
4	规费	按规定标准计算	
5	税金（扣除不列入计税范围的工程设备金额）	（“1”＋“2”＋“3”＋“4”）× 规定税率	
竣工结算总价合计 =“1”＋“2”＋“3”＋“4”＋“5”			

建筑安装工程竣工结算阶段费用计算程序表

微课：竣工结算阶段建筑工程施工费用计算

【学习自测】

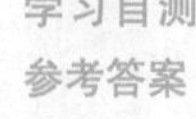

学习自测参考答案

1. 请你认真思考建筑安装工程费用的构成，简述其分别按费用构成要素划分和按造价形成划分时的联系点与区分点。

2. 请你对比分析国内外建筑安装工程费用的构成，并尝试绘制思维导图。

任务 4.4.4　工程建设其他费用

【知识准备】

一、工程建设其他费用概述

微课：工程建设其他费及计算

工程建设其他费用是指建设项目自建设意向成立、筹建到竣工验收办理财务决算为止的整个建设期间，为保证建设项目顺利完成和交付使用后能够正常发挥效用而发生的各项费用的总和，其主要组成内容见图 4-18。

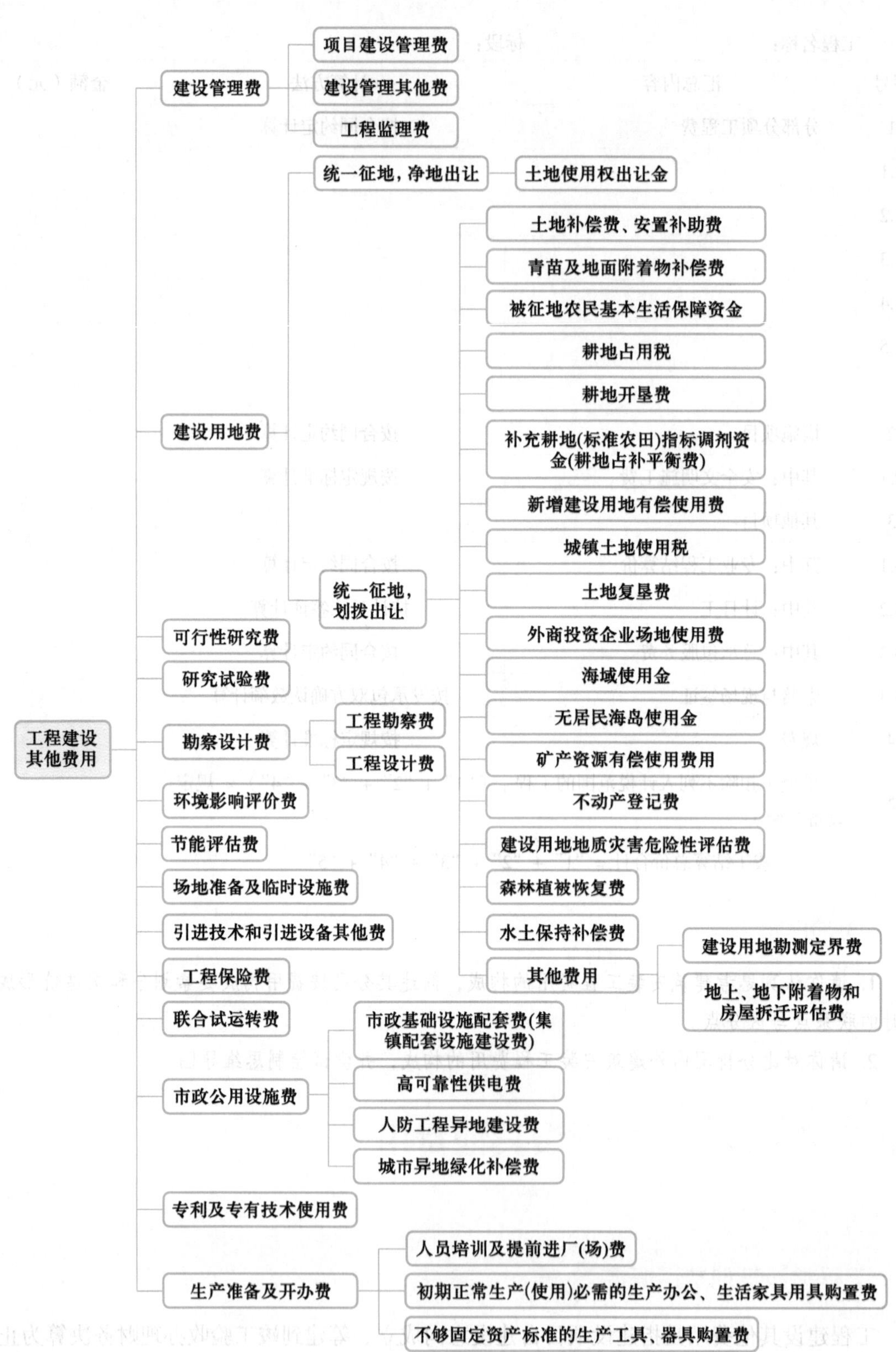

图 4-18　工程建设其他费用的组成

工程建设其他费用定额是由国家或主管部门、省、市、自治区规定的确定和开支各项其他费用的定额，是管理和控制工程建设中其他费用开支的基本依据和重要手段，是编制工程建设概预算时计算工程建设其他费用的直接基础。工程建设其他费用定额的编制应贯彻“细算粗编、不留活口”的原则，以利于实行费用包干。

工程建设其他费用中的每一项都是独立的费用项目，标准的编制和表现形式也都不尽相同。应该按照国家统一规定的编制原则、费用内容、项目划分和计算方法，分别由国家各有关归口管理部门和各省、市、自治区、直辖市依照行业特点和工程的具体情况，在编制概预算时，按照“发生的计列、不发生的不列”的原则进行编制和管理。

长期以来，其他费用一直采用定性与定量相结合的方式，由主管部门制定费用标准，为合理确定工程造价提供依据。工程建设其他费用定额经批准后，对建设项目实施全过程费用进行控制。但工程建设的条件和要求千差万别，实际应该计取的费用项目和标准，必须根据相应项目收费规定和工程的不同情况，按“政府引导、市场运作”原则，由初步设计审批部门或项目投资主体单位最终审定。政府投资项目工程初步设计概算一经批准即是建设项目投资的控制数，各有关单位及项目业主单位均应以此为依据，严格执行。

工程建设其他费用按内容大体可分为 3 类：建设用地费、与工程建设有关的其他费用和与未来生产经营有关的其他费用，见图 4–19。

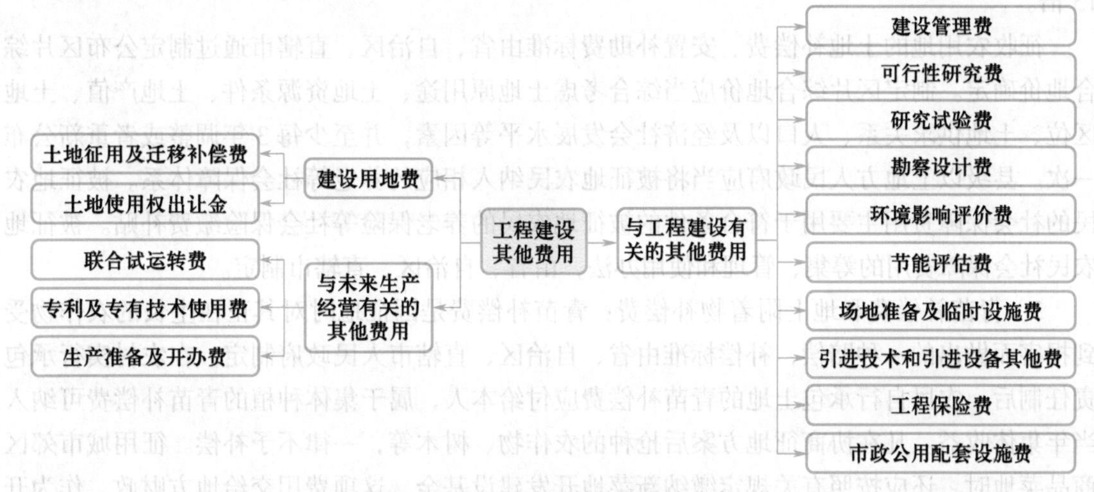

图 4–19　工程建设其他费用的分类

二、建设用地费

建设用地的取得，实质是依法获取国有土地的使用权。根据《中华人民共和国土地管理法》《中华人民共和国土地管理法实施条例》《中华人民共和国城市房地产管理法》规定，获取国有土地使用权的基本方法有两种：一是划拨方式，通过划拨方式取得土地使用权需支付土地征用及迁移补偿费；二是出让方式，通过土地使用权出让的方式取得土地使用权需支付土地使用权出让金。建设用地取得的基本方式还可能包括转让和租赁。

土地使用权出让是指国家以土地所有者的身份将土地使用权在一定年限内让予土地使用者，并由土地使用者向国家支付土地使用权出让金的行为；土地使用权转让是指土地使用者

将土地使用权再转移的行为，包括出售、交换和赠与；土地使用权租赁是指国家将国有土地出租给使用者使用，使用者支付租金的行为，是土地使用权出让方式的补充，但对于经营性房地产开发用地，不实行租赁。

1. 土地征用及迁移补偿费

土地征用及迁移补偿费是指通过划拨方式取得无限期的土地使用权，依照《中华人民共和国土地管理法》等规定所支付的费用。其补偿标准与被征土地年产值相关，土地年产值按该土地被征用前3年的平均产量和国家规定的价格计算。

（1）征地补偿费

1）土地补偿费[①]：是对农村集体经济组织因土地被征用而造成的经济损失的一种补偿。土地补偿费归农村集体经济组织所有。征用耕地（包括菜地）的补偿标准，按政府规定，为该耕地被征用前3年平均年产值的6~10倍，具体补偿标准由省、自治区、直辖市制定。征收无收益的土地，不予补偿。

2）安置补助费：应支付给被征地单位和安置劳动力的单位，作为劳动力安置与培训的支出，以及作为不能就业人员的生活补助。征收耕地的安置补助费应按照需要安置的农业人口数计算。每一个需要安置的农业人口的安置补助费为该耕地被征收前3年平均年产值的4~6倍。但每亩被征收耕地的安置补助费最高不得超过被征收前3年平均年产值的15倍。

征收农用地的土地补偿费、安置补助费标准由省、自治区、直辖市通过制定公布区片综合地价确定。制定区片综合地价应当综合考虑土地原用途、土地资源条件、土地产值、土地区位、土地供求关系、人口以及经济社会发展水平等因素，并至少每3年调整或者重新公布一次。县级以上地方人民政府应当将被征地农民纳入相应的养老等社会保障体系。被征地农民的社会保障费用主要用于符合条件的被征地农民的养老保险等社会保险缴费补贴。被征地农民社会保障费用的筹集、管理和使用办法，由省、自治区、直辖市制定。

3）青苗补偿费和地上附着物补偿费：青苗补偿费是因征地时对其正在生长的农作物受到损害而做出的一种赔偿，补偿标准由省、自治区、直辖市人民政府制定。在农村实行承包责任制后，农民自行承包土地的青苗补偿费应付给本人，属于集体种植的青苗补偿费可纳入当年集体收益。凡在协商征地方案后抢种的农作物、树木等，一律不予补偿。征用城市郊区商品菜地时，还应按照有关规定缴纳新菜地开发建设基金。这项费用交给地方财政，作为开发建设新菜地的投资。

地上附着物是指房屋、水井、树木、涵洞、桥梁、公路、水利设施、林木等地面建筑物、构筑物、附着物等。补偿标准由省、自治区、直辖市制定，根据“拆什么、补什么；拆多少，补多少，不低于原来水平”的原则，结合协商征地方案前地上附着物价值与折旧情况确定。如附着物产权属个人，则该项补助费付给个人。

征收农用地以外的其他土地、地上附着物和青苗等的补偿标准，由省、自治区、直辖市制定。对其中的农村村民住宅，应当按照“先补偿后搬迁、居住条件有改善”的原则，尊重农村村民意愿，采取重新安排宅基地建房、提供安置房或者货币补偿等方式给予公平、合理

① 大中型水利、水电工程建设征收土地的补偿费标准和移民安置办法，由国务院另行规定。

的补偿，并对因征收造成的搬迁、临时安置等费用予以补偿，保障农村村民居住的权利和合法的住房财产权益。

4）耕地开垦费和森林植被恢复费：国家实行占用耕地补偿制度。非农业建设经批准占用耕地的，按照“占多少，垦多少”的原则，由占用耕地的单位负责开垦与所占用耕地的数量和质量相当的耕地；没有条件开垦或者开垦的耕地不符合要求的，应当按照省、自治区、直辖市的规定缴纳耕地开垦费，专款用于开垦新的耕地。征用耕地的包括耕地开垦费用；涉及森林草原的包括森林植被恢复费用。

5）生态补偿与压覆矿产资源补偿费：生态补偿费是指建设项目对水土保持等生态造成影响所发生的除工程费用之外的补救或者补偿费用；压覆矿产资源补偿费是指项目工程对被其压覆的矿产资源利用造成影响所发生的补偿费用。

6）其他补偿费：是指建设项目涉及的对房屋、市政、铁路、公路、管道、通信、电力、河道、水利、厂区、林区、保护区、矿区等不附属于建设用地但与建设项目相关的建筑物、构筑物或设施的拆除、迁建补偿、搬迁运输补偿等费用。

7）土地管理费：主要包括征地工作中所发生的办公、会议、培训、宣传、差旅、借用人员工资等必要开支。土地管理费的收取标准，根据征地工作量大小，分情况而定。一般是在土地补偿费、青苗补偿费、地上附着物补偿费、安置补助费4项费用之和的基础上提取2%～4%。如果是征地包干，还应在4项费用之和后再加上粮食价差、副食补贴、不可预见费等费用，在此基础上提取2%～4%作为土地管理费。

（2）拆迁补偿费

在城市规划区内国有土地上实施房屋拆迁，拆迁人应当对被拆迁人给予补偿、安置。

1）迁移补偿费：包括征用土地上的房屋及附属构筑物、城市公共设施等拆除、迁建补偿费、搬迁运输费，企业单位因搬迁造成的减产、停工损失补贴费，拆迁管理费等。若为水利水电工程水库淹没时还应支付相应补偿费，包括农村移民安置迁建费，城市迁建补偿费，库区工矿企业、交通、电力、通信、广播、管网、水利等的恢复、迁建补偿费，库底清理费，防护工程费，环境影响补偿费用等。

拆迁人应当对被拆迁人或者房屋承租人支付搬迁补助费，对于在规定的搬迁期限届满前搬迁的，拆迁人可以付给提前搬家奖励费；在过渡期限内，被拆迁人或者房屋承租人自行安排住处的，拆迁人应当支付临时安置补助费；被拆迁人或者房屋承租人使用拆迁人提供的周转房的，拆迁人不支付临时安置补助费。

迁移补偿费的标准，由省、自治区、直辖市人民政府规定。

2）拆迁补偿金：补偿方式可以实行货币补偿，也可以实行房屋产权调换。

货币补偿的金额，根据被拆迁房屋的区位、用途、建筑面积等因素，以房地产市场评估价格确定，具体办法由省、自治区、直辖市人民政府制定。

实行房屋产权调换的，拆迁人与被拆迁人按照计算得到的被拆迁房屋的补偿金额和所调换房屋的价格，结清产权调换的差价。

2. 土地使用权出让金

土地使用权出让金是指建设项目通过土地使用权出让方式，取得有限期的土地使用权，依照《中华人民共和国城镇国有土地使用权出让和转让暂行条例》规定支付土地使用权出让金。土地使用权出让金为用地单位向国家支付的土地所有权收益，出让金标准一般参考城市基准地价并结合其他因素制定。基准地价是指在城镇规划区范围内，由市土地管理局会同市物价局、市国有资产管理局、市房地产管理局等部门，对不同级别的土地或者土地条件相当的均质地域，按照商业、居住、工业等用途分别评估的，并由市、县以上人民政府公布的国有土地使用权的平均价格。

国家是城市土地的唯一所有者，并分层次、有偿、有期限地出让、转让城市土地。第一层次是城市政府将国有土地使用权出让给用地者，该层次由城市政府垄断经营。出让对象可以是有法人资格的企事业单位，也可以是外商。第二层次及以下一层次的转让则发生在使用者之间。

（1）土地使用权出让年限

根据 1990 年 5 月 19 日开始实行的《中华人民共和国城镇国有土地使用权出让和转让暂行条例》规定，土地使用权出让最高年限按下列用途确定：① 住宅用地为 70 年；② 工业用地为 50 年；③ 教育、科技、文化、卫生、体育用地为 50 年；④ 商业、旅游、娱乐用地为 40 年；⑤ 综合或者其他用地为 50 年。

2021 年 1 月 1 日起施行的《中华人民共和国民法典》第三百五十九条中明确规定："住宅建设用地使用权期限届满的，自动续期。续期费用的缴纳或者减免，依照法律、行政法规的规定办理。非住宅建设用地使用权期限届满后的续期，依照法律规定办理。该土地上的房屋以及其他不动产的归属，有约定的，按照约定；没有约定或者约定不明确的，依照法律、行政法规的规定办理。"

（2）土地出让方式

通过出让方式取得土地使用权可以分为竞争出让方式和协议出让方式，竞争出让方式又可以根据竞争方式细分为招标方式和公开拍卖方式两种。

1）竞争出让方式。按照国家相关规定，工业（包括仓储用地，但不包括采矿用地）、商业、旅游、娱乐和商品住宅等各类经营性用地，必须以招标、拍卖或者挂牌方式出让。上述规定以外用途的土地的供地计划公布后，同一宗地有两个以上意向用地者的，也应当采用招标、拍卖或者挂牌方式出让。

① 招标方式。在规定的期限内，由用地单位以书面形式投标，市政府根据投标报价、所提供的规划方案以及企业信誉综合考虑，择优而取。该方式适用于一般工程建设用地。

② 公开拍卖。在指定的地点和时间，由申请用地者叫价应价，价高者得。这完全是由市场竞争决定的，适用于盈利高的行业用地。

2）协议出让方式。按照国家有关规定，除依照法律、法规和规章的规定应当采用招标、拍卖或者挂牌方式外，方可采取协议方式。出让国有土地使用权时，由用地单位申请，经市政府批准同意后双方洽谈具体地块及地价，以协议方式出让国有土地使用权的出让金不得低于按国家规定所确定的最低价，协议出让底价不得低于拟出让地块所在区域的协议出让最低价。该方式适用于市政工程、公益事业用地以及需要减免地价的机关、部队用地和需要重点扶持、优先发展的产业用地。

（3）土地出让原则

在有偿出让和转让土地时，政府对地价不作统一规定，但应坚持以下原则。

1）地价对目前的投资环境不产生大的影响。

2）地价与当地的社会经济承受能力相适应。

3）地价要考虑已投入的土地开发费用、土地市场供求关系、土地用途、所在区类、容积率和使用年限等。

有偿出让和转让使用权，要向土地受让者征收契税；转让土地如有增值，要向转让者征收土地增值税；土地使用者每年应按规定的标准缴纳土地使用费。土地使用权出让或转让，应先由地价评估机构进行价格评估后，再签订土地使用权出让和转让合同。

三、与工程建设有关的其他费用

根据项目的不同，与项目建设有关的其他费用的构成也不尽相同，一般包括以下费用项目，在编制工程投资估算及概算中可根据实际情况进行计算。

1. 建设管理费

（1）建设管理费的内容

建设管理费是指建设单位从项目建设意向成立、筹建之日起至工程竣工验收合格办理竣工财务决算之日止发生的项目建设管理费用，包括项目建设管理费、建设管理其他费和工程监理费。

1）项目建设管理费：是指项目建设单位从项目筹建之日起至办理竣工财务决算之日止发生的管理性质的支出，包括不在原单位发工资的工作人员薪酬及相关费用、办公费、办公场地租用费、差旅交通费、劳动保护费、工具用具使用费、固定资产使用费、招募生产工人费、技术图书资料费（含软件）、业务招待费、竣工验收费和其他管理性质开支。

2）建设管理其他费：是指建设项目自建设意向成立起至办理竣工财务决算之日止发生的工程招标代理服务费、工程造价咨询服务费（含工程量清单编制、施工阶段全过程造价咨询、竣工财务决算编制）、工程款支付担保费、竣工验收时必须发生的各项检测费和验收费、前期测绘等在项目建设管理费中未包含的项目实施管理中发生的管理性质费。

3）工程监理费：是指建设单位委托工程监理单位对工程实施监理工作所需费用。

（2）建设管理费的计算

1）建设管理费。建设管理费中的项目建设管理费和建设管理其他费按照工程费用之和（包括设备工器具购置费和建筑安装工程费用）乘以建设管理费费率计算，其计算公式为

$$建设管理费 = 工程费用 \times 建设管理费费率 \tag{4–74}$$

实行代建制管理的项目，一般不得同时列支代建管理费和项目建设管理费，确需同时发生的，两项费用之和不得高于标准费用限额。2018 版《浙江省建设工程其他费用定额》规定，实行施工阶段全过程造价咨询的项目，项目建设管理费乘以系数 0.7。采用 EPC 模式的项目，各项费用仍按定额规定计算，不单独计列总承包管理费。建设管理其他费含施工阶段全过程造价咨询费用，包括分阶段结算和竣工结算审核费用，政府投资项目不得再计列结算审核基本费和核减追加（绩效）费。不实行施工阶段全过程造价咨询的项目，建设管理其他

费乘以系数 0.75。

2）工程监理费。建设工程监理制是我国工程建设领域管理体制的重大改革，根据国家发展和改革委员会、原建设部《建设工程监理与相关服务收费管理规定》等文件规定计算费用，也可依据各省、市、自治区下发的费用定额计算。同时在计算过程中考虑工程项目的复杂程度及是否实行施工阶段的全过程造价咨询等条件。

2. 可行性研究费

可行性研究费是指在建设项目前期工作中，对有关建设方案、技术方案或生产经营方案进行技术经济论证，编制项目建议书（或预可行性研究报告）、可行性研究报告所需的费用。可行性研究费可依据前期研究委托合同计算，或按照《国家发展改革委关于进一步放开建设项目专业服务价格的通知》（发改价格〔2015〕299 号）的规定计算，或依据各省、市、自治区下发的费用定额计算，该项费用实行市场调节价。

3. 研究试验费

研究试验费是指为建设项目提供和验证设计参数、数据、资料等进行必要的研究试验以及按照设计规定在建设过程中必须进行试验、验证的费用，包括自行或委托其他部门研究试验所需人工费、材料费、试验设备及仪器使用费等。研究试验费按照设计单位根据本工程项目的需要提出的研究试验内容和要求进行计算。在计算时要注意不应包括以下项目。

1）应由科技三项费用（即新产品试制费、中间试验费和重要科学研究补助费）开支项目。

2）应在建筑安装费用中列支的施工企业对建筑材料、构件和建筑物进行一般鉴定、检查所发生的费用及技术革新的研究试验费。

3）应由勘察设计费或工程费用中开支的项目。

4. 勘察设计费

勘察设计费是指勘察设计单位进行工程水文地质勘察、工程设计所发生的费用，包括工程勘察费和工程设计费。

工程勘察费指勘察人根据发包人的委托，收集已有资料、现场踏勘、制订勘察纲要，进行勘察作业，以及编制工程勘察文件和岩土工程设计文件等收取的费用。有勘察合同的应按合同规定编制，没有勘察合同的可参照国家、省、市、自治区颁发的工程勘察收费标准编制。

工程设计费包括初步设计费（基础设计费）、施工图设计费（详细设计费），是指设计人根据发包人的委托，提供编制建设项目初步设计文件、施工图设计文件、非标准设备设计文件、竣工图文件等服务所收取的费用。有设计合同的按合同规定编制，没有设计合同的应按国家、省、市、自治区颁发的工程设计收费标准编制。

5. 环境影响评价费

环境影响评价费是指按照《中华人民共和国环境保护法》《中华人民共和国环境影响评价法》等规定，为全面、详细评价本建设项目对环境可能产生的污染或造成的重大影响所需的费用，包括编制环境影响报告书（含大纲）、环境影响报告表等所需的费用以及建设项目竣工验收阶段环境保护验收调查和环境监测、编制环境保护验收报告的费用。

环境影响评价费的计算可以依据环境影响评价委托合同计列，或按照《国家计委、国家环境保护总局关于规范环境影响咨询收费有关问题的通知》（计价格〔2002〕125号）规定计算，或按照省、市、自治区下发的费用定额计算。

6. 节能评估费

节能评估费是指按照国家发展和改革委员会2010年第6号令《固定资产投资项目节能评估和审查暂行办法》的规定，对固定资产投资项目的能源利用是否科学合理进行分析评估，并编制节能评估报告书、技能评估表所需的费用。节能评估费可根据项目类型分为民用类项目和工业类项目分别计算费用，民用类项目又可以分为居住建筑和公共建筑分别计算节能评估费。

7. 场地准备及临时设施费

（1）场地准备及临时设施费的内容

场地准备及临时设施费是指建设场地准备费和建设单位临时设施费。

1）建设场地准备费是指为达到工程开工条件所发生的场地平整和建设场地余留的有碍于施工建设的设施而进行拆除清理的费用。

2）建设单位临时设施费是指为满足施工建设需要而供到场地界区、未列入工程费用的临时水、电、路、气及通信等其他工程费用和建设单位的现场临时建（构）筑物的搭设、维修、拆除、摊销或建设期间租赁费用，以及施工期间专用公路养护费、维修费。

（2）场地准备及临时设施费的计算

1）场地准备及临时设施应尽量与永久性工程统一考虑，建设场地的大型土石方工程应计入工程费用中的总图费用中。

2）新建项目的场地准备和临时设施费应根据实际工程量估算，或按工程费用的比例计算；改扩建项目一般只计拆除清理费。

场地准备及临时设施费 =（建筑工程费 + 安装工程费）× 所在地区费率 + 拆除清理费　　（4–75）

《浙江省建设工程其他项目费用定额》（2018版）中场地准备及临时设施费还需乘以项目性质系数，当建设项目属新征集体土地的，乘以系数1.2。

3）发生拆除清理费时可按新建同类工程造价或主材费、设备费的比例计算。凡可回收材料的拆除工程采用以料抵工方式冲抵拆除清理费。

4）此项费用不包括已列入建筑安装工程费用中的施工单位临时设施费用。

8. 引进技术和引进设备其他费

引进技术和引进设备其他费是指引进技术和设备发生以来计入设备费的费用。

（1）引进项目图纸资料翻译复制费

引进项目图纸资料翻译复制费根据引进项目的具体情况计列或估列；引进项目发生备品备件测绘费时按具体情况估列。

（2）出国人员费用

出国人员费用是指为引进技术和进口设备，派出人员在国外学习、培训、生活及差旅交通等费用，包括买方人员出国设计联络、出国考察、联合设计、监造、培训等所发生的旅费、生活费等。依据合同或协议规定的出国人次、期限以及相应的费用标准计算。生活费按照财政部、外交部规定的现行标准计算，旅费按中国民航公布的票价计算。

（3）来华人员费用

国外工程技术人员来华费用是指为安装进口设备、聘用外国工程技术人员进行技术指导等所发生的费用。依据引进合同或协议有关条款及来华技术人员派遣计划进行计算。来华人员接待费用可按每人次费用指标计算。引进合同价款中已包括的费用内容不得重复计算。

（4）银行担保及承诺费

银行担保及承诺费指引进项目由国内外金融机构出面承担风险和责任担保所发生的费用，以及支付贷款机构的承诺费用，应按担保或承诺协议计取。投资估算和概算编制时可以担保金额或承诺金额为基数乘以费率计算。

（5）引进设备材料的相关费用

引进设备材料的国外运输费、国外运输保险费、关税、增值税、外贸手续费、银行财务费、国内运杂费、引进设备材料国内检验费等按引进货价（FOB 或 CIF）计算后进入相应的设备材料费中。

（6）引进软件费

单独引进软件不计关税只计增值税。

9. 工程保险费

工程保险费是指建设项目在建设期间根据需要对建筑工程、安装工程、机器设备和人身安全进行投保而发生的保险费用，包括建筑安装工程一切险、引进设备财产保险和人身意外伤害险等。不同的建设项目可根据工程特点选择投保险种，根据投保合同计列保险费用，不投保的工程不计取此项费用。编制投资估算和概算时可按工程费用的比例计算。工程保险费不包括已列入施工企业管理费中的施工管理用财产、车辆保险费。

10. 市政公用配套设施费

市政公用配套设施费是指使用市政公用设施的建设项目，按照项目所在地人民政府有关规定建设或缴纳的市政公用设施建设配套费用，以及绿化工程补偿费用。不发生或按规定减免项目按实计取。

四、与未来生产经营有关的其他费用

与未来生产经营有关的其他费用是指为达到生产经营条件，在建设期发生或将要发生的费用，包括联合试运转费、专利及专有技术使用费、生产准备和开办费等。

1. 联合试运转费

联合试运转费是指新建项目或新增加生产能力的工程，在交付生产前按照批准的设计文件所规定的工程质量标准和技术要求，进行整个生产线或装置的负荷联合试运转或局部联动试车所发生的费用净支出（试运转支出大于收入的差额部分费用）。试运转支出包括试运转所需原材料、燃料及动力消耗、低值易耗品、其他物料消耗、工具用具使用费、机械使用费、保险金、施工单位参加试运转人员工资以及专家指导费等。试运转收入包括试运转期间的产品销售收入和其他收入。

联合试运转费的计算中应注意以下 4 点。

1）不发生试运转或试运转收入大于（或等于）费用支出的工程，不列此项费用。

2）当联合试运转收入小于试运转支出时，其计算公式为

$$联合试运转费 = 联合试运转费用支出 - 联合试运转收入 \tag{4-76}$$

3）联合试运转费不包括应由设备安装工程费用开支的调试及试车费用，以及在试运转中暴露出来的因施工原因或设备缺陷等发生的处理费用。

4）引进国外设备项目按建设合同中规定的试运行期执行；国内一般性建设项目试运行期原则上按照批准的设计文件所规定的期限执行。个别行业的建设项目试运行期需要超过规定试运行期的，应报项目设计文件审批机关批准。试运行期一经确定，各建设单位应严格按规定执行，不得擅自缩短或延长。

2. 专利及专有技术使用费

专利及专有技术使用费是指在建设期内为取得专利、专有技术、商标权、商誉、特许经营权等发生的费用。

（1）专利及专有技术使用费的内容

1）工艺包费、设计及技术资料费、有效专利、专有技术使用费、技术保密费和技术服务费等。

2）商标权、商誉和特许经营权费等。

3）软件费等。

（2）专利及专有技术使用费的计算方法

1）按专利使用许可协议和专有技术使用合同的规定计列。

2）专有技术的界定应以省、部级鉴定批准为依据。

3）项目投资中只计需在建设期支付的专利及专有技术使用费。协议或合同规定在生产期支付的使用费应在生产成本中核算。

4）一次性支付的商标权、商誉及特许经营权费按协议或合同规定计取。协议或合同规定在生产期支付的商标权或特许经营权在生产成本中核算。

5）为项目配套的专用设施投资，包括专用铁路线、专用公路、专用通信设施、变送电站、地下管道、专用码头等，如由项目建设单位负责投资但产权不归属本单位的，应作无形资产处理。

通常按单位产品价格 × 年设计产量 ×（3%～5%）参考计列。

3. 生产准备及开办费

生产准备及开办费是指建设项目为保证正常生产（或营业、使用）而发生的人员培训费、提前进场费以及投产使用必备的生产办公、生活家具用具及工器具等购置费用。

（1）生产准备费的内容

1）人员培训费及提前进场费：自行组织培训或委托其他单位培训的人员工资、工资性补贴、职工福利费、差旅交通费、劳动保护费、学习资料费等。

2）为保证初期正常生产（或营业、使用）所必需的生产办公、生活家具用具购置费。

3）为保证初期正常生产（或营业、使用）必需的第一套不够固定资产标准的生产工具、

器具、用具购置费（不包括备品、备件费）。

（2）生产准备费的计算

1）新建项目按设计定员为基数计算，改扩建项目按新增设计定员为基数计算。

$$生产准备费 = 设计定员 \times 生产准备费指标（元/人） \quad (4\text{–}77)$$

2）可采用综合的生产准备费指标进行计算，也可以按费用内容的分类指标计算。

2018 版《浙江省建设工程其他费用定额》中建议一般建设项目可暂按工程费用的 1%～1.2% 计列。

学习自测答案

【学习自测】

1. 建设单位通过市场机制取得建设用地，不仅应承担征地补偿费用、拆迁补偿费用，还须向土地所有者支付（　　）。

A. 安置补助费　　B. 土地出让金

C. 青苗补偿费　　D. 土地管理费

2. 关于工程建设其他费中的市政公用配套设施费及其构成，下列说法正确的是（　　）。

A. 包含在用地与工程准备费中

B. 包括界区内水、电、路、电信等设施建设费

C. 包括界区外绿化、人防等配套设施建设费

D. 包括项目配套建设的产权不归本单位的专用铁路、公路建设费

3. 下列费用中，计入技术服务费中勘察设计费的是（　　）。

A. 设计评审费　　B. 技术经济标准使用费

C. 技术革新研究试验费　　D. 非标准设备设计文件编制费

4. 下列费用中，应计入工程建设其他费用中用地与工程准备费的有（　　）。

A. 建设场地大型土石方工程费　　B. 土地使用费和补偿费

C. 场地准备费　　D. 建设单位临时设施费

E. 施工单位平整场地费

任务 4.4.5　预备费、建设期利息和铺底流动资金

【知识准备】

一、预备费

预备费是指在建设期内因各种不可预见因素的变化而预留的可能增加的费用，包括基本预备费和涨价预备费。

微课：预备费及建设期利息

1. 基本预备费

（1）基本预备费的内容

基本预备费是指在初步设计及概算内不可预见的工程费用，包括实行按施工图预算加系数包干的预算包干费用，通常由于工程实施中不可预见的工程变更及洽商、一般自然灾害处

理、地下障碍物处理、超规超限设备运输等原因而引起，亦可称为工程建设不可预见费。基本预备费一般由以下 4 部分构成。

1）工程变更及洽商的费用：在批准的初步设计范围内，技术设计、施工图设计及施工过程中所增加的工程费用；设计变更、工程变更、材料代用、局部地基处理等增加的费用。

2）一般自然灾害处理的费用：一般自然灾害造成的损失和预防自然灾害所采取的措施费用。实行工程保险的工程项目，该费用应适当降低。

3）不可预见的地下障碍物处理的费用。

4）超规超限设备运输增加的费用。

（2）基本预备费的作用

1）在进行技术设计、施工图设计和施工过程中，在批准的初步设计和概、预算范围内，计算所增加的工程费用。

2）计算由于一般自然灾害所造成的损失和预防自然灾害所采取的措施费用。

3）计算（上级主管部门组织）竣工验收时，验收委员会（验收小组）为鉴定工程质量，必须开挖和修复隐蔽工程的费用。

（3）基本预备费的计算

基本预备费以工程费用和工程建设其他费用二者之和为计算基数，乘以基本预备费费率进行计算，即

基本预备费 =（工程费用 + 工程建设其他费用）× 基本预备费费率　　（4–78）

基本预备费费率的取值应执行国家及有关部门的规定，考虑工程繁简程度及遇特殊情况下计取。初步设计概算阶段可按 3%～5% 计算。

2. 涨价预备费

（1）涨价预备费的内容

涨价（价差）预备费是建设期由于人工、设备、材料、施工机械的价格及费率、利率、汇率等浮动因素引起工程造价变化的预测预备费用。此费用属于工程造价的动态因素，应在总预备费中单独列出。

（2）涨价预备费的测算方法

涨价预备费一般根据国家规定的投资综合价格指数，以估算年份价格水平的投资额为基数，采用复利方法计算，计算公式为

$$PF=\sum_{t=1}^{n} I_t\left[(1+f)^{m}(1+f)^{0.5}(1+f)^{t-1}-1\right] \tag{4–79}$$

式中：PF——涨价预备费；

n——建设期年份数；

I_t——建设期中第 t 年的静态投资计划额，包括工程费用、工程建设其他费用及基本预备费；

f——年涨价率；

m——建设前期年限（从编制估算到开工建设，单位：年）。

年涨价率，政府部门有规定的按规定执行，没有规定的由可行性研究人员预测。

【例 4–15】某建设项目建安工程费 8 000 万元，设备购置费 5 000 万元，工程建设其他费用 3 000 万元，已知基本预备费费率 5%，项目建设前期年限为 1 年，建设期为 4 年，各年投资计划额为第一年完成投资 20%、第二年 30%、第三年 30%、第四年 20%，年均投资价格上涨率为 6%，求建设项目建设期间涨价预备费。

解：基本预备费 =（8 000+5 000+3 000）× 5%=800（万元）

静态投资 =8 000+5 000+3 000+800=16 800（万元）

建设期第一年完成投资 =16 800 × 20%=3 360（万元）

第一年涨价预备费为

$PF_1=I_1[(1+f)(1+f)^{0.5}(1+f)^{0}-1]=3\,360\times[(1+6\%)\times(1+6\%)^{0.5}\times(1+6\%)^{0}-1]$ $=306.89$（万元）

第二年完成投资 =16 800 × 30%=5 040（万元）

第二年涨价预备费为

$PF_2=I_2[(1+f)(1+f)^{0.5}(1+f)-1]$

$=5\,040\times[(1+6\%)\times(1+6\%)^{0.5}\times(1+6\%)-1]=790.36$（万元）

第三年完成投资 =16 800 × 30%=5 040（万元）

第三年涨价预备费为

$PF_3=I_3[(1+f)(1+f)^{0.5}(1+f)^{2}-1]$

$=5\,040\times[(1+6\%)\times(1+6\%)^{0.5}\times(1+6\%)^{2}-1]=1\,140.18$（万元）

第四年完成投资 =16 800 × 20%=3 360（万元）

第四年涨价预备费为

$PF_4=I_4[(1+f)(1+f)^{0.5}(1+f)^{3}-1]$

$=3\,360\times[(1+6\%)\times(1+6\%)^{0.5}\times(1+6\%)^{3}-1]=1\,007.33$（万元）

建设期的涨价预备费为

$PF=306.89+790.36+1\,140.18+1\,007.33=3\,244.76$（万元）

二、建设期利息

1. 建设期利息概述

建设期利息是指在建设期内发生的为工程项目筹措资金的融资费用及债务资金利息。建设期利息包括向国内银行和其他非银行金融机构贷款、出口信贷、外国政府贷款、国际商业银行贷款以及在境内外发行的债券等在建设期应计的借款利息。

建设期贷款利息的依据是全国银行间同业拆借中心和人民银行公布的贷款市场报价利率（LPR）[根据中国人民银行公告〔2019〕第 15 号，自 2019 年 8 月 16 日起，各银行应在新发放的贷款中主要参考贷款市场报价利率（LPR）定价，并在浮动利率贷款合同中采用贷款市场报价利率（LPR）作为定价基准]。

开发银行和各商业银行贷款利率可以执行浮动利率，也可以执行固定利率，由各评审局、分行按商业原则与客户协商确定。

（1）浮动利率

浮动利率是指开发银行和其他商业银行根据贷款市场报价利率（LPR）为基准利率，利率浮动区间和重新定价周期，确定自己的贷款利率。

1）基准利率：即贷款市场报价利率（LPR），该利率每月20日在全国银行间同业拆借中心和中国人民银行网站更新。

2）贷款利率的浮动区间：按商业原则与客户协商确定，在LPR基础上进行加减点。5年（含）期以内贷款参照1年期LPR进行定价，5年期以上贷款参照5年期以上LPR进行定价。

3）重新定价周期：即合同内贷款利率调整的周期。贷款利率调整日期按照合同约定的重新定价周期（可按月、季或年）确定，以贷款发放一个周期后当天LPR为基准进行调整。

（2）固定利率

根据中国人民银行规定，自2004年1月1日起，人民币中长期贷款利率可采用固定利率方式。所谓固定利率，是指从合同签订之日（或第一笔款发放日）起至最后一笔贷款还清之日止的整个贷款期间都采用一个双方约定的利率。

2. 建设期利息的计算

建设期利息的计算，根据建设期资金用款计划，在总贷款分年均衡发放前提下，可按当年借款在年中支用考虑，即当年借款按半年计息，上年借款按全年计息，计算公式为

$$q_j=\left(P_{j-1}+\frac{1}{2}A_j\right)i=(P_{j-1}+0.5A_j)\,i \tag{4-80}$$

式中：q_j——建设期第j年应计利息；

P_{j-1}——建设期第（j–1）年年末累计贷款本金与利息之和；

A_j——建设期第j年贷款金额；

i——年利率。

利用国外贷款的利息计算中，还应包括国外贷款银行根据贷款协议向贷款方以年利率的方式加收的手续费、管理费、承诺费，以及国内代理机构经国家主管部门批准的以年利率的方式向贷款方收取的转贷费、担保费和管理费等。

【例4–16】某新建项目，建设期为4年，分年均衡进行贷款，第一年贷款200万元，第二年贷款500万元，第三年贷款300万元，第四年贷款300万元，年利率为12%，建设期内利息只计息不支付，求建设期利息。

解：在建设期，各年利息计算如下。

$q_1=0.5\times200\times12\%=12$（万元）

$q_2=(P_1+0.5A_2)\,i=(200+12+0.5\times500)\times12\%=55.44$（万元）

$q_3=(P_2+0.5A_3)\,i=(200+12+500+55.44+0.5\times300)\times12\%=110.09$（万元）

$q_4=(P_3+0.5A_4)\,i=(200+12+500+55.44+300+110.09+0.5\times300)\times12\%=159.30$（万元）

建设期利息 $=q_1+q_2+q_3+q_4=12+55.44+110.09+159.30=336.83$（万元）

三、铺底流动资金

铺底流动资金是指生产经营性项目投产后，为进行正常生产运营，用于购买原材料、燃料，支付工资及其他经营费用等所需的周转资金。流动资金估算一般是参照现有同类企业的状况采用分项详细估算法，个别情况或者小型项目可采用扩大指标估算法。

1. 分项详细估算法

对计算流动资金需要掌握的流动资产和流动负债这两类因素应分别进行估算。在可行性研究中，为简化计算，仅对存货、现金、应收账款这 3 项流动资产和应付账款这项流动负债进行估算。

2. 扩大指标估算法

1）按建设投资的一定比例估算。例如，国外化工企业的流动资金，一般是按建设投资的 15% ~ 20% 计算。

2）按经营成本的一定比例估算。

3）按年销售收入的一定比例估算。

4）按单位产量占用流动资金的比例估算。

流动资金一般在投产前开始筹措。在投产第一年开始按生产负荷进行安排，其借款部分按全年计算利息。流动资金利息应计入财务费用。项目计算期末回收全部流动资金。

【项目实训】

【任务目标】

项目实训答案

1. 掌握静态投资的计算方法与步骤。
2. 掌握涨价预备费的计算方法与步骤。
3. 掌握项目建设投资的计算方法与步骤。

【项目背景】

某建设工程在建设期初的建筑安装工程费和设备及工器具购置费为 50 000 万元，工程建设其他费为 4 200 万元。按本项目实施进度计划，项目建设期为 3 年，投资分年使用比例为第一年 30%、第二年 50%、第三年 20%，建设期内预计年平均价格总水平上涨率为 6%。项目建设前期年限为 1 年，建设期贷款利息为 1 500 万元，基本预备费费率为 8%。

【任务要求】

1. 试计算项目的静态投资。
2. 试计算项目每一年年末的涨价预备费。
3. 试估算项目的建设投资。

任务 4.4.6 基于大数据的全过程造价管理

【知识准备】

1. 基于大数据全过程造价管理的意义

工程项目建设管理的目标包括工期、质量、造价控制等多个方面，其中造价控制目标的实现是保证项目经济效益实现的基础。而工程造价需要在不同阶段多次进行“计价”，以保证工程造价计算的准确性和控制的有效性，是一个多次计价、逐步深化、逐步细化的过程。在造价管理工作中，每人每天都要接触多个工程项目，涉及的工程量、定额、费率、材料价格、设备价格、合同等都是数据。这些数据具有数据量大、多样化、更新快、价值密度低等特点。如果在这个过程中利用大数据技术将有价值的信息提炼出来，对全过程造价管理提供指导具有重要意义。

2. 国内全过程造价管理现状

全过程造价管理覆盖建设工程从策划决策到建设实施各个阶段的造价管理，包括前期策划决策阶段的项目策划、投资估算、经济评价、融资分析等；初步设计阶段的概算编制，限额设计、方案比选；招投标阶段的标底编制、标段划分、合同形式等；施工阶段的工程计量与结算、变更控制、索赔管理；竣工验收阶段的工程决算等。目前，各种形式的工程造价文件在编制过程中，造价人员的大量工作集中在估算表和预算表的编制上。编制过程一般由设计专业人员提供工程量，造价人员套定额、取费、组价，并检查造价的合理性，反馈给设计专业人员，再调整价格。这种量价计算过程在很大程度上要依赖造价人员的自身经验值，需要对经验数据进行总结和分析，从海量的数据分析中发现指数指标的规律性和共性。对于设计院而言，量的不确定性、价的局限性决定了只有最终做完施工图预算、结算之后才能有更为精确的建筑安装成本。对业主单位而言，造价控制工作大部分集中在招投标阶段和招投标阶段之后，以及做预算、结算、审计阶段等。而在国外，如英国 BCIS 公司的数据库里有两万多个项目数据支持造价工程师的造价管理。因此，国内的全过程造价管理应学习借鉴英美两国关于造价管理的模式，逐步形成自己的指标数据库，以帮助前期估算更接近真实水平。

3. 全过程造价数据管理体系的建立

随着我国建设项目的不断增加，传统的数据存储处理方法已经无法适应数据的增长速度，大数据处理及数据库的出现，为工程造价管理信息化发展带来了更为便捷和有效的工具。指标数据库的建立，需要海量的数据积累分析才能发挥作用，而只有基于大量数据的分析，才能在同类项目中发现数据的规律性和共性。全过程造价数据管理体系的建立流程见图 4–20。

在前期设计阶段，由于项目资料的准确性不够，在进行投资决策、方案比较时需要造价人员有充分的经验数据积累。通过以知识管理为理论基础，建立企业成本数据的采集、提炼、发布、应用的闭环管理体系，形成各类成本指标，建立工程成本数据库，见图 4–21。利用数据信息为企业决策及新项目的造价控制、合约采购等造价管理工作提供指导和参考，以达到成本最低和价值最大化的目标。

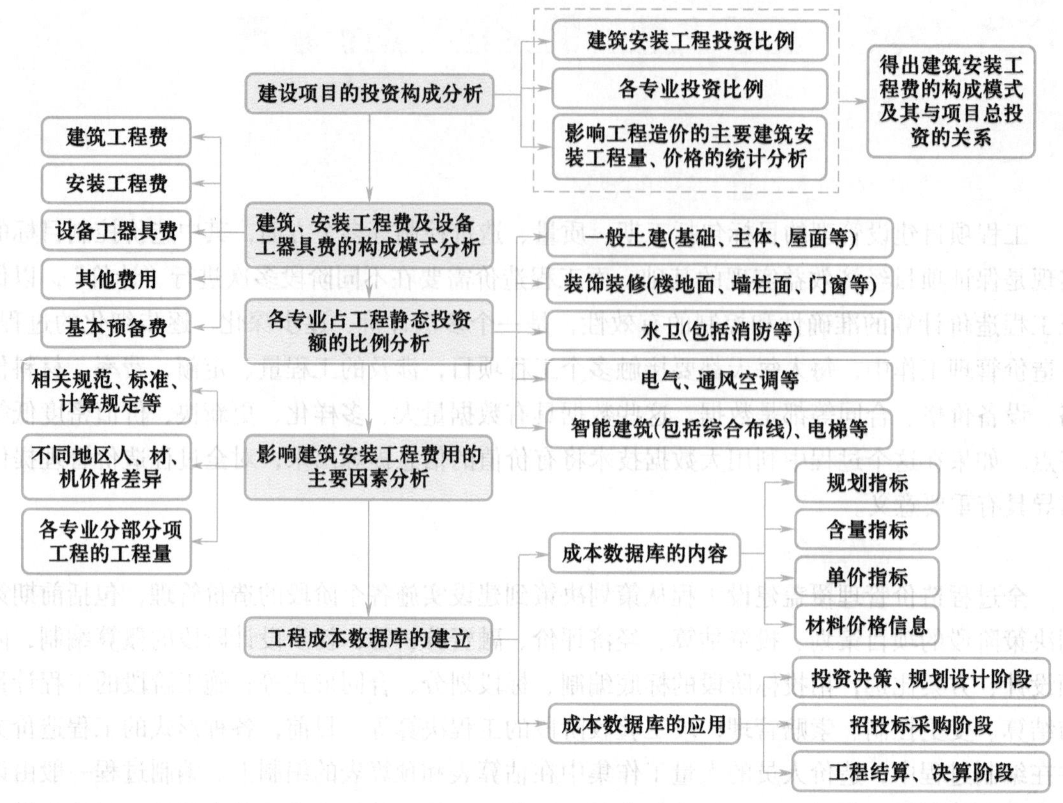

图 4-20　全过程造价管理体系的建立流程

4. 全过程造价数据的应用

建设项目基本都有模块化的标准设计，通过对之前数据的汇总、分析、挖掘和转化，最终优化形成标准成本数据库。新项目在投资决策、规划设计阶段时，可以充分参考成本数据库中的各项历史指标，如大到同类工程单方造价、各专业投资比例、设备工器具的合同价格，小到基础工程、混凝土工程等含量指标、单位造价指标等，以此进行成本测算和项目决策。

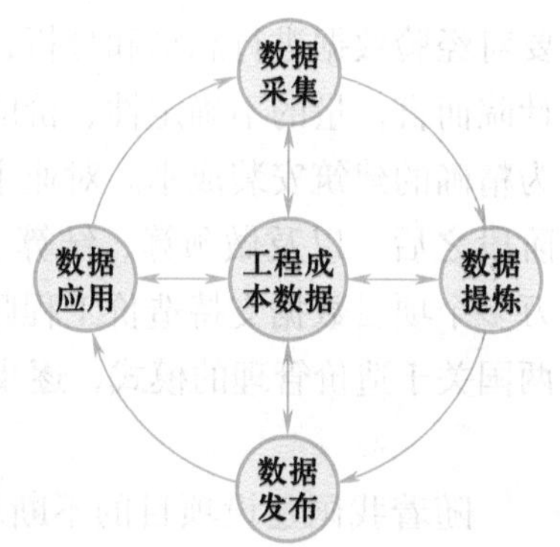

图 4-21　工程成本数据库的建立

在项目的招投标阶段时，指标数据中的综合单价指标、设备材料价格信息等可以为项目施工招标、工程项目管理、设备、材料采购以及施工结算等起到科学的精细化管理的目的。

在项目的竣工结算阶段时，可以采用对比审核法，依据成本数据库中的同类工程，对比各分部分项的单方造价指标、工料消耗指标，快速找出差异较大的分部分项工程，针对这些项目重点计算、分析差异原因，总结经验，同时也积累新的工程数据。

通过对各种项目数据的积累分析、成本数据库的建立、工程量数据库软件系统的使用，目前的造价管理工作正在逐步从“核算型”向“价值型”转变。要实现价值型管理就需要造价数据库管理系统的支持。因此，数据库的建立应作为全过程造价咨询服务拓展的增长点，通过各级信息管理平台，做到由阶段性造价咨询向全过程造价咨询转变，提供全过程、一揽子式的造价咨询服务产品，实现建设项目价值的最大化。

学习自测参考答案

【学习自测】

请你用自己的语言阐述一下，如何进行基于大数据的全过程造价管理。

小结与关键概念

小结：我国的建设项目总投资包括建设投资、建设期利息和流动资金3部分。其中，建设投资包括工程费用、工程建设其他费用和预备费3部分。工程费用是指建设期内直接用于工程建造、设备购置及其安装的建设投资，分为建筑安装工程费和设备及工器具购置费；工程建设其他费用是指建设期发生的与土地使用权取得、整个建设项目建设以及未来生产经营有关的，必须发生的但不包括在工程费用中的费用；预备费是在建设期内因各种不可预见因素的变化而预留的可能增加的费用，包括基本预备费和涨价预备费。

我国现行建筑安装工程费用项目有按费用构成要素划分和按造价形成划分两种不同的方式。按照费用构成要素划分，建筑安装工程费包括人工费、材料费、施工机具使用费、企业管理费、利润、规费和税金。按照工程造价形成划分，建筑安装工程费用包括分部分项工程费、措施项目费、其他项目费、规费和税金。

工程建设其他费用主要包括建设管理费、建设用地费、可行性研究费、研究试验费、勘察设计费、环境影响评价费、节能评估费、场地准备及临时设施费、引进技术和引进设备其他费、工程保险费、联合试运转费、市政公用设施费、专利及专有技术使用费、生产准备及开办费等。预备费是指在建设期内因各种不可预见因素的变化而预留的可能增加的费用，包括基本预备费和涨价预备费。

基于大数据的全过程造价管理可以助力造价管理工作从“核算型”向“价值型”转变，具有重要的历史意义。

关键概念：建设项目投资、建筑安装工程费用、工程建设其他费用、预备费、全过程造价。

综合训练

习题与思考参考答案

【习题与思考】

一、单选题

1.（　　）是指建设项目对水土保持等生态造成影响所发生的除工程费用之外补救或者补偿的费用。

A. 生态补偿费　B. 生态保护费　C. 水土保持费　D. 环境保护费

2. 建设用地费属于固定资产投资构成中的（　　）。

A. 分部分项工程费　　B. 其他项目费

C. 与项目建设有关的其他费用　　D. 工程建设其他费用

3. 通过使用权出让方式，取得（　　）土地使用权。

A. 无期限　　B. 有限期　　C. 50 年　　D. 70 年

4. 建设单位管理费以建设投资中的（　　）为基数乘以建设单位管理费费率计算。

A. 建筑安装工程费用　　B. 工程费用

C. 设备及工器具购置费用　　D. 总包管理费

5. 可行性研究费是指在建设工程项目前期工作中，编制和评估（　　）所需的费用。

A. 项目建议书、可行性研究报告　　B. 项目施工图、可行性研究报告

C. 项目建议书、设计施工图　　D. 项目施工计划、可行性研究报告

6. 国外建筑安装工程费用中，材料费与国内最主要的区别在于（　　）。

A. 材料原价　　B. 运杂费

C. 运输损耗及采购保管费　　D. 预涨费

二、多选题

1. 进口设备的交货方式可分为（　　）。

A. 内陆交货类　　B. 目的地交货类　　C. 装运港交货类

D. 工地仓库交货类　　E. 施工现场交货类

2. 世界银行、国际咨询工程师联合会对项目的总建设成本（相当于我国的工程造价）做了统一规定，将工程项目总建设成本分为（　　）等。

A. 项目直接建设成本　　B. 项目间接建设成本　　C. 应急费

D. 建设成本上升费　　E. 措施项目费

3. 以下关于预备费的描述正确的是（　　）。

A. 预备费包括基本预备费和涨价预备费　　B. 涨价预备费又叫价差预备费

C. 基本预备费是动态的费用　　D. 基本预备费是静态的费用

E. 涨价预备费是动态的费用

4. 研究试验费按照设计单位根据本工程项目的需要提出的研究试验内容和要求进行计算。在计算时要注意不应包括以下项目（　　）。

A. 应由科技 3 项费用（即新产品试制费、中间试验费和重要科学研究补助费）开支项目

B. 为建设项目提供和验证设计参数、数据、资料等进行必要的研究试验以及按照设计规定在建设过程中必须进行试验、验证的费用

C. 应在建筑安装费用中列支的施工企业对建筑材料、构件和建筑物进行一般鉴定、检查所发生的费用及技术革新的研究试验费

D. 自行或委托其他部门研究试验所需人工费、材料费、试验设备及仪器使用费

E. 应由勘察设计费或工程费用中开支的项目

5. 与未来企业生产经营有关的其他费用是（　　）。

A. 联合使用转费　　B. 勘察设计费　　C. 场地准备及临时设施费

D. 专利及专有技术使用费　　　　E. 生产准备及开办费

三、填空题

1. 生产性建设项目总投资包括________、________和________3 部分；非生产性建设项目总投资包括________和________两部分。

2. 按费用构成要素划分，建筑安装工程费用项目由________、________、________、企业管理费、________、________和________组成。

3. 按照工程造价形成划分，建筑安装工程费用包括________、________、________、规费和税金。

4. 勘察设计费是指勘察设计单位对拟建项目进行工程水文地质勘察、工程设计所发生的费用，包括________和________。

5. 国外工程技术人员来华费用是指为____________、______________________等所发生的费用。

四、简答题

1. 我国的建筑安装工程费用项目组成是如何划分的？

2. 费用定额的编制原则是什么？

3. 环境影响评价费包括哪些费用？

【拓展训练】

拓展训练
参考答案

【任务目标】

1. 掌握预备费的计算方法与步骤。

2. 掌握建设项目工程造价的计算方法与步骤。

3. 熟悉国外贷款利息的计算要点。

【项目背景】

楚雄职教办公楼项目建设期为 2 年，工程费与工程建设其他费用的估算费用为 2 000 万元，基本预备费费率为 5%，建设期平均年价格上涨率为 6%，固定资产授资方向调节税为 5%，项目实施计划进度为第一年完成项目全部投资的 60%、第 2 年完成 40%。楚雄职教办公楼拟打造智能一体化报告厅，需采购一整套设备，由于资金紧张，拟国外贷款 100 万元。

【任务要求】

1. 计算该建设项目的预备费。

2. 计算该建设项目工程造价。

3. 计算国外贷款的利息时应注意什么？

【案例分析】装配式建筑的建筑安装工程费用测算

微课：
案例分析

装配式建筑是未来的发展趋势，那么，如何对装配式建筑的建筑安装工程费用进行测算呢？

项目 4.5 工期定额

【学习目标】

（1）知识目标

① 了解工期定额的概念及作用；

② 熟悉工期定额的影响因素、编制原则、依据及特点；

③ 掌握工期定额的编制方法及应用；

④ 熟悉基于大数据分析的工期管理。

（2）能力目标

① 能根据具体情况分析工期定额的影响因素；

② 能运用工期定额的编制原则、方法编制项目的工期定额；

③ 能应用现行的《建筑安装工程工期定额》计算项目的工期；

④ 能基于数据挖掘进行工期进度控制。

（3）素养目标

① 培养理论结合实践的应用能力；

② 培养科学客观、实事求是的学习态度；

③ 培养安全意识，养成良好的职业道德。

【思维导图】

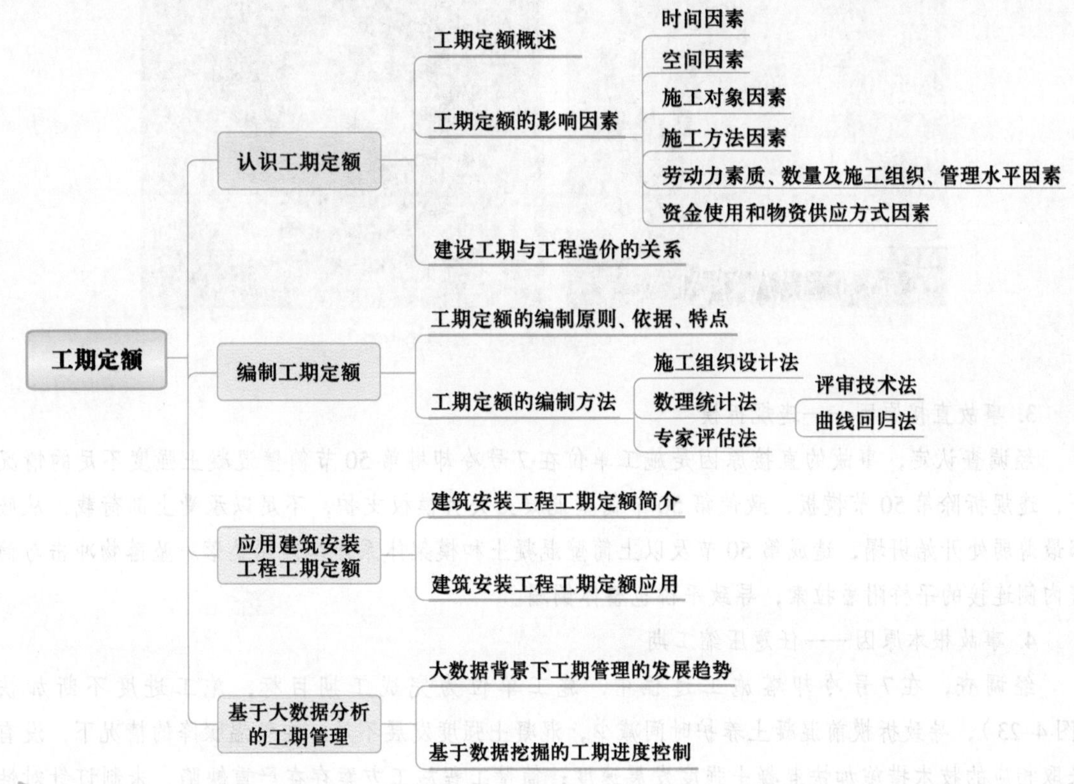

案例引入

江西丰城发电厂“11 · 24”冷却塔施工平台坍塌特别重大事故

2016 年 11 月 24 日，江西丰城发电厂三期扩建工程发生冷却塔施工平台坍塌特别重大事故，造成 73 人死亡（其中 70 名筒壁作业人员、3 名设备操作人员）、2 人受伤，直接经济损失 10 197.2 万元。

1. 工程概况

事发 7 号冷却塔属于江西丰城发电厂三期扩建工程 D 标段，是三期扩建工程中两座逆流式双曲线自然通风冷却塔（图 4–22）其中一座，采用钢筋混凝土结构。

7 号冷却塔设计塔高 165 m，塔底直径 132.5 m，喉部高度 132 m，喉部直径 75.19 m，筒壁厚度 0.23 ~ 1.1 m。筒壁工程施工采用悬挂式脚手架翻模工艺，以 3 层模架（模板和悬挂式脚手架）为一个循环单元循环向上翻转施工，第 1 节、第 2 节、第 3 节（自下而上排序）筒壁施工完成后，第 4 节筒壁施工使用第 1 节的模架，随后，第 5 节筒壁使用第 2 节筒壁的模架，以此类推，依次循环向上施工。

2. 事故经过

2016 年 11 月 24 日 7 时 33 分，7 号冷却塔第 50 ~ 52 节筒壁混凝土从后期浇筑完成部位（西偏南 15° ~ 16°，距平桥前桥端部偏南弧线距离约 28 m 处）开始坍塌，沿圆周方向向两侧连续倾塌坠落，施工平台及平桥上的作业人员随同筒壁混凝土及模架体系一起坠落，在筒壁坍塌过程中，平桥晃动、倾斜后整体向东倒塌，事故持续时间 24 s。

图 4-22　江西丰城发电厂 7 号冷却塔

3. 事故直接原因——违规拆模

经调查认定，事故的直接原因是施工单位在 7 号冷却塔第 50 节筒壁混凝土强度不足的情况下，违规拆除第 50 节模板，致使第 50 节筒壁混凝土失去模板支护，不足以承受上部荷载，从底部最薄弱处开始坍塌，造成第 50 节及以上筒壁混凝土和模架体系连续倾塌坠落。坠落物冲击与筒壁内侧连接的平桥附着拉索，导致平桥也整体倒塌。

4. 事故根本原因——任意压缩工期

经调查，在 7 号冷却塔施工过程中，施工单位为完成工期目标，施工进度不断加快（图 4-23），导致拆模前混凝土养护时间减少，混凝土强度发展不足；在气温骤降的情况下，没有采取相应的技术措施加快混凝土强度发展速度；筒壁工程施工方案存在严重缺陷，未制订针对性的拆模作业管理控制措施；对试块送检、拆模的管理失控，在实际施工过程中，劳务作业队伍自行决定拆模。

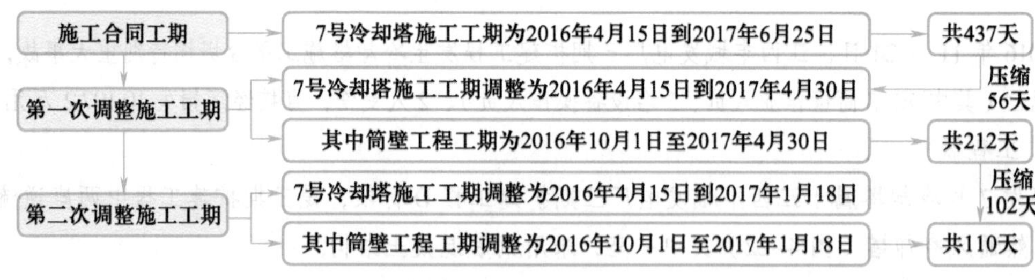

图 4-23　工期调整情况

实际施工中，7 号冷却塔基础、人字柱、环梁部分基本按照施工组织设计进度计划施工。但在 7 月 28 日的调整中，筒壁工程工期由 2016 年 10 月 1 日至 2017 年 4 月 30 日调整为 2016 年 10 月 1 日至 2017 年 1 月 18 日，工期由 212 天调整为 110 天，压缩了 102 天。

7 号冷却塔工期调整后，建设单位、监理单位、总承包单位项目部均没有对工期调整的安全影响进行论证和评估，也未提出相应的施工组织措施和安全保障措施。

施工期间，7 号冷却塔的施工工期压缩了 158 天，压缩率为 36.16%。再加上没有对混凝土强度和拆模采取保证措施，最终导致了该起事故。

5. 悲剧启示

工程项目的成败，主要体现在对质量、工期、投资控制上，而合理的工期，又直接对质量、安全、投资产生积极而又直接的影响。工期定额是在正常施工条件下社会平均劳动生产率水平的反映，任何人不得随意压缩定额工期。

任务 4.5.1 认识工期定额

【知识准备】

工期定额是工程建设定额管理体系中的重要组成部分。我国第一版的全国工期定额是原城乡建设环境保护部于 1985 年颁布的《建筑安装工程工期定额》。工期定额自执行以来，对加强建筑企业的生产经营管理、缩短施工工期、提高经济效益等方面，起到积极作用。近年来，随着科学技术的不断进步、管理水平的提高，原来的工期定额难以适应建设市场的快速变化，工期定额也进行了两次更新换代，现行的工期定额是 2016 年 10 月 1 日起执行的《建筑安装工程工期定额》（TY01–89–2016）。

微课：认识工期定额

一、工期定额概述

工期一般指一个建设项目或一个单项工程从开始动工到完成既定工作目标所经历的时间。工期定额是指在一定的经济和社会条件下，在一定时期内由建设行政主管部门制定并发布的工程项目建设消耗的时间标准。工程项目管理的三大目标是工程质量、工程进度、工程造价，而工程进度的控制就必须依据工期定额。工期定额是满足科学合理确定建设工期的需要，是具体指导工程建设项目工期的法律性文件，反映了一定时期国家、地区或部门不同建设项目的建设和管理水平。

工期定额的作用

工期定额包括建设工期定额和施工工期定额两个层次。建设工期定额是指建设项目或独立的单项工程从开工建设起到全部建成，能验收投产或交付使用时止所需要的时间标准，不包括由于决策失误而停（缓）建所延误的时间，一般以月数或天数表示。施工工期定额是指单项工程或单位工程从正式开工起至完成建筑安装工程施工全部内容，并达到国家验收标准的全过程所需的日历天数。施工工期是建设工期中的一部分。工期定额以日历天数为计量单位，而不是以有效工作天数或法定工作天数为计量单位。

二、工期定额的影响因素

影响工期定额的因素是多方面且复杂的，许多因素具有不确定性，概括起来主要有以下几个方面。

1. 时间因素

春、夏、秋、冬开工时间不同，对施工工期有一定的影响。冬季开始施工的工程，有效工作天数相对较少，施工费用较高，工期也较长。春、夏季开工的项目可赶在冬天到来之前完成主体，冬天则进行辅助工程和室内工程施工，可以缩短建设工期。

2. 空间因素

空间因素即地区不同的因素，如北方地区冬季较长，南方地区冬季较短；南方雨量较多，北方雨量较少。根据我国各地气候条件差异，各省、市和自治区以其省会（首府）气候条件为基础划分为Ⅰ、Ⅱ、Ⅲ类地区。

例如，一幢27层居住建筑，建筑面积48 000 m^2，采用装配式混凝土结构，当其分别在Ⅰ、Ⅱ、Ⅲ类地区建造时，工期会有所不同。查阅我国现行工期定额《建筑安装工程工期定额》（TY01–89–2016）可知，Ⅰ类地区时，地上部分施工工期为520天；Ⅱ类地区时，地上部分施工工期为535天；Ⅲ类地区时，地上部分施工工期为575天。

3. 施工对象因素

施工对象因素是指建设项目的结构类型、建筑物层数、建筑面积等不同对工期的影响。

1）在工程项目建设中，同一规模的建筑由于其结构类型不同，其工期也会不同。

例如，某Ⅰ类地区的一幢28层居住建筑，建筑面积50 000 m^2，当其分别采用现浇剪力墙结构和现浇框架结构时，工期会有所不同。查阅我国现行工期定额可知，采用现浇剪力墙结构时，地上部分施工工期为560天；采用现浇框架结构时，地上部分施工工期为620天。

2）同一结构的建筑，由于其建筑物层数不同，工期也会不同。

例如，某Ⅱ类地区一幢现浇剪力墙结构的文化建筑，建筑面积4 500 m^2，当其分别设计为15层和20层时，工期会有所不同。查阅我国现行工期定额可知，设计为15层时，地上部分施工工期为235天；设计为20层时，地上部分施工工期为295天。

3）同一结构的建筑，由于其建筑面积不同，工期也会不同。

例如，某Ⅲ类地区两幢12层的教育建筑，均采用装配式混凝土结构，其中一幢建筑面积15 000 m^2，另外一幢建筑面积18 000 m^2，两幢教育建筑的工期会有所不同。查阅我国现行工期定额可知，建筑面积15 000 m^2的教育建筑，地上部分施工工期为325天；建筑面积18 000 m^2的教育建筑，地上部分施工工期为345天。

4. 施工方法因素

机械化、工厂化施工程度不同，也影响工期长短。机械化水平较高时，工期会相应缩短。

例如，某Ⅱ类地区的一幢18层居住建筑，建筑面积28 000 m^2，当其分别采用现浇框架结构和装配式混凝土结构时，工期有所不同。查阅我国现行工期定额可知，采用现浇框架结构时，地上部分施工工期为495天；采用装配式混凝土结构时，地上部分施工工期为400天；采用机械化程度更高的装配式建造方式比传统现浇方式，工期缩短95天。

5. 劳动力素质、数量及施工组织、管理水平因素

同样一道工序，熟练工人在同等时间和生产场所内，可以创造出较高的劳动生产率，从而加快施工进度并提高施工质量，即不同时期、不同地区、不同企业劳动定额和生产力水平的差异，造成的工期差异。而劳动力投入的多少对工期产生的影响更加明显，典型的如人工挖孔桩、人工挖土方、内外装修工程等，只要工作面允许，劳动力数量与工期值成反比。而同样一个工程项目，即使其他条件相同，由于施工组织和施工管理水平的不同，也会造成不

同程度的停工、窝工、缺工。一个好的施工组织设计，能够尽可能地考虑建设项目的特点，利用各种有利因素，合理安排、调配劳动力、劳动机具，控制关键线路工作时间，协调各项工作，起到既缩短工期又降低成本的作用。

6. 资金使用和物资供应方式因素

一个建设项目批准后，其资金使用方式和物资供应方式是不同的，对工期也将产生不同的影响。政府投资建设的项目，资金提供的时间和数量的不同直接关系到工程的工期，资金提供及时，项目顺利开展，否则拖延工期。自筹资金项目在发生资金筹措困难时，或在资金提供拖延时，也将直接拖延建设工期。而材料的质量、施工机械自身的效率也会对工期产生不同程度的影响，材料质量差，不但影响工艺操作，而且会产生工程质量缺陷或工程返工；施工机械效率低、故障率高同样影响工程进度。

三、建设工期与工程造价的关系

工程质量、造价和建设工期是施工管理的三驾马车，三者互依互存、互牵互动。工期延长为工程质量的提高及资源的合理投入创造了条件，但工程的间接成本却增加，并推迟项目投产或交付使用的时间，使得项目使用所产生的效益所得减少。工期缩短为工程质量的保证带来了工程管理上的压力，需要投入更多的资源和采取相应的施工措施，而增加的成本却可从项目提前投产或交付使用所产生的效益中得到补偿，然而当这种补偿小于为提前工期而增加的成本时，压缩工期在经济上就变得不划算，甚至付出质量或安全方面的代价。工期管理的核心在于工期长短的经济评价，编制工期定额时，首先应考虑的也是工期与造价的关系，即工期长短的经济价值问题。

合理的建设项目招标工期或合同工期，应当是将合理的建设工期与合理的工程造价有机相连的工期。合理工期是一个值域范围的区间，即在一个最小值和最大值范围中，相对应的合理工程造价也存在一个值域。合理工期最小值，是由施工技术、工艺、装备水平和建材性能水平所决定的，是随着社会生产力的发展而变化的相对值，若工期小于此值的项目，便无法保证工程质量与安全施工，是建设法规所不允许的，其工程费用再增加也无济于事，只能造成更大浪费。合理工期最大值，即在常规施工组织及设备条件下满足工期效益（以工期为目标的经营效益）与工程费用分析合理所允许的最大工期。工期定额所确定的工期水平，是与现行工程消耗量及计价定额水平相适应的，是反映现行平均的建设管理水平、施工工艺水平和正常的建设条件的，是既经济又合理的工期水平。

建设工期管理的工作目标是充分协调工期、成本、质量三者之间的关系，在保障质量和安全的前提下，主要是工期、成本之间的控制和平衡，寻求最低成本下的最短建设工期，或追求确定合理工期下的最低成本。

【学习自测】

请你查阅相关资料，谈一谈如何采取有效措施，减少工期对造价的影响。

学习自测
参考答案

任务 4.5.2 编制工期定额

微课：工期定额的编制

【知识准备】

一、工期定额的编制特点

工期定额是众多定额中的一员，与劳动定额、预算定额等有一定的联系，但也有较大的区别。与其他定额的编制相比，工期定额的编制有下列特点。

1）建设工期涉及时间范围跨度大，期间变化因素多，涉及主体众多，包含许多管理因素。

2）工业建设项目特点突出，工程类型多、建设规模大、工程量也较大，且施工工艺和技术复杂程度高，因此难以用一般的或单一的建设工期定额编制方法来概括。

工期定额的编制原则与依据

3）编制建设工期定额所需数据资料繁杂，一般情况下，资料收集困难，而且可靠性较差。

4）定额编制原则的具体化、量化比较困难，比如"正常"的建设条件（经济的、自然的）难以量化，加上我国地域辽阔、经济条件发展不平衡，自然条件差异也大，编制全国统一或行业、地区统一的建设工期定额都会遇到类似的问题。要使定额具有普遍性，又要适当考虑不同的特殊性，矛盾较突出。

二、工期定额的编制方法

1. 施工组织设计法

施工组织设计法是对某项工程按工期定额划分的项目，采用施工组织设计技术，建立横道图或建立标准的网络图来进行计算。标准网络法［即关键线路法（Critical Path Method，CPM）］采用计算机技术，建立网络模型，进行各种参数的计算和工期、成本、劳动力、材料资源的优化，确定合理的建设工期。该方法的使用较为普遍。

应用标准网络法编制建设工期定额的基本程序如下。

1）建立标准网络模型，揭示建设项目在各种因素的影响下，项目中各单位工程、单项工程之间的相互关系、平行交叉的逻辑关系。

2）确定各工序的名称，选定适当的施工方案。

3）确定各工序对应的综合劳动定额。

4）计算各工序所含实物工程量。

5）计算工序作业时间。工序作业时间是网络技术中最基本的参数，它与工序的划分、劳动定额和实物工程量都为函数关系，同时，工序作业时间的计算是否准确也影响整个建设工期的计算精度。工序作业时间的计算公式为

$$D=Q/P \tag{4-81}$$

式中：D——工序作业时间；

Q——工序所含实物工程量；

P——综合劳动定额。

6）计算初始网络时间参数，得到初始工期值，确定关键线路和影响整个工期值的各工

序组合。

7）进行工期、成本、劳动力、材料资源的优化后，得出最优工期。

8）根据网络计算的最优工期，考虑其他影响因素，进行适当调整后即为定额工期。

2. 数理统计法

数理统计法是把过往有关工期的资料按编制的要求进行分类，然后运用数理统计的方法，推导出计算公式求得统计工期值的方法。这种方法虽然简单，理论上可靠，但对数据的处理要求严格，要求建设工期原始资料完整、真实，剔除各种不合理的因素，同时要合理选择统计资料和统计对象。数理统计法是编制工期定额较为通用的一种方法，具体的统计对象和统计对象预测的范围，根据编制工作的要求而确定，主要有评审技术法、曲线回归法。

（1）评审技术法

评审技术法（Program Evaluation and Review Technique，PERT）是对于不确定的因素较多、分项工程较复杂的工程项目，主要根据实际经验，结合工程实际，估计某一项目最大可能完成时间，最乐观、最悲观可能完成时间，用经验公式求出建设工期。评审技术法可以将一个非确定性的问题转化为一个确定性的问题，达到取得一个合理工期的目的。

（2）曲线回归法

曲线回归法是通过对单项工程的调查整理、分析处理，找出一个或几个与工程密切相关的参数与工期，建立平面直角坐标系，再把调研数据分析处理后反映在坐标系内，运用数学回归的原理，求出所需要的数据，用以确定建设工期。

3. 专家评估法

专家评估法（Delphi 法，即 D 法）是在难以用定量的数学模型和解析方法求解时而采用的一种有效的估计预测方法，属于经验评估的范畴。通过调查，工期预测的专家、技术人员估计和预测工期定额。其具体步骤如下。

1）确定好预测目标。目标可以是某项工程的建设工期，也可以是某个工序的作业时间或编制建设工期定额中的某个具体条件、某个数值等。

2）选择专家、技术人员。所选专家、技术人员必须经验丰富、有权威性、有代表性。

3）按照专门设计的征询表格请专家填写，表格栏目要明确、简洁、扼要，填写方式尽可能简单。

4）经过数轮征询和数轮信息反馈，将各轮的评估结果做统计分析。

5）不断修改评估意见，最终使评价结果趋于一致，作为确定定额工期的依据。

以上是建设工期定额的几种主要的编制方法，在实际工作中，可根据具体的建设项目采用一种或几种办法综合使用。

【项目实训】

项目实训
参考答案

【任务目标】

1. 熟悉施工组织设计法编制工期定额的流程与方法。
2. 能运用施工组织设计法完成工期定额的测定。

【项目背景】

已知楚雄职教办公楼项目中 $A \sim H$ 工作的工程量及综合劳动定额见表 4-44，$A \sim H$ 工作之间的逻辑关系见图 4-24。经调研发现，在满足材料供应的情况下，对 D 工作进行流水施工，可以缩短计算工作时间 20%；在人员组织调配优化后，E 工作可以缩短计算工作时间 12%。

表 4-44 A～H 工作的工程量及综合劳动定额

工作	*A*	*B*	*C*	*D*	*E*	*F*	*G*	*H*
工程量	600 m^3	341 m^3	226 m^3	278 m^3	672 m^3	567 m^2	765 m^2	1 000 m^2
综合劳动定额	50 m^3/工日	44 m^3/工日	27 m^3/工日	38 m^3/工日	73 m^3/工日	61 m^2/工日	58 m^2/工日	200 m^2/工日

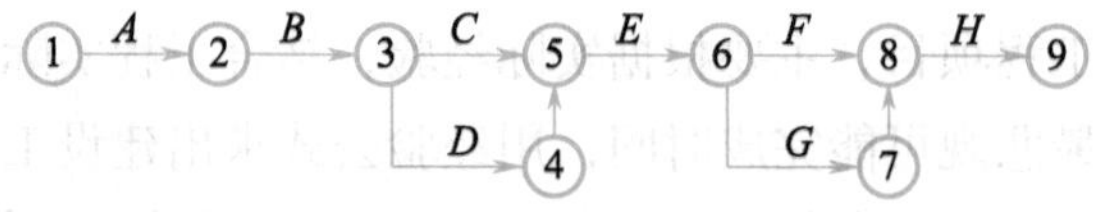

图 4-24 A～H 工作的逻辑关系图

【任务要求】

1. 试计算所列主要工作的时间消耗。
2. 试测算楚雄职教办公楼项目的定额工期。

任务 4.5.3 应用建筑安装工程工期定额

【知识准备】

一、建筑安装工程工期定额简介

微课：工期定额的应用

现行工期定额《建筑安装工程工期定额》（TY01-89-2016）是在 2000 年《全国统一建筑安装工程工期定额》基础上，依据国家现行产品标准、设计规范、施工及验收规范、质量评定标准和技术、安全操作规程，按正常施工条件、常用施工方法、合理的劳动组织及平均施工技术装备程度和管理水平，并结合当前常见结构及规模建筑安装工程的施工情况编制的。

1. 建筑安装工程工期定额的总说明

建筑安装工程工期定额适用于新建和扩建的建筑安装工程，其总说明包括如下内容①。

1）本定额是国有资金投资工程在可行性研究、初步设计、招标阶段确定工期的依据，非国有资金投资参照执行；是签订建筑安装工程施工合同的基础。

2）本定额工期，是指自开工之日起，到完成各章、节所包含的全部工程内容并达到国

① 2000 年《全国统一建筑安装工程工期定额》指出：本定额是按各类地区情况综合考虑的，由于各地施工条件不同，允许各地有 15% 以内的定额水平调整幅度，各省、自治区、直辖市建设行政主管部门可按上述规定，制定实施细则，报住房和城乡建设部备案。

家验收标准之日止的日历天数（包括法定节假日）；不包括“三通一平”、打试验桩、地下障碍物处理、基础施工前的降水和基坑支护、竣工文件编制所需的时间。

3）本工期定额包括民用建筑工程、工业及其他建筑工程、构筑物工程、专业工程4部分，见图4–25。

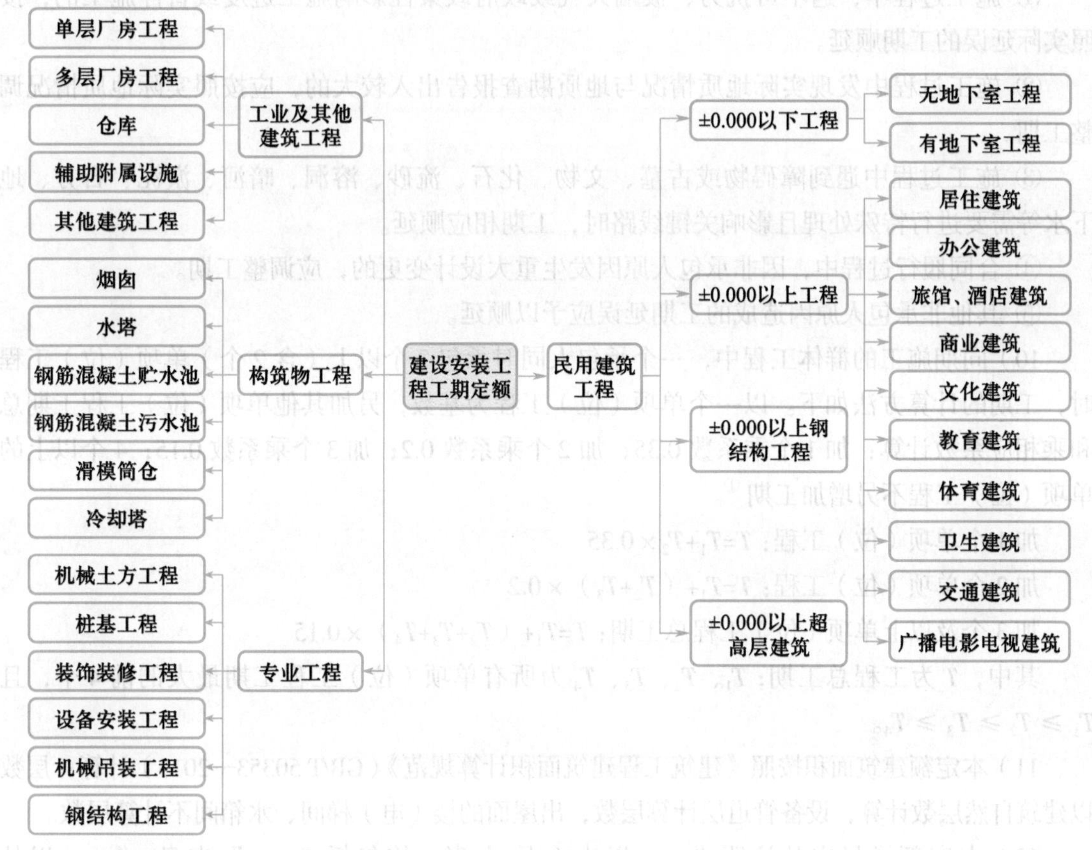

图4–25 建筑安装工程工期定额的组成

4）我国各地气候条件差别较大，以下省、市和自治区按其省会（首府）气候条件为基础划分为Ⅰ、Ⅱ、Ⅲ类地区，工期天数分别列项[①]。

Ⅰ类地区：上海、江苏、浙江、安徽、福建、江西、湖北、湖南、广东、广西、四川、贵州、云南、重庆、海南。

Ⅱ类地区：北京、天津、河北、山西、山东、河南、陕西、甘肃、宁夏。

Ⅲ类地区：内蒙古、辽宁、吉林、黑龙江、西藏、青海、新疆。

设备安装和机械施工工程执行本定额时不分地区类别。

5）本定额综合考虑了冬雨季施工、一般气候影响、常规地质条件和节假日等因素。

6）本定额已综合考虑预拌混凝土和现拌混凝土、预拌砂浆和现拌砂浆的施工因素。

① 2000年《全国统一建筑安装工程工期定额》指出：同一省、自治区内由于气候条件不同，也可按工期定额地区类别划分原则，由省、自治区建设行政主管部门在本区域内再划分类区，报住房和城乡建设部批准后执行。

7）框架－剪力墙结构工期按照剪力墙结构工期计算。

8）本定额的工期是按照合格产品标准编制的。工期压缩时，宜组织专家论证，且相应增加压缩工期增加费。

9）本定额施工工期的调整如下。

① 施工过程中，遇不可抗力、极端天气或政府政策性影响施工进度或暂停施工的，按照实际延误的工期顺延。

② 施工过程中发现实际地质情况与地质勘查报告出入较大的，应按照实际地质情况调整工期。

③ 施工过程中遇到障碍物或古墓、文物、化石、流砂、溶洞、暗河、淤泥、石方、地下水等需要进行特殊处理且影响关键线路时，工期相应顺延。

④ 合同履行过程中，因非承包人原因发生重大设计变更的，应调整工期。

⑤ 其他非承包人原因造成的工期延误应予以顺延。

10）同期施工的群体工程中，一个承包人同时承包 2 个以上（含 2 个）单项（位）工程时，工期的计算方法如下。以一个单项（位）工程为基数，另加其他单项（位）工程工期总和乘相应系数计算：加 1 个乘系数 0.35；加 2 个乘系数 0.2；加 3 个乘系数 0.15；4 个以上的单项（位）工程不另增加工期[①]。

加 1 个单项（位）工程：$T=T_1+T_2\times 0.35$

加 2 个单项（位）工程：$T=T_1+(T_2+T_3)\times 0.2$

加 3 个及以上单项（位）工程总工期：$T=T_1+(T_2+T_3+T_4)\times 0.15$

其中，T 为工程总工期；T_1、T_2、T_3、T_4 为所有单项（位）工程工期最大的前 4 个，且 $T_1\geqslant T_2\geqslant T_3\geqslant T_4$。

11）本定额建筑面积按照《建筑工程建筑面积计算规范》（GB/T 50353—2013）计算；层数以建筑自然层数计算，设备管道层计算层数，出屋面的楼（电）梯间、水箱间不计算层数。

12）本定额子目中凡注明“××以内（下）”者，均包括“××”本身；“××以外（上）”者，则不包括“××”本身。

13）超出本定额范围的按照实际情况另行计算工期。

2. 民用建筑工程

1）本部分包括民用建筑 ±0.000 以下工程、±0.000 以上工程、±0.000 以上钢结构工程和 ±0.000 以上超高层建筑 4 部分。

2）±0.000 以下工程划分为无地下室和有地下室两部分。无地下室项目按基础类型及首层建筑面积划分；有地下室项目按地下室层数（层）、地下室建筑面积划分。其工期包括 ±0.000 以下全部工程内容，但不含桩基工程。

3）±0.000 以上工程按工程用途、结构类型、层数（层）及建筑面积划分。其工期包括 ±0.000 以上结构、装修、安装等全部工程内容。

---

① 单项工程工期是指单项工程从基础破土开工（或原桩位打基础桩）起至完成建筑安装工程施工全部内容，并达到国家验收标准之日止的全过程所需的日历天数。

4）本部分装饰装修是按一般装修标准考虑的，低于一般装修标准按照相应工期乘以系数 0.95 计算；中级装修按照相应工期乘以系数 1.05 计算；高级装修按照相应工期乘以系数 1.20 计算。一般装修、中级装修、高级装修的划分标准见表 4–45。

表 4–45　装修标准划分表

项目	一般装修	中级装修	高级装修
内墙面	一般涂料	贴面砖、高级涂料、贴墙纸、镶贴大理石、木墙裙	干挂石材、铝合金条板、镶贴石材、乳胶漆 3 遍及以上、贴壁纸、锦缎软包、镶板墙面、金属装饰板、造型木墙裙
外墙面	勾缝、水刷石、干粘石、一般涂料	贴面砖、高级涂料、镶贴石材、干挂石材	干挂石材、铝合金条板、镶贴石材、弹性涂料、真石漆、幕墙、金属装饰板
天棚	一般涂料	高级涂料、吊顶、壁纸	高级涂料、造型吊顶、金属吊顶、壁纸
楼地面	水泥、混凝土、塑料、涂料、块料地面	块料、木地板、地毯楼地面	大理石、花岗岩、木地板、地毯
门、窗	塑钢门、钢木门（窗）	彩板、塑钢、铝合金、普通木门（窗）	彩板、塑钢、铝合金、硬木、不锈钢门（窗）

注：1. 高级装修：内墙面、外墙面、楼地面每项分别满足 3 个及 3 个以上高级装修项目，天棚、门窗每项分别满足 2 个及 2 个以上高级装修项目，并且每项装修项目的面积之和占相应装修项目面积 70% 以上者。

2. 中级装修：内墙面、外墙面、楼地面、天棚、门窗每项分别满足 2 个及 2 个以上中级装修项目，并且每项装修项目的面积之和占相应装修项目面积 70% 以上者。

5）有关规定如下。

① ±0.000 以下工程工期：无地下室按首层建筑面积计算，有地下室按地下室建筑面积总和计算。

② ±0.000 以上工程工期：按 ±0.000 以上部分建筑面积总和计算。

③ 总工期：±0.000 以下工程工期与 ±0.000 以上工程工期之和。

④ 单项工程 ±0.000 以下由 2 种或 2 种以上类型组成时，按不同类型部分的面积查出相应工期，相加计算。

⑤ 单项工程 ±0.000 以上结构相同，但使用功能不同。无变形缝时，按使用功能占建筑面积比重大的计算工期；有变形缝时，先按不同使用功能的面积查出相应工期，再以其中一个最大工期为基数，另加其他部分工期的 25% 计算。

⑥ 单项工程 ±0.000 以上由 2 种或 2 种以上结构组成。无变形缝时，先按全部面积查出不同结构的相应工期，再按不同结构各自的建筑面积加权平均计算；有变形缝时，先按不同结构各自的面积查出相应工期，再以其中一个最大工期为基数，另加其他部分工期的 25%

计算。

⑦ 单项工程 ±0.000 以上层数（层）不同，有变形缝时，先按不同层数（层）各自的面积查出相应工期，再以其中一个最大工期为基数，另加其他部分工期的 25% 计算。

⑧ 单项工程中 ±0.000 以上分成若干个独立部分时，参照总说明第 10 条[①]，同期施工的群体工程计算工期。如果 ±0.000 以上有整体部分，将其并入工期最大的单项（位）工程中计算。

⑨ 本定额工业化建筑中的装配式混凝土结构施工工期仅计算现场安装阶段，工期按照装配率 50% 编制。装配率 40%、60%、70% 按本定额相应工期分别乘以系数 1.05、0.95、0.90 计算。

⑩ 钢－混凝土组合结构的工期，参照相应项目的工期乘以系数 1.10 计算。

⑪ ±0.000 以上超高层建筑单层平均面积按主塔楼 ±0.000 以上总建筑面积除以地上总层数计算。

3. 工业及其他建筑工程

1）本部分包括单层厂房、多层厂房、仓库、降压站、冷冻机房、冷库、冷藏间、空压机房、变电室、开闭所、锅炉房、服务用房、汽车库、独立地下工程、室外停车场、园林庭院工程。

2）本部分所列的工期不含地下室工期，地下室工期执行 ±0.000 以下工程相应项目乘以系数 0.70。

3）工业及其他建筑工程施工内容包括基础、结构、装修和设备安装等全部工程内容。

4）本部分厂房是指机加工、装配、五金、一般纺织（粗纺、制条、洗毛等）、电子、服装及无特殊要求的装配车间。

5）冷库工程不适用于山洞冷库、地下冷库和装配式冷库工程。

6）单层厂房的主跨高度以 9 m 为准，高度在 9 m 以上时，每增加 2 m 增加工期 10 天，不足 2 m 者，不增加工期。

多层厂房层高在 4.5 m 以上时，每增加 1 m 增加工期 5 天，不足 1 m 者，不增加工期，每层单独计取后累加。

厂房主跨高度指自室外地坪至檐口的高度。

7）单层厂房的设备基础体积超过 100 m^3 时，另增加工期 10 天；体积超过 500 m^3，另增加工期 15 天；体积超过 1 000 m^3 时，另增加工期 20 天。带钢筋混凝土隔振沟的设备基础，隔振沟长度超过 100 m 时，另增加工期 10 天，超过 200 m 时，另增加工期 15 天，超过 500 m 时，另增加工期 20 天。

8）带站台的仓库（不含冷库工程），其工期按本定额中仓库相应子目项乘以系数 1.15 计算。

9）园林庭院工程的面积按占地面积计算（包括一般园林、喷水池、花池、葡萄架、石椅、石凳等庭院道路、园林绿化等）。

---

① 本教材编排序号为第 10 条，在建筑安装工程工期定额（2016 版）中的总说明第十二条。

4. 构筑物工程

1）本部分包括烟囱、水塔、钢筋混凝土贮水池、钢筋混凝土污水池、滑模筒仓、冷却塔等工程。

2）烟囱工程工期是按照钢筋混凝土结构考虑的，如采用砖砌体结构工程，其工期按相应高度钢筋混凝土烟囱工期定额乘以系数 0.8。

3）水塔工程按照不保温结构考虑，如增加保温内容，则工期应增加 10 天。

5. 专业工程

1）本部分包括机械土石方工程、桩基工程、装饰装修工程、设备安装工程、机械吊装工程、钢结构工程。

2）机械土石方工程工期按不同挖深、土方量列项，包含土方开挖和运输。除基础采用逆作法施工的工期由甲、乙双方协商确定外，实际采用不同机械和施工方法时，不作调整。开工日期从破土开挖起开始计算，不包括开工前的准备工作时间。

3）桩基工程工期依据不同土的类别条件编制，土的分类参照《房屋建筑与装饰工程工程量计算规范》（GB 50854—2013），见表 4–46。

表 4–46　土的分类表

土的分类	土的名称
Ⅰ、Ⅱ类土	粉土，砂土（粉砂、细砂、中砂、粗砂、砾砂），粉质黏土，弱、中盐渍土，软土（淤泥质土、泥炭、泥炭质土），软塑红黏土，冲填土
Ⅲ类土	黏土、碎石土（圆砾、角砾）混合土、可塑红黏土、硬塑红黏土、强盐渍土、素填土、压实填土
Ⅳ类土	碎石土（卵石、碎石、漂石、块石）、坚硬红黏土、超盐渍土、杂填土

注：1. 冲孔桩、钻孔桩穿岩层或入岩层应适当增加工期。

2. 钻孔扩底灌注桩按同条件钻孔灌注桩工期乘以系数 1.10 计算。

3. 同一工程采用不同成孔方式同时施工时，各自计算工期取最大值。

打桩开工日期以打第一根桩开始计算，包括桩的现场搬运、就位、打桩、压桩、接桩、活桩和钢筋笼制作、安装等工作内容；不包括施工准备、机械进场、试桩、检验检测时间。

预制混凝土桩的工期不区分施工工艺。

4）装饰装修工程按照装饰装修空间划分为室内装饰装修工程和外墙装饰装修工程。

住宅、其他公共建筑及科技厂房工程按照设计使用年限、功能用途、材料设备选用、装饰工艺、环境舒适度划分为 3 个等级，分别为一般装修、中级装修和高级装修，等级标准详见表 4–1。宾馆（饭店）装饰装修工程装修标准按《中华人民共和国星级酒店评定标准》确定。装饰装修工程不包括超高层。

对原建筑室内、外墙装饰装修有拆除要求的室内、外墙改造或改建的装饰装修工程，拆除原装饰装修层及垃圾外运工期另行计算。

① 室内装饰装修工程工期说明如下。

室内装饰装修工程内容包括建筑物内空间范围的楼地面、天棚、墙柱面、门窗、室内隔断、厨房及厨具、卫生间及洁具、室内绿化等以及与室内装饰装修工程有关及相应项目。

室内装饰装修工程工期中所指的建筑面积，是指装饰装修施工部分范围空间内的建筑面积。

室内装饰装修工程已综合考虑建筑物的地上、地下部分和楼层层数对施工工期的影响。

室内装饰装修工程按使用功能用途分为以下 3 类计算工期：a. 住宅装饰装修工程，包括住宅、公寓等建筑物室内装饰装修工程；b. 宾馆、酒店、饭店装饰装修工程，包括宾馆、酒店、饭店、旅馆、酒吧、餐厅、会所、娱乐场所等建筑物的室内装饰装修工程；c. 公共建筑装饰装修工程，包括办公楼、写字楼、商场、学校、幼儿园、养老院、影剧院、体育馆、展览馆、机场航站楼、火车站、汽车站等建筑物的室内装饰装修工程。

② 外墙装饰装修工程工期说明如下。

外墙装饰装修工程的内容包括外墙抹灰、外墙保温层、涂料、油漆、面砖、石材、幕墙、门窗、门楼雨篷、广告招牌、装饰造型、照明电气等外墙装饰装修形式。

外墙装饰装修工程工期中所指外墙装饰装修高度是指室外地坪至外墙装饰装修最高点的垂直高度，外墙装饰装修面积是指进行装饰装修施工的外墙展开面积。

外墙装饰装修工程是按一般装修编制的，中级装修按照相应工期乘以系数 1.20 计算，高级装修按照相应工期乘以系数 1.40 计算。

5）设备安装工程包括变电室、开闭所、降压站、发电机房、空压站、消防自动报警系统、消防灭火系统、锅炉房、热力站、通风空调系统、冷冻机房、冷库、冷藏间、起重机和金属容器安装工程。工期计算从专业安装工程具备连续施工条件起，至完成承担的全部设计内容的日历天数。设备安装工程中的给水排水、电气、弱电及预留、预埋工程已综合考虑在建筑工程总工期中，不再单独列项。本工期不包括室外工程、主要设备订货和第三方有偿检测的工程内容。

6）机械吊装工程包括构件吊装工程和网架吊装工程。构件吊装工程包括梁、柱、板、屋架、天窗架、支撑、楼梯、阳台等构件的现场搬运、就位、拼装、吊装、焊接等（后张法不包括开工前准备工作、钢筋张拉和孔道灌浆）。网架吊装工程包括就位、拼接、焊接、架子搭设、安装等，不包括下料、喷漆。工期计算已综合考虑各种施工工艺，实际使用不作调整。

7）钢结构安装工程工期是指钢结构现场拼装和安装、油漆涂刷等施工工期，不包括建筑的现浇混凝土结构和其他专业工程如装修、设备安装等的施工工期，也不包括钢结构深化设计、构件制作工期。

二、建筑安装工程工期定额应用

【例 4–17】某建筑公司承包了一幢住宅建筑，为装配式混凝土结构，±0.000 以上 27 层，建筑面积为 30 000 m^2；±0.000 以下 3 层地下室，建筑面积为 2 000 m^2；地基采用预制混凝土桩，已知桩深 21 m，一共 330 根。该工程处于Ⅱ类地区，土壤类别为Ⅲ类土。试计算该工程施工工期。

解：该住宅工程属于民用建筑工程，桩基工程属于专业工程，施工工期为 ±0.000 以下和 ±0.000 以上两部分工期之和。

1. ±0.000 以下工程工期

（1）桩基工程

预制混凝土桩，桩深 21 m，共 330 根，Ⅲ类土，由此可查工期定额，见表 4-47。

表 4-47 预制混凝土桩工期定额

编号	桩深 /m	工程量 / 根	工期 /d		
			Ⅰ、Ⅱ类土	Ⅲ类土	Ⅳ类土
4-99	25 以内	250 以内	32	33	36
4-100		300 以内	35	36	39
4-101		350 以内	37	38	41
4-102		400 以内	40	41	44

由表 4-47 可知，定额编号为 4-101，钻孔灌注桩工期 $T_{桩基}$=38 d。

（2）地下室工程

3 层地下室，建筑面积为 2 000 m^2，Ⅱ类地区，由此可查工期定额，见表 4-48。

表 4-48 有地下室工程工期定额

编号	层数 / 层	建筑面积 /m^2	工期 / 天		
			Ⅰ类	Ⅱ类	Ⅲ类
1-39	3	3 000 以内	165	170	180
1-40		5 000 以内	180	185	195
1-41		7 000 以内	195	205	220
1-42		10 000 以内	215	225	240

由表 4-48 可知，定额编号为 1-39，地下室工程工期 $T_{地下室}$=170 d。

故 ±0.000 以下工程施工工期 $T_{地下}=T_{桩基}+T_{地下室}$=38+170=208（d）。

2. ±0.000 以上施工工期

±0.000 以上工程共 27 层，装配式混凝土结构，建筑面积为 30 000 m^2，Ⅱ类地区，由此可查工期定额，见表 4-49。

表 4-49 居住建筑 ±0.000 以上工程工期定额

结构类型：装配式混凝土结构

编号	层数 / 层	建筑面积 /m^2	工期 /d		
			Ⅰ类	Ⅱ类	Ⅲ类
1-206	30 以下	30 000 以内	455	470	505
1-207		35 000 以内	475	495	525
1-208		40 000 以内	495	515	550
1-209		50 000 以内	520	535	575

由表 4–49 可知，定额编号为 1–206，±0.000 以上工程工期 $T_{地上}$=470 d。

综上所述，该住宅工程总工期：$T=T_{地下}+T_{地上}$=208+470=678（d）。

【例 4–18】某建筑公司承包了 2 幢住宅和 1 幢商场，均为装配式混凝土结构。其中，两幢住宅 ±0.000 以下 2 层，每幢建筑面积 1 000 m^2，±0.000 以上 19 层，每幢建筑面积 12 000 m^2；商场 ±0.000 以下 2 层，建筑面积 800 m^2，±0.000 以上 6 层，建筑面积 5 000 m^2。该工程处于Ⅱ类地区，土壤类别为Ⅱ类土。试计算该项目的施工工期。

解：该项目的住宅属于民用建筑工程，商场属于商业建筑工程，均有 ±0.000 以下和 ±0.000 以上两部分。要计算该项目的施工工期，首先需要分别计算 3 幢建筑物的工期，然后进行工期长短排序，最后代入群体工程的工期计算公式进行计算。

1. 住宅

（1）±0.000 以下施工工期

2 层地下室，建筑面积为 1 000 m^2，Ⅱ类地区，由此可查工期定额，见表 4–50。

表 4–50　有地下室工程工期定额

编号	层数 / 层	建筑面积 /m^2	工期 / 天		
			Ⅰ类	Ⅱ类	Ⅲ类
1–31	2	2 000 以内	120	125	130
1–32		4 000 以内	135	140	145
1–33		6 000 以内	155	160	165
1–34		8 000 以内	170	175	180

由表 4–50 可知，定额编号为 1–31，地下室施工工期 $T_{地下}$=125 d。

（2）±0.000 以上施工工期

±0.000 以上工程共 19 层，装配式混凝土结构，建筑面积为 12 000 m^2，Ⅱ类地区，由此可查工期定额，见表 4–51。

表 4–51　居住建筑 ±0.000 以上工程工期定额

结构类型：装配式混凝土结构

编号	层数 / 层	建筑面积 /m^2	工期 /d		
			Ⅰ类	Ⅱ类	Ⅲ类
1–200	20 以下	20 000 以内	335	350	385
1–201		25 000 以内	355	375	405
1–202		30 000 以内	380	400	430
1–203		35 000 以内	405	425	460

由表 4–51 可知，定额编号为 1–200，±0.000 以上工程工期 $T_{地上}$=350 d。

综上所述，住宅工程的工期：$T_{住宅}=T_{地下}+T_{地上}$=125+350=475（d）。

2. 商场

（1）± 0.000 以下施工工期

2 层地下室，建筑面积为 800 m^2，Ⅱ类地区，由此可查工期定额，见表 4–50。

由表 4–50 可知，定额编号为 1–31，地下室施工工期 $T_{地下}$=125 d。

（2）± 0.000 以上施工工期

± 0.000 以上工程共 6 层，装配式混凝土结构，建筑面积为 5 000 m^2，Ⅱ类地区，由此可查工期定额，见表 4–52。

表 4–52　商业建筑 ±0.000 以上工程工期定额

结构类型：装配式混凝土结构

编号	层数 / 层	建筑面积 /m^2	工期 /d		
			Ⅰ类	Ⅱ类	Ⅲ类
1–556	6 以下	3 000 以内	155	165	180
1–557		6 000 以内	170	180	195
1–558		9 000 以内	190	200	215
1–559		9 000 以外	210	215	230

由表 4–52 可知，定额编号为 1–557，± 0.000 以上工程工期 $T_{地上}$=180 d。

综上所述，商业建筑的工期：$T_{商业}=T_{地下}+T_{地上}=125+180=305$（d）。

3. 总工期

由工期定额规则可知，同期施工的群体工程中，一个承包人同时承包 2 个以上（含 2 个）单项（位）工程时，工期的计算：以一个单项（位）工程为基数，另加其他单项（位）工程工期总和乘相应系数计算，其中，加 2 个乘系数 0.2。

判断该项目所有单项工程的工期可知，最长的为每幢住宅，均为 475 d，最短的为商业，为 305 d，即 $T_1=T_2=T_{住宅}$=475 d，$T_3=T_{商业}$=305 d。

总工期：$T_{总}=T_1+（T_2+T_3）\times 0.2=475+（475+305）\times 0.2=631$（d）。

【例 4–19】某综合楼，± 0.000 以下为 3 层地下室，建筑面积 5 000 m^2。± 0.000 以上 1 ~ 2 层为现浇框架结构商场，建筑面积 10 000 m^2，3 层以上分成两个独立部分有变形缝，分别为 15 层全现浇结构写字楼，建筑面积 20 000 m^2；15 层全现浇结构宾馆，建筑面积 25 000 m^2。该工程地处Ⅱ类地区、土壤类别为Ⅱ类土。试计算该项目的总工期。

解：1. ± 0.000 以下施工工期

3 层地下室，建筑面积为 3 500 m^2，Ⅱ类地区，由此可查工期定额，见表 4–48。

由表 4–48 可知，定额编号为 1–40，地下室施工工期 $T_{地下}$=185 d。

2. 1 ~ 2 层现浇框架结构商场施工工期

商场属于商业建筑，共 2 层，现浇框架结构，建筑面积为 10 000 m^2，Ⅱ类地区，由此可查工期定额，见表 4–53。

表 4-53 商业建筑 ±0.000 以上工程工期定额

结构类型：现浇框架结构

编号	层数 / 层	建筑面积 /m^2	工期 /d		
			Ⅰ类	Ⅱ类	Ⅲ类
1-514	4 以下	2 000 以内	170	180	195
1-515		4 000 以内	185	195	210
1-516		6 000 以内	200	210	225
1-517		6 000 以外	220	230	245

由表 4-53 可知，定额编号为 1-517，1-2 层商业建筑工期 $T_{商业}$=230 d。

3. 15 层全现浇结构写字楼施工工期

写字楼属于办公建筑，共 15 层，现浇框架结构，建筑面积为 20 000 m^2，Ⅱ类地区，由此可查工期定额，见表 4-54。

表 4-54 办公建筑 ±0.000 以上工程工期定额

结构类型：现浇框架结构

编号	层数 / 层	建筑面积 /m^2	工期 /d		
			Ⅰ类	Ⅱ类	Ⅲ类
1-248	16 以下	15 000 以内	360	385	405
1-249		20 000 以内	380	405	425
1-250		25 000 以内	400	425	445
1-251		30 000 以内	420	445	465
1-252		30 000 以外	445	470	490

由表 4-54 可知，定额编号为 1-249，15 层办公建筑工期 $T_{办公}$=405 d。

4. 15 层全现浇结构宾馆施工工期

宾馆属于旅馆、酒店建筑，共 15 层，现浇框架结构，建筑面积为 25 000 m^2，Ⅱ类地区，由此可查工期定额，见表 4-55。

表 4-55 旅馆、酒店建筑 ±0.000 以上工程工期定额

结构类型：现浇框架结构

编号	层数 / 层	建筑面积 /m^2	工期 /d		
			Ⅰ类	Ⅱ类	Ⅲ类
1-411	16 以下	16 000 以内	360	385	405
1-412		20 000 以内	380	405	425
1-413		25 000 以内	400	425	445
1-414		25 000 以外	420	445	465

由表 4-52 可知，定额编号为 1-413，15 层旅馆、酒店建筑工期 $T_{宾馆}$=425 d。

5. 总工期

由工期定额规则可知，单项工程 ±0.000 以上结构相同，使用功能不同。无变形缝时，按使用功能占建筑面积比重大的计算工期；有变形缝时，先按不同使用功能的面积查出相应工期，再以其中一个最大工期为基数，另加其他部分工期的 25% 计算。

综上所述，该项目的总工期为

$$T_{总}=T_{地下}+T_{商业}+T_{宾馆}+T_{办公}\times 0.25=185+230+425+405\times 0.25\approx 942\text{（d）}$$

【项目实训】

【任务目标】

1. 熟悉建筑安装工程工期定额。
2. 能运用建筑安装工程工期定额计算拟建项目的工期。

【项目背景】

楚雄职教办公楼项目为钢筋混凝土框架结构，其中报告厅为后加钢结构形式（需额外增加工期 15 d），位于楚雄市东北部，总建筑面积 7 895.70 m^2，建筑高度 20.4 m，其中地上 6 层，建筑面积 6 654.24 m^2，地下 1 层，建筑面积 1 241.46 m^2。

项目实训参考答案

【任务要求】

试计算楚雄职教办公楼的工期。

任务 4.5.4 基于大数据分析的工期管理

【知识准备】

一、大数据背景下工期管理的发展趋势

科学技术的运用可以有效地利用庞大的信息流和资源作为具体的管理对象，将复杂的信息进行准确的收集和整理。在工程项目管理之中，以工期进度最难控制，多种因素会对工期造成影响，如项目设计偏差或不合理、前期准备工作不足以及施工管理不当等，都会导致工期延误。在工期管理具体工作的开展中，呈现出数据多元化、动态化的发展趋势。

大数据的时代为工期管理创造了新的发展契机，通过大数据的挖掘，可以有效地对工程项目管理进行周期化、模拟性的管理，促使工程项目加以信息化的管理，可以保证各种信息的收集与汇总，在一定程度上大数据的挖掘有助于提升工期的管理。同时，大数据挖掘技术为工程项目的工期管理带来了新的发展思路，通过对历史数据和现有数据的及时整合，可以有效地预防工期管理中存在的风险性问题，解决工期管理中存在的困境。

二、基于数据挖掘的工期进度控制

工程项目管理的过程中，对工期进度的控制非常重要。在实际施工过程中影响工期的因素非常多，但导致工期无法按时完成的原因并不是必然的。例如，不良天气状况会使施工进度受到影响，但并非不良天气一定会影响工程施工进度，也会存在别的原因共同耦合影响，但往往容易被忽略。在实际施工中，客观因素存在着因果关系，仅凭人的经验判断是不够的，需要深入挖掘工程项目中的管理数据，在对各类数据进行全面分析的基础上，做出科学的决策，确保施工管理工作有序地进行下去。工期定额的大数据评价流程见图 4–26。

大数据挖掘技术在工期进度控制中应用时，首先需要建立相关管理机制和部门，并不断优化和改进各有关部门的管理机制，以便不同管理部门及管理层能够实时接收到施工现场传来的数据，从而进行归纳整理，对其内所蕴含的关键信息予以深度挖掘；其次，通过数据共享，将数据分析的结果反馈给管理人员，对信息进行存储的同时，再次对数据进行深层挖掘分析。

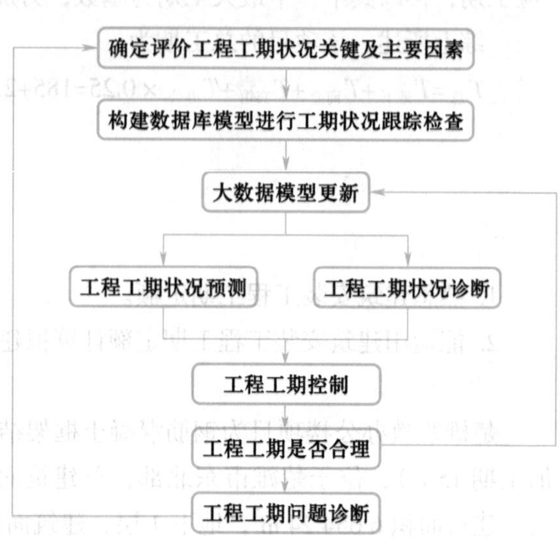

图 4–26　工期定额的大数据评价流程

如采用“集团总部—地区公司—项目公司—工程项目部”这种行政管理机制进行层层监管、分步进行时，工程项目部将施工现场的各项相关数据进行识别与筛选，并将有用的信息在建立好的信息系统中录入上传，将数据信息传送给建筑企业数据库中。各层监管部门通过在大数据库下对数据进行有效的管理、监察和分析，对数据深入性的挖掘，更好地对现场施工进行科学合理的调度和管理，减轻项目工程的工作量，提高项目工作的管理，确保工期数据库管理工作的效率和质量。项目部需要分析相关数据时，也可以调出公司数据库中的相关信息，进行参考和借鉴，从而为项目的合理开展提供科学依据。

不同类型的工程，其工程管理数据特点存在较大差异。因此，要想有效挖掘数据中的关键价值和潜在信息，就需要对各种数据予以合理分类。在进行结构化数据的挖掘时，应整合各个专业工程领域，在遵循一定关联规则的基础上，建立统一的数据库，以便提高分析精度。对于非结构化数据的挖掘，可通过检索技术对种类繁多的工程项目进行分类。进度汇总权重估值的确定，可借助数据挖掘这个手段从特征面向属性进行整理归纳，将项目进度以数据化的形式呈现出来，以此来获得此项目的汇总权重。

【学习自测】

学习自测参考答案

请你查阅相关资料或通过调研，谈一谈大数据背景下我国的工期进度控制现状。

小结与关键概念

小结：工期定额是指在一定的经济和社会条件下，在一定时期内由建设行政主管部门制定并发布的工程项目建设消耗的时间标准。工期定额是满足科学合理确定建设工期的需要，是具体指导工程建设项目工期的法律性文件，反映了一定时期国家、地区或部门不同建设项目的建设和管理水平。工期定额包括建设工期定额和施工工期定额两个层次。建设工期定额一般以月数或天数表示；施工工期是建设工期中的一部分，以日历天数为计量单位。

影响工期定额确定的主要因素有时间因素、空间因素、施工对象因素、施工方法因素、资金使用和物资供应方式因素等。

工期定额的主要编制方法有施工组织设计法、数理统计法（包括评审技术法和曲线回归法）、专家评估法。

关键概念：工期定额、建设工期定额、施工工期定额、工期定额的编制方法、基于大数据的工期管理。

综合训练

【习题与思考】

习题与思考参考答案

一、单选题

1. 浙江气候条件属于（　　）类地区。

A. Ⅰ　　B. Ⅱ　　C. Ⅲ　　D. Ⅳ

2.（　　）是指因春、夏、秋、冬开工时间不同，对施工工期产生一定的影响。

A. 时间因素　　B. 空间因素

C. 二维因素　　D. 三维因素

3.（　　）是通过对单项工程的调查整理、分析处理，找出一个或几个与工程密切相关的参数与工期，建立平面直角坐标系，再把调研数据分析处理后反映在坐标系内，运用数学回归的原理，求出所需要的数据，用以确定建设工期。

A. 施工组织设计法　　B. 评审技术法

C. 曲线回归法　　D. 专家评估法

4. 单层厂房的主跨高度以 9 m 为准，高度在 9 m 以上时，每增加 2 m 增加工期（　　）天，不足 2 m 者，不增加工期。

A. 5　　B. 10　　C. 15　　D. 20

5. 打桩开工日期以（　　）开始计算。

A. 试桩　　B. 施工准备　　C. 机械进场　　D. 打第一根桩

二、多选题

1. 民用建筑工程分为（　　）4 部分。

A. ±0.000 以下工程　　B. ±0.000 以上工程　　C. ±0.000 以上钢结构工程

D. ±0.000 以上超高层建筑　　E. 专业工程

2. 工期定额的主要编制方法有（　　）。

A. 施工组织设计法　　B. 评审技术法　　C. 经验估计法

D. 专家评估法　　E. 曲线回归法

3. 影响工期定额确定的主要因素有（　　）。

A. 时间因素　　B. 空间因素　　C. 施工对象因素

D. 施工方法因素　　E. 资金使用和物资供应方式因素

4. 现行工期定额遇到以下哪种情况需要调整施工工期？（　　）

A. 施工过程中，遇不可抗力、极端天气或政府政策而影响施工进度或暂停施工的，按照实际延误的工期顺延

B. 施工过程中发现实际地质情况与地质勘查报告出入较大的，应按照实际地质情况调整工期

C. 施工过程中遇到障碍物或古墓、文物、化石、流砂、溶洞、暗河、淤泥、石方、地下水等需要进行特殊处理且影响关键线路时，工期相应顺延

D. 合同履行过程中，因非承包人原因发生重大设计变更的，应调整工期

E. 其他非承包人原因造成的工期延误应予以顺延

5. 网架吊装工程包括（　　）等，不包括下料、喷漆。

A. 就位　　B. 拼接　　C. 焊接

D. 架子搭设　　E. 安装

三、填空题

1. 工期定额包括________和________两个层次。

2. 空间因素即______________。

3. 机械化、工厂化施工程度不同，也影响着工期的长短。机械化水平较高时，________。

4. ________［即关键线路法（Critical Path Method）］采用计算机技术，建立网络模型，进行各种参数的计算和工期－成本、劳动力、材料资源的优化，确定合理的建设工期。

5. 现行工期定额包括________、________、________、________4 部分。

四、简答题

1. 简述工期定额的概念。

2. 工期定额的作用有哪些？

3. 影响工期定额的主要因素有哪些？

4. 简述工期定额的编制方法。

【拓展训练】

【任务目标】

1. 熟悉施工工期的计算流程及注意事项。
2. 能借助《建筑安装工程工期定额》（TY01-89-2016）完成住宅和商场的施工工期测定。
3. 掌握群体工程施工总工期的计算。

【项目背景】

拓展训练参考答案

某建筑公司承包了 2 幢住宅和 1 幢商场，均为装配式混凝土结构，其中两幢住宅 ±0.000 以下 2 层，每幢建筑面积 5 000 m^2，±0.000 以上 19 层，每幢建筑面积 25 000 m^2；商场 ±0.000 以下 2 层，建筑面积 3 000 m^2，±0.000 以上 5 层，建筑面积 10 000 m^2。该工程处于气候条件Ⅱ类地区，土壤类别为Ⅱ类土。

【任务要求】

1. 计算 1 幢住宅的施工工期。
2. 计算 1 幢商场的施工工期。
3. 计算该建筑公司所承包的 2 幢住宅和 1 幢商场的施工总工期。

微课：案例分析

【案例分析】任意压缩合理工期的认定

工期与工程质量息息相关，如合同约定工期不合理，将会影响工程质量，进而产生安全隐患。

楚雄职教办公楼项目地处 ×× 市（气候条件Ⅱ类地区）北部，地块西至向山路，东至经一路，北为纬一路，南为北清路。钢筋混凝土框架结构体系，安全等级三级；设计使用年限分类及使用年限 3 类，50 年；8 度抗震设防。按照国家工期定额测定该工程的工期为 150 d，现计划 100 d 完成，请结合现有理论、标准及法律分析如此压缩工期是否合理。

模块 5

业务整合视角下的企业数据管理与应用

项目 5.1 数据与数据管理

【学习目标】

（1）知识目标

① 了解数据、大数据、数据资产及数据模型的相关概念；

② 了解关系型数据库中数据模型的表达方式；

③ 了解数据管理、数据治理与数据资产管理的概念。

（2）能力目标

① 能够梳理企业定额相关数据的关系；

② 初步具备构建企业定额的数据关系模型的意识和能力。

（3）素养目标

① 从系统角度理解企业业务流程与数据流的关系；

② 初步具备数据资产和数据资产管理的意识；

③ 初步具备专业融合思维模式，能够尝试站在系统开发角度理解企业业务的数据需求。

【思维导图】

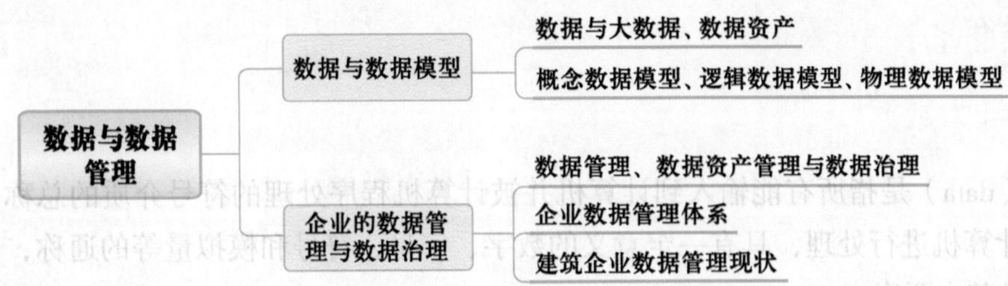

案例引入

某特级资质施工企业BJSJ公司在北京某大学新校区学生宿舍C、D组团项目的工程施工总承包项目，建筑面积69 200 m^2，招标控制价为318 683 097.10元，中标价为304 358 001.42元，总工期为638日历天，计划开工日期是2018年5月30日，计划竣工日期是2020年7月27日。企业在项目管理和数据积累方面的做法如下。

1）现场封闭管理。劳动人员、材料、机械进出均有记录。

2）该公司并未建立完整的企业定额体系，仍旧以政府计价定额进行投标活动；但是指标数据积累充分，公司和集团都有数据集成管理系统，已形成投标决策指标、基于政府预算定额的管理费和利润指标，能够科学判断是否投标，能够根据竞争对手调整利润点，在保证施工成本的前提条件下提供更有竞争力的报价。对企业定额子目的编写仍较为缺乏，当前未收到公司配合企业定额子目测算的通知。

3）该公司合约部门管理制度较为完善，公司管理系统中的成本管理模块功能详尽，从项目前期策划阶段的计划成本编制，到项目实施过程中的成本控制（月度报表等）阶段，再到项目结算阶段的盈亏成本分析，都有对应的项目商务管理工作流程规范和相应分析表格。

4）项目商务管理人员要进行成本报表的编制和上报，如项目投标造价分析表、计划成本分析表、月度报表、盈亏分析表等，分别对应着项目不同建设阶段，从前期策划阶段、实施阶段到竣工结算阶段。分包招标遵循以收定支的原则，但劳务分包不受此约束，肯定是支出大于收入的；遇到分包结算争议时，会参考其他项目的结算数据作为谈判依据，但需要向公司问询或向同事问询，系统里分包结算数据不共享。

5）总进度计划的编制为倒排工期，严格确定里程碑节点，后期根据施工经验进行调整。资源配置计划，大型机械比较单一，根据施工组织设计选定，塔吊、施工电梯、物料提升机等的配置很容易安排；依据进度，材料供应根据算量和供货周期安排；劳动力供应量主要靠生产管理人员根据施工经验预判，有时也会尝试用政府颁布的消耗量定额进行计算、验证，但结果并不理想，计算出的劳动力人数不符合实际。

综上所述，BJSJ公司在项目建造的过程中更注重任务管理与价值管理，对成本计划和控制中流程的管理不精细，对数据流的价值并未充分挖掘和利用。企业虽然积累了足够的工程造价数据指标，但数据较为碎片化，未能形成有效的整合，也没有构建完善的数据共享机制。智慧工地的劳务实名制数据，以及物料进出场数据并未得到充分挖掘和利用。

任务 5.1.1 数据与数据模型

【知识准备】

一、数据与大数据

微课：数据与数据模型

数据（data）是指所有能输入到计算机并被计算机程序处理的符号介质的总称，是用于输入电子计算机进行处理，具有一定意义的数字、字母、符号和模拟量等的通称，是组成信息系统的最基本要素。

数据的概念是广义的，在企业定额数据库管理中，不仅前面用各种方法测算的资源消耗标准是数据，定额项目的分类体系也是数据；在工程造价管理中，建设项目分类体系、费用范围分类体系以及合同文件都是数据。

而“大数据”的概念最早由高德纳（Gartner）的分析师提出，是指需要新处理模式才能具有更强的决策力、洞察发现力和流程优化能力来适应海量、高增长率和多样化的信息资产。

后来，麦肯锡公司也给出了自己的定义和理解，即大数据是一种规模大到在获取、存储、管理、分析方面大大超出了传统数据库软件工具能力范围的数据集合，同时，麦肯锡公司也强调，并不是说一定要超过多少数量的数据集才算大数据。

虽然，对于大数据还没有统一、权威的定义，但业界对大数据的5“V”特征已取得共识，即数量（volume）、多样性（variety）、速度（velocity）、价值（value）、真实性（veracity）。数量庞大、数据类型多样、增长速度快、价值密度低、真实性难以保证，是大数据的典型特征。

高德纳的定义中指出，大数据“需要新的处理模式”；麦肯锡的定义中，也指出大数据“超出了传统数据库软件工具能力范围”。可以看出，“大数据”的定义更多是从算法设计角度提出的。

因此，大、多、杂、快、简（价值低）的数据称之为“大数据”，需要新的处理方式进行处理，比如基于语义的知识图谱等；当数据被有序管理时，不能称之为“大数据”，如单纯的企业定额数据库，就不能算大数据。

二、数据资产

（一）数据资产的概念

中国信息通信研究院认为，数据资产（Data Asset）是指由企业拥有或者控制的，能够为企业带来未来经济利益的，以物理或电子的方式记录的数据资源，如文件资料、电子数据等。在企业中，并非所有数据都能构成数据资产，数据资产是能够为企业产生价值的数据资源。

光大银行和瞭望智库则认为，从企业应用的角度，数据资产是企业过去的交易或事项形成的，由企业合法拥有或控制，且预期在未来一定时期内能为企业带来经济利益的以电子方式记录的数据资源。

以上两个定义，都强调了为企业创造价值或带来经济利益，这是作为资产属性的“数据”的本质特征。“数据”为企业创造价值包括两个方面：一方面，可以通过企业内部各业务板块之间的数据共享，提高业务效率和数据准确性，发现新的业务价值增长点；另一方面，可以通过与企业外部关联企业的数据交易，实现数据资产的变现。2020 年 4 月 10 日，《中共中央、国务院关于构建更加完善的要素市场化配置体制机制的意见》正式公布，将数据确立为五大生产要素（土地、资本、劳动力以及技术）之一，数据要素市场化已成为建设数字中国不可或缺的一部分，数据资产时代已然来临。

根据上述定义，企业定额是经过标准分类、统计分析、综合测算得出的资源消耗标准，因此，企业定额属于企业的数据资产，是企业技术水平和管理水平的综合体现，从数据安全角度，属于企业的秘密，应该建立相应的管理体系进行管理，进而通过提高业务效率或者数据交易，实现数据资产的经济效益。

（二）数据资产的特征

相较于传统的有形资产和无形资产，数据资产具有非实体性、无消耗性、可加工性、多样性、依托性、价值易变性、多次衍生性、可共享性和零成本复制性九大特征。普华永道将数据资产的基本特征总结为五点，即非实体性、依托性、多样性、可加工性和价值易变性。

虽然，目前阶段建筑业数据的资产化程度并不高，但随着数据共享和数据交易的进一步发展，对企业各类业务数据进行有效管理整合，对内提高效率，对外交易变现，将是大势所趋，广材网的材料询价其实就是数据资产变现的典型案例。

三、数据模型

（一）概述

在目前阶段，数据和大数据只有转变成“传统数据库软件工具”可以识别和计算的数据模型，并且经过分析挖掘之后，才能转变成可以为企业创造价值的数据资产。当然，对算法设计人员，寻找大数据的自动建模途径，是大数据的研究任务之一。但对企业而言，如何通过业务梳理，构建基于业务的数据架构及数据关系模型，是企业实现数据共享的基础。

（二）数据模型的 3 个层次

数据模型按不同的应用层次分成 3 种类型：概念数据模型、逻辑数据模型、物理数据模型。

1. 概念数据模型

概念数据模型（conceptual data model）是一种面向用户、面向客观世界的模型，主要用来描述世界的概念化结构，它是数据库的设计人员在设计的初始阶段，摆脱计算机系统及数据管理系统（Database Management System，DBMS）的具体技术问题，集中精力分析数据以及数据之间的联系等，与具体的 DBMS 无关。概念数据模型必须换成逻辑数据模型，才能在

DBMS 中实现。

概念数据模型是作为用户的业务人员对数据存储的看法，反映了具体业务的综合性信息需求，它以数据类的方式描述企业级的数据需求，概念数据模型与数据管理层级、数据来源、数据应用的场景有关，这是专业领域工作人员与系统开发人员之间交流的基础。因此，工程领域的专业人员要有编程思维和对系统功能的需求意识，才能更好地与系统开发人员交流。

图 5–1 为人工、材料、机械数据库的概念数据模型示意图，通过该示例以及后面定额消耗量的数据模型，可以初步构建数据模型的基本框架。

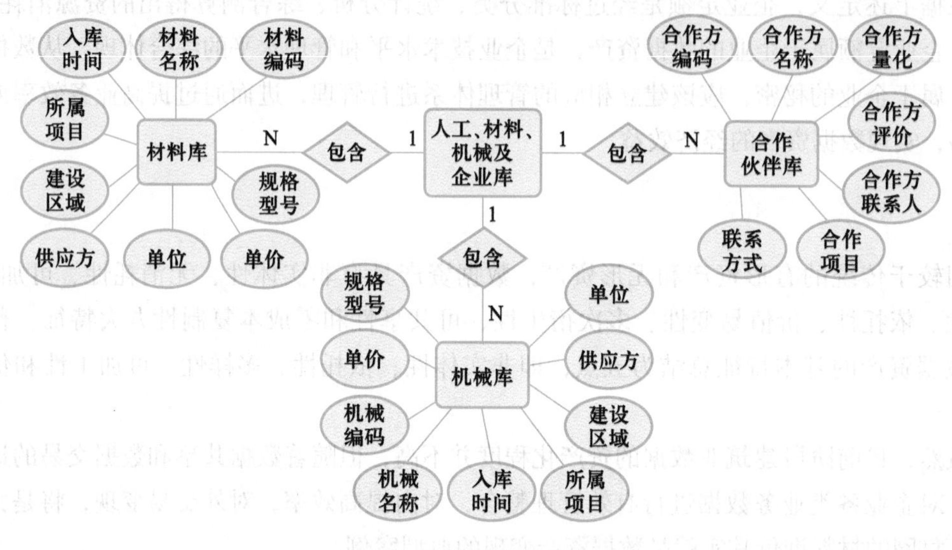

图 5–1　概念数据模型

2. 逻辑数据模型

逻辑数据模型（logical data model）是一种面向数据库系统的模型，是具体的数据管理系统所支持的数据模型，如网状数据模型、层次数据模型、关系型数据模型等。此模型既要面向用户，又要面向系统，主要用于数据库管理系统的实现。其中，关系型数据模型是现在最为成熟的逻辑数据模型。

关系模型以二维表结构来表示实体与实体之间的联系，它是以关系数学理论为基础的，每个二维表又可称为关系，在二维表中的一行称为一个元组，在二维表中的列称为属性。属性的个数称为关系的元或度。列的值称为属性值；表内关系通过属性定义，表间关系通过主键关联，见图 5–2。

3. 物理数据模型

物理数据模型（physical data model）是一种面向计算机物理表示的模型，描述了数据在储存介质上的组织结构，它不但与具体的 DBMS 有关，而且还与操作系统和硬件有关。每一种逻辑数据模型在实现时都有其对应的物理数据模型。DBMS 为了保证其独立性与可移植性，大部分物理数据模型的实现工作由系统自动完成，而设计者只设计索引、聚集等特殊结构物理模型，一般与专业领域人员无关，属于技术开发人员开发设计的工作，作为专业人员，只作为概念体系知道即可。

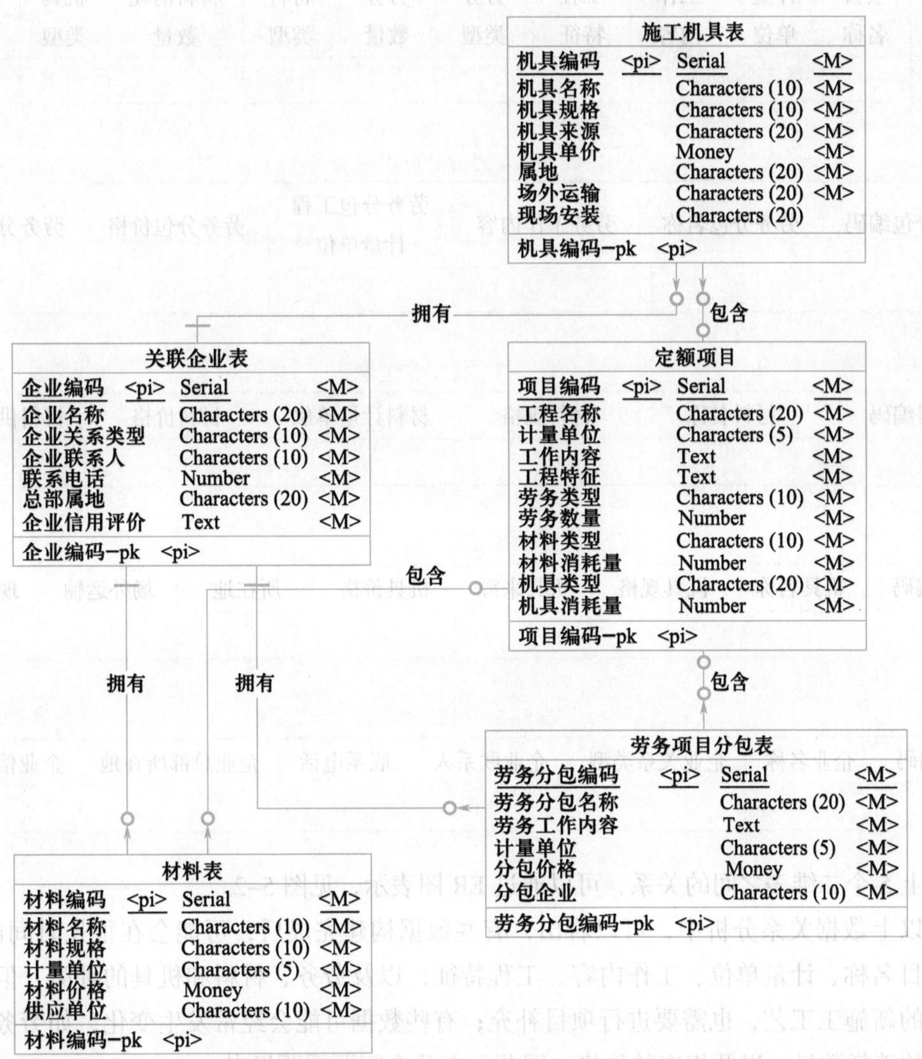

图 5–2　企业定额项目资源消耗的数据 ER 图

（三）企业定额管理的数据模型示例

下面以企业定额消耗量系统中涉及的主要数据之间的逻辑关系，梳理一下数据库管理系统中的数据逻辑关系。

首先，企业定额的主体是定额项目的各类资源消耗，可以用二维表表示，见表 5–1；由于定额资源消耗量表中的劳务、材料和施工机具有很多类型，需要分别编码管理，因此，需要分别构建二维表进行描述与管理，见表 5–2 ~ 表 5–4；而 3 个表中分别涉及劳务分包单位、材料供应单位、施工机具租赁单位的类型和企业目录也需要进行编码管理，同时，这 3 种类型的企业都属于企业的关联单位，可以统一进行管理，利用表 5–5 进行描述和管理。

表 5–1 定额项目资源消耗量表

项目编码	项目名称	计量单位	工作内容	工程特征	劳务类型	劳务数量	材料类型	材料消耗数量	机具类型	机具消耗数量

表 5–2 劳务分包项目表

劳务分包编码	劳务分包名称	劳务工作内容	劳务分包工程计量单位	劳务分包价格	劳务分包企业

表 5–3 材料类型表

材料编码	材料名称	材料规格	材料计量单位	材料价格	材料供应单位

表 5–4 施工机具表

机具编码	机具名称	机具规格	机具来源	机具价格	所在地	场外运输	现场安装

表 5–5 关联企业表

企业编码	企业名称	企业关系类型	企业联系人	联系电话	企业总部所在地	企业信用评价

以上 5 个二维表之间的关系，可以通过 ER 图表示，见图 5–2。

在以上数据关系分析中，可以看出，有些数据构建完成后，可能会在很长时间内不变，比如项目名称、计量单位、工作内容、工程特征，以及劳务、材料和机具的种类，但对新技术带来的新施工工艺，也需要进行项目补充；有些数据可能会经常发生变化，如劳务、材料和机具的消耗数量，以及相应的价格。因此，有几个问题需要思考。

1）本教材前面通过各种方式测算的各类消耗量数据全部是人工输入数据库管理系统的吗？

2）如果第一次全部由人工输入，后续变化后的数据还是人工输入吗？

3）如果变化后的数据还是人工输入，企业有必要花大力气编制企业定额吗？这其实也是主管部门提倡编制企业定额 20 年来，并没有真正落地的原因所在。

4）如果能够实现数据共享，数据从哪里来？劳务、材料和机具的消耗标准从哪里来？谁来收集？价格从哪里来？如何获取？

以上问题不仅是技术开发人员的责任，更是专业人员的职责，从业务关系角度分析数据逻辑关系，将管理和技术融合，形成企业数据切实可行的共享机制。

数字化转型的大背景后面，更多的是脚踏实地的业务梳理与数据梳理。

这个任务是长久的、持续的过程，目前并没有达到理想状况，正如前述案例所说，虽然企业做了造价数据的积累和集成，但并没有构建项目实施数据与企业定额系统之间的数据共享的管理机制和技术桥梁。

【学习自测】

1. 用自己的话说说数据、大数据与数据资产的概念。
2. 针对上文所述的4个问题进行思考，并阐述自己的理解。

任务 5.1.2　企业的数据管理与数据治理

【知识准备】

一、数据管理、数据资产管理与数据治理

（一）数据管理（data management）

在IT领域，数据管理指的是利用计算机硬件和软件技术对数据进行有效的收集、存储、处理和应用的过程。其目的在于充分有效地发挥数据的作用，实现数据有效管理的关键是数据组织。

从企业角度，数据管理的目标是要实现对企业数据整个生命周期的统一管理，提供全面、统一、及时和易于使用的数据服务，能够为企业精细化管理提供支撑和服务，通过深度挖掘将数据转化为生产力，为企业发展创造价值。本教材所说的数据管理更多是从这个角度来理解的数据管理。

（二）数据资产管理（data asset management）

数据资产管理的核心思路是把数据对象作为一种全新的资产形态，并且以资产管理的标准和要求来加强相关体制和手段，从经济角度，满足对资产运营的各类管理要求。数据资产管理一般来说包括统筹规划、管理实施、稽核检查和资产运营4个主要阶段，贯穿数据采集、存储、应用和销毁整个生命周期全过程。

企业管理数据资产就是对数据进行全生命周期的资产化管理，促进数据在“内提效，外增值”两方面的价值变现，同时控制数据在整个管理流程中的成本消耗。

（三）数据治理（data governance）

对数据治理，国际数据管理协会（Data Management International，DAMA）给出的定义：数据治理是对数据资产管理行使权力和控制的活动集合。

国际数据治理研究所（DGI）给出的定义是：数据治理是一个通过一系列信息相关的过程来实现决策权和职责分工的系统，这些过程按照达成共识的模型来执行，该模型描述了谁（who）能根据什么信息，在什么时间（when）和情况（where）下，用什么方法（how），采取什么行动（what）。

（四）几个概念的关系

数据资产管理属于资产管理的范畴，数据资产的价值挖掘则属于业务领域职能。从IT技术角度看，数据管理偏重于对数据对象的具体行动，而数据治理强调的是在多元主体协同的框架下为高效有序的管理提供战略、制度、规划、标准、规范等统一规则，两者在工作内容上有所交叉，在职能上也有所重合，在澳大利亚政府数据的管理与治理中，是作为一个概念来对待。

作为专业领域人员，可以不必区分3个概念的区别和联系，从企业角度看，与IT技术人员深度融合，基于顶层设计，从业务流程梳理、各部门协调、全成员参与，到意识、理论和行动上协调一致，构建自己的企业数据管理体系，是数字经济时代的必然趋势。

二、企业数据管理体系

为了有效管理企业数据，必须构建企业级数据管理体系。数据管理体系包含数据管理组织运作管理、数据架构管理、主数据管理、数据服务管理、数据质量管理、数据安全管理和元数据管理7部分内容，这些内容既有机结合，又相互支撑。

基于业务角度的考虑，重点介绍数据架构管理和数据质量管理。

（一）企业数据架构与数据标准化

数据架构包括梳理企业的数据资产、制定数据标准并持续维护、建立数据模型，包括概念模型、逻辑模型和物理模型，管控数据分布，包括数据源头和流向，是保障数据准确性和一致性的基础。

数据架构管理主要包括数据标准和数据模型的建立，数据模型的概念在前面已经介绍过，在此，主要结合建筑业的数据管理现状，简要介绍数据标准的制定。

数据标准是针对企业数据定义而进行的标准化指导，是指保障数据定义和使用的一致性、准确性和完整性的规范性约束，数据标准化是企业实现数据共享的基础。

从专业领域来说，我们所说的数据标准指的是业务数据的标准，而不是数据交换的标准，企业不同部门、不同业务领域对具有相同含义的数据用词不同，造成的歧义会导致数据共享错误，比如在造价管理业务中称之为“费率”的词，在成本管理业务中可能称之为“指标”。同样，还有可能看似相同的一个词，在不同的部门却有不同的含义，比如材料用量，在成本管理中指的是“实际用量”，而在定额管理系统中则指的是“用量标准”，是衡量成本节超的“指标”。所以，需要从各业务领域协同统一起来，这是数据架构设计的基础。

对于建筑企业，数据标准化还包括分类分解体系和编码体系的标准化，主要包括建设项目的分类分解体系，成本科目的分类分解体系，材料类型的分类编码体系等。

建设项目的分类分解既是国家宏观管理的需要，也是企业工程管理的需要。工程量清单项目划分和定额项目划分属于工程造价领域的分类分解体系；在工程施工质量验收规范中也有相应的工程分解体系；进度计划编制时的施工工序划分也是一种工作分解体系。这些分解体系只有有效协同匹配之后，才会带来业务流转过程中的数据共享。

因此，建筑企业数据标准化在一定程度上，是制约工程造价数据积累的重要因素。图 5-3 是国家建设工程造价数据服务平台中的项目分类，图 5-4 是广联达数字新成本的项目分类，图 5-5 是《建设工程造价指标指数测算与分类标准》（GB/T 51290—2018）的项目分类，这个分类体系是与工程量清单计价的专业划分一致的，但用于造价指标的积累有些太粗了，不能反映不同建筑的造价差异性，数据指标的重复利用价值不大。

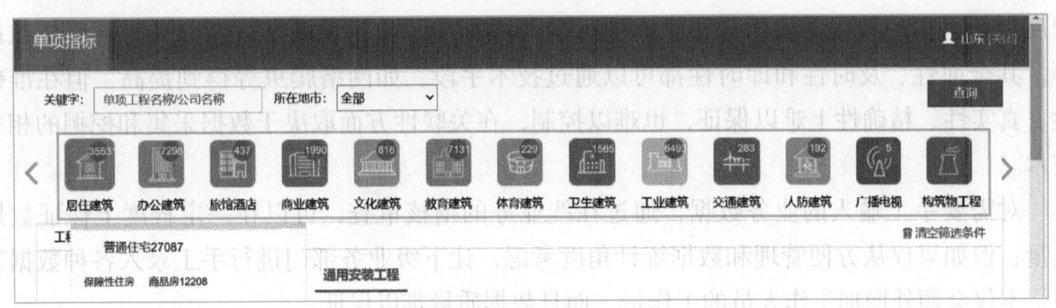

图 5-3　国家建设工程造价数据服务平台中的项目分类

图 5-4　广联达数字新成本平台中的项目分类

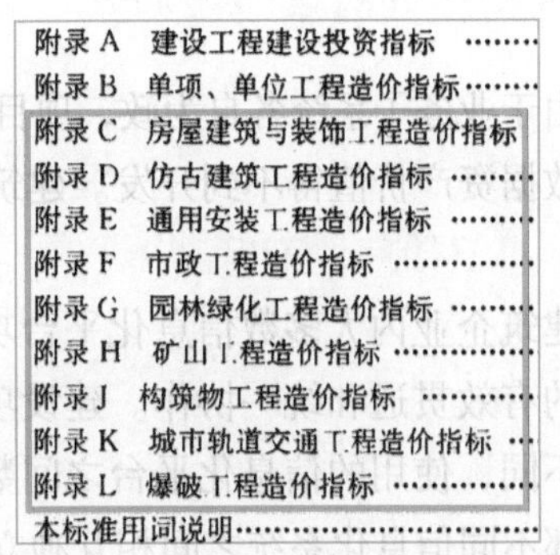
附录 A　建设工程建设投资指标 ……
附录 B　单项、单位工程造价指标……
附录 C　房屋建筑与装饰工程造价指标
附录 D　仿古建筑工程造价指标 ……
附录 E　通用安装工程造价指标 ……
附录 F　市政工程造价指标 ……
附录 G　园林绿化工程造价指标 ……
附录 H　矿山工程造价指标 ……
附录 J　构筑物工程造价指标 ……
附录 K　城市轨道交通工程造价指标 …
附录 L　爆破工程造价指标 ……
本标准用词说明……

图 5-5　《建设工程造价指标指数测算与分类标准》（GB/T 51290—2018）中的分类

（二）数据质量要求

数据的质量直接影响着数据的价值，并且直接影响着数据分析的结果以及我们以此做出的决策的质量。质量不高的数据不仅仅是数据本身的问题，还会影响着企业经营管理决策；

错误的数据还不如没有数据，因为没有数据时，我们还会基于经验和常识的判断来做出不见得是错误的决策，而错误的数据会引导我们做出错误的决策。因此，数据质量是企业经营管理数据治理的关键所在。

数据的质量可以从 8 个方面进行衡量：准确性、真实性、完整性、全面性、及时性、即时性、精确性和关联性。

对专业领域的各类管理系统而言，从采集端重视数据质量，是保证数据质量的第一步，也是数据转变成数据资产，带来效益的关键。常规来讲，内部数据采集的准确性、真实性、完整性高，而全面性、及时性、即时性、精确性和关联性方面取决于企业内部对数据的重视程度以及采用的技术手段的先进性有关；外部数据集，比如说微博数据、互联网媒体数据等，其全面性、及时性和即时性都可以通过技术手段，如网络爬虫等得到提高，但在准确性、真实性、精确性上难以保证，也难以控制，在关联性方面取决于数据采集和挖掘的相关技术。

对需要手工输入的业务数据，通过在线业务的稽核审查，可以在一定程度上保证数据质量；但如果仅从方便管理和数据统计角度考虑，让下级业务部门进行手工录入各种数据表格，不仅会额外增加工作人员的工作量，而且数据质量难以保证。

比如，前面所说到的“国家建设工程造价数据服务平台”主要是针对工程造价咨询企业的造价咨询业务所进行的数据统计，虽然在行政管理方面给主管部门带来一定方便，但数据的录入主要是依靠工程造价咨询企业的手工录入，额外增加企业的工作量，企业抵触较大，输入也马马虎虎，数据的准确性、真实性、完整性、全面性、及时性、即时性、精确性都不能保证，这种点对点的管理系统更无从谈其数据的流转与共享了。

因此，虽然现在有很多管理系统，包括政府主管部门、企业内部各业务领域，但数据孤岛仍然存在。

三、建筑企业数据管理现状

由于业务子系统各自为政，项目实施的业务灵活、作业多样，导致建筑企业的数据管理困难，数据资产价值得不到开发。建筑企业数据管理的特点包括如下两个主要方面。

1. 业务协同性不足

建筑企业内大多数信息化平台功能较单一，无法覆盖不同阶段的工程承包业务，妨碍了流程的有效贯通和统一协作。建设项目实施的每个阶段都涉及多专业协同，不同专业使用的软件不同，使用的信息化平台之间数据模型不同，造成多专业之间的协同性较差。另外，企业内部不同信息化系统之间相互独立，可交互性差。

2. 数据管理和共享机制缺乏

建筑企业的各管理系统产生的大量数据资源，由于缺乏顶层设计，企业内部数据模型和结构不一致，导致建筑数据在企业内部无法实现有效共享和利用。因此，如何将不同生命周期的建筑数据进行统一地存储、访问、共享和再利用，是建筑企业数字化转型的关键所在。

【学习自测】

1. 从业务角度，理解企业数据标准的内容及含义。

2. 从建设项目的分类分解角度和定额项目划分角度，说说数据共享的前提条件。

小结与关键概念

小结：建筑企业在业务承接和实施过程中，积累了大量的数据，这些数据分别存在于企业各职能部门，或者各专业人员的电脑中、脑子里，由于部门管理职能的分割和技术手段的局限性，这些数据并没有完全实现数据共享，更没有沉淀成为数据资产。

将企业的各类数据，转化成数据资产的过程，既是从技术领域进行大数据分析挖掘需要解决的技术问题，更是企业从业务角度进行业务梳理和数据梳理需要完成的工作，只有将业务数据梳理与数据分析技术进行有效融合，才能实现数据共享，成为“内提效、外增值”的数据资产。

本项目主要从数据、数据资产、大数据的概念出发，介绍企业数据管理体系的内容，基于业务角度介绍数据标准的内容及数据质量的重要性。

关键概念：数据、数据资产、大数据、数据管理、数据治理。

综合训练

【习题与思考】

单选题

1. 关于数据资产的概念，下列说法正确的是（　　）。

A. 所有能输入到计算机并被计算机程序处理的符号介质的总称

B. 企业过去的交易或事项形成的，由企业合法拥有或控制，且预期在未来一定时期内为企业带来经济利益的以电子方式记录的数据资源

C. 企业在业务执行过程中，所积累的各类数据都是企业的数据资产

D. 企业数据资产具有数量庞大、数据类型多样、速度增长快、价值密度低、真实性难以保证等特征

习题与思考参考答案

2. 数据模型按不同的应用层次，分为 3 种类型：（　　）

A. 概念数据模型、逻辑数据模型和物理数据模型

B. 网状数据模型、层次数据模型和关系型数据模型

C. 数据存储模型、数据计算模型和数据分析模型

D. 数据标准模型、数据质量模型和主数据模型

3. 把数据对象作为一种全新的资产形态，并且以资产管理的标准和要求来加强相关体制和手段，属于（　　）的任务。

A. 企业数据管理　　B. 企业数据治理

C. 企业数据资产管理　　D. 数据资源管理

4. 关于建设项目的分类分解体系，以下说法错误的是（　　）。

A.《建设工程工程量清单计量规范》的分解体系适用于工程施工阶段的工程计价

B.《建设工程造价指标指数测算与分类标准》（GB/T 51290—2018）与清单计量规范的分类体系是一致的

C. 建设项目分类分解体系的标准化，是数据共享的前提

D. 企业定额的项目分解与工程量清单计量规范的项目分解是一致的

5. 关于企业定额，以下说法错误的是（　　）。

A. 企业定额属于大数据

B. 企业定额是企业的数据资产

C. 企业定额数据库管理系统需要维护与数据更新

D. 企业定额是企业的数据资产，合理利用可以为企业创造价值

【拓展训练】

拓展训练参考答案

【任务目标】

1. 回顾和理解费用定额的概念
2. 理解费用定额的测算过程
3. 理解费用定额在工程计价中的应用

【项目背景】

某施工企业在楚雄职教办公楼项目的投标报价中，面临分部分项工程和单价措施项目综合单价中的管理费和利润的报价，以及施工垃圾场外运输和消纳费（表 5–6）的报价。

表 5–6　施工垃圾场外运输和消纳费明细表

序号	项目编码	子目名称	计算基础	费率 /%	除税金额 / 元	备注
1.1	0117B001	建筑工程施工垃圾场外运输和消纳费	分部分项直接费 + 分部分项主材费 + 分部分项设备费 + 技术措施项目直接费 + 技术措施项目主材费 + 技术措施项目设备费			
1.2	0117B001	装饰工程施工垃圾场外运输和消纳费	分部分项直接费 + 分部分项主材费 + 分部分项设备费 + 技术措施项目直接费 + 技术措施项目主材费 + 技术措施项目设备费			

【任务要求】

1. 思考企业管理费的费用内容，以及与企业业务活动之间的关系。
2. 结合模块 4 的内容，说明企业管理费费率的测算依据与测算过程。
3. 根据表 5–6，思考基于施工垃圾场外运输和消纳费费率的测算思路。

【案例分析】特级施工企业的数据共享

针对案例引入中工程施工项目的管理现状描述，分析该特级施工企业在数据共享中存在的问题。

微课：案例分析

项目 5.2
市场化计价业务整合的数据管理与应用

【学习目标】

（1）知识目标

① 了解市场化计价及其业务流程和数据需求；
② 了解成本管理、市场化计价及企业定额的数据关系；
③ 了解企业定额动态管理系统的数据流转过程；
④ 了解企业数据的具体应用场景。

（2）能力目标

① 能够针对给定的清单项目进行清单计价的费用计算；
② 能够分析市场化计价的数据需求及来源渠道；
③ 能够理解不同业务系统之间可能存在的数据壁垒和信息孤岛；
④ 初步具备业务及数据协同梳理的能力。

（3）素养目标

① 理解国家宏观经济体制与行业微观政策的关系，体会国家政策上下一致的必要性；
② 初步具备工程计价的界面思维与合约思维模式；
③ 能够从不同市场主体角度体会工程计价的市场化需求；
④ 初步具备工程计价协同业务分析的系统思维方式。

【思维导图】

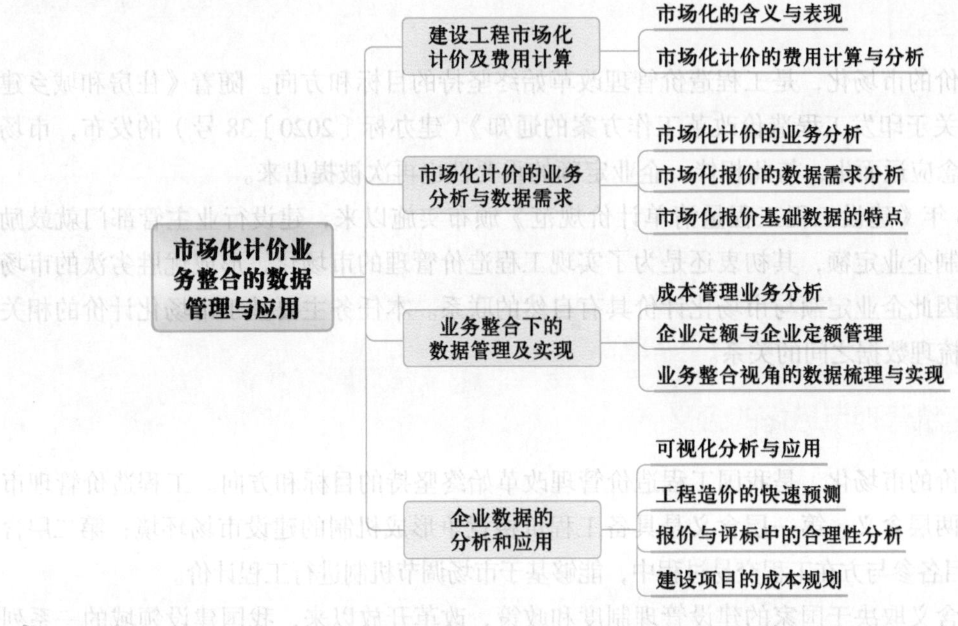

案例引入

中铁城建集团第三工程有限公司利用数字成本管理平台进行数据库积累，对企业内部相对固定的测算模板在软件里面形成标准、统一的测算模板，在新建测算项目的时候可以选择合适的模板进行调用，提升成本编制效率，减少员工重复性且繁琐易错的工作内容；实现成本管控进一步精细化管理，成本明细一目了然；企业标准、测算模板和企业指导价灵活调用，助力企业成本测算规范化，加快了企业成本管控工作数字化进展。

公司承建了容西配套绿化水系工程、风景水系及周边绿地工程。项目建设总面积为39.55公顷（含水域），其中陆地面积22.95公顷、水系面积16.60公顷。其主要建设内容为开挖龙泉河、龙泉河西支和云溪河，河道总长5 378.56 m，同时沿河道30年一遇水位线外侧12 m范围内进行土方工程、绿化种植，不含其他景观工程（园林建筑、电气、给排水等），不含其他水利工程（泵站管线、水生态、电气等）。

在项目估算阶段利用企业数据库为测算提供依据，有效把控项目目标成本。充分利用历史类似项目的全部工程经济指标，避免了通过个人经验和查找历史存档资料，带来的经验性数据产生的误差，也可以避免因为信息和资料收集不全而产生的偏差，还可以做多方案设计方案比选和优化。

当前中铁城建三公司企业材料库已积累了1 521条优质材料，全员应用率达到了35.1%，为多个项目调价提供了数据参考，提升了员工调价和审核的效率，提高了对价格水平的把控和企业成本把控的能力；数据中心将现有的分包指导价格、成本测算模板、成本科目等全部入库，测算成本时随时调用，一个项目测算工作时间由原来5天工作量缩短至1天，效率大大提升。

任务 5.2.1 建设工程市场化计价及费用计算

【知识准备】

工程造价的市场化，是工程造价管理改革始终坚持的目标和方向。随着《住房和城乡建设部办公厅关于印发工程造价改革工作方案的通知》（建办标〔2020〕38 号）的发布，市场化计价的概念应运而生，与此相伴，企业定额的重要性也再次被提出来。

自 2003 年《建设工程工程量清单计价规范》颁布实施以来，建设行业主管部门就鼓励建筑企业编制企业定额，其初衷还是为了实现工程造价管理的市场化，形成优胜劣汰的市场竞争机制，因此企业定额与市场化计价具有自然的联系。本任务主要基于市场化计价的相关业务分析，梳理数据之间的关系。

一、工程造价管理市场化的含义

工程造价的市场化，是我国工程造价管理改革始终坚持的目标和方向。工程造价管理市场化，包含两层含义：第一层含义是具备工程价格竞争形成机制的建设市场环境；第二层含义是建设项目各参与方在工程交易过程中，能够基于市场调节机制进行工程计价。

第一层含义取决于国家的建设管理制度和政策，改革开放以来，我国建设领域的一系列改革措施，包括招投标管理制度、发承包管理制度、工程合同管理制度等，为工程造价形成机制搭建了竞争的市场环境，是工程管理造价市场化的制度基础。

第二层含义指的是建设项目各参与方的工程计价行为模式，符合市场调节机制。与一般商品的市场供求调节机制不同，建设产品是先选择项目实施者，再进行产品生产（工程实施）。因此，工程造价的形成过程包括建设产品的提供者基于对自身成本的合理估算和对市场供需状况的合理判断，进行报价；而建设产品的需求者通过对建设产品提供者及其报价的评估，择优选择项目实施者；最后在项目实施过程中，基于合同约定进行价款结算，最终形成工程造价的过程。

二、建设工程市场化计价的含义

根据工程造价管理市场化含义的分析可以看出，建设工程的市场化计价指的是第二层含义中建设项目各参与方的工程计价过程，针对不同的建筑产品和工程技术服务，都包含报价、签约合同价和工程结算价等工程计价环节。自 2003 年开始实行的工程量清单计价被看作是工程施工项目市场化计价的开端，也被认为是市场化计价的基本模式。

工程量清单计价的基本原理可以描述为：按照工程量清单计价规范规定，在各相应专业工程的工程量计算规范规定的清单项目设置和工程量计算规则的基础上，针对具体工程的设计图纸和施工组织设计计算出各个清单项目的工程量，根据规定的方法计算出综合单价，并汇总各清单合价得出工程总价。

工程量清单计价活动涵盖施工招标、合同管理以及竣工交付全过程，主要包括编制招标工程量清单、最高投标限价、投标报价，确定合同价，工程计量与价款支付、合同价款的调整、工程结算和工程计价纠纷处理等活动。

在以上计价活动中，建筑企业的工程计价活动在很大程度上引导着工程价格的方向，同时，考虑到本教材的课题内容，主要从建筑企业角度进行市场化计价的分析和梳理。

三、建筑企业工程计价的市场化表现

由于工程报价实质上是对工程项目造价的事前估计，真正的工程造价要到工程实施完成之后才能最终确定。因此，对于建筑企业，根据历史工程积累的数据，以及当前的市场价格信息，进行投标报价，中标后，在项目实施过程中，不断补充、完善、修正历史数据，为后续项目的投标报价和成本管理提供数据支撑，从而形成周而复始的动态的工程计价管理过程。

对工程施工项目，上述工程计价过程的市场化主要体现在3个方面：一是企业施工过程中的各类资源消耗数据，这是企业技术水平和管理水平的体现，也是工程造价差异性的主要来源，应该成为建筑企业之间竞争的关键要素；二是各类资源的市场价格，包括材料、劳务和专业分包等，这是来自企业之外的数据，理论上是企业无法控制的因素；三是报价中的利润水平，它反映了建筑企业之间的竞争关系，对竞争激烈的买方市场，利润水平偏低，反之，竞争不充分的领域，利润水平相对较高。

四、市场化计价的费用计算

工程市场化计价体现了价格水平的竞争，工程造价的费用构成是统一的，《建筑安装工程费用项目组成》（建标〔2013〕44号）对建筑安装工程的费用构成及计算程序做了统一规定。这与工程造价改革方案中的“统一工程费用组成和计价规则”规定相一致。

微课：企业定额在投标报价交易中的应用

建筑安装工程费用，从费用要素角度包括人工费、材料费、施工机具使用费、企业管理费、利润、规费和税金；从造价形成角度，包括分部分项工程费、措施项目费、其他项目费、规费和税金。两种费用分解之间的关系见模块4。

工程量清单计价模式下的市场化计价，是建筑企业针对统一的招标工程量清单，基于企业技术管理水平和市场询价的自主报价。其中，工程量清单包括分部分项工程量清单、措施项目清单（包括单价措施和总价措施）、其他项目清单，以及规费和税金。

分部分项工程费和单价措施项目费中的人工费、材料费、施工机具使用费一般根据相应资源的消耗数量和单价确定其金额，企业管理费的计价一般以管理费费率的方式进行测定（模块4）和计价；利润的计价一般也是以利润率的方式计价，利润率是企业的期望获利，在一定程度上反映了工程项目的市场竞争情况；单价措施项目费可以用费率方式计价（山东省计价规则），也可以用费用指标方式计价（北京2022计价依据）。

可以看出，分部分项工程费和措施项目费体现了自主计价、竞争定价的市场化计价特点，属于竞争性费用。

其他项目费是为了准确计价，且包含在签约合同价中暂定或暂估的费用项目，包括暂列金额、专业工程暂估价、计日工、总承包服务费等，这些费用项目的设置也是市场化计价的体现。

规费和税金也是以基数乘以费率的方式进行计价，但由于规费的计取是政府有关部门确定的，税率则是由国家统一规定，因此，规费和税金的计价，企业一般不能自主确定，属于非竞争性费用。

工程量清单计价的费用计算过程公式如下。

$$分部分项工程费 = \sum（分部分项工程量 \times 相应分部分项工程综合单价） \quad (5\text{–}1)$$

$$措施项目费 = \sum 各措施项目费 \quad (5\text{–}2)$$

$$其他项目费 = 暂列金额 + 暂估价 + 计日工 + 总承包服务费 \quad (5\text{–}3)$$

$$单位工程造价 = 分部分项工程费 + 措施项目费 + 其他项目费 + 规费 + 税金 \quad (5\text{–}4)$$

$$单项工程造价 = \sum 单位工程造价 \quad (5\text{–}5)$$

$$建设项目总造价 = \sum 单项工程造价 \quad (5\text{–}6)$$

五、市场化计价的费用分析

根据以上费用计算过程可以看出，从费用计算方式看，建筑安装工程费分为两种情况：一是通过“数量 × 单价”的方式进行计算，包括分部分项工程费和单价措施项目费；二是通过“基数 × 费率”的方式进行计算，包括管理费、利润、规费和税金。

此外，从费用计算的自主性角度看，建筑安装工程费分为竞争性费用和非竞争性费用两类。分部分项工程费、措施项目费和其他项目费属于竞争性费用，市场化计价主要指的是对这部分费用进行自主计价的过程；规费和税金属于非竞争性费用，其费用征缴由政府部门或国家决定，企业计价的自主性很小。

【学习自测】

1. 请用自己的话说说工程量清单计价活动的过程。
2. 请说明建筑企业报价过程中的市场化体现。

【项目实训】

项目实训参考答案

【任务目标】

1. 回顾建筑安装工程费用组成。
2. 熟悉工程量清单计价的费用计算过程。
3. 体会工程量清单计价过程中市场化计价的具体体现。

【项目背景】

楚雄职教办公楼项目进行招标，招标工程量清单的分部分项工程项目和单价措施项目的项目编码、项目名称、项目特征、计量单位和工程量见表 5-1（作为示例，进行了简化）。

某建筑企业拟对该项目进行投标，并初步完成了如下工作。

1）根据本企业定额和资源市场价格初步估计了招标工程量清单中各分部分项工程和单价措施项目的人工、材料、机械单价，以及相应的人工单价，见表 5-7。

2）查询企业定额得到，企业管理费的费用指标为 25%，以人工费为基数。

3）根据项目规模和现场条件，并依据企业定额中的费用指标，计算出总价措施费为3万元。

4）根据招标工程量清单和本企业的费用指标，计算出其他项目费总额为2万元。

5）参照以往类似工程的中标记录，考虑目前市场上的竞争形势，初步拟定投标利润率按人工费的15%考虑。

6）当地造价管理部门规定的规费合并费率为4.5%，企业为一般纳税人，增值税销项税率为9%。

表5–7　楚雄职教办公楼招标工程量清单表

序号	项目编码	项目名称	项目特征	计量单位	工程量	除税人工、材料、机械单价/元	人工费/元	综合单价/元	合价
1	010502001001	矩形柱	现浇混凝土，C30	m^3	100	500.00	100.0		
2	010505001001	有梁板	现浇混凝土，C30	m^3	800	520.00	110.0		
3	010402001001	砌块墙	加气混凝土砌块，M5混合砂浆	m^3	1 000	430.00	90.0		
4	011703007001	模板	现浇混凝土矩形柱和有梁板的模板	m^2	1 500	40.0	8.0		
5	011702002001	脚手架	柱、墙脚手架	m^2	1 200	20.0	5.0		

【任务要求】

1. 根据所给的招标工程量清单，计算分部分项工程和单价措施项目的综合单价与合价。
2. 基于以上条件，计算楚雄职教办公楼项目的投标报价。
3. 说说以上报价中市场化的具体体现。

微课：企业定额在成本控制中的应用

任务5.2.2　市场化计价的业务分析与数据需求

【知识准备】

一、市场化计价的业务分析

业务分析与业务架构设计是实现数据管理的前提和基础，从业务管理角度，市场化计价主要包括报价和价款结算两个模块。

基于市场化计价的理念，理想化的报价应该是基于企业成本的合理估计得出的，此外，根据类似项目的中标资料调整报价，也是市场化计价的体现。根据结算资料的造价指标对报价进行总体控制，保障报价不至偏离过大。

结算包括对甲方的结算和对分包的结算，对甲方结算的重点是价款调整，价款调整的依据是合同文件，属于文本文件，属于非结构化数据。对于结算数据，可以依据项目分类标准和分解标准，构建动态的工程造价指标数据库，既可以逐渐积累形成企业数据资产，通过数据挖掘技术，进一步发挥数据价值，同时也是工程总承包方式下的报价依据。

在当前管理模式下，对分包的结算包括劳务分包和专业工程分包，分包结算数据属于企业的成本数据，对分包项目和分包企业的数据梳理和积累具有3个方面的作用：一是梳理企业的供应链，方便择优选择分包单位；二是明确成本管理责任，进行成本考核与奖惩；三是方便报价时的成本估计。

建筑企业市场化计价的业务过程见图5–6。

微课：企业定额建立企业数据库中的应用

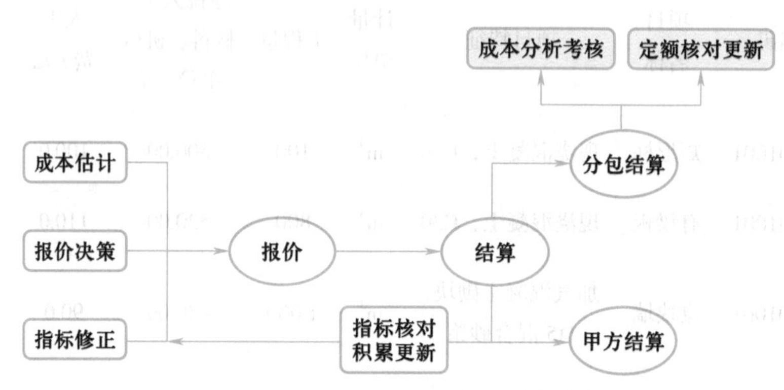

图5–6　市场化计价业务过程分析

二、市场化报价的数据需求分析

根据任务1中的费用计算过程可以知道，建筑企业市场化报价的数据包括企业内部数据、外部市场数据和政府数据3个方面。

计价过程中的人工、材料、机械的资源消耗量根据企业内部对生产过程测定的标准计算得来（见模块2），属于企业的消耗量定额；总价措施费费率（或总价措施费指标）也是通过对生产过程中相关费用的统计测算得来的，而管理费费率则来自企业内部管理过程中各部门费用的统计与测算，这两者都来自企业内部数据，属于企业的费用定额或费用指标；以上3部分数据标准反映了企业的技术水平和管理水平，企业竞争能力的体现，反映了市场对建筑企业的调节配置。

资源单价，主要是材料单价和施工机具的租赁费，来自企业外部的材料供应市场和租赁市场，属于外部市场数据，其中主要材料和施工机具的价格一般通过市场询价方式获得，大量的次要材料可以通过造价管理部分发布的信息价确定。虽然，在报价和工程实施过程中，企业对这部分数据无法自主掌控，但能够反映企业对市场信息的了解程度，以及企业对外部供应链的管理能力，也反映了市场对建筑企业下游供应链的调节配置。

报价中的利润率一方面是企业对拟建项目的利润期望，另一方面也是企业对竞争形势和生存状态的综合评估，是市场化计价的典型表现。

市场化计价的数据需求及来源分析，见图5–7。

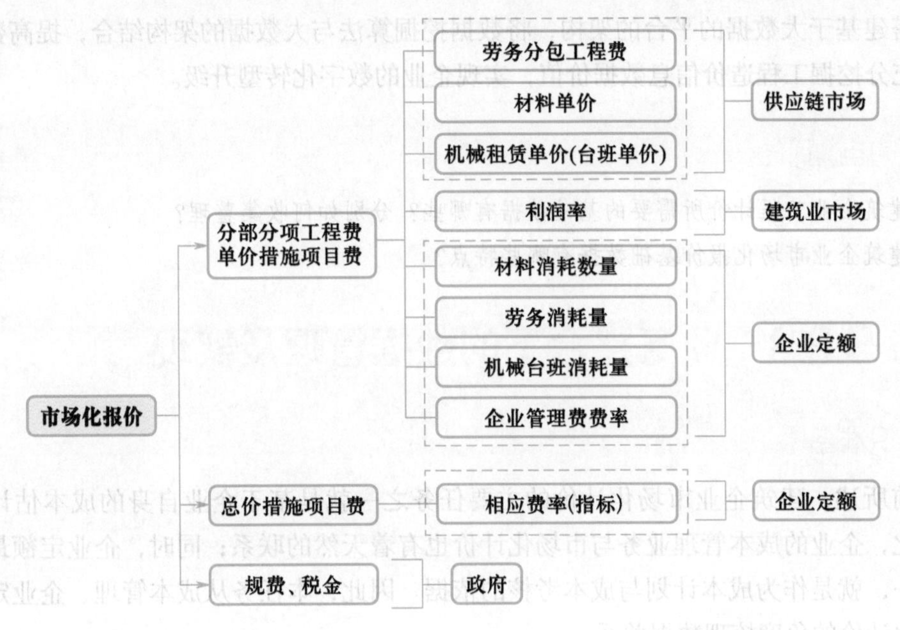

图 5-7　市场化报价的基础数据需求与来源分析

三、市场化报价基础数据的特点

1. 数量庞大

建筑业是一个具有丰富发展历史的复杂传统行业，是一个拥有海量数据的行业。在一个建筑的全生命周期内，平均会产生大约 10 T 级别的数据。在大数据的冲击下，建筑业每天都会产生大量数据，其数据量正在逐渐增加。

建设工程类型多样，结构复杂，建筑活动周期长，工序复杂多样，不同的施工活动所需资源不同，不同资源的品种规格多种多样，市场主体繁多，工程管理过程复杂，各类费用名目众多。因此，市场化计价所需的基础数据量庞大。

2. 数据来源广泛

根据前述分析，市场化计价所需数据至少包括来自 3 个方面的数据：企业内部数据、企业外部资源供应商数据、政府数据等。在企业内部，也包括来自各部门的数据；外部不仅包括材料供应商的市场价格，还包括劳务分包和专业工程分包的市场价格。因此，梳理与集成各方数据，是实现准确计价的前提。

3. 数据动态性

市场化计价所需数据的动态性主要表现为两个方面：一是在项目实施过程中，因市场因素、政策因素、企业技术管理水平的变动，带来的报价与价格形成的差异；二是工程计价数据信息的产生、抽取、处理、应用的数据全寿命周期，是动态变化的过程。

4. 数据类型复杂

市场化计价所需要的数据不仅包括结构化的消耗量定额、资源价格、费用项目及其指标，还包括非结构化的施工方案、地质条件、设计资料等。

综上所述，为实现投标报价的市场化快速响应机制，建筑企业需要构建完善的数据管理体系，搭建基于大数据的平台的架构，将数据挖掘算法与大数据的架构结合，提高数据处理效率，充分挖掘工程造价信息数据价值，实现企业的数字化转型升级。

【学习自测】

1. 建筑企业工程计价所需要的基础数据有哪些？分别如何收集整理？
2. 建筑企业市场化报价基础数据有哪些特点？

任务 5.2.3 业务整合下的数据管理及实现

【知识准备】

如前所述，建筑企业市场化计价的主要任务之一就是基于企业自身的成本估计进行报价，因此，企业的成本管理业务与市场化计价也有着天然的联系；同时，企业定额最重要的用途之一，就是作为成本计划与成本考核的依据。因此，本任务从成本管理、企业定额管理和市场化计价的角度梳理数据关系。

一、成本管理业务分析

成本管理是企业重要的管理职责，主要包括成本目标和计划的制订、成本核算与成本分析考核 3 个相互关联的模块。

建筑企业的成本目标和计划根据企业组织结构分为集团、公司、项目和作业 4 个级别，其中，集团和公司的成本目标一般以财务部门测算的费用指标进行控制，而项目和作业层面的成本控制不仅包括各类经费的指标控制，还包括资源消耗量和资源采购价格的控制。

在企业定额完善的情况下，成本计划的制订依据主要是企业定额，这也是编制企业定额的主要原因之一，其实，成本计划与报价业务中的成本估计是相同的工作，企业可以随着业务板块的重新梳理进行整合，一方面优化业务流程，另一方面促进企业数据的共享和积累。

理想状况下的成本核算能够从不同角度进行成本归集：按成本形成的部门归集、按成本要素归集、按工程分解归集、按造价构成中的费用分解项目归集。如果真正实现了不同角度的成本归集，成本考核与奖惩就会有的放矢，费用指标会更加合理，工程报价更能反映企业的技术水平与管理水平。

但在现实中，成本核算涉及部门多，费用项目复杂，归集角度需求多等，灵活进行多角度核算非常困难。例如，按形成部门的归集至少涉及企业人力资源管理和资产管理；按成本要素归集则涉及物资采购部门和施工管理部门；按工程分解的归集需要对工程分解结构进行标准化，属于数据治理中的数据标准化问题，资源消耗量标准的测算则是企业定额的编制问题，但将多种用途的资源按照工程分解进行归集，却属于精细化施工管理的问题，由于涉及部门多、资源多、工艺多样、流程复杂等原因，目前，这是阻碍企业定额动态化管理的重要因素；按造价形成中的费用构成进行分解是实现成本管理与造价管理协同融合的关键，需要与企业财务制度中的会计核算科目相协调。

二、企业定额与企业定额管理

（一）企业定额的再认识

根据《建设工程工程量清单计价规范》（GB 50500—2013），企业定额是“施工企业根据本企业的施工技术和管理水平而编制的人工、材料和施工机械台班等的消耗标准”。根据这个概念，企业定额一般被界定为按照企业的平均先进水平编制的施工定额，在定额项目划分细度上以“施工过程或工序”为对象，在资源消耗标准方面包括人工、材料和施工机具。

然而，在大数据技术日新月异，建筑企业数字化转型如火如荼的时代，企业定额的概念应该被赋予更广泛的含义。此外，在2008版“清单计价规范”的宣贯材料中也指出，“企业定额是一个广义的概念”。

一方面，从定额的实质来看，“规定的额度”不仅仅包含人工、材料、机械，还包括资金，资金可能以单位指标的方式体现，也可能以费用占比的形式表达，这也是定额，是我们通常所说的“费用定额”中的内容。作为企业的，费用项目及费用指标的测算都是必不可少，因此，从这个角度看，作为反映“企业技术水平和管理水平”的企业定额，也应该包含对费用项目的规定和费用指标的测算。

另一方面，从企业定额的用途看，从2003年《建设工程工程量清单计价规范》提出“企业定额”一词的初衷可以看出，企业定额被首先赋予的职责就是工程计价。虽然，现阶段的工程量清单计价主要适用于工程施工承包的计价，但随着工程建设管理体制改革的深入，企业将会面对不同承包模式、不同设计深度的工程计价需求。

从2003年发布的《关于培育发展工程总承包和工程项目管理企业的指导意见》（建市〔2003〕30号），到2016年的《住房城乡建设部关于进一步推进工程总承包发展的若干意见》（建市〔2016〕93号），再到2020年《房屋建筑和市政基础设施项目工程总承包管理办法》（建市规〔2019〕12号），包括《国务院办公厅关于促进建筑业持续健康发展的意见》（国办发〔2017〕19号）对建筑业发展的顶层设计和宏观指导，对发展工程总承包的坚持始终未变。

因此，为了适应不同设计深度、不同承包模式、不同管理需求、不同复杂程度的工程计价，建筑企业所需测算和积累的数据标准应该更为广泛，因此，所谓企业定额的概念和范畴也应该随之扩大，不仅包括“施工企业的施工定额”，还包括企业内部的各类间接费用及其指标，还包括各类概算指标、估算指标等。

（二）企业定额系统的管理与维护

基于以上企业定额的重新定义，企业定额管理的内容也会随之变化，整体来看包括两个方面的内容：一方面是基于工程作业分解的施工定额的编制及维护管理；另一方面是工程分类分解结构的造价数据积累。

事实上，工程分类分解标准与工程作业分解属于一个问题。一方面，由于工程类型的复杂性，很难建立统一的分类分解标准体系；另一方面，由于数据来源不同，不便进行统一管理。因此，基于工程分类分解的工程造价指标体系与基于作业分解的定额项目划分体系，分别进行数据管理。但为了防止造价数据积累与企业消耗量标准差异太大，需要建立定期分析对比的管理制度，并根据分析对比调整企业的概算指标和估算指标。企业定额的动态管理过程见图 5-8。

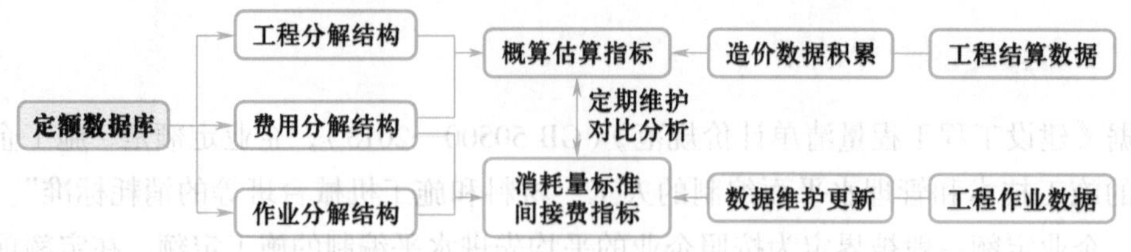

图 5-8　企业定额维护管理的理想情境示意图

三、业务整合视角的数据梳理与实现

（一）企业定额动态管理与应用的理想模型

基于市场化计价和成本管理的业务梳理，以及企业定额动态管理的理想情境分析，得出业务整合视角下的理想数据关系见图 5-9。

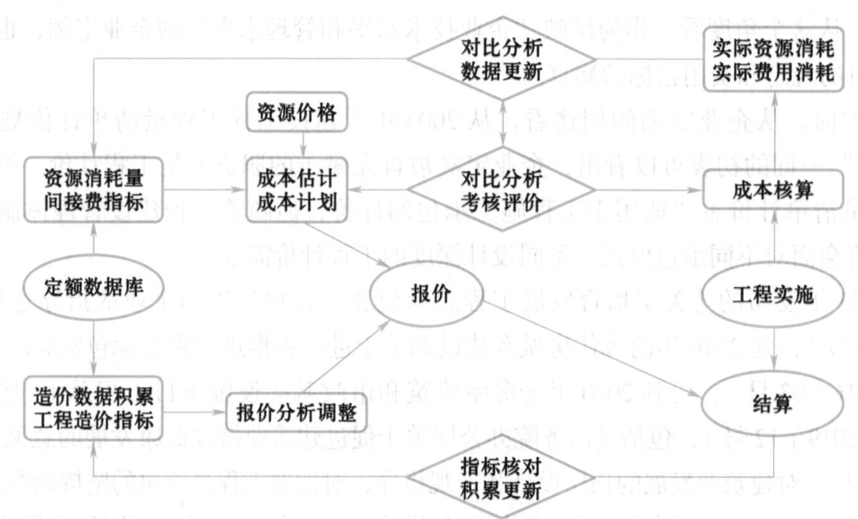

图 5-9　企业定额动态管理与应用的理想情境示意图

由图示关系可知，在业务关系上，企业定额的主要用途是市场化计价与成本管理。通过企业定额中的消耗量数据与间接费指标，进行成本估计，编制成本计划，为市场化计价与成本分析考核提供数据基础。同时，工程实施数据和结算数据也是企业定额数据库调整更新、与时俱进的数据源泉。

（二）成本与市场化计价的集成管理

由于管理和技术方面的原因，以上理想化模型尚未实现，很多企业正在尝试局部性的突破，比如将成本管理与市场化计价进行集成，形成企业定额管理、成本计划、成本核算及市场化计价的集成管理平台。

图 5-10 为广联达新成本平台的业务架构，图 5-11 为新成本平台的三中台模型。

施工企业数字新成本

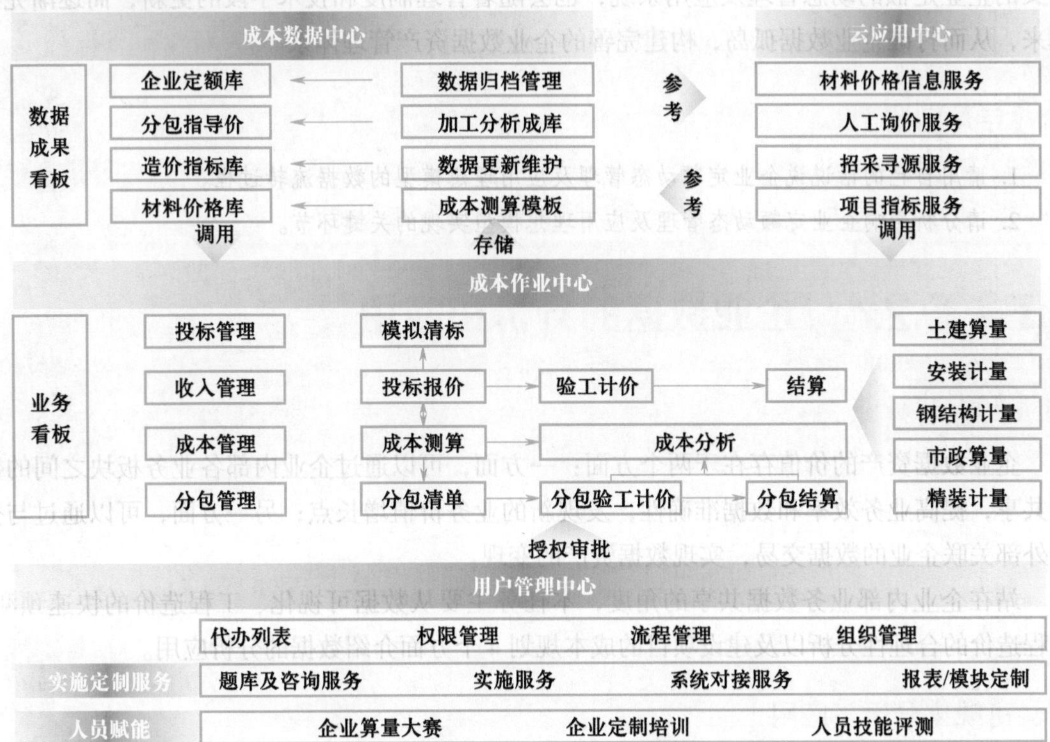

图 5-10 广联达新成本平台的业务架构图

三中台支撑

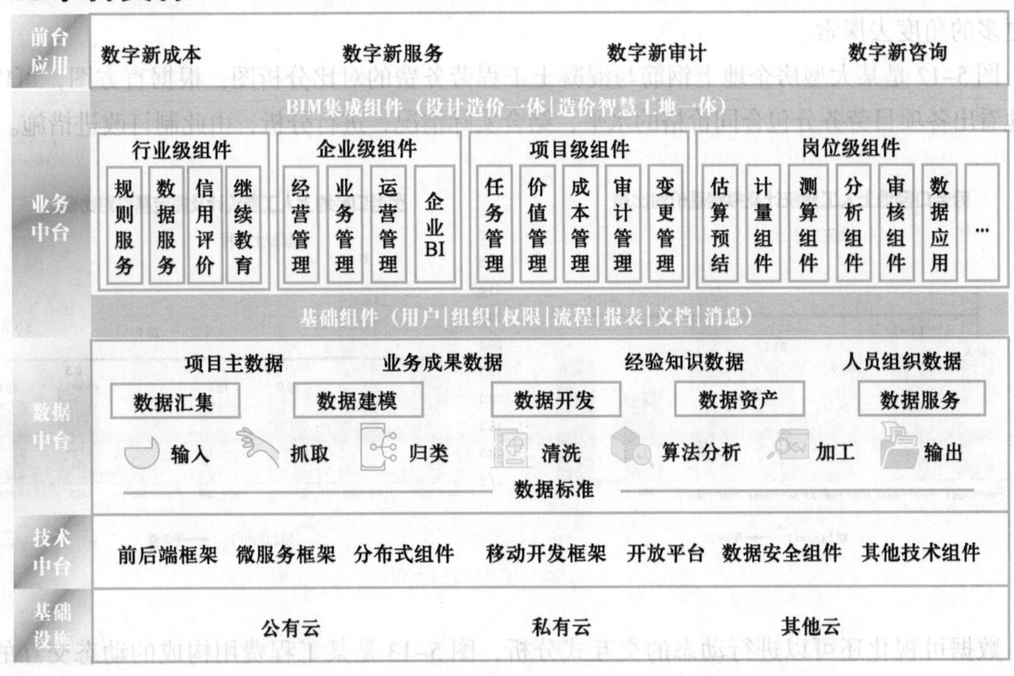

图 5-11 广联达新成本平台的三中台模型

随着智慧工地的深入应用，项目实施过程中的数据积累价值会被逐渐挖掘和有效利用，广义的企业定额的动态管理及应用系统，也会随着管理制度和技术手段的更新，而逐渐完善起来，从而打破企业数据孤岛，构建完善的企业数据资产管理体系。

【学习自测】

1. 请用自己的话说说企业定额动态管理及应用理想模型的数据流转过程。
2. 请分析影响企业定额动态管理及应用理想模型实现的关键环节。

任务 5.2.4　企业数据的分析和应用

【知识准备】

企业数据资产的价值存在于两个方面：一方面，可以通过企业内部各业务板块之间的数据共享，提高业务效率和数据准确性，发现新的业务价值增长点；另一方面，可以通过与企业外部关联企业的数据交易，实现数据资产的变现。

站在企业内部业务数据共享的角度，本任务主要从数据可视化、工程造价的快速预测、工程造价的合理性分析以及建设项目的成本规划 4 个方面介绍数据的分析应用。

一、可视化分析与应用

数据可视化是数据应用最直观的应用，可视化理念普遍被认为是伴随着统计学的诞生而出现的。基于数据库模型及数据关系的可视化应用，可以将数据库里的数字、符号的展示角度进行转变，以一种更易于接受的形式，调动我们的眼部观感与脑部思考的联动，激发人们从更多的角度去探索。

图 5-12 是某大型房企地上钢筋与混凝土工程劳务费的对比分析图，根据直方图，可以直观地看出各项目劳务分包合同价格的水平，结合实际情况，进行分析，由此制订改进措施。

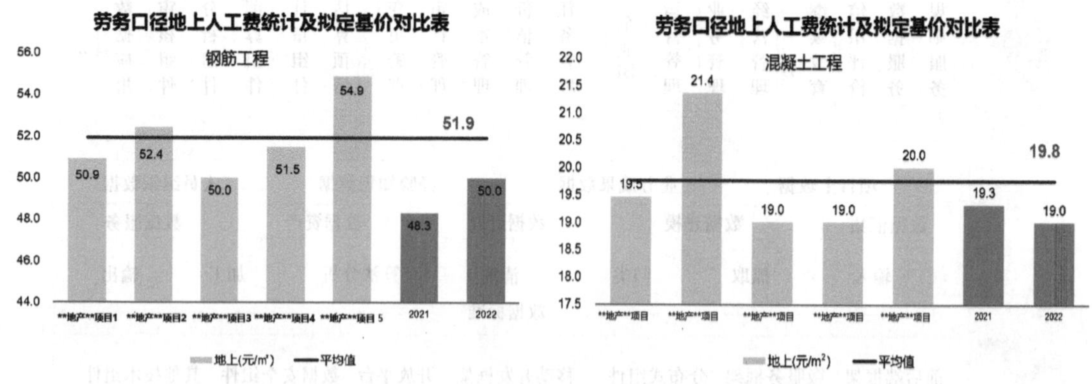

图 5-12　劳务人工费统计的可视化

数据可视化还可以进行动态的交互式分析，图 5-13 是某工程费用构成的动态交互的可视化分析，通过显示隐藏部分费用项目，可以直观看出各组成部分的比例变动情况。

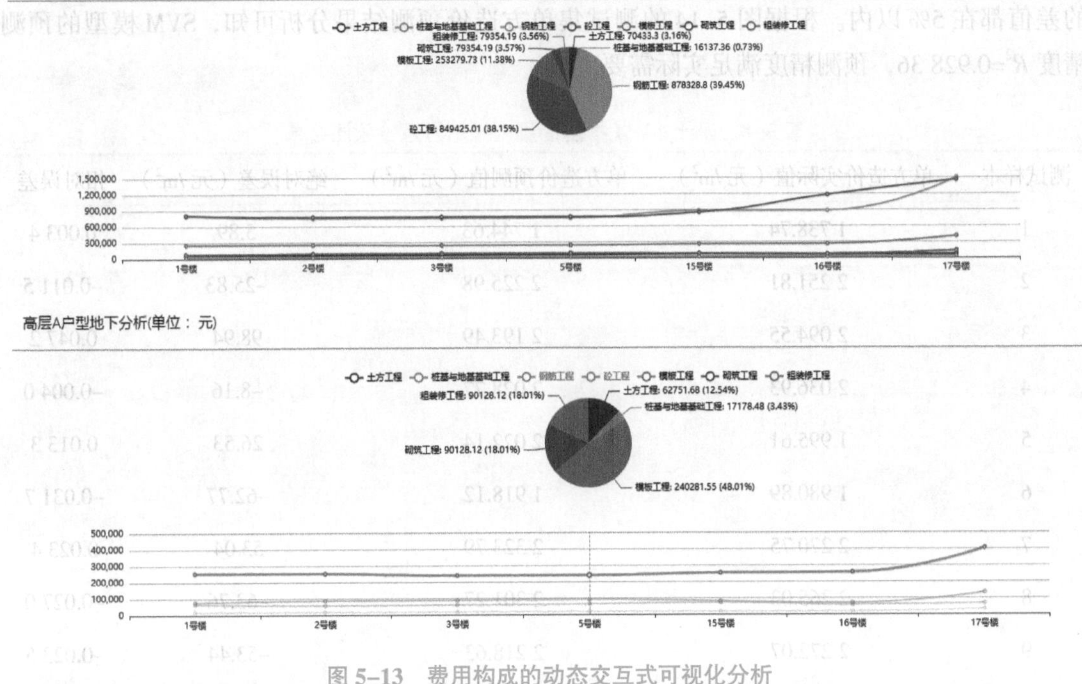

图 5–13　费用构成的动态交互式可视化分析

此外，动态的数据可视化还可以展示数据随时间变化的趋势。总之，通过不同角度的数据可视化，帮助专业人员能更清晰地认识和分析数据。

二、工程造价的快速预测

充分利用建设项目的历史数据，准确快速地预测工程造价，可以为项目的可行性研究、投资决策、限额设计、方案比选及投标决策等，提供快速可靠的数据支撑。加强工程造价数据的积累和应用，也是我国工程造价信息化发展的方向，是国务院促进建筑业持续健康发展的要求。

工程造价的快速估计可以利用所积累和测算的工程造价指标进行预测，但是这种预测方法一方面需要较为完备的工程造价指标数据积累，另一方面预测精度也很难满足实际需要。

在大数据时代，利用数据挖掘技术进行快速估价，会更加快速和便捷。基于数据挖掘思想的住宅工程造价预测，实则就是将搜集整理好的历史工程数据导入机器学习模型中，机器会自动学习求解，经过一系列复杂的运算和验证寻优之后，得到输入指标（特征指标）和输出指标（相应造价）之间最贴合的关系，此时构建的模型即为最优模型。简单来说，就是借助数据挖掘方法挖掘数据间隐含的规律，得到相应的预测模型，用户可根据此模型预测造价。

根据建筑面积、层数、层高、檐高、结构类型、基础形式、建筑外形、内外装修等级等 17 个工程特征指标，利用机器学习方法，支持向量机（SVM）对 127 个训练样本进行单方造价预测的模型训练，对 33 个测试样本进行单方造价的预测测试。表 5–8 是测试样本的单方造价实际值、预测值和误差。根据表中数据可以看出，单方造价的预测结果与实际单方造价的差值都在 5% 以内。根据图 5-14 的测试集单方造价预测结果分析可知，SVM 模型的预测精度 R^2=0.928 36，预测精度满足实际需要。

表 5-8　基于 SVM 模型的测试集单方造价预测结果

测试样本	单方造价实际值（元 /m²）	单方造价预测值（元 /m²）	绝对误差（元 /m²）	相对误差
1	1 738.74	1 744.63	5.89	0.003 4
2	2 251.81	2 225.98	–25.83	–0.011 5
3	2 094.55	2 193.49	98.94	0.047 2
4	2 036.93	2 028.77	–8.16	–0.004 0
5	1 995.61	2 022.14	26.53	0.013 3
6	1 980.89	1 918.12	–62.77	–0.031 7
7	2 270.75	2 323.79	53.04	0.023 4
8	2 365.03	2 301.27	–63.76	–0.027 0
9	2 272.07	2 218.63	–53.44	–0.023 5
10	2 248.54	2 201.16	–47.38	–0.021 1
11	2 378.51	2 456.35	77.84	0.032 7
12	2 560.19	2 534.21	–25.98	–0.010 1
13	1 959.50	1 877.19	–82.31	–0.042 0
14	1 762.76	1 883.04	120.28	0.068 2
15	2 434.85	2 496.09	61.24	0.025 2
16	2 203.09	2 165.26	–37.83	–0.017 2
17	1 948.16	1 965.82	17.66	0.009 1
18	2 140.49	2 179.00	38.51	0.018 0
19	1 964.49	2 088.70	124.21	0.063 2
20	2 476.36	2 507.25	30.89	0.012 5
21	2 016.66	2 058.49	41.83	0.020 7
22	1 791.55	1 787.61	–3.94	–0.002 2
23	2 209.58	2 194.15	–15.43	–0.007 0
24	2 033.21	2 139.99	106.78	0.052 5
25	1 977.32	2 076.44	99.12	0.050 1
26	2 152.71	2 145.26	–7.45	–0.003 5
27	2 070.92	2 147.50	76.58	0.037 0

续表

测试样本	单方造价实际值（元 /m²）	单方造价预测值（元 /m²）	绝对误差（元 /m²）	相对误差
28	2 330.94	2 342.19	11.25	0.004 8
29	1 946.99	2 033.79	86.80	0.044 6
30	2 186.85	2 219.57	32.72	0.015 0
31	2 087.40	2 146.16	58.76	0.028 1
32	1 845.76	1 888.49	42.73	0.023 2
33	2 493.78	2 583.94	90.16	0.036 2

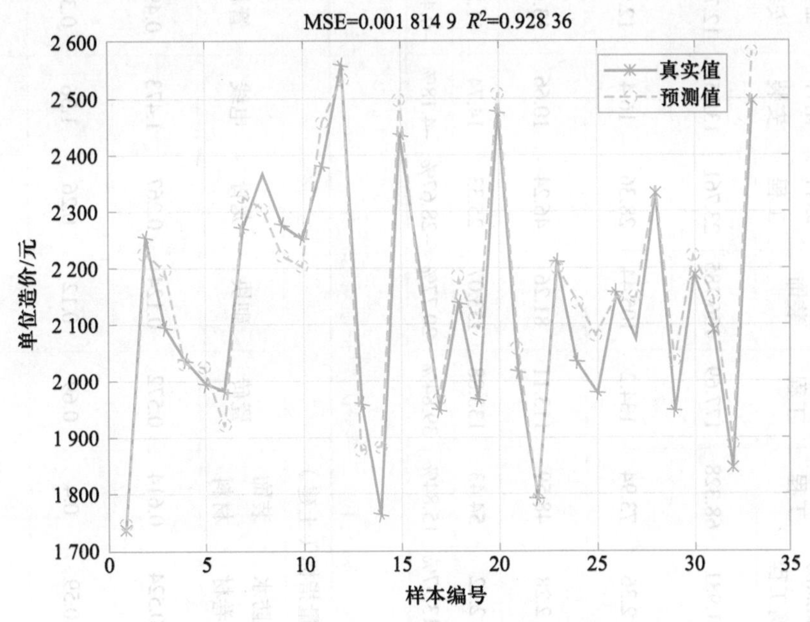

图 5-14　测试集单方造价预测结果对比

因此，理想状况下，利用企业的工程造价数据积累，自动提取特征指标，通过模型训练，快速进行造价预测，为施工企业的投标报价和建设单位的成本测算提供准确的数据支撑，充分发挥数据资产的价值和作用。

三、报价与评标中的合理性分析

对施工单位，根据工程造价数据积累对投标报价进行合理性分析，可以避免严重的报价错误；对建设单位，对投标人的投标报价进行合理性分析，既可对投标人的报价质量进行评价，还可以避免较严重的不平衡报价。

工程类型不同，工程造价合理性分析的侧重点不同，表 5-9 从各分部工程的单方造价角度进行对比分析；表 5-10 是从主要材料的单方消耗量指标进行分析；表 5-11、表 5-12 是从主要项目的综合单价角度进行分析。其中的对比工程 1、2、3 就是工程造价数据积累形成的工程造价数据指标。

表 5–9 单方造价指标分析

项目名称	单方造价（土建）单位：元 /m²									单方造价（安装）单位：元 /m²					
	土石方工程	砌筑工程	钢筋及混凝土工程	屋面及防水工程	保温隔热防腐工程	门窗工程	楼地面工程	墙面装饰	油漆、涂料工程	管道及附件安装	卫生器具安装	配管配线安装	电缆安装	照明器具	控制设备及低压电器
*** 科技学院建设项目	19.775	62.264	719.401	61.86	1.981	68.328	177.69	136.785	23.761	13.351	12.786	37.826	3.526	6.93	10.097
*** 大学教学楼项目	9.67	67.73	541.98	54.22	2.36	73.94	134.2	105.44	28.36	16.4	12.97	39.87	6.97	9.86	8.8
** 中学教学楼项目	59.52	47.66	621.55	69.01	2.28	48.59	113.11	81.26	46.24	10.66	13.69	33.96	5.69	7.33	8.7
** 教学楼	7.78	68.25	470.04	48.63	2.22	54.43	133.88	153.07	25.33	14.74	11.86	35.18	6.64	8.13	27.21
指标对比	−22.92%	1.72%	32.12%	7.98%	−13.37%	15.84%	39.84%	20.77%	−28.67%	−4.18%	−0.42%	4.10%	−45.19%	−17.89%	−32.25%

表 5–10 主要消耗量指标对比分析

项目名称	单方消耗量指标（土建）									单方消耗量指标（安装）					
	预拌混凝土	钢筋	门窗工程	砂浆	防水卷材	装饰材料	瓷砖	砌块	龙骨	电线	管材	给水管	插座	阀门	管件
*** 科技学院建设项目	0.513	0.09	0.21	0.044	0.524	0.614	0.572	0.124	0.267	1.473	0.496	0.039	0.036	0.009	0.209
*** 大学教学楼项目	0.47	0.08	0.22	0.09	0.59	0.4	0.69	0.12	0.26	1.36	0.39	0.06	0.04	0.01	0.17
** 中学教学楼项目	0.62	0.1	0.17	0.04	0.32	0.45	0.46	0.11	0.25	1.21	0.38	0.01	0.03	0.01	0.31
** 教学楼	0.54	0.07	0.26	0.02	0.48	0.86	0.02	0.13	0.34	1.54	0.59	0.04	0.04	0.01	0.2
指标对比	−5.58%	8.00%	−3.08%	−12.00%	13.09%	7.72%	46.67%	3.33%	−5.76%	7.52%	9.41%	6.36%	−1.82%	−10.00%	−7.79%

表 5-11 综合单价造价指标分析

项目名称	单方消耗量指标（土建）									单方消耗量指标（安装）					
	地下模板工程	地上模板工程	地下混凝土工程	地上混凝土工程	天棚工程	钢筋工程	砌筑工程	屋面防水工程	内墙面块料面层	屋面保温工程	配电箱	电线	电管	阀门等附件	灯具
*** 科技学院建设项目	53.001	63.948	465.43	481.37	55.866	5 191.491	477.79	53.054	106.87	22.58	3 298.79	6.82	13.65	1 318.93	102.34
*** 大学教学楼项目	49.36	60.48	418.84	374.59	48.56	5 115.32	382.31	34.31	102.43	29.35	2 965.33	3.47	14.52	553.82	85.03
** 中学教学楼项目	61.38	60.98	518.69	665.07	62.32	5 495.36	362.01	52.82	66.49	31.69	3 177.59	10.59	15.64	150.65	94.44
** 教学楼	46.32	56.91	512.21	485.27	58.36	5 062.35	558.04	37.33	140.08	33.45	3 119.69	2.67	11.62	484.63	98.65
指标对比	1.24%	7.55%	−3.69%	−5.30%	−0.97%	−0.63%	10.06%	27.88%	3.76%	−28.31%	6.84%	22.30%	−1.99%	232.76%	10.39%

表 5-12　综合单价造价指标分析

			当前工程	对比工程 1	对比工程 2	对比工程 3	与对比项目平均值偏差
项目名称			*** 科技学院建设项目	*** 大学教学楼项目	** 中信教学楼项目	** 教学楼	
建筑面积（m^2）			19 790.74	12 924.95	20 915.39	22 442.04	
编制时间			2 020.09	2 020.04	2 021.08	2 019.10	
单方造价（元 /m^2）			2 652.86	2 154.75	2 933.42	2 583.95	
总造价（万元）			5 250.21	2 785.00	6 135.36	5 798.91	
序号	分部名称	科目名称	综合单价	综合单价	综合单价	综合单价	
1	土建	地下模板工程	53.001	49.36	61.38	46.32	1.24%
2		地上模板工程	63.948	60.48	60.98	56.91	7.55%
3		地下混凝土工程	465.43	418.84	518.69	512.21	-3.69%
4		地上混凝土工程	481.37	374.59	665.07	485.27	-5.30%
5		天棚工程	55.866	48.56	62.32	58.36	-0.97%
6		钢筋工程	5 191.491	5 115.32	5 495.36	5 062.35	-0.63%
7		砌筑工程	477.79	382.31	362.01	558.04	10.06%
8		屋面防水工程	53.054	34.31	52.82	37.33	27.88%
9		内墙面块料面层	106.87	102.43	66.49	140.08	3.76%
10		屋面保温工程	22.58	29.35	31.69	33.45	-28.31%
11	安装	配电箱	3 298.79	2 965.33	3 177.59	3 119.69	6.84%
12		电线	6.82	3.47	10.59	2.67	22.30%
13		电管	13.65	14.52	15.64	11.62	-1.99%
14		阀门等附件	1 318.93	553.82	150.65	484.63	232.76%
15		灯具	102.34	85.03	94.44	98.65	10.39%

四、建设项目的成本规划

对建设单位，在大型项目的开发建设前期，根据方案设计，进行成本规划，可以据此安排资金筹措，进行资金规划。图 5-15 是某房地产项目根据工程造价指标所做的项目成本规划。表 5-13 是对项目目标成本的测算表。

科目代码	科目名称	对应合约规划	集团投资价			**公司项目成本			
			单方目标成本（元/m2）	计算基数（m2）	项目目标总成本（万元）	单方目标成本（元/m2）	计算基数（m2）	项目目标总成本（万元）	项目目标总成本（万元）
01-02	配套设施费(跨期成本)		45	209420	949	17.89	192442	344	344.32
01-03	前期工程费		370	209420	7742	158.37	192442	3048	3047.75
01-04	基础设施费		332	209420	6953	216.61	192442	4169	4168.54
01-04-01	供电工程费		50	209420	1047	81.12	192442	1561	1561.04
01-04-02	供水工程费	永久供水工程合同	100	209420	2094	23.00	192442	443	442.62
01-04-03	市政工程费		80	209420	1675	20.00	192442	385	384.88
01-04-04	环境景观工程费		80	209420	1675	91.46	192442	1760	1760.00
01-04-99	其它费用		22	209420	461	1.04	192442	20	20.00
	其中：	人防工程异地建设费						460	
		施工现场人防工程拆除						21	
		其他费用				1.04	192442	60	20.00
01-05	建安及装修工程费		1907	209420	39928	2529.61	192442	48680	48680.19
01-06	开发间接费		162	209420	3390	53.94	192442	1038	1037.97
总计			2816	209420	58963	2976.42	192442	57279	57278.77

图 5-15　某房地产开发项目的成本规划图

表 5-13　某项目目标成本表（单价）

成本项目			单位	耗用量（A）	计算基数	耗用量系数	造价指标（B）	预算金额（万元）C=A×B
建安成本合计			元					51 739.38
1	土地投资成本		元	145 319.20	145 319.20	1.00	0.00	0.00
2	行政事业性收费		元	145 319.20	145 319.20	1.00	330.85	4 807.93
3	设计咨询成本		元	145 319.20	145 319.20	1.00	105.27	1 529.81
4	基础工程费		元	145 319.20	145 319.20	1.00	771.22	11 207.24
5	主体结构及安装工程费		元	145 319.20	145 319.20	1.00	1 127.30	16 381.83
	5.1.1	高层住宅	m^2	42 093.40	42 093.40	1.00	1 550.00	6 524.48
	5.1.2	安置房	m^2	18 424.80	18 424.80	1.00	1 550.00	2 855.84
	5.1.14	商业 1	m^2	16 900.00	16 900.00	1.00	1 550.00	2 619.50
	5.1.15	旗舰店	m^2	1 136.00	1 136.00	1.00	1 550.00	176.08
	5.1.17	办公	m^2	27 135.00	27 135.00	1.00	1 550.00	4 205.93
其中	防水材料		m^2	45 319.20	145 319.20	1.00	10.00	145.38
其中	钢筋供货		m^2	145 319.20	145 319.20	1.00	267.60	3 888.69
其中	电气工程		m^2	145 319.20	145 319.20	1.00	72.46	1 052.92
其中		采暖工程	m^2	45 319.20	145 319.20	1.00	34.91	507.31
	5.5.1	高层住宅	m^2	42 093.40	42 093.40	1.00	48.00	202.05
	5.5.2	安置房	m^2	18 424.80	18 424.80	1.00	48.00	88.44
	5.5.14	商业 1	m^2	16 900.00	16 900.00	1.00	48.00	81.12
	5.5.15	旗舰店	m^2	1 136.00	1 136.00	1.00	48.00	5.45
	5.5.17	办公	m^2	27 135.00	27 135.00	1.00	48.00	130.25

续表

	成本项目	单位	耗用量（A）	计算基数	耗用量系数	造价指标（B）	预算金额（万元）C=A×B
6	外墙及设备工程	元	145 319.20	145 319.20	1.00	866.45	12 591.19
7	精装修工程费	元	145 319.20	145 319.20	1.00	47.27	686.98
8	验收及其他费用	元	145 319.20	145 319.20	1.00	15.52	225.55
9	社区管网工程费	元	145 319.20	145 319.20	1.00	196.29	2 852.53
10	园林环境工程费	元	145 319.20	145 319.20	1.00	24.27	352.71
12	开发间接费	元	145 319.20	145 319.20	1.00	45.46	660.64
13	工程管理费用	元	145 319.20	145 319.20	1.00	30.48	442.98
14	总部预提费用	元	0%			2%	

以上是企业业务常见的数据分析与应用过程，企业数据资产的价值发挥，还需要专业人员进一步的分析和挖掘。

此外，如前所述，数据资产有效利用的前提是数据共享，而数据共享需要从管理和技术两个角度进行深度融合，基于顶层设计的业务架构设计和数据流程梳理，需要企业数字化转型的落地实现。

项目实训参考答案

【项目实训】

【任务目标】

1. 能够针对报价表格进行数据指标的统计计算；
2. 能够进行工程造价的消耗量指标与单方造价指标的合理性分析。

【项目背景】

楚雄职教办公楼工程为二类办公用地项目，建筑总高度 25.5 m，一层层高 4.5 m，二层层高 4.2 m，标准层高 3.9 m，总建筑面积 7 895.70 m^2，其中地上建筑面积 6 654.24 m^2，地下建筑面积 1 241.46 m^2。该工程合同价的混凝土工程与钢筋工程见表 5-14。

表 5-14　楚雄办公楼项目分部分项工程量清单与计价表（节选）

序号	子目编码	子目名称	子目特征描述	计量单位	工程量	金额（元）		
						综合单价	合价	其中 暂估价
10	010501001001	垫层	部位：基础垫层 1. 混凝土标号：C15 2. 混凝土种类：预拌混凝土	m^3	171.02	559.39	95 666.88	
13	010501004001	满堂基础	部位：基础筏板 1. 混凝土标号：C30 2. 混凝土种类：预拌混凝土 3. 添加剂：P6 抗渗剂	m^3	1 172.3	652.93	765 429.84	

续表

序号	子目编码	子目名称	子目特征描述	计量单位	工程量	金额（元）		
						综合单价	合价	其中 暂估价
16	010502001002	矩形柱	部位：型钢混凝土柱 1. 混凝土标号：C30 2. 混凝土种类：预拌混凝土	m^3	82.88	697.96	57 846.92	
20	010504001002	直形墙	部位：女儿墙 1. 混凝土标号：C30 2. 混凝土种类：预拌混凝土	m^3	37.96	642.07	24 372.98	
21	010504003001	短肢剪力墙	部位：电梯井壁墙 1. 混凝土标号：C30 2. 混凝土种类：预拌混凝土	m^3	80.55	658.99	53 081.64	
……								
混凝土工程总工程量和总造价					4 420.2		2 779 660.69	
35	010515001001	现浇构件钢筋	钢筋种类、规格：HPB300 Φ8 以内	t	16.243	7 257.62	117 885.52	
36	010515001002	现浇构件钢筋	钢筋种类、规格：HPB300 Φ12 以内	t	10.503	6 866.05	72 114.12	
37	010515001003	现浇构件钢筋	钢筋种类、规格：HRB400 8 以内	t	106.086	6 834.89	725 086.14	
……								
钢筋总工程量及总造价					565.86		3 881 102.11	

【任务要求】

1. 请根据以上数据，计算混凝土工程和钢筋工程的单方数量；

2. 请根据以上数据，计算混凝土工程和钢筋工程的单方造价；

3. 利用广联达指标网中类似工程的混凝土工程及钢筋工程的用量指标和单方造价指标，对楚雄办公楼项目进行合理性分析。

小结与关键概念

小结： 建筑企业的工程计价行为在一定程度上反映了工程计价的市场化程度，具体体现为 3 个方面：第一，建筑企业根据自身技术水平和管理水平进行报价，是市场机制下建筑企业优胜劣汰的体现；第二，根据市场的资源供应价格及各类分包价格进行报价，是建筑业供应链市场竞争状况的体现；第三，以上两点都是基于成本分析的市场化计价。此外，建筑企业报价中的利润设置，则反映了建筑业供方市场的竞争情况，是基于供需调整的市场化计价的体现。

工程量清单计价是市场化计价的微观管理范畴，当前工程量清单计价实行的不完全综合单价前提下，分部分项工程费和措施费中的人工、材料和施工机具的消耗数量和管理费是企业技术水平和管理水平的体现；资源单价以及分包工程费是供应端市场状况的体现；利润是建筑产品供应状况的市场体现。

将企业定额管理、市场化计价、成本管理和项目实施过程进行业务整合梳理，可以得到企业定额动态管理与应用的理想模型。但目前阶段，对工程实施阶段的数据收集及应用从技术和管理两方面都还不够完善，数据流程不能连续。但企业定额管理、市场化计价与成本管理的业务平台正在逐步完善。

随着智慧工地系统的逐渐应用，企业定额数据更新来源的实施数据会越来越全面，企业定额的动态管理系统也会真正落地实施。

关键概念： 市场化计价、工程量清单计价、企业定额动态管理。

综合训练

习题与思考参考答案

【习题与思考】

一、单选题

1. 关于投标报价，以下说法不正确的是（　　）。

A. 投标报价是投标人按照当地的消耗量定额编制的招标工程的期望价格

B. 投标报价是投标人根据自己的企业情况和市场价格信息，对招标工程的期望价格

C. 投标报价不应该高于招标控制价

D. 投标报价不应该低于企业自身的成本价

2. 工程量清单计价中，单位工程的投标总价应是（　　）的合计金额。

A. 直接费、间接费、利润和税金

B. 分部分项工程费、措施项目费、专业工程费和规费、税金

C. 人工、材料、机械费用，管理费、利润、规费和税金

D. 分部分项工程费、措施项目费、其他项目费和规费、税金

3. 在招投标相关法规中和工程量清单计价规范的强制条文中，对投标报价都有不得低于工程成本的要求，请问该工程成本是指（　　）。

A. 在招投标相关法规中和工程量清单计价规范的强制条文

B. 多数企业完成该招标工程的最低成本

C. 投标企业完成该招标工程的企业个别成本

D. 完成该招标工程的社会平均成本

4. 关于工程造价快速预测，以下说法错误的是（　　）。

A. 在项目建设前期，工程造价快速预测可以为建设单位的投资决策提供数据支撑

B. 利用数据挖掘技术进行工程造价的快速预测需要大量的造价数据积累

C. 利用数据挖掘技术进行工程造价预测，可以在仅有少数工程特征指标的前提下，进行快速准确的造价预测

D. 用工程造价指标快速预测工程造价，数据精确度很高

5. 关于企业定额管理系统，以下说法错误的是（　　）。

A. 企业定额数据库应该随着技术进步和企业管理模式的转变进行数据更新

B. 广义的企业定额不仅包括以工序为对象的施工定额，还包括概算指标和估算指标

C. 企业定额数据的更新仅指资源消耗量数据的更新

D. 企业定额数据的更新不仅包括定额项目的补充和消耗数据的更新，还包括费用指标的更新和造价指标的积累

二、判断题（判断以下做法是否合理）

1. 某投标人在投标中发现分部分项工程量清单与计价表中有遗漏的项目，因此在后面添加了该项目并进行了报价。（　　）

2. 某工程采用单价合同，在编制招标工程量清单时，因 800 mm × 800 mm 全瓷地砖的市场价格差异较大，故暂估其价格为 200 元 / 块，让投标人按此报价。（　　）

3. 现阶段，企业定额动态管理系统已经非常成熟与完善。（　　）

【拓展训练】

【任务目标】

1. 了解企业定额在建筑企业市场化计价中的应用；
2. 了解劳务分包和材料询价在投标报价中的过程及应用；
3. 了解工程量清单计价中综合单价的计算过程。

拓展训练参考答案

【项目背景】

在楚雄职教办公楼项目的投标中，招标工程量清单中的部分钢筋工程的分部分项工程量清单与计价表见表 5-15。

表 5-15　楚雄职教办公楼分部分项工程量清单与计价表（节选）

<table>
<tr><th rowspan="3">序号</th><th rowspan="3">项目编码</th><th rowspan="3">项目名称</th><th rowspan="3">项目特征描述</th><th rowspan="3">计量单位</th><th rowspan="3">工程量</th><th colspan="3">金额 / 元</th></tr>
<tr><th rowspan="2">综合单价</th><th rowspan="2">合价</th><th>其中</th></tr>
<tr><th>暂估价</th></tr>
<tr><td>42</td><td>010515001008</td><td>现浇构件钢筋</td><td>钢筋种类、规格：HRB 400 18 以内</td><td>t</td><td>13.302</td><td></td><td></td><td></td></tr>
<tr><td>43</td><td>010515001009</td><td>现浇构件钢筋</td><td>钢筋种类、规格：HRB 400 20 以内</td><td>t</td><td>165.189</td><td></td><td></td><td></td></tr>
</table>

续表

序号	项目编码	项目名称	项目特征描述	计量单位	工程量	金额 / 元		
						综合单价	合价	其中
								暂估价
44	010515001010	现浇构件钢筋	钢筋种类、规格：HRB 400 22 以内	t	72.738			
45	010515001011	现浇构件钢筋	钢筋种类、规格：HRB 400 25 以内	t	56.649			

1）工程造价人员通过对劳务分包单位的询价，得到钢筋工程的劳务分包价格为 1 000 元 /t。

2）通过对钢材供应单位的材料询价，得到钢筋的材料价格，并在综合考虑运杂费及采购保管费后，确定 HRB400 ϕ20 钢筋的材料单价按照 4 500 元 /t 进行计算。

3）企业针对自有施工机具，根据购置费用及耐用台班等，计算得到慢速卷扬机的台班单价为 180 元 / 台班，钢筋切断机为 45 元 / 台班，钢筋弯曲机为 30 元 / 台班。

4）根据企业定额，HRB400 ϕ20 钢筋工程的定额消耗量见表 5-16，工程用水的单价为 4 元 /m^3。

表 5-16　企业定额消耗量表

定额编码	5-×-×	定额名称	现浇构件钢筋 HRB400 ϕ20	定额单位	t
资源消耗	材料	HRB400 ϕ20 钢筋	t	1.02	
		水	m^3	0.09	
	施工机具	慢速卷扬机	台班	0.140 8	
		钢筋切断机	台班	0.096 8	
		钢筋弯曲机	台班	0.152	

5）企业测算的企业管理费的费率为人工费的 25%。

6）根据企业经营现状及市场竞争情况，初步确定报价利润率为人工费的 15%。

【任务要求】

根据以上资料，计算分部分项工程 010515001009-HRB400 ϕ20 以内钢筋的综合单价与合价。

【案例分析】集成管理平台与企业定额动态管理与应用

微课：案例分析

针对案例引入中，中铁城建集团三公司利用广联达新成本管理平台进行数据积累，将分包指导价、成本测算模板、成本科目等统一入库，通过数据中心进行数据共享，减少员工重复性且繁琐易错的工作内容；实现成本管控的精细化管理的工作进行分析，并说明该集成管理平台与企业定额动态管理与应用的理想模型之间还存在哪些差距。

参考文献

[1] 李建峰，赵琦惠，郝露露，等．建设工程定额原理与实务［M］．2版．北京：机械工业出版社，2018.

[2] 李锦华，郝鹏．工程定额原理［M］．2版．北京：电子工业出版社，2015.

[3] 袁家海，赵长红，熊敏鹏，等．工作分析与劳动定额［M］．北京：机械工业出版社，2011.

[4] 侯晓梅．建筑工程定额原理与计价［M］．2版．北京：北京理工大学出版社，2018.

[5] 田林钢．工程定额原理［M］．北京：中国水利水电出版社，2019.

[6] 何辉，吴瑛．工程建设定额原理与实务［M］．3版．北京：中国建筑工业出版社，2015.

[7] 侯国华．建筑装饰工程定额与预算［M］．天津：天津科学技术出版社，2002.

[8] 陈贤清，苏军．工程建设定额原理与实务［M］．3版．北京：北京理工大学出版社，2018.

[9] 黄伟典．工程定额原理［M］．北京：中国电力出版社，2008.

[10] 欧阳洋，伍娇娇，姜安民．定额编制原理与实务［M］．武汉：武汉大学出版社，2018.

[11] 孟庆国．PCM装配式建筑工程消耗量定额研究［D］．哈尔滨工业大学，2021.

[12] 吴正文．PC建筑生产要素消耗量的测算方法研究［J］．淮南师范学院学报，2019，21（2）：15-19，54.

[13] 刘静．基于RS与GIS的川藏联网工程沿线地质灾害危险性评价［D］．中国地质大学（北京），2018.

[14] 梁玉珊．定额人工单价与市场劳务人工单价差异分析［J］．建材与装饰，2017（07）：108-110.

［15］郭天华．复杂海况铁路桥梁预算定额测定研究［D］．石家庄铁道大学，2019.

［16］肖虎．基于大数据的工程造价信息管理平台构建研究［D］．北京建筑大学，2016.

［17］刘贺．基于数据挖掘的工程造价数据库设计研究［D］．天津理工大学，2021.

［18］赵帆．基于数据挖掘的房建工程交易价格信息分析［D］．东南大学，2015.

［19］胡秀茂．工程造价行业大数据信息库建设的研究及应用［J］．工程造价管理，2018（06）：69-72.

［20］曾爱民．工程建设定额原理与实务［M］．北京：机械工业出版社，2010.

［21］胡明德．建筑工程定额原理与概预算［M］．2版．北京：中国建筑工业出版社，1996.

［22］中华人民共和国建设部．（GJD 101—1995）全国统一建筑工程基础定额［S］．北京：中国计划出版社，1995.

读者意见反馈

为收集对教材的意见建议,进一步完善教材编写并做好服务工作,读者可将对本教材的意见建议通过如下渠道反馈至我社。

咨询电话　400-810-0598

反馈邮箱　gidzfwb@pub.hep.cn

通信地址　北京市朝阳区惠新东街4号富盛大厦1座

高等教育出版社总编辑办公室

邮政编码　100029